"先进化工材料关键技术丛书"（第二批）编委会

U0385286

先进化工材料关键技术丛书（第二批）

中国化工学会 组织编写

高端功能化学品
精制结晶技术

Crystallization Technology in High-end
Functional Chemicals Refining

王静康　龚俊波　尹秋响　张美景　韩丹丹　等 著

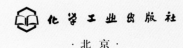

化学工业出版社

·北京·

内容简介

《高端功能化学品精制结晶技术》是"先进化工材料关键技术丛书"（第二批）的一个分册。

本书基于笔者团队四十余年的工作积累，对我国科学工作者围绕高端功能化学品精制结晶开展的科学研究、技术开发和设备优化所取得的成就进行了系统总结。全书共十一章，主要包含两个部分：第一部分为高端功能晶体化学品工业结晶科学研究基础，包括绪论、药物固体形态的发现与评价、结晶成核与晶体产品晶型控制、晶体生长与晶习调控、球形晶体的理性设计与可控制备、工业结晶过程分析与控制、工业结晶的操作和装置；第二部分为典型高端功能晶体化学品制造过程中的结晶技术产业化案例，主要包括抗生素等大宗原料药，特色原料药，维生素、氨基酸等精细化学品，功能糖、盐及日用化学品的结晶生产过程中存在的问题及解决方案。本书所涉及的内容为相关领域国际学术前沿的热点，大部分成果为原创，可为高端功能晶体化学品精制结晶技术的基础研究与应用开发提供新的思路。

《高端功能化学品精制结晶技术》适合化工、化学、材料等专业领域的人员，特别是对工业结晶技术感兴趣的科研和工程技术人员阅读，也可供高等院校化学、化工、材料及相关专业师生参考。

图书在版编目（CIP）数据

高端功能化学品精制结晶技术 / 中国化工学会组织
编写；王静康等著. -- 北京：化学工业出版社，2024.
8. --（先进化工材料关键技术丛书）. -- ISBN 978-7
-122-46409-5

Ⅰ. TQ072

中国国家版本馆CIP数据核字第2024F3L152号

责任编辑：马泽林　杜进祥　徐雅妮　于志岩
文字编辑：黄福芝
责任校对：边　涛
装帧设计：关　飞

出版发行：化学工业出版社（北京市东城区青年湖南街13号　邮政编码100011）
印　　装：中煤（北京）印务有限公司
710mm×1000mm　1/16　印张28　字数566千字
2024年11月北京第1版第1次印刷

购书咨询：010-64518888　　　售后服务：010-64518899
网　　址：http://www.cip.com.cn
凡购买本书，如有缺损质量问题，本社销售中心负责调换。

定　　价：199.00元　　　　　　　　　　　　　版权所有　违者必究

作者简介

王静康，天津大学教授，1999 年当选为中国工程院院士，中国工业结晶研究领域的奠基人。分别于 1960 年和 1965 年获得天津大学学士学位及硕士学位。先后在贵州工学院、天津纺织工学院、天津大学任教。致力于工业结晶科学基础理论和新技术的创新研究与开发，系统地发展了中国现代医药工业结晶技术，发明了塔式液膜熔融结晶技术与设备，率先开拓了耦合结晶新技术，发展了工业结晶过程系统工程理论，建立了功能晶体的工业结晶基础数据库与结晶过程一步放大的专家系统，率先将信息化方法应用于工业结晶科学与粒子过程技术的研究开发。先后承担国家级、省部级项目 110 项，发表论文 400 余篇，授权发明专利 66 项，带领团队出色完成国家"六五"～"十三五"工业结晶科技攻关项目，为大型化工医药企业建成了百余条新型工业结晶生产线，每年为国家新增产值十余亿元，新增利税近三亿元。获国家科技进步奖二等奖 3 项、国家技术发明奖二等奖 1 项、国家技术发明奖三等奖 1 项、国家级教学成果奖一等奖 4 项及省部级科技奖励 10 余项。先后获得全国五一劳动奖章、国家"八五"立功先进个人、全国三八红旗手、巾帼发明家、全国先进工作者、全国教书育人楷模、全国优秀共产党员等荣誉称号。曾任天津市科学技术协会主席、中国工程教育专业认证协会化工与制药类专业认证委员会主任、教育部高等学校化学工程与工艺专业教学指导分委员会主任委员、*Frontiers of Chemical Science and Engineering*（中国工程院院刊之一）主编、英国化学工程师学会（IChemE）会士（Fellow）、国家工业结晶工程技术研究中心及国家结晶科学与工程国际联合研究中心名誉主任等职务。

龚俊波，天津大学教授，博士生导师，现任天津大学国家结晶科学与工程国际联合研究中心执行主任、国家工业结晶工程技术研究中心主任。2001 年毕业于天津大学并获得博士学位，主要从事工业结晶基础科学研究与工程技术开发及应用。立足国际前沿，面对晶体产品高端化和结晶过程绿色化、智能化的国家重大需求，承担国家重大新药创制专项、国家科技支撑计划、"863"项目、国家自然科学基金以及重点"产学研"合作项目 120 余项，开展了晶体工程学、结晶技术与智能化装备、工程应用等从基础研究直至产业化的多尺度研究。以第一作者或通讯作者在国际主流期刊发表 SCI 论文 500 余篇，申请发明专利 150 余项，授权美国、中国等国家发明专利 100 余项，参编国内外专著 7 部，完成了近百个医药化工产品的结晶技术研发，开发了 10 余套新型现代结晶技术和智能化装备，并成功实现产业化，多项成果被鉴定为国际领先或先进水平。获得国家科技进步奖二等奖、天津市科技进步奖特等奖及一等奖、河北省科技进步奖一等奖、中国石油和化学工业联合会科技奖青年科技突出贡献奖等 10 余项省部级及行业协会科技奖。作为第一发明人，获中国专利奖金奖 1 项、优秀奖 4 项，省部级专利奖金奖 3 项。入选国家第四批"万人计划"中青年科技创新领军人才、科技部中青年科技创新领军人才、天津市杰出人才和教育部新世纪优秀人才等人才支持计划。是国家级一流课程"化工设计"的主讲教师，同时为本科生和研究生讲授"工业结晶与粒子过程"和"分子科学与工程信息学"等课程，已指导 100 余名研究生取得硕士、博士学位。

尹秋响，天津大学教授，博士生导师，曾任国家工业结晶工程技术研究中心主任。1994 年毕业于天津大学并获得博士学位，主要研究方向为粒子过程与工业结晶和晶体形态分析与设计，在医药、化工、材料等功能晶体产品形态设计与优化的基础研究和新技术研发方面取得了突出研究成果。作为项目子课题负责人和技术骨干，参加并完成了"九五""十五""十一五"国家重点科技攻关项目。作为项目负责人，完成国家"重大新药创制"科技重大专项课题"药物晶型优化及结晶产业化技术"等多项国家级科技项目，完成天津市应用基础及前沿技术研究计划项目等十余项重大产业化工程项目，取得了显著的经济效益和社会效益。至今以第一作者或通讯作者发表 SCI 论文 100 多篇，以第一发明人获授权发明专利 20 余项，参编专著 5 部。获国家科技进步奖二等奖 2 项、国家技术发明奖二等奖 1 项、国家技术发明奖三等奖 1 项、教育部科技进步奖一等奖 2 项、天津市技术发明奖一等奖 1 项、天津市科技进步奖一等奖 3 项、"吴阶平医学研究奖 – 保罗·杨森药学研究奖"制药工程专业一等奖、天津市优秀教师称号等。

张美景，天津大学副教授，曾担任国家工业结晶工程技术研究中心副主任、教育部绿色精制过程工程技术研究中心主任。主要从事生物医药、化工产品精制及其成果产业化。负责国家重大产业技术开发专项、工信部重大科技成果推广项目、天津市科技支撑重大项目、国家科技重大专项项目以及企业"产学研"项目等 40 余项。获国家科技进步奖二等奖 2 项、国家技术发明奖二等奖 1 项、国家技术发明奖三等奖 1 项、教育部科技进步奖一等奖 3 项、天津市科技发明奖一等奖 2 项等。

韩丹丹，2020 年毕业于天津大学并获得博士学位，主要研究方向为工业结晶过程技术开发与智能控制、晶体工程、晶习工程、颗粒工程等。以第一作者或通讯作者在 *Chemical Engineering Journal*，*Chemical Engineering Science*，*Separation and Purification Technology* 等期刊发表 SCI 论文 50 余篇，申请发明专利 20 余项；作为项目负责人或主要参加人完成国家自然科学基金项目、河北省重大专项、天津市合成生物技术创新能力提升行动项目以及"产学研"合作项目等 10 余项；获天津市专利金奖、河北省医药行业协会科学技术进步奖、中国商业联合会科学技术奖等。

丛书（第二批）序言

　　材料是人类文明的物质基础，是人类生产力进步的标志。材料引领着人类社会的发展，是人类进步的里程碑。新材料作为新一轮科技革命和产业变革的基石与先导，是"发明之母"和"产业食粮"，对推动技术创新、促进传统产业转型升级和保障国家安全等具有重要作用，是全球经济和科技竞争的战略焦点，是衡量一个国家和地区经济社会发展、科技进步和国防实力的重要标志。目前，我国新材料研发在国际上的重要地位日益凸显，但在产业规模、关键技术等方面与国外相比仍存在较大差距，新材料已经成为制约我国制造业转型升级的突出短板。

　　先进化工材料也称化工新材料，一般是指通过化学合成工艺生产的，具有优异性能或特殊功能的新型材料。包括高性能合成树脂、特种工程塑料、高性能合成橡胶、高性能纤维及其复合材料、先进化工建筑材料、先进膜材料、高性能涂料与黏合剂、高性能化工生物材料、电子化学品、石墨烯材料、催化材料、纳米材料、其他化工功能材料等。先进化工材料是新能源、高端装备、绿色环保、生物技术等战略性新兴产业的重要基础材料。先进化工材料广泛应用于国民经济和国防军工的众多领域中，是市场需求增长最快的领域之一，已成为我国化工行业发展最快、发展质量最好的重要引领力量。

　　我国化工产业对国家经济发展贡献巨大，但从产业结构上看，目前以基础和大宗化工原料及产品生产为主，处于全球价值链的中低端。"一代材料，一代装备，一代产业。"先进化工材料因其性能优异，是当今关注度最高、需求最旺、发展最快的领域之一，与国家安全、国防安全以及战略性新兴产业关系最为密切，也是一个国家工业和产业发展水平以及一个国家整体技术水平的典型代表，直接推动并影响着新一轮科技革命和产业变革的速度与进程。先进化工材料既是我国化工产业转型升级、实现由大到强跨越式发展的重要方向，同时也是保障我国制造业先进性、支撑性和多样性的"底盘技术"，是实施制造强国战略、推动制造业高质量发展的重要保障，关乎产业链和供应链安全稳定、绿色低碳发展以及民生福祉改善，具有广阔的发展前景。

"关键核心技术是要不来、买不来、讨不来的。"关键核心技术是国之重器，要靠我们自力更生，切实提高自主创新能力，才能把科技发展主动权牢牢掌握在自己手里。新材料是战略性、基础性产业，也是高技术竞争的关键领域。作为新材料的重要方向，先进化工材料具有技术含量高、附加值高、与国民经济各部门配套性强等特点，是化工行业极具活力和发展潜力的领域。我国先进化工材料领域科技人员从国家急迫需要和长远需求出发，在国家自然科学基金、国家重点研发计划等立项支持下，集中力量攻克了一批"卡脖子"技术、补短板技术、颠覆性技术和关键设备，取得了一系列具有自主知识产权的重大理论和工程化技术突破，部分科技成果已达到世界领先水平。中国化工学会组织编写的"先进化工材料关键技术丛书"（第二批）正是由数十项国家重大课题以及数十项国家三大科技奖孕育，经过 200 多位杰出中青年专家深度分析提炼总结而成，丛书各分册主编大都由国家技术发明奖和国家科技进步奖获得者、国家重点研发计划负责人等担纲，代表了先进化工材料领域的最高水平。丛书系统阐述了高性能高分子材料、纳米材料、生物材料、润滑材料、先进催化材料及高端功能材料加工与精制等一系列创新性强、关注度高、应用广泛的科技成果。丛书所述内容大都为专家多年潜心研究和工程实践的结晶，打破了化工材料领域对国外技术的依赖，具有自主知识产权，原创性突出，应用效果好，指导性强。

创新是引领发展的第一动力，科技是战胜困难的有力武器。科技命脉已成为关系国家安全和经济安全的关键要素。丛书编写以服务创新型国家建设，增强我国科技实力、国防实力和综合国力为目标，按照《中国制造 2025》《新材料产业发展指南》的要求，紧紧围绕支撑我国新能源汽车、新一代信息技术、航空航天、先进轨道交通、节能环保和"大健康"等对国民经济和民生有重大影响的产业发展，相信出版后将会大力促进我国化工行业补短板、强弱项、转型升级，为我国高端制造和战略性新兴产业发展提供强力保障，对彰显文化自信、培育高精尖产业发展新动能、加快经济高质量发展也具有积极意义。

中国工程院院士：

前言

高端功能晶体化学品具有高品质、高性能、高附加值、高技术壁垒等特征，涉及精细化工、医药、食品、功能材料、电子级化学品等领域，是众多战略性新兴产业可持续发展的支柱。目前，世界各国都已充分认识到发展高端功能晶体化学品的重要性，因此都在迅速开发其核心共性关键技术——现代工业结晶技术，以竭力抢占与垄断高端功能晶体化学品市场。同时，工业结晶技术作为一种低成本、高效率、低能耗、绿色化的分离精制技术，引起了国际学术界和工业界的广泛关注，已由传统的分离与提纯技术向晶体工程技术方向跃升，并已成为制造高端功能晶体产品的核心支撑技术之一。

对于高端功能晶体化学品，一般要求其具有高的化学纯度。化学纯度不仅取决于化学品中所含纯物质的质量分数，还取决于化学品中的杂质谱以及特定杂质的含量，严格的化学组成对高端功能晶体化学品有着重要的意义。如电子级磷酸是一种特殊的高纯度功能化学品，其在半导体工业中具有重要作用，对杂质含量要求非常严格，各种杂质元素的含量都必须控制在极低的水平，例如 Fe、Ni、Cr 等低于 0.05mg/kg；SO_4^{2-}、Cl^-等离子的含量要求更为苛刻。

除了高的化学纯度外，高端功能晶体化学品还应具备特定的晶体形态学特征。据统计，60% 以上的高端功能晶体化学品皆具有同质多晶行为及敏感的构效关系，它们的产品功能特征指标（如溶解性、生物活性、稳定性、硬度、导电性等）皆取决于特定的形态学指标——晶型、晶习、粒度分布等。也就是说，晶体形态学指标是决定功能化学品物化性质和功能的本质要素。

近年来，中国工业结晶技术与装备研究开发得到了长足发展，并已广泛应用于我国高端功能晶体化学品制造领域，如抗生素等大宗原料药生产，特色原料药生产，维生素、氨基酸等精细化学品的生产，功能糖、盐及日用化学品等的生产，电池级、电子级湿化学品等的生产。精制结晶技术的使用显著改善了我国高端功能晶体化学品的质量，提高了晶体产品的附加值，促进了我国从粗品制造大国向精品制造强国迈进。

本书系统地总结了笔者团队 40 年来围绕高端功能晶体化学品精制结晶技术开展的基础研究和应用研究成果。本书一～七章以高端功能晶体化学品工业结晶科学基础研究为支撑点，凝练了笔者团队在结晶成核与晶体产品晶型控制、晶体生长与晶习调控、球形晶体的理性设计与可控制备、工业结晶过程分析与控制、工业结晶的操作和装置（包括基于计算流体力学的设备设计）等方面开展的一系列结晶科学基础理论和结晶工艺与设备研究成果。八～十一章主要围绕笔者团队完成的典型高端功能晶体化学品制造过程中的结晶技术产业化案例，介绍了现代工业结晶技术在抗生素等大宗原料药，特色原料药，维生素、氨基酸等精细化学品，功能糖、盐及日用化学品生产中的应用。本书很多成果为笔者团队原创，可以为高端功能晶体化学品精制结晶技术的基础研究与应用研究提供新的思路。

本书结合笔者团队在高端功能晶体化学品精制结晶技术领域的成果和技术资料，涵盖了笔者团队承担完成的"863 计划"项目（2012AA021202，2015AA021002）、国家重点科技攻关项目（75-38-1-16、2001BA708B02、2001BA708B06）、国家"重大新药创制"科技重大专项项目（2009ZX09501）、国家重大科技成果推广计划项目（工 3-1-7-11、工 7-1-1-4）以及国家、省部级项目和各类"产学研"项目 100 余项，相关成果曾获得 1996 年度国家科学技术进步奖二等奖、国家技术发明奖三等奖，1999 年度国家科学技术进步奖二等奖，2008 年度国家技术发明奖二等奖，2010 年度国家科学技术进步奖二等奖，2015 年度国家科学技术进步奖二等奖，2019 年度中国专利奖金奖，以及 20 余项省部级科技奖和 7 项中国专利奖优秀奖等。在此基础上，笔者还参阅了大量国内外科技文献，重点针对高端功能晶体化学品精制结晶技术完成本书编撰，以帮助科研和工程技术人员对该领域建立系统的认知，为工业结晶研究与技术提供理论和应用指导。

本书共十一章，第一章、第二章由王静康负责撰写；第三章、第五章、第六章由龚俊波负责撰写；第四章、第八章由韩丹丹负责撰写；第七章、第九章由尹秋响负责撰写；第十章、第十一章由张美景负责撰写；感谢李康丽、李敏、康香、岑振凯、刘岩博、丰闪闪、李明轩、郭石麟、彭浩宇、高也、王东博、王硕、周璇等对本书资料的整理，并参与本书的统稿工作。

本书还参考了国内外同行撰写的书籍和发表的论文资料，在此一并表示衷心感谢。

由于此书编写时间较为仓促，更因笔者水平有限，疏漏之处在所难免，请读者不吝指正。

著者

2024 年 3 月于天津大学

目录

第四章
晶体生长与晶习调控 083

第五章
球形晶体的理性设计与可控制备 111

第六章
工业结晶过程分析与控制 139

第七章
工业结晶的操作和装置

第八章
抗生素等大宗原料药精制结晶技术

第九章
特色原料药精制结晶技术　255

索引

第一章

绪　论

作为与国民经济密切相关的重要基础行业，我国化学原料和化学制品制造业近年来一直保持着快速发展，目前，我国已成为全球最大的化学品生产国和消费国。然而，由于技术壁垒，我国还在向精品制造强国迈进，一些高品质、高性能、高附加值的高端功能晶体化学品的进口依存度仍然较大，以电子级化学品为例，50%以上依赖进口。工业结晶作为制备高端功能晶体化学品的关键核心技术，已经引起了众多学者和生产技术人员的高度关注。本章就高端功能晶体化学品质量要求、工业结晶过程基础及工业结晶实践中的主要问题进行阐述，并在工艺连续化、过程绿色化和设备智能化三个方面对高端功能晶体化学品产业进行展望。

第一节
高端功能晶体化学品概述

高端功能晶体化学品具有高品质、高性能、高附加值、高技术壁垒等特征，涉及精细化工、医药、食品、功能材料、电子级化学品等领域，是众多战略性新兴产业可持续发展的支柱。

近20年来，全球经济和产业格局发生了根本性改变，大宗化学品、原料药及中间体的生产地转向了制造业发达、成本更低、劳动力过剩的中国。这种全球产业链的转移给中国企业和经济的发展带来了机遇，我国化工产业高速发展，在产品种类、数量和生产规模上逐渐处于全球领先地位，但由于起步晚、发展快，同时受到技术瓶颈等的制约，在产品质量、生产水平和效益等方面参差不齐，面临来自各方面的严峻挑战——效率低下、环境恶化、资源过度开发、简单重复建设、内部恶性竞争、缺乏自主知识产权等，与发达国家相比仍然存在较大差距。

另一方面，虽然我国目前是大宗化学品、原料药及中间体的制造和出口大国，但很多高端功能产品及其核心精制技术与装置仍然需要进口，对国外的依赖度依然很大。例如：虽然我国稀土总储量占世界的80%，产量占世界的70%，但是由于我国工业结晶精制技术发展未得到充分重视，以稀土资源为原料的高性能能源材料（晶纤维、晶膜复合材料）大部分仍依赖进口。新型有机光电子材料是支撑新材料、信息技术和新能源产业发展的重要基础。有机电致发光显示器（OLED）、激光打印和复印、数字印刷、染料光盘（CD）等产业领域已经形成每年数千亿美元的国内外市场，并且每年以10%以上的速度增长，但制造这些有机光电子器件的高端功能晶体化学品及其关键精制结晶技术我国还未充分掌握，此外，一些重要化工产品［如 MDI（二苯基甲烷二异氰酸酯）、丙烯酸、对苯二甲酸等］的大型结晶精制技术与装置至今还需从国外引进，制约了我国化工产业转型升级以及材料、能源、电子、国防等高新技术行业的高质量发展，难以形成新质生产力，严重威胁我国产业链、供应链的安全可控[1]。

晶体化学品是不同行业高端功能化学品中的核心部分，如表 1-1 所示[2]，而工业结晶技术是制备高端功能晶体化学品的共性关键技术。目前，我国正在创建国家层面的高端功能晶体化学品和技术研发创新体系，解决体制上产学研合作松散、内涵上缺失现代工业结晶关键技术工程化研究的发展问题，形成"高端功能晶体产品开发 - 工业结晶精制关键技术工程化研究 - 新型智能化结晶装置制造与成套化"为一体的完整的创新体系。面对目前美国、欧洲、日本等对我国实行结晶精制专利技术封锁的现状，我们只有走高新精制结晶技术自主创新之路，才能实现我国由粗品制造大国向精品制造强国的跨越。

表1-1　晶体化学品在不同行业高端功能化学品中的比例

行业领域	晶体化学品所占产品品种比例/%
精细化学品	>70
医药化学品	>85
食品添加剂	>60
用于新能源、材料工业、电子信息等领域的功能化学品	>50
……	……

第二节
高端功能晶体化学品质量的本质要素

决定晶体化学品品质和功能的要素不仅在于其高的化学纯度，还在于其特定的晶体形态学指标。工业结晶技术不仅是一种高效的分离和提纯手段，同时也是一种制造具有特定晶体形态的功能晶体化学品的关键技术。以有机分子晶体化学品为例，分子通过分子识别和自组装形成特定的结构，可以排除杂质分子，得到高纯度的结晶化学品，并由于生长条件的差异形成不同的晶习和粒度大小。晶体纯度、晶型、晶习以及粒度等会影响晶体化学品的性能，如堆密度、流动性和物理化学稳定性等，并进一步影响化学品的功效，如医药产品的疗效、安全性、稳定性等。

一、化学纯度与杂质问题

化学纯度是指化学品中纯物质和杂质的含量指标。严格的化学组成对高端晶体化学品有着重要的意义，尤其是特定的杂质谱及其特定杂质的含量要求。如医药产品中含有的杂质大多具有潜在的生物药理活性，影响药物的功效以及药物的安全性能，在某些条件下有些杂质甚至还会与药品发生反应，产生未知的毒性作用，危及患者的生命健康。以硫酸氢氯吡格雷为例，手性杂质C含量高将引起神经毒性，为保证用药安全，深圳信立泰药业股份有限公司和广东省药品检验所共同拟定的硫酸氢氯吡格雷国家药品标准中将硫酸氢氯吡格雷左旋异构体的限度规定为1.0%。在电子化学品行业，杂质含量依据不同纳米制程而定。电池级碳酸锂作为锂电池的正极材料，正广泛地应用到电动汽车行业中，因关系到电池的安全性、充电次数等关键特性指标，行业标准规定磁物的含量低于3000μg/kg，但下游客户要求产品磁物含量低于200μg/kg。

一般来说，化学品中的杂质是指在生产制备以及储存运输过程中产生或引入的有害物质，这些杂质的相关信息与特定的化学品有关，可能是与目标产品结构相似的其他化学物质。任何一种可能会影响到产品的化学纯度的物质都可以称为杂质，杂质主要来自以下几种途径。

① 制备过程中引入　原料不纯、部分原料反应不完全、反应过程中产生的中间体或副产物在精制时没有除尽；在制作工艺过程中或设备材料等环节过程带入杂质，如在原料的生产过程中使用的催化剂、溶剂等；在过滤、洗涤、干燥等后处理过程中产品的分解等。

② 储存或运输过程中产生　化学品在储存或运输的过程中，由于储存条件或者储存时间、包装保管不善，如在日光、空气、温度和湿度等因素或微生物的作用下，化学品发生氧化、分解、水解等反应从而产生相应的杂质。

③ 使用过程中引入　药物制剂中处方的辅料成分也可能会带来药物杂质，如在抗尿失禁药的生产中，盐酸度洛西汀会分别与处方辅料中含有的一些苯二酸和琥珀酸发生反应，生成一些药物中的杂质。

二、晶体结构与多晶型问题

同一个物质有不同的晶体结构被称为同质多晶现象。对化学品来说，不同晶型的产品其晶格中分子排列方式的不同，会导致晶体内部分子间作用力以及表面和界面性质的差异，从而引起产品理化性质（如溶解度、熔点、密度、硬度、比热容、晶体形态等）的变化，这不仅影响产品的流动性、可压缩性、凝聚性等加工性能，如硝酸铵，共存在五种晶型，包装时带有的水分会溶解一部分硝酸铵晶体，而在储存过程中温度降低，硝酸铵会析出新的晶型，新晶型与原有的晶体颗粒黏结在一起，造成大量结晶触点的形成而产生晶桥，进而导致产品结块；而且更重要的是还会引起产品的功能（如药品的疗效、安全性和稳定性等）差异，如硫酸氢氯吡格雷存在多种晶型和无定形，晶型Ⅰ和晶型Ⅱ为市场开发的药用晶型，然而，晶型Ⅰ和晶型Ⅱ在理化性质及临床效果方面有较大差异，其中晶型Ⅰ硫酸氢氯吡格雷具有较大溶解度和生物利用度，但稳定性较差，而晶型Ⅱ硫酸氢氯吡格雷具有较高的稳定性，但其溶解度和生物利用度较晶型Ⅰ差。

此外，药物晶型如果出现问题，可能给制药公司造成严重的后果，国内外因晶型转化导致药品被召回的案例不胜枚举。相关的经典案例当属雅培公司的利托那韦。利托那韦是 1996 年上市用于治疗艾滋病的一种重磅药品，开发晶型为 FormⅠ，剂型为胶囊。1998 年，部分制剂工厂生产的原料药晶型Ⅰ变成了利托那韦的另一种更稳定的晶型 FormⅡ。随后几乎所有的生产工厂及实验室，均无法得到满足溶解性要求的晶型 FormⅠ，直接导致制剂"无米下锅"，药物产品无法继续上市供应，利托那韦被迫撤市。雅培公司为此不得不重新开发工艺以及制剂，其间产品退市和重新上市，直接经济损失在 2.5 亿美元以上。

晶型分析包括定性分析和定量分析。对于定性分析，主要是比对 XRD（X 射线衍射）特征峰位置、DSC（差示扫描量热法）熔融峰个数、熔点等。定量分析晶型纯度的准确性主要取决于分析方法的灵敏度，一般人力、物力耗费巨大，需要进行分析方法开发。进行药物晶型定量分析时，鉴于不同定量分析技术和方法的基本原理不同，应选择能够表征晶型物质成分与含量呈线性关系的 $1 \sim 3$ 个参数作为定量分析的特征性参量。对于特定的多晶型体系，可能很难判断使用哪种定量方法更好，因此需要综合考虑方法的难易程度、灵敏度、耐用性、准确性等。

三、晶体形状与粒度

晶体形状也称晶习，是指晶体在一定条件下呈现出的外观形态，晶习取决于晶体不同晶面的相对生长速率，常见的晶习有棒状、块状、针状、板状等（图 1-1）。粒度是指当某种物质的物理特性或物理行为与某一直径的同质球体最接近时，该球体的直径视作被测颗粒的粒径，也称等效粒径。晶体粒度分布（crystal size distribution，CSD）是指样品中各种大小的颗粒占颗粒总数的比例[3]。晶习和粒度是评价晶体产品质量的另外两个重要指标，它们不仅影响着产品的溶解度、溶解速率、流动性、堆密度等性质，还对其工艺过程后续操作如过滤、洗涤、干燥等产生影响。例如，片状药物晶体在过滤过程中容易发生聚结，滤饼的渗透性差，导致过滤和洗涤效率低；而针状晶体易聚结，会导致杂质包藏，纯度低，且流动性差、堆密度低，从而严重影响与辅料的混合以及最终的压片过程。相反，块状晶体由于更容易洗涤、过滤和混合，且流动性好、堆密度高，易于运输和存储，是大部分晶体产品的目标晶习。

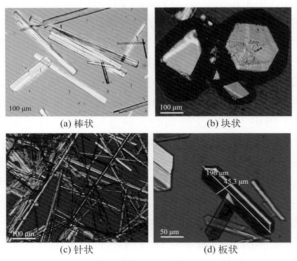

(a) 棒状   (b) 块状

(c) 针状   (d) 板状

图1-1　光学显微镜下晶体晶习[4]

我国食品和饲料添加剂普遍存在产品品质低等共性问题，如国产蛋氨酸由于晶习为薄片状、易破碎聚结、粒度分布不均，堆密度仅有德国德固赛进口产品的1/2，产品流动性难以达到混合要求，只能作为低端初级品出口，产品附加值低；而国外企业将粗品蛋氨酸经结晶精制后再高价返销中国，赚取高额差价。另外，在粒子产品结晶过程中，产品晶体形态差还会导致生产过程效率低、能耗大，使产品含湿量高，难以烘干，致使分离周期长、产品降解、挥发性有机化合物（volatile organic compound，VOC）排放量大，甚至引发安全事故。晶体形态差还会造成结晶管道和釜体结垢，降低设备的有效容积，影响传热，导致产能下降，甚至引发频繁开、停车，缩短设备使用寿命甚至造成损坏，产品质量难以稳定。

晶习主要通过显微镜进行表征。而显微镜技术又主要可以分为光学显微镜（OM）、电子显微镜（EM）和原子力显微镜（AFM）。光学显微镜是一种利用可见光和透镜系统放大样品图像来观察晶体形态的传统技术；电子显微镜以电子束为光源，以高倍率和高分辨率对材料的精细结构进行成像；原子力显微镜通过运用悬臂对特定区域进行扫描来完成样品表面形貌成像。光学显微镜主要用于观察晶体的宏观行为（图 1-1）；电子显微镜既可以观察晶体的宏观形貌，也可用于分析晶体的微观结构；而原子力显微镜常用于观测更加微观的晶习的微观形貌，如表面结构和表面粗糙度。

晶体的粒度分布主要通过筛分法进行测定。利用标准筛对样品进行筛分，根据筛分结果，可将晶体样品标绘为筛下（或筛上）累计质量分数与筛孔尺寸的关系曲线，该关系曲线可表达晶体的粒度分布。除此之外，CSD 曲线还有其他的表示方法，如可绘制成累积粒子数、粒数密度、体积密度或质量密度与粒度之间的关系曲线。此外，常用的简便方法是以中间粒度（medium size，MS）和变异系数（coefficient of variation，CV）来描述 CSD[5]。将相当于筛下累积质量分数为定值（常取 50%）处的筛孔尺寸定义为中间粒度。变异系数 CV 定义式如下：

$$CV = \frac{100\left(PD_{84\%} - PD_{16\%}\right)}{2PD_{50\%}} \tag{1-1}$$

式中，$PD_{84\%}$、$PD_{50\%}$ 及 $PD_{16\%}$ 分别表示筛下累积质量分数为 84%、50% 和 16% 对应的筛孔尺寸。CV 值是反映粒度分布范围的参数值，CV 值越小，表明粒度分布范围越窄，分布更趋集中[5]。除了采用筛分法测定粒度分布外，常用的其他测量粒度的方法还有激光散射法等。如马尔文激光粒度仪是基于光衍射现象设计的，当光通过颗粒时产生衍射现象（其本质是电磁波和物质的相互作用），衍射光的角度与颗粒的大小成反比。不同大小的颗粒在通过激光光束时其衍射光会落在不同的位置，从而反映颗粒的大小；同样大小的颗粒通过激光光束时其衍射光会落在相同的位置。衍射光强度的信息反映出样品中相同大小的颗粒所占的百分比。另外，在线的聚焦光束反射测量（FBRM）仪目前也应用广泛，这是由于它能够实时在线监测溶液结晶过程中粒度及粒度分布的变化，使用起来方便、快捷、准确。

第三节
工业结晶过程基础

结晶过程是一个涉及多相传热、传质的复杂过程，是获取晶体产品的重要手段之一。物质的溶解度取决于其自身的物理化学性质、溶液的性质及温度等条件。结晶过程产品的收率取决于固体与溶液间的相平衡关系，即溶解度。溶液的过饱和度是其主要推动力。溶液的过饱和度反映了溶液的非平衡态与热力学平衡态的差距。此外，晶体的成核与生长机理决定了晶体产品的晶型与晶习，进而决定晶体产品的质量。因此，物质结晶热力学、晶体成核与生长动力学的研究是进行结晶方式选择、结晶过程操作条件优化的重要基础[6]。

一、结晶系统性质

1．晶体

晶体可以定义为一种内部结构中的质点（原子、离子、分子）作几何规律排列的固态物质，该几何规律就是三维空间点阵，也可以称为空间晶格[7]。空间晶格有 32 种可能的对称组合，这些组合大致可以分为 7 组晶系，分别为立方晶系、四方晶系、六方晶系、正交晶系、单斜晶系、三斜晶系、三方晶系。

晶体可以依据七种不同的晶系进行分类，但是对于特定的晶体其各个面的比例往往不一致，进而形成不同的晶习。一个晶体的某一个晶面在特定情况下可能生长很快，而另一个晶面的生长却受到了抑制，这导致晶体在外观形态上出现了很多不同的变化。实际上自然存在的晶体大多存在某些面被抑制的情况，几何形状完美对称的晶体在自然界中很少。

同一个物质结晶出不同晶型的晶体被称为同质多晶现象。造成晶体存在多晶型现象的原因是构成晶体的分子或原子的排列方式不同。不同的多晶型物质其特性往往不同。最常见的多晶型例子是石墨和金刚石，它们都由碳原子构成，但是由于其晶型不同，两者的特性存在巨大的差别。

2．固液相平衡

一般说来，固液之间的相平衡主要包括两种形式：溶液平衡和熔化平衡。在不同化学物质的固相和液相之间的平衡称为溶液平衡，而熔化平衡指的是同种化学物质的固相与熔融态之间的相平衡[8,9]。对大多数结晶过程而言，溶液中的固液相平衡显得尤为重要。当某种化学物质固相的化学势小于其在溶液中的化学势时，固相就会析出；相反，固相会溶解。在一定的热力学条件（温度、压力、组成）下，固相的化学势与溶液中溶质的化学势相同时，体系处于平衡状态，此时溶液为饱和溶液，饱和溶液中组分的浓度即为该物质的溶解度。溶解度通常使用的单位是 100 份溶剂中溶解多少份无水溶质。有些文献中提供的溶解度数据也以溶液的总物质的量中或每升溶液中含有多少无水溶质的物质的量为单位，即摩尔分数或 mol/L 等。溶解度是状态函数，随温度或压力而改变。物质的溶解度特征对于选择结晶工艺方法起决定性作用。例如，对于溶解度随温度变化敏感的物质，选择变温结晶方法分离；溶解度随温度增高变化不明显的物质，适合选用蒸发结晶等方法进行分离[10]。

3．过饱和度与超溶解度曲线

过饱和度是结晶过程中的重要参数，对初级成核、二次成核、晶体生长以及晶体聚结行为都产生影响。当溶液含有超过饱和量的溶质时，则称为过饱和溶液。Wilhelm Ostwald 第一个观察到过饱和现象[11]。将一个完全纯净的溶液在不受任何扰动（无搅拌，无振荡）及任何刺激（无超声波等作用）条件下，徐徐冷却，就可以得到过饱和溶液。标志溶液过饱和而欲自发地产生晶核的极限浓度曲线被称为超溶解度曲线。早在 19 世纪 50 年代，丁绪淮教授就发现一种特定物系只存在一条明确的溶解度曲线，而超溶解度曲线的位置要受多种因素的影响，例如有无搅拌、搅拌强度大小、有无晶种、晶种大小与多寡，冷却速率快慢等。图 1-2 中曲线 AB 表示溶解度随温度的变化关系，CD 表示超溶解度随温度的变化关系，其中超溶解度曲线是一簇曲线 C'D'，而与 CD 趋势大体一致。图中 E 点代表一个欲结晶物系，可分别使用冷却法、真空绝热冷却法或蒸发法进行结晶，所经途径相应为 EFH、EF"G" 以及 EF'G'。

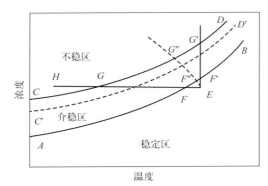

图1-2 溶液的过饱和与超溶解度曲线

过饱和度有很多表征方法，常用的是：浓度推动力 Δc，过饱和度 S，相对过饱和度 σ 等[12]。这些表示法如下：

$$\Delta c = c - c^* \qquad (1\text{-}2)$$

$$S = c/c^* \qquad (1\text{-}3)$$

$$\sigma = \Delta c/c^* = (c - c^*)/c^* = S - 1 \qquad (1\text{-}4)$$

式中，c^* 为饱和浓度；c 为过饱和浓度。

4．介稳区

溶解度曲线与超溶解度曲线之间的区域为结晶的介稳区[13]。在介稳区内溶液不会自发成核。介稳区宽度及其性质对结晶器的设计、操作以及结晶工艺条件的优化都具有重要的作用。

Ulrich 根据成核机理的不同将介稳区分成不同的区域：初级均相成核区、初级非均相成核区和二次成核区[14]。其中初级均相成核区最宽，其次是初级非均相成核区，二次成核区最窄。介稳区宽度反映了结晶体系的特性，介稳区越宽，说明结晶物系的过饱和溶液越稳定，但介稳区过宽或者过窄对于晶体的生长均不利。在工业结晶的操作中，一般将结晶过程控制在介稳区内，防止结晶过程进入不稳区，这样可以得到晶习完整、粒度分布较好的晶体产品。

介稳区的测定方法很多，通常分为直接法和间接法。直接法是指直接监测晶体的出现来确定介稳区宽度，如目测法、激光法、ATR-FTIR、FBRM 和浊度计等[15-17]；间接法是通过测定结晶物系与浓度相关的物理化学性质的变化来确定介稳区宽度，如电导率法、折射率法、石英传感器法等[18,19]。

二、结晶过程动力学

1．结晶成核

在溶液中新生成的晶体微粒称为晶核。按照饱和溶液中是否存在外来微粒，初级成核又被分为初级均相成核和初级非均相成核[20-22]。初级均相成核是指在没有外来微粒情况下的成核现象，初级非均相成核则是指在外来微粒存在下的成核现象。相比二次成核速率，初级成核速率大得多，而且对过饱和度变化非常敏感，导致初级成核速率难以控制在一定的水平，这也是除了超细微粒外一般工业结晶过程都要力图避免发生初级成核的原因。

在晶体存在条件下形成晶核的过程为"二次成核"[23,24]。这是绝大多数结晶器工作时的主要成核机理。由于结晶产品要求具有指定粒度分布指标，而二次成核速率是决定晶体粒度分布（CSD）的关键因素之一，所以控制二次成核速率是实际工业结晶过程的重点。

2．晶体生长

一旦晶核在溶液中生成，溶质分子或离子会继续排列上去而形成晶体，这就是晶体生长。晶体生长将经历以下几个阶段：①生长单元通过主体扩散输送到晶体生长表面并吸附到平台上；②吸附在平台上的生长单元通过表面扩散迁移到台阶的边缘，占据阶梯位点；③台阶上的生长单元迁移到扭折面上，并吸附到扭折位点；④释放和输出反应热，将溶剂从溶剂化的原子或分子中脱除[25,26]。

以上一个或多个步骤都可能会对晶体生长速率产生影响，最慢的步骤即为速率控制步骤。溶剂和添加剂也是通过影响动力学过程的某个或多个阶段使晶体生长过程发生变化，从而导致不同晶型及晶习的形成。因此，通过探究晶体生长机理并调控生长的关键步骤从而调控晶习是工业结晶的重要研究点之一。

3．二次动力学过程

结晶过程中，除结晶成核与晶体生长等基本过程外，通常还伴随着粒子的老化、聚集和破碎等过程，将这些过程称为结晶过程的二次动力学过程。二次动力学过程对晶体产品的粒度分布、晶型、晶习和纯度均具有较大的影响。

晶体粒子的老化过程主要包括 Ostwald 熟化和相转移两种情况。Ostwald 熟化是 1896 年 Wilhelm Ostwald 提出的一种描述固溶体中多相结构随着时间的变化而变化的现象 [2]。当一相从固体中析出时，一些具有高能的因素会导致大的析出物长大，而小的析出物溶解，从而得到粒度分布集中的产品。相转移是另一种经常出现的粒子老化过程，它是指处于介稳态的固相粒子通过相转变而成为更稳定的固相粒子的过程。根据 Ostwald 递变规则（rule of stage），对于一个不稳定的化学系统，其瞬间的变化趋势并不是立刻达到给定条件下最稳定的热力学状态，而是首先到达自由能损失最小的邻近状态。所以，对于一个反应结晶过程，首先析出的可能是介稳的固体相态，随后才能转变为更稳定的固体相态。

聚集（aggregation）是粒子碰撞并黏附形成更大的粒子的过程。在反应结晶和大部分的溶析结晶过程中比较常见，聚集可以对晶体产品的外观、纯度和粒度分布等产生影响。聚结也是结晶过程中比较常见的现象。聚结过程一般包含三个步骤：①晶体在外力的作用下相互发生碰撞；②碰撞的颗粒在范德瓦耳斯力等作用力下发生黏附；③黏附在一起的颗粒之间生成晶桥，晶桥逐步生长并使颗粒聚结稳固。聚结现象往往会使晶体粒度增大，但是同样会导致晶体纯度下降。此外，聚结现象可能生产一些具有特殊形状的晶体（例如球晶）。

破碎（breakage）是工业结晶过程中二次核的主要来源之一。其产生的根本原因是来自流场的剪应力。在应力的作用下，聚结体发生形变，长径比逐渐变大，在基本粒子的连接点处应力逐渐增大，当此处的应力超过某一临界值时，聚结体发生破碎，形成数个基本粒子或更小的基本粒子的聚集体。晶体粒子的破碎一般表现为两种形式：一种是基本粒子的破碎，另一种是聚集体的破碎。基本粒子的破碎是与晶体生长相反的过程，而聚集体的破碎是与晶体粒子聚集的互逆过程。

三、工业结晶方法

1．溶液结晶

溶液结晶是工业上最常用的结晶方式，指从溶液中析出固体的过程，这一过程推动力的大小直接影响着结晶速率和晶体质量。根据溶液结晶中产生过饱和度的方式不同可以分为反应结晶，即通过反应不断进行使溶液中溶质浓度增加[27]；冷却结晶，即通过降低温度使溶质溶解度减小（对溶质溶解度随温度降低而增大的体系可通过升温结晶产生过饱和度）；蒸发结晶，即通过溶剂蒸发使溶液中溶质浓度增加；溶析结晶，在溶液中加入反溶剂使溶质溶解度减小。

（1）反应结晶　反应结晶是指气体与液体或液体与液体之间进行化学反应产生难溶或不溶固相物质的过程。反应结晶包括混合、化学反应和结晶三个主要过程。反应结晶一般具备三个特征：① 由反应产生过饱和度。由于反应速率一般都很快，而产物在反应体系中溶解度特别小，故晶核往往在特别高的相对过饱和度下产生，一般认为该过程的二次成核可忽略不计；②由于相对过饱和度很高，所以成核在反应结晶中扮演着主要的角色，在反应结晶过程中体系颗粒浓度往往可达到 $10^{11} \sim 10^{16}$#/cm^3，颗粒粒径则一般为 0.1 ～ 10μm；③由于体系存在高过饱和度以及大量细小颗粒的产生，粒子的 Ostwald 熟化、相转移以及颗粒的聚集和破碎等二次过程对反应结晶过程的影响很大；④由于反应速率往往很快，此时物料的混合起着重要的作用，所以在反应结晶过程中必须考虑宏观混合及微观混合的影响。

在反应结晶过程中，往往初始过饱和度过高使得成核难以控制、纳米级别的粒子的聚集难以有效控制、溶液结晶过程中晶体粒子的外部生长环境难以调控，从而使得晶体产品的晶习以及粒度难以得到有效的调控，这成为制约反应结晶过程发展的瓶颈之一。

（2）冷却结晶　冷却结晶是指通过降低饱和溶液的温度，使溶质析出的过程。此法适用于溶解度随温度的降低而显著减小的物系。冷却的方法又可分为自然冷却、间壁冷却及直接接触冷却。自然冷却是使溶液在大气中冷却而结晶，其设备构造及操作均较简单，但冷却徐缓，因而生产能力低，且难以控制产品质量，当生产规模较大时不宜采用。间壁冷却结晶是应用广泛的工业结晶方法，在几种结晶方法中冷却结晶消耗能量较少，但冷却传热面的传热系数较小，所允许采用的温差又小，故一般多用在产量较小的场合。间壁冷却法的主要困难在于冷却表面上常会有晶体结出，称为晶疤或晶垢，使冷却效果下降，而从冷却面上清除晶疤往往需消耗较长的工时。直接接触冷却法包括以空气为冷却剂与溶液直接接触冷却的方法，还有采用与溶液不互溶的碳氢化合物为冷却剂使溶液与之直接接触而冷却的方法，以及近年来受到重视的采用专用的液态冷冻剂使溶液与之直接接触而冷却，在冷却过程中冷冻剂则气化的方法。

（3）蒸发结晶　蒸发结晶是指将溶液中的溶剂在加压、常压或减压下加热蒸发而脱离溶质，溶质聚合变为晶体的过程。此法主要适用于溶解度随温度的降低而变化不大的物系或具有逆溶解度的物系。常压蒸发主要用于大气压下沸点较低、蒸气压较大的结晶体系，减压蒸发主要用于常压下沸点较高或者高温下容易分解、氧化的结晶体系，加压蒸发通常用于黏性较大的结晶体系。蒸发结晶消耗的热能最多，加热面的结垢问题也会使操作遇到困难。蒸发结晶目前主要用于糖及盐类的工业生产。为了节省热能，常由多个蒸发结晶器组成多效蒸发，使操作压力逐效降低，以便重复利用热能。晒盐是目前最简单的应用太阳能蒸发结晶的过程。蒸发结晶过程中对过饱和度的局部变化的控制最为重要，决定着晶体产品的质量，如晶习及粒度分布。这些局部变化可以发生在受热表面，也可以发生在沸腾过程的气液界面。在受热表面处，局部的高温和高蒸发速率会产生不可控的局部过饱和度，在这些区域，会产生大量的不可控的成核，特别是在混合不均匀的部位。此外，受热表面的"墙"同样会导致产品质量问题。在气液界面处，受热液体高温下的直接暴露同样会导致气液相界面的表面产品分解。

（4）溶析结晶　溶析结晶是指将溶质溶解于水或有机溶剂中，随后向该溶液中加入不良溶剂而产生过饱和度，最终使晶体析出的方法。所加入的物质可以是固体，也可以是液体或气体，这种物质往往叫作稀释剂或沉淀剂。对所加物质的要求为：能溶解于原溶液中的溶剂，但不溶解被结晶的溶质，而且在必要时溶剂与稀释剂的混合物易于分离。盐是一种常用的沉淀剂，例如在联合制碱法中，向低温的饱和氯化铵母液加入 NaCl，利用共同离子效应，使母液中的氯化铵尽可能多地结晶出来，以提高其收率。液体稀释剂也是常用的物质，例如在不纯的混合水溶液中加入适当溶剂（如甲醇、乙醇、异丙醇、丙酮）以制取纯的无机盐等。此法也常用于使不溶于水的有机物质从可溶于水的有机溶剂中结晶出来。溶析结晶的优点有：①可与冷却法结合，提高溶质从母液中的回收率；②结晶过程可将温度保持在较低的水平，这对不耐热物质的结晶有利；③在有些情况下，杂质在溶剂与稀释剂的混合物中有较高的溶解度而保留在母液中，从而简化了晶体的提纯。溶析结晶最大的缺点是对于母液需要特殊的设备分离与回收。

2. 熔融结晶

熔融结晶是根据混合物之间凝固点的不同而使物质在凝固或熔化过程中分离提纯的一种方法。熔融结晶是一种利用物质本身的固-液相平衡实现混合物分离的新型化工单元操作，其目的包括分离、提纯和浓缩，广泛应用于分离提纯同分异构体、热敏性物质和共沸物等难分离体系。熔融结晶分为层熔融结晶、悬浮熔融结晶与区域熔炼法[28]。层熔融结晶是指晶体在结晶器壁表面析出的过程。而悬浮熔融结晶过程在带有搅拌装置的结晶器内进行，晶体以颗粒的形式从熔体中析出，颗粒悬浮于熔体之中，因此称为悬浮熔融结晶。区域熔炼法是指待纯化的固体材料顺序局部加热，从一端缓慢到另一端，达到纯化材料的目的。

近些年来，随着能源短缺和环境污染问题日趋严重，传统化工过程逐渐向高效率、对环境和健康低危害的绿色化工过程方向发展。溶液结晶过程主要受传质速率控制，而熔融结晶过程更多受传热速率控制。熔融结晶的优点是过程不需要引入额外的溶剂，也没有溶剂移除的需求，因此，更有利于制备高纯度的产品。熔融结晶具有的独特分离性能使其在一些领域得到广泛应用，一方面由于可以制备高纯度产品，其在需求高纯化学品的医药、食品、半导体和其他领域得到较多应用；另一方面对于同分异构体、共沸混合物和热敏性物质等特殊物系的分离具有显著优势，已在多种体系实现了混合物的有效分离。此外，降温结晶过程是熔融结晶过程重要的一步，其在废水处理、海水脱盐等水处理领域也得到广泛应用。

3. 升华结晶

升华结晶是指当温度和压力低于物质的三相点时，物质从固态直接转变为气态而没有液相干预，而后在一定温度条件下重新再结晶的过程[29]。在工业应用中，升华结晶通常还包括其相反的过程，即凝华，又称去升华。升华结晶有很多优点，首先，利用固体物质的升华特性进行分离纯化可得到高纯物质；其次，操作过程无需溶剂加入，不仅完全避免了溶剂分子对晶体的影响，而且有助于筛选出新晶型；更重要的是，避免了"三废"的产生，所获产品无溶剂残留，更符合绿色化学要求。此外，升华结晶也是一种获得高质量可解析单晶的有效方法。

在晶体工程领域，升华结晶在晶型筛选、共晶设计、晶习修饰及分离纯化等方面优势突出，具有广泛的应用前景。但目前，对升华结晶相关原理的探究还不够深入，没有形成成熟的理论模式，这在一定程度上限制了升华结晶的进一步应用及产业化。此外，对升华结晶的应用研究大多处于实验室阶段，升华装置相对简单，很少有标准形式的升华设备被设计出来。深入研究升华结晶的机理，开发适合规模化生产的升华结晶设备，是升华结晶在有机化工、医药化工甚至航天化工等领域的发展趋势。

4. 其他结晶方法

除上述结晶方法外还有加压结晶、喷射结晶、冰析结晶等。加压结晶是靠加大压力改变相平衡曲线进行结晶的方法[30-32]。喷射结晶类似于喷雾干燥过程，是将很浓的溶液的溶质和熔融体固化的一种方式。严格地说喷射固化的固体并不一定能形成很好的晶体结构，而其固体形状很大程度上取决于喷口的形状。高聚物熔融纺丝牵伸过程中形成部分结晶结构，即属于这种类型。冰析结晶的特点在于使用冷却方法移走溶液的热量使溶剂结晶而不是溶质结晶，步骤是先由浓缩的溶液中分离结晶，用纯溶剂洗涤结晶后，再将结晶溶剂熔化以制取较纯的溶剂。该过程已用于海水的脱盐、水果汁的浓缩以及咖啡的萃取等。目前主要用于水溶液系统，冰析的目标是水的移出。冰析过程一般分为直接接触冰析、间接冰析与真空冰析过程。

第四节
工业结晶实践中的主要问题

结晶是控制晶体产品质量的关键步骤。一种特定物质的结晶过程与其成核及生长的固有属性有关，同时其理化性质也会受结晶环境，如溶剂、温度、过饱和度等因素的影响。下面主要介绍工业结晶实践中的主要问题，以及这些问题与晶体产品质量的关系。

一、晶体成核与多晶型控制

晶体成核是分子在几乎无序状态下形成最初始有序排列的过程。不同的结晶系统产生晶核的难易程度不同，有些结晶过程要经过相当长的时间才能自行产生晶核，而且往往是在较高过饱和度下爆发成核，导致较高的初级成核速率，最终造成细小晶体的聚结，或生成针状、片状晶体。晶体的颗粒性能将严重影响后续过滤、洗涤和离心等过程的效率。当晶体尺寸分布不均时，不仅易聚结，而且溶液包藏母液，导致晶体干燥过程耗时耗力，晶体产品结块。因此对成核速率的控制是结晶过程的重点。由于成核过程的微观性和时间尺度上的瞬间性，很难有直观的观测和分析手段，从而导致在研究上存在很大的困难与局限性以及很多理论和推论缺乏直接的实验证据。晶体成核作为结晶过程中最神秘的研究领域之一，未来仍然需要研究人员不断探索。发展与普及先进的实验设备、模拟技术来直接观测成核过程的演变是未来的一大发展方向。

成核过程中晶体分子的微观连接方式和排列结构决定晶体的晶型，而晶型相当于晶体的"基因"。简单来讲，多晶型就是具有相同化学组成，但是其最小分子结构单元以不同的构象、构型、连接或排列堆积方式存在，造成整体的晶体点阵结构不同的现象。晶型的不同会导致宏观的晶体形态及其他物理化学性质的差异，最典型的例子就是金刚石和石墨（图1-3）。根据吉布斯相律，在某一特定的温度和压力下，一种物质只存在一种热力学稳定的晶型。但是，动力学因素的存在，使得多种不同的晶型可以在特定的温度和压力下同时存在，这就导致晶体产品中混晶的出现。因此，开发合适的结晶工艺实现目标晶型产品的控制和稳定生产是当前工业结晶研究领域的热点和难点[33]。

图1-3 金刚石（左）和石墨（右）

二、晶体生长与晶习调控

如前所述，有机晶体中分子的规则周期性排列方式决定了晶体各晶面的特性（包括各晶面的显露基团、荷电性、极性、亲疏水性等）存在显著差异，这就是有机晶体的各向异性。晶体各晶面特性的不同导致其与过饱和溶液中溶剂及溶质分子间的作用力类型和大小存在差异，因此各晶面的生长速度也是不同的。生长速度越快的晶面在具体表面占的面积越小，生长速度越慢的晶面则面积越大，这是不同结晶条件下所得产品呈现不同晶习的根本原因。晶习不仅决定结晶后续过滤、洗涤、干燥等过程的效率，而且对产品的堆密度、流动性、分散性、晶体强度等存在不同程度的影响，因此在结晶过程中控制晶体生长和晶习具有重要的现实意义。

从结晶学角度分析，晶习严格受晶体内部分子结构的制约，真空体系中，晶体可自发地生长成为具有对称几何外形的多面体。而在溶液环境中，晶体生长受外部因素，例如溶剂、温度、添加剂的影响，晶体趋向某一特定晶面方向生长为具有特定形貌的晶体。如在高过饱和度下，API（药物活性成分）-溶剂分子间作用力较强时，晶体沿某一特定方向的生长较快，容易生成针状晶体；而在低过饱和度下，API-溶剂分子间作用力较弱时，生成片状晶体较多，粒度及分布较容易控制。此外，添加剂通过参与晶体的成核和生长，在控制晶体尺寸和形态方面具有立竿见影的效果，然而现阶段添加剂的筛选主要基于盲目试错，成本高且效率低，无法实现对晶习的精准调控。可见，结晶外界环境对晶习和粒度大小及分布的影响不能一概而论，其复杂之处在于每个过程变量并非独立于另一个变量，而是相互作用。因此，亟须探究结晶环境对晶体生长过程的干涉机制，建立多尺度的晶习调控方法，实现对晶体产品晶习的精准、高效调控[34]。

三、无定形现象

无定形态是物质存在多晶型现象中的一种形式，是晶体的一种特殊状态。但由于无定形态药物理化性质的特殊性，无定形态受到人们的重视，成为重要的固体药物存在形式之一。无定形物质具有状态不稳定的性质，使之在药物的实际应用中面临新的挑战。在无定形态药物的生产制备和储存过程中，如果发生了晶型的转变，那么可能会导致药物临床作用发生改变。例如，1976年及以前，我国生产的利福平都是无定形态，虽然有较好的疗效，但稳定性较差。无法保证有效期、产品质量难以控制，影响了药物临床疗效。1977年改变制备工艺后，通过晶型控制改善了药品稳定性，产品质量得以提高。正是因为临床应用的无定形态药物的稳定性较差，在很长的时期内，多数人仍误认为只有最低能态的晶型适合制备药物，以求药物稳定，而对高能态的无定形态物质则往往忽略，甚至是排斥。这正是无定形态药物没有得到很好发展的重要原因。

人们通常认为固体药物的无定形态不会像晶态物质那样有多种多样的形式。但事实上，物质的无定形态也可以存在不同的形式，这种现象被称为无定形多态。实际上，已经有越来越多的实验证据在不断证明固体化学药物无定形多态的存在，这些药物无定形多态的发现，为无定形多态的药物研究与开发增加了更多选择的机会，也为人们获得临床疗效更佳的固体药物优势晶型提供了新的物质研究思路与方法。然而，人们对固体物质形成无定形多态的现象认识十分有限，特别是对能够引起无定形多态现象的影响机制尚不清楚。无定形的定性与定量分析相比于晶型更为复杂，通常需要通过多种分析技术与方法进行鉴定分析。

近年来的科学研究也证明，并非所有药物都应选择自由能最低的晶型。有些情况下，无定形态更有可能成为优势药物晶型。特别是固体药物在高能态的无定形态时，往往比稳定的晶态物质具有更高的溶出速率、更好的生物吸收、更佳的临床疗效。所以，在新药研究与开发中，对无定形态固体物质的选择和深入研究具有重要的科学意义和实用价值。随着人们对药物中无定形多态认识的不断深入，对无定形多态药物的发现技术、制备工艺技术、鉴定分析技术、药物质量标准及质量控制技术等方面又提出了新的挑战和难题。

四、油析

油析，也称为液液相分离，一般是在工业结晶过程中不希望发生的现象。油相的形成阻碍了晶体的初级成核以及二次成核过程，使得结晶诱导期变长，这会导致晶体形态较差、结晶度差、纯度低等问题，甚至最终只能得到黏稠油相或无定形，而得不到晶体产品。奥斯特瓦尔德规则认为，结晶过程中API倾向于先形成不稳定态或者高能态，再由不稳定态向稳定态进行转化。油相即是一种热力学或动力学不稳定态，它有形成稳定晶体的趋势。然而在工业生产过程中，黏稠的油相往往很难转晶，尽管从热力学的角度来看，转晶是必然的，而从动力学角度来看，黏稠油相达到了一种动力学稳定状态，转晶难度增加。因此，工业结晶过程中，操作者常通过各种方法来避免发生油析。油析过程产生的小油滴如图1-4所示。

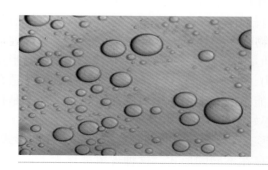

图1-4
油析过程产生的小油滴

油析现象的发生不仅使结晶过程难以控制，而且也难以获得符合要求的理想产品，通常主要采用以下几种方法控制油析：①调整溶剂。通过调整溶剂的种类或者配比，改变溶质和溶剂分子间的作用力，改变整个结晶体系的极性，从而改变液液平衡区域，避免油析现象的发生。②添加晶种。在低过饱和度时可以通过加入晶种来避免油析，晶种能够使介稳区的宽度变窄，而最好的加晶种的位置应该是靠近溶解度曲线处于介稳区 1/4～1/2 处。目前，添加晶种是一种主要控制油析产生的方法，且加入晶种可以诱导产生相应晶型，因此在工业结晶领域中应用较广泛。③选择结晶起始浓度点。根据相图选择合适的结晶起始浓度点以避免油析现象的发生。近年来研究者发现，油相的出现不一定都带来不利的影响，通过控制油滴的大小，可以达到控制晶体尺寸的目的，从而获得了更大的晶体。

目前有关油析的研究主要是通过测定油析相图确定油析的操作区域，然后通过避免或者利用油析来得到分散性好、粒度分布均匀的高质量晶体产品。然而，关于油析相图的预测以及油析现象的形成机理有待进一步研究。

五、粒子聚结

聚结是指粒子间通过静电力、范德瓦耳斯力、氢键作用形成一个聚结体的过程。通常认为聚结过程由碰撞、黏附和搭桥固化三个连续的基本步骤组成。在结晶和沉淀过程中发生聚结现象不仅会影响产品的外观形态，而且会影响产品的纯度。例如，聚结体粗糙的表面导致流动性差，松散的结构导致堆密度小。而且微晶的聚结或团聚可能导致杂质或溶剂的内部包藏，聚结体不光滑的表面也会吸附更多的杂质，这些内部包藏或表面吸附杂质一般不易通过洗涤的方式除去。因此研究结晶和沉淀过程中的聚结现象具有重要的意义。

对于聚结模型的研究，许多研究表明在布朗运动聚结或正动聚结分别占主导的模型下，对聚结行为已经有了很好的理解。然而，从另一方面来看，在两种模型之间的过渡区内人们对聚结机理理解还不够深入，今后对此应加大研究力度。另外绝大多数的聚结模型都是建立在干燥过程上的，对其他物理状态却很少涉及，还需要进一步研究。尽管聚结机理非常复杂，但是以下两个方面的问题还需要研究：聚结体、粒子成长及团聚体三者之间的相互联系；在聚结和团聚同时存在的成核和成长过程中的粒数衡算方程。因此今后对聚结和团聚的研究应集中在两个方面：一方面研究粒子之间如何相互作用并形成团聚体，解答有关聚结机理和聚结影响因素方面的问题；另一方面研究聚结对产品粒度分布的影响，建立模型计算包括成核、成长及聚结的结晶过程产品 CSD。

六、结垢现象

结垢是指水中的微溶性盐类沉积在换热面上而形成垢层。结垢是一种常见的结晶现象，如开水壶内壁的"水锅巴"就是典型的结垢。在工业领域，换热器设备、油田化工管道以及海水淡化设备等更是面临结垢的挑战和危害。据调查，90%以上的换热设备存在不同程度的结垢问题。结垢导致换热器热阻增加、传热效率下降，造成设备腐蚀和能源浪费。对于油田管道，结垢将导致管道流体阻力增加、管道堵塞，甚至造成安全事故。结垢还将影响环境，大量使用的化学阻垢剂以及结垢物清洗过程中产生的废水给土壤及水资源环境带来直接污染[35]。此外，人体"结石"等疾病也是一种特殊的结垢现象，也称为病理结晶。我们每天饮用的水中和吃的食物中都含有不稳定的水溶性碳酸氢钙，一定温度下其极易转变成碳酸钙以及草酸钙、磷酸钙。这些垢一部分被排出体外（尿垢），一部分在体内阻塞血管，形成结石，如肾结石、胆结石、尿结石等，不仅给人们带来极大的痛苦，还严重威胁人类的生命健康。

因此，结垢的控制成为近年来结晶研究的热点之一。有关抑制结垢，一方面要从源头上探究晶体结垢的机理，为结垢抑制剂的开发奠定基础；另一方面，需要不断开发新的溶垢手段，如采用酸溶等手段，从而解决工业结晶中的"结垢"问题。

七、工业结晶放大

工业结晶作为最传统的单元操作之一，被广泛地应用于工业领域。然而，工业结晶放大一直是工业领域中非常复杂的课题。工业结晶放大主要可以分为过程放大及设备放大。具体存在以下问题：①数据处理模型的不完全性，使得理想模型的预测结果与实际生产有很大的差别。②晶体过程复杂性，晶体生长依赖于晶体的大小、晶体的来源。③杂质对晶体成核与成长的影响的不可预测性。④流场的差异，晶体在结晶器内所处的外部环境（如温度、浓度、悬浮密度和过饱和度等）不同，在结晶器中的分布不同。因此，在工业结晶放大过程中，需要着重关注以下问题：①多尺度结晶数据的采集，建立基于实际溶液的理性预测模型。②结晶过程中杂质的控制及不同杂质对结晶过程影响的机理分析。③设计具有良好混合效果的结晶器，并关注结晶器内部的流场。④建立结晶过程的实时监测方法以实现对结晶过程的实时控制。⑤设计新型工业结晶装置，保证过饱和度和晶体颗粒在结晶器空间合理分布，实现理性放大和工业运行安全。

此外，为了能更准确地对工业结晶过程进行研究，需要对包括动态分析、产品预测、结晶器性能优化等连续结晶过程的建模与控制问题进行深入的研究探讨。目前结晶过程控制的研究主要集中于批次结晶器的过程控制问题，研究内容以非线性优化技术的批次轨迹优化、基于非线性模型预测控制（nonlinear model predictive control，NMPC）的批次内反馈控制器设计及基于迭代学习控制（iterative learning control，ILC）的批次间反馈控制器设计为主。

第五节
技术展望

现代工业结晶技术是制造高端功能晶体化学品的关键核心技术，也是流程制造业中的共性技术，是目前国际科技界与产业界技术竞争的前沿与焦点。面对21世纪资源、环境、能源以及经济危机的严峻挑战，国际医药、精细和海洋化工、电子信息、能源材料等领域亟须迅速发展。作为一种高效率、高纯度、低能耗、低污染制备晶体粒子产品的共性关键技术，现代工业结晶技术引起了国际学术界和工业界越来越广泛的重视，已由传统的工业结晶技术向晶体工程方向跃升，并成为制造高端功能晶体化学品的核心支撑技术。展望未来，结晶作为高端功能晶体化学品制备的关键手段，在以下几个方面亟待深入研究与发展[36]。

一、结晶工艺连续化

结晶过程的连续化是其过程中每个单元连续化的过程，作为结晶过程中必不可少的单元操作，连续结晶特别是其控制方法的研究是控制工程中的前沿课题。我国连续制药的研究尚处于起步阶段，目前正在积极开展相关的基础研究，连续结晶技术对支持我国药企参与国际竞争具有极大的理论意义与实用价值。在制药过程中，结晶操作是在制药活性成分合成结束后，对活性成分进行分离和提纯的重要单元操作，晶体的粒径分布、纯度、形状等特性是影响结晶产品最终质量的关键性参数，这些晶体特性不仅仅影响下游的过滤、干燥和研磨等单元操作，并将最终影响药物的药效。尽管批次结晶是目前结晶的主要生产方式，但是由于批次结晶器自身的特点，在晶体质量及质量一致性方面存在先天不足，而连续结晶过程则在低成本、高效、全程可控的结晶生产方面优势明显[37,38]。

在市场经济迅速发展的今天，连续结晶技术虽然被广泛地应用在制药工业的各个生产领域中，但其在实际的生产过程中仍然存在一定的不足。主要表现为以下几个方面：①自从连续结晶技术被开发并应用到医药工业生产中，医药行业的相关专业人士认为该技术只适用于大规模的企业，一般的小型制药行业由于自身规模的限制而无法达到实际的生产效果，从而制约了该技术被进一步推广和发展。然而，随着现代化信息技术的不断进步，人们的生活水平不断提高，使得大众对药物的需求量变得越来越大，而传统的制药技术已经无法适应和满足人们的需求，因此为了有效提高药物的产量而投入大量的资金和设备，最终导致生产成本增加。②在连续结晶技术实际应用的过程中，最常见的问题是结晶器壁或者管道内会出现大量的污垢。而这一问题会直接影响制药的效率和药物的质量，同时也会缩短机器设备的使用寿命。因此，对于制药的结晶设备需要定期地进行保养和管理。③随着面向连续结晶过程的新型连续结晶器的出现，迫切需要针对连续结晶过程的控制器设计理论与方法。但由于连续过程和间歇过程在系统特性、控制目标及相应的控制器设计方法上存在本质差异，批次控制器设计方案不能直接用于连续系统。如何根据连续结晶过程的特点，参考批次结晶过程中控制器设计取得的理论与算法成果，建立针对连续结晶过程的控制器设计理论体系是目前连续结晶亟须解决的一个关键问题。④由于连续结晶技术的发展还不够完善，所以在一定程度上可能引发制药管理部门的误会和怀疑，而这也会影响到制药生产的进程。为此，需要加大对连续结晶技术的宣传，鼓励相关行业的人员能够走进制药生产的工厂中，了解实际的生产流程，促进连续结晶技术的进一步发展。

二、结晶过程绿色化

清洁生产是制药工业未来的发展方向，国内的制药结晶技术相对落后，在结晶工艺方面，有毒溶剂添加较多，工艺流程烦琐，较差的晶体产品特性导致后续工艺复杂度和生产成本上升，晶体残留溶剂过多导致挥发性有机化合物（VOC）

挥发严重，设备落后使能耗物耗、废料废渣增多。根据人们对环境的生态化要求以及面临的能源、资源危机挑战，传统工业结晶技术必须向绿色高效化发展。不仅要求选择环境友好的溶剂体系，而且需要对结晶精制工艺进行优化，使制造过程向减量化、节能、降耗、减排的目标发展。如天津大学发明的一步法 A 晶型盐酸帕罗西汀精制过程，与国际专利技术相比，节能 70%、原材料消耗降低 80%、废物排放量降低 80%，实现了质量和能量集成，达到了对环境影响最小的循环经济发展目标[39]。

遵循绿色化学化工原则，传统工业结晶技术必须向绿色高效集成化发展。绿色结晶的目标是优化结晶过程中的物料添加过程和料液循环过程，以达到清洁生产的目的。制药工业中实现绿色结晶技术的主要途径有：发展绿色结晶工艺，在筛选绿色高效溶剂的基础上，做到单一、减量化使用，提高单程结晶收率，间接降低"三废"排放，实现结晶母液和副产品再利用和资源化；通过晶体工程学优化晶体产品的形貌和界面特性，使过滤、洗涤、干燥、压片环节大幅简化，避免溶剂化合物的形成，从而避免干燥过程中溶剂挥发造成污染；优化升级连续制造过程，研发连续结晶工艺，整体提升结晶质量，减轻排污压力；设计智能化的结晶设备，配合升级工艺，实现流体力学优化和设备集成化。面对绿色结晶技术需求，现代制药结晶技术仍然面临许多挑战，如溶剂筛选的理性设计、药物晶体工程学、连续结晶技术、过程分析和模拟技术、大型结晶设备设计与控制等有待科研工作者开拓产学研合作平台开展研究，以促进现代制药结晶技术面向清洁生产的要求快速发展。

三、结晶设备智能化

智能是指在大数据和人工智能的支持下，实现制造全流程的状态预知和优化。智能制造是面向产品全生命周期的，用来实现泛在感知条件下的信息化制造。智能制造技术是在现代传感技术、网络技术、自动化技术、拟人化智能技术等先进技术的基础上，通过智能化的感知、人机交互、决策和执行技术，实现设计过程、制造过程和制造装备智能化。在工业结晶发展过程中，智能化是其中的一个方向。现在倡导工业全方位发展，智能化只是对技术上的要求。随着原材料价格和人工成本的持续上涨，更多结晶企业希望通过结晶技术与高新技术"联姻"，孕育出新的产业扩张模式。工业结晶通过融合集成信息和智能等技术，实现生产的绿色化、自动化和智能化。通过人工智能可以对溶解度、晶型、晶习、共晶进行预测，对蛋白质能否结晶及其结晶条件进行预判。智能化的目的是提高分析、推理、决策和控制能力，提高智能水平，实现真正的智能化。实现结晶过程的智能化控制，依赖于具有感知、分析、推理、决策、控制功能的制造装备，需要先进制造技术、信息技术和智能技术的集成和深度融合[40,41]。

如蛋白质类大分子物质内部 40% ～ 60% 的空间被溶剂分子填充，在晶体内形成孔隙和通道，使晶体的韧度、硬度降低，可能加剧晶体排列的不规则性；分子间的作用力导致晶格排列不规则情形的增加，增加了结晶的难度。因此，需要对结晶方式和条件进行高通量的筛选。对于一个给定的大分子物质，预测其是否能够结晶具有重要的实际意义。一方面，可以将大分子物质的基础特征，如氨基酸序列、等电点、总平均亲水性、二级结构、非稳定区域等与结晶度的性质相关联，将蛋白质结晶从"艺术"问题转变为"科学"问题；另一方面，可以采用不同的预测方法对结晶偏好性进行预测。但目前的智能化研究存在机理不明确、预测条件不明确的弊端。在过程设计中引入机器学习，能够减少实验量，提高实验覆盖率，而且结果更加准确。但是由于缺少对体系性质的考虑，实验的过程不灵活。因此，将机器学习与专家经验结合，使实验覆盖率和搜索速度进一步提高，将是未来发展的方向。

新时代是科学创新的时代，以高端医药、绿色农药、先进材料、精细日用化学品等为代表的功能化学品高端化发展是时代的要求，也是历史的必然。我国高端功能晶体化学品的发展正以我国不断发展的高新技术为依托，为我国人民生活和世界经济社会提供高质量、全种类、多功能的产品。随着我国综合国力的进一步提升，高端功能晶体化学品领域将在继续扩大市场规模的基础上持续加强科技创新，并将创新成果进一步应用到实际生产中，全面实现晶体产品高端化、结晶工艺创新化、结晶过程绿色化。作为高端功能晶体化学品工艺生产的核心技术，工业结晶技术将继续与全生产线相融合，实现学科交叉与合作，不断打破国外垄断技术对我国的技术封锁。

参考文献

[1] 张方. 高端专用化学品发展趋势分析 [J]. 化学工业，2013, 31(7): 1-7, 13.

[2] 王静康. 工业结晶技术前沿 [J]. 现代化工，1996, 16(10): 15-18.

[3] 文婷，王海蓉，黄唯，等. 结晶过程晶体粒度分布控制研究进展 [J]. 化学工业与工程，2021, 38(4): 44-55.

[4] Dandekar P, Kuvadia Z B, Doherty M F. Engineering crystal morphology[J]. Annual Review of Materials Research, 2013, 43: 359-386.

[5] 丁绪淮，谈遒. 工业结晶 [M]. 北京：化学工业出版社，1985.

[6] 王静康，张远谋. 工业结晶（Ⅰ）[J]. 石油化工，1984(10): 33-41.

[7] Mullln J W. Crystallization[M]. 2nd Rev. ed.London: Butterworths, 1993.

[8] 斯坦利·瓦拉斯. 化工相平衡 [M]. 北京：中国石化出版社，1991.

[9] 普劳斯尼茨，等. 流体相平衡的分子热力学 [M]. 3版. 北京：化学工业出版社，2006.

[10] 陈慧萍. 维生素 C 冷却结晶过程的研究 [D]. 天津：天津大学，2000.

[11] Ostwald W. Studien zur chemischen dynamik[J]. Journal für praktische Chemie, 1883, 27:1-39; 1883,28: 449-495; 1884, 29: 385-408; 1885, 31: 307-317; 1887, 35: 112-147. Zeitschrift für physikalische Chemie, 1888, 2: 127-147.

[12] 王静康. 化学工程手册：结晶 [M]. 北京：化学工业出版社，1996.

[13] 叶铁林. 化工结晶过程原理及应用 [M]. 北京：北京工业大学出版社，2006.

[14] Ulrich J, Strege C, Some aspects of the importance of metastable zone width and nucleation in industrial crystallizers[J]. Journal of Crystal Growth, 2002, 237/238/239:2130-2135.

[15] Hou H, Wang J L, Chen L Z, et al. Experimental determination of solubility and metastable zone width of 3,4-bis(3-nitrofurazan-4-yl)furoxan (DNTF) in (acetic acid + water) systems from (298.15 K–338.15K)[J]. Fluid Phase Equilibria, 2016,408:123-131.

[16] Wang L Y, Zhu L, Yang L B, et al. Thermodynamic equilibrium, metastable zone widths, and nucleation behavior in the cooling crystallization of gestodene–ethanol systems[J]. Journal of Crystal Growth, 2016, 437: 32-41.

[17] Parsons A R, Black S N, Colling R. Automated measurement of metastable zones for pharmaceutical compounds[J]. Chemical Engineering Research & Design, 2003, 81(6):700-704.

[18] He G, Tiahjono M, Chow P S, et al. In situ determination of metastable zone width using dielectric constant measurement[J]. Organic Process Research & Development, 2010, 14(6):1477-1480.

[19] Joung O J, Kim Y H, Fukui K. Determination of metastable zone width in cooling crystallization with a quartz crystal sensor[J]. Sensors and Actuators B: Chemical, 2005, 105 (2): 464-472.

[20] Strickland-Constable R F.Kinetics and mechanism of crystallization[M]. London: Academic Press, 1968.

[21] Zettlemoyer A C. Nucleation[M].New York:Marcel Dekker, 1969.

[22] Garside J, Davey R J. Invited review secondary contact nucleation: Kinetics, growth and scale-up[J]. Chemical Engineering. Communications, 1980, 4: 393-424.

[23] Wilcox W R. Preparation and properties of solid state materials[J]. Progress in Crystal Growth and Characterization,1979, 2: 247-248.

[24] Mersmann A. Proceedings of the 11th symposium on industrial crstallization[C]. Garmisch Partenkirchen, FRG, 1990.

[25] Tilbury C J, Green D A, Marshall W J, et al. Predicting the effect of solvent on the crystal habit of small organic molecules[J]. Crystal Growth & Design, 2016, 16(5): 2590-2604.

[26] Sangwal K. Additives and crystallization processes: from fundamentals to applications[M]. New York: John Wiley & Sons, 2007.

[27] Myerson A. Handbook of industrial crystallization[M]. Butterworth-Heinemann series in chemical engineering, 2001.

[28] 景博，常泽伟，贾晟哲，等. 熔融结晶的过程强化 [J]. 化工学报，2021, 72(8): 3907-3918.

[29] 苏鑫，尚泽仁，余畅游，等. 基于升华结晶过程的分离精制方法 [J]. 化学工业与工程，2023,40(5): 40-53.

[30] 刘瑞兴. 结晶法分离混合二甲苯 [J]. 现代化工，1987(4): 58-61.

[31] 秦学功. 两种新兴的结晶分离技术：加压结晶与降膜结晶 [J]. 齐鲁石油化工，1995, 23(4): 4.

[32] 李汝雄. 加压结晶法 [J]. 现代化工，1987(6): 59-60.

[33] Dunitz J D, Bernstein J. Disappearing polymorphs [J]. Accounts of Chemical Research, 1995, 28(4): 193-200.

[34] Alexander G S, Michael D W, Bart K. Crystal growth with macromolecular additives [J]. Chemical Reviews, 2017, 117(24): 14042-14090.

[35] Lei C, Peng Z, Day T, et al. Experimental observation of surface morphology effect on crystallization fouling in plate heat exchangers[J]. International Communications in Heat and Mass Transfer, 2011, 38(1): 25-30.

[36] Gao Z G, Sohrab Rohani, Gong J B, et al. Recent developments in the crystallization process: Toward the pharmaceutical industry[J]. Engineering, 2017, 3(3): 343-353.

[37] Zhang D J, Xu S J, Du S C, et al. Process of pharmaceutical continuous crystallization[J]. Engineering, 2017, 3(3): 357-364.

[38] Poehlein G W, Wenzel L A . Theory of particulate processes-analysis and techniques of continuous crystallization[J]. Journal of Colloid & Interface Science, 1972, 40(1):130.

[39] 龚俊波，陈明洋，黄翠，等. 面向清洁生产的制药结晶 [J]. 化工学报，2015, 66(9): 3271-3278.

[40] 赵绍磊，王耀国，张腾，等. 制药结晶中的先进过程控制 [J]. 化工学报，2020, 71(2): 459-474.

[41] 龚俊波，孙杰，王静康. 面向智能制造的工业结晶研究进展 [J]. 化工学报，2018, 69(11): 4505-4517.

第二章

药物固体形态的发现与评价

药用优势药物晶型是指对于具有多种形式物质状态的晶型药物，其晶型物质相对稳定、发挥防治疾病作用最佳、毒副作用较低的晶型物质状态。相似的，药物固体形态的发现与评价也应严格按照以上标准执行。本章节的内容着眼于药物固体形态的发现与评价，主要包含以下四个方面的内容。

① 固体形态包括多晶型和多组分晶体，而多组分晶体又包括共晶、盐、金属配合物、固体溶液和低共熔物等；

② 简要介绍目前固体形态筛选的主要策略，包括从计算机辅助预测的角度探寻新多晶型及共晶配体，以及从实验方法上（研磨、溶解、熔融、升华和限域等）筛选新的固体形态；

③ 总结药物晶型的定性表征手段，包括晶体学角度、热分析、振动光谱、固态核磁和显微镜等，同时结合本书著者团队的晶型定量案例提出了建模的基本流程和原理；

④ 综述药物固体形态评价的标准，包括固体形态的相对稳定性、生物利用度、给药途径选择及其他一些重要评价参数。

然而，尽管医药领域一直是多晶型研究的重点领域，但是面对普遍存在的药物水溶性差的问题，仅依赖单组分多晶型进行改善效果非常有限，因此，多组分晶体、共无定形、固体分散剂等新型研究策略，未来将成为继多晶型研究之后，医药领域的又一研究重点。此外，建立通用且完善的药物晶型定量分析方法和系统的固体形态评价指标是促使我国医药迈向国际化、步入高端路线的重要举措。

第一节
固体形态概念

自然界中大部分化学物质以固态形式存在。受环境因素以及物质自身性质的影响，固体物质中的分子、原子、离子之间可以形成多种相互作用形式，从而展现出多种不同的固态形式，包括长程有序的晶体形态、无序的无定形态以及介于晶体形态和无定形态之间的中间态形式（图 2-1）[1]。

一、多晶型

制药领域是多晶型应用最为重要的领域之一。获得优势晶型并对其进行精准调控，是药物研发的重要一环。在药物早期开发阶段，就需要进行彻底全面的晶型筛选，一方面是为了获得尽可能多的晶型，用以研究不同晶型之间的相互转化关系，从而避免在原料药生产、制剂生产、药品运输储存过程中出现晶型转化而影响药品质量；另一方面是通过申请新晶型的专利保护延长药物的生命周期，实现经济效益最大化。

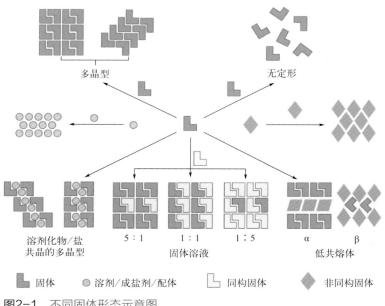

多晶型   无定形

溶剂化物/盐   5:1   1:1   1:5   α   β
共晶的多晶型   固体溶液   低共熔体

⌐ 固体   ○ 溶剂/成盐剂/配体   ⌐ 同构固体   ◆ 非同构固体

图2-1　不同固体形态示意图

基于多晶型结构上的差异，多晶型主要分为堆积多晶型和构象多晶型[2]。堆积多晶型是由刚性分子或同一构象的柔性分子的排列方式不同引起的，构象多晶型则是柔性分子在晶体组装过程中形成不同分子构象的结果（图2-2）。

不同晶型的结构不同导致了各晶型晶体的物理化学性质可能存在显著差异，而对药物晶体而言，不同晶型药物间熔点、密度、硬度等的差异可以影响产品的流动性、可压缩性、凝聚性能等处理加工性能；同时，不同晶型药物间稳定性、溶解度、溶出度以及生物利用度等的差异可以造成药物多晶型之间药效的差异。因而，并不是所有的晶型药物都可以临床应用，主要从以下几个方面考虑：制备工艺的可行性、溶解度、稳定性、粉体性能、生物利用度、吸收特性、毒性、药效等[3]。

香豆素广泛应用于医药领域，具有抗肿瘤、抗高血糖、抗炎的作用。本书著者团队在研究香豆素时发现了香豆素晶型Ⅰ和晶型Ⅱ的力学性能差异[4]。其中晶型Ⅰ具有良好的弹性形变（图2-3），而晶型Ⅱ则可发生二维塑性形变，可扭转成螺旋状（图2-4）。

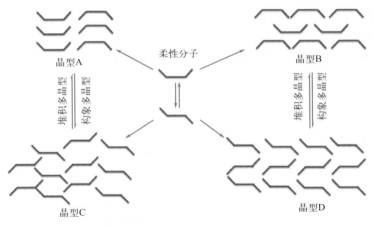

图2-2 堆积多晶型与构象多晶型

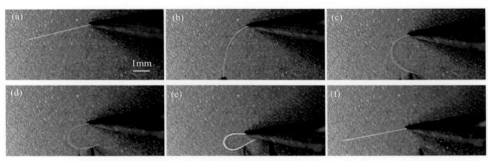

图2-3 香豆素晶型Ⅰ弹性弯曲实验（撤回力后晶体恢复）

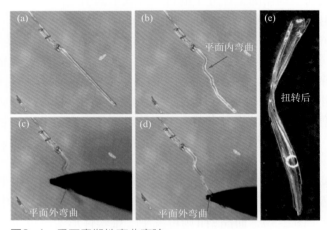

图2-4 香豆素塑性弯曲实验

地红霉素是第二代大环内酯类抗生素，是一种安全有效的抗生素，并被广泛应用于临床治疗中。本书著者团队筛选出了两种地红霉素新晶型（晶型 B 和晶型 C）。如图 2-5 所示，对比晶型 A、B、C 的 DSC 曲线可以发现，三种晶型的熔点存在差异：晶型 A 的熔点为 191.47℃，晶型 B 的熔点为 189.86℃，晶型 C 的熔点为 192.2℃[5]。

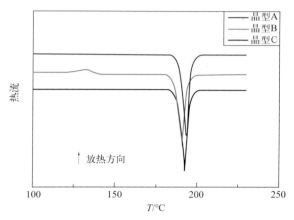

图2-5 地红霉素晶型A、B、C的DSC曲线

本书著者团队在研究广谱抗生素药物利福平时，测定了利福平晶型 I 和晶型 II 在丙酮溶剂中的溶解度［图 2-6（a）］以及在 pH=1.2 的盐酸缓冲溶液中利福平粉末随时间的溶解量和利福平片剂的体外累积溶出度［图 2-6（b）和图 2-6（c）］，实验结果表明：①晶型 II 的溶解度在实验测定的温度范围内均高于晶型 I 的溶解度；②晶型 II 粉末的溶解速率高于晶型 I 的溶解速率；③晶型 II 的溶出度始终大于晶型 I 的溶出度[6]。

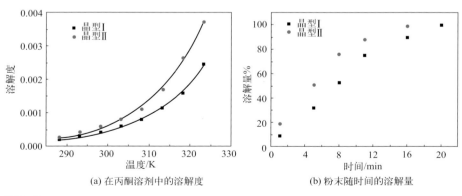

(a) 在丙酮溶剂中的溶解度　　　　　(b) 粉末随时间的溶解量

图2-6

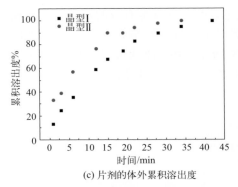

(c) 片剂的体外累积溶出度

图2-6 不同晶型利福平的溶解性和体外溶出实验结果

二、多组分晶体

多组分晶体定义为包含两种及两种以上不同的化学物质的晶体，例如盐、共晶、溶剂化物、固体溶液等。与之对应的单组分晶体为仅由同一种元素或分子组成的晶体，其中 APIs 的固体形式分类结果如图 2-7 所示[7]。

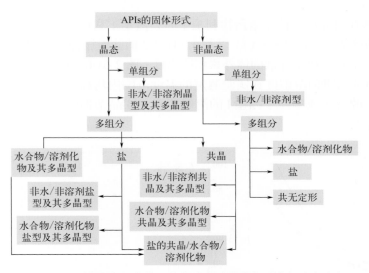

图2-7 APIs的固体形式统一分类（非计量比物质未包含在内）

在医药领域，药物多组分晶体表现出了优于单组分晶体的特点：①更大程度地改善药物的理化性质，例如在溶解性能、渗透性、稳定性、引湿性、压片性能

等方面具有良好的表现[8,9]；②具有更好的设计性，鉴于药物分子的官能团易于进行超分子合成，利用晶体工程策略设计多组分晶体是可行的[10,11]。下面主要介绍三种常见的多组分晶体，包括共晶、溶剂化物和无定形。

1. 共晶

共晶定义为两种或两种以上不同的分子化合物或离子型化合物结合在同一晶格中，并具有固定的化学计量比。不同于溶剂化物和盐，若其中一个化合物为API，另一个化合物在药学上可以使用药用辅料和食品添加剂等物质。

由于共晶不涉及原料药化学结构的改变，与新的化学药物相比开发周期大大缩短，且可以有效改善理化性质。本书著者团队针对口服降糖药中磺酰脲类药物溶解性低、双胍类引湿性高等问题，结合构效关系及临床联合用药方案，合成格列喹酮-二甲双胍和格列本脲-二甲双胍的药-药多组分晶体，实现了对溶解性和引湿性的双重调控，使格列喹酮在大鼠体内的生物利用度提高了2.2倍，格列本脲提高了3.0倍[12]。

2. 溶剂化物

溶剂化物也是固态化学中一种常见的多组分晶体，且与药物共晶相似，当药物共晶中的一个组分在室温下为液态时即为溶剂化物。根据溶剂比例进行分类，溶剂化物可以分为计量比溶剂化物和非计量比溶剂化物两种类型。计量比溶剂化物中API与溶剂具有固定比例，且晶体结构相对比较稳定。非计量比溶剂化物中溶剂含量不定，溶剂的多少与周围环境有关，稳定性较差[13,14]。

根据溶剂类型的不同，多组分晶体具体又分为水合物和溶剂化物两种类型。其中水合物在药物中较为普遍，并且水具有生物相容性，可直接用于药物制剂。而溶剂化物的应用较少，在药物科学领域中的应用主要是因为其拥有特定的晶体结构，一方面可以用于确定API的化学结构或立体结构，另一方面溶剂化物可能产生优于无水晶型的理化性质，其次可以通过对溶剂化物的脱溶剂处理来获得多晶型或通过溶剂化物对API申请专利保护[15]，但是多数溶剂都具有一定的毒性而影响药用，因此限制了溶剂化物在医药领域的应用[16]。

本书著者团队选取固体形态差的手性药物奥贝胆酸为模型药物，首先通过控制溶剂条件得到两种新的溶剂化物，然后研究了两种溶剂化物的形成及转化规律和脱溶剂机理，其中晶型Ⅰ包含两种形式的溶剂，存在两段脱溶剂，晶型Ⅱ为通道型溶剂化物，并开发了一种通过溶剂化物脱溶剂制备块状无定形产品的技术。

3. 无定形

非晶态的固体被称为无定形，它与晶态的主要区别在于无定形只有局部有序性。这就意味着无定形不具有晶体所具备的平移有序性、空间有序性和均象有序

性。某一化合物的所有固体形态中，无定形态具有最大的溶解性能。从热力学的角度看，无定形在溶液中是难以达到平衡状态的，因为相对晶体状态而言，无定形总是含有过剩的吉布斯自由能。

呋塞米（FUR）通常用于治疗充血性心力衰竭和水肿，但由于其溶解性差和胃肠道吸收不稳定而存在生物利用度问题。本书著者团队利用振荡球磨法成功地制备了 FUR 与 L- 半胱氨酸、L- 苯丙氨酸（PHE）、L- 精氨酸、L- 色氨酸（TRP）和 L- 缬氨酸的共无定形体系。最终对 FUR/PHE 和 FUR/TRP 共无定形体系进行了粉末溶出试验，结果表明所选择的最稳定的共无定形体系溶出度提高了两倍[17]。

第二节
固体形态筛选

一、计算机辅助方法

1. 晶型预测

从微观理论的角度上看，通过理解分子结构中的特定信息，运用计算化学方法和物理化学模型，有可能成功预测分子对应的晶体结构，并评估其结构的稳定性以及其他性质，理解其多晶型现象。

目前，国内外研究药物的多晶型行为停留在高通量筛选实验层面，科研人员采用试错方法设计不同的实验方法和变量因素。高通量筛选存在以下的不足：第一，需要投入大量人力物力和时间；第二，通过筛选实验获取多晶型效率低；第三，获得的晶型不一定是热力学上的稳定晶型，这给上市药物带来了潜在风险。

晶体结构预测（CSP）是仅基于晶体热力学稳定性给出所有相关的低能多晶型而忽略可能的动力学因素的方案。理论上现有研究药物的主流策略主要是基于量子力学和计算化学等理论计算预测晶体结构，并已经可以成功预测分子晶体结构。本书著者团队通过机械化学研磨获得了一种新的 γ- 氨基丁酸（简称 GABA）多晶型物（晶型Ⅲ）。晶型Ⅲ目前只能通过研磨获得，其晶体结构也是通过晶体结构预测方法确定的，其中三种多晶型物的氢键模式如图 2-8 所示[18]。

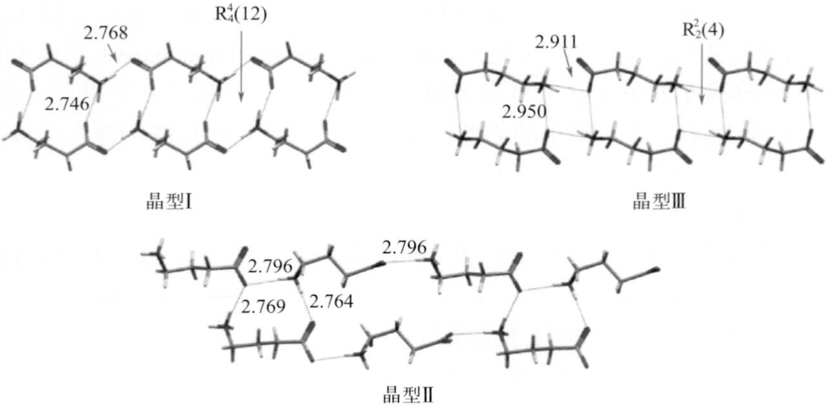

图2-8 三种GABA多晶型物的氢键模式

2. 共晶形成预测

共晶通常是两种及以上不同的分子或离子化合物在氢键或其他非共价键的作用下以一定的化学计量比结合而成的晶体。以下从典型的预测模型——机器学习以及应用案例来介绍这一部分。

（1）机器学习模型

① 随机森林（random forest, RF）。随机森林是一种典型的集成学习模型。顾名思义，该模型内部包含了大量的"决策树"子模型。而随机则代表了在构造每个"决策树"子模型时，引入了随机性。随机森林是一种较鲁棒的机器学习模型，对于各类型数据有着较好的适应性。

② 支持向量机（support vector machine，SVM）。支持向量机算法是一种广泛应用于分类与回归任务的经典机器学习模型。给定一组二分类任务的数据，SVM 的优化目标是寻找一个最优超平面，使得两个类别的数据尽可能区分开来。如果该二分类任务的数据集线性可分，那么必定存在一个最优超平面，其一侧全部是第一类样本，另一侧全部是第二类样本；如果该二分类任务的数据集线性不可分，那么可以引入核函数技巧将输入特征映射到高维空间，使其在高维空间线性可分。SVM 能够较为容易地处理大多数二分类问题，但是面临多分类问题时，通常要进行较为烦琐的一对多二分类，这是其一个主要缺陷。

③ 人工神经网络（artificial neural network, ANN）。人工神经网络是一种受生物神经元启发的机器学习模型[19]。但易产生过拟合现象，对于非结构化数据，不完全输出的适应性较差，可解释性差。在 ANN 训练过程中，通常针对过拟合问题，采用早期停止策略。

（2）预测案例　本书著者团队以 SHR0302、多替拉韦、卡博替韦三种模型

药物为例，介绍如何采用计算机辅助的手段帮助预测可能形成的多组分晶体。

① 数据集构造及模型配置。CSD（cambridge structure database）是最大最具权威的晶体学数据库，包含了大量的多组分晶体样例[20]。因此通过调用 CSD 中的多组分晶体数据来生成数据集的阳性样本，为了得到高质量的阳性多组分晶体数据，本书著者团队做了如下处理：

a. 剔除不确定结构的条目；

b. 剔除包含除了 H、C、O、S、P、N 以及卤素（F、Cl、Br、I）以外的元素的条目；

c. 剔除包含溶剂或者气体分子的条目；

d. 剔除分子量大于 600 或者包含离子的条目；

e. 删除重复记录；

f. 仅保留有机物。

最终，本书著者团队筛选出约 6500 条数据，并利用基于 Tanimoto 相似性的负样本生成算法生成了约 6500 条阴性样本[21]。其中将近 13000 个样本随机划分出 20% 作为测试集，剩下的 80% 作为训练集。训练集和测试集的数据提取、过滤、筛选和预处理，以及具体的机器学习算法是使用自行开发定制的代码实现的。

② 分子特征表示。采用文献中预测效果较好的 MACCS KEYS 分子指纹来编码分子结构。分子指纹是一个二值化向量，每一个元素对应特定的结构特征，如果分子具备该结构特征，则对应位置的值为 1，否则是 0。

③ 预测模型的评价指标。采用了准确率（accuracy）、精度（precision）、召回率（recall）、F1 得分（F1-score）和 AUC（area under curve）来评价分类能力。利用上述 5 个评价指标对所建立模型进行综合评价。指标的计算公式如下：

$$准确率 = \frac{TP+TN}{TP+FN+FP+TN} \tag{2-1}$$

$$精度 = \frac{TP}{TP+FP} \tag{2-2}$$

$$召回率 = \frac{TP}{TP+FN} \tag{2-3}$$

$$F1得分 = 2 \times \frac{精度 \times 召回率}{精度 + 召回率} \tag{2-4}$$

式中　TP——真阳性样本数量；

　　　TN——真阴性样本数量；

　　　FP——假阳性样本数量；

　　　FN——假阴性样本数量。

结果显示 SHR0302 与羧酸类配体形成多组分晶体可能性更大，多替拉韦与水杨酸、山梨酸、3-羟基苯甲酸、草酸、苯甲酸、3,5-二羟基苯甲酸、酒石酸、马来酸、柠檬酸可能形成多组分晶体，卡博替韦与草酸、山梨酸、乙酰水杨酸、2-羟基苯甲酸、柠檬酸、马来酸、3-羟基苯甲酸、酒石酸、苯甲酸、富马酸、3,5-二羟基苯甲酸可能形成多组分晶体。

二、实验筛选方法

1．研磨

固态研磨法是将药物和配体按照一定的配比混合后在手动研磨或者机械力研磨的条件下进行共晶合成的过程。固态研磨法根据是否加入溶剂，又可以分为干法研磨和溶剂辅助研磨。固态研磨法的优点是快速和高效，一方面可以用较少的原料进行实验，且在高能量的研磨条件下几分钟或者几秒钟就可以完成共晶的形成。另一方面，在固态条件下直接结晶克服了溶液中由于溶解度差异过大无法得到共晶的问题，因此可以通过控制原料的物质的量比探究不同化学计量比的共晶或添加少量溶剂、离子液体、聚合物等添加剂研究其对共晶形成的影响。但由于研磨过程会将晶体破碎，不能得到完整的晶体，无法对产品进行单晶解析，必须借助其他分析手段共同确定共晶的结构。此外，由于固态研磨需要高能量、研磨混合均匀等条件，无法实现工业化的放大生产。本书著者团队运用化学计量比固态研磨法，结合 PXRD（粉末 X 射线衍射法）、DSC 等离线分析手段，筛选得到了拉莫三嗪（LTG）-2,2'-联吡啶（2,2'-BP）（1∶1.5）共晶。如图 2-9 所示，在（8.3±0.2）°、（9.2±0.2）°、（10.5±0.2）°、（11.0±0.2）°等位置存在特定的共晶产品衍射峰，起熔点在 126℃左右，熔化后伴随 2,2'-BP 的分解[22]。

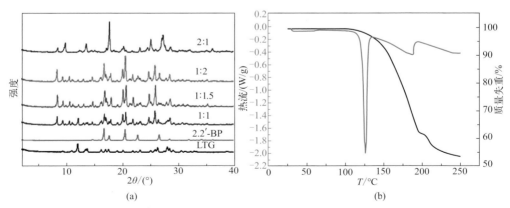

图2-9　不同配比的LTG和2,2'-BP研磨产品的粉末X射线衍射图（a）和LTG-2,2'-BP共晶的TGA（热重分析）和DSC图（b）

值得注意的是，机械化学球磨方法在寻找新的药物多晶型并同时实现多晶型选择性制备方面表现出独特的优势。本书著者团队通过机械化学球磨方法得到了一种新的 γ- 氨基丁酸 (GABA) 多晶型物（晶型Ⅲ），通过引入微量具有不同氢键供体 / 受体能力的溶剂可以在研磨过程中实现对三种 GABA 多晶型的选择性控制，这是传统溶液结晶方法无法实现的（图 2-10）[18]。

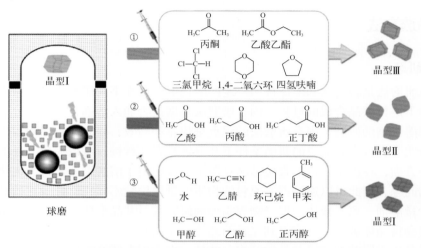

图2-10　溶剂辅助机械化学球磨处理GABA的三种不同多晶型结果

2. 溶液

冷却结晶通常是筛选新型固体形态的首选方法，无论是在实验室研究还是在大规模生产中，它的优点是易于执行和复制，并且在大多数情况下可以合理地扩大规模。在实践中，大规模冷却结晶通常存在局限性，尤其是对自然冷却的偏好限制了冷却速度。然而，在实验室中，冷却速度可以灵活而准确地设定，这取决于结晶的目的和所需的产品性能。

在溶析结晶中，通过向待结晶物质的溶液中添加第二种液体来产生过饱和，该液体可与溶剂混溶，但结晶物质在其中不溶或微溶。本书著者团队使用溶析结晶工艺制备了盐酸多奈哌齐亚稳晶型Ⅰ。目前工业上生产盐酸多奈哌齐的工艺主要有甲醇法和溶析结晶法，其中溶析结晶法具有较为明显的优势，如过饱和度增加较为温和，出晶容易控制，产品粒度大且结晶度高，晶型Ⅰ存在时间长。但其缺点在于因为使用异丙醚而带来溶剂残留问题。

反应结晶是指两种化学物质在溶液中发生反应，生成的产物比反应物更难溶解。过饱和是由产物化合物的形成而产生的，其形成速率由反应速率、产物相对于反应物的溶解度和所采用的条件决定。悬浮法是一种将固体材料样品悬浮在不足以完全溶解的溶剂中的方法，通常悬浮时间较长。其在多晶型和固体形态筛选中的主要功能是允许通过溶剂介质的途径使固体转化为更稳定的形态。

3. 熔融

熔融结晶不常用于药品生产，不像在商品化学品生产中，它通常被用作纯化技术。许多药物化合物在接近熔点时会分解，因而开发中的新化合物的熔化和重结晶将具有很高的降解风险。然而，在某些情况下熔融结晶会产生其他基于溶液的方法无法获得的多晶型。本书著者团队通过熔融结晶的方式首先将异烟肼（INZ）加热熔融，后将熔融态的异烟肼冷却至100℃时结晶出晶型Ⅰ。当将熔融样品移至60℃区域时可以获得晶型Ⅱ。但假如直接将样品移至环境温度下将使晶型Ⅲ成核。结果发现异烟肼不同晶型的成核强烈依赖于温度：晶型Ⅰ在80℃以上成核，晶型Ⅱ在80℃以下但高于30℃成核，晶型Ⅲ在30℃以下成核（图2-11）[23]。

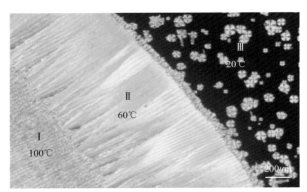

图2-11 INZ的偏振光显微照片（显微镜载玻片和玻璃盖玻片之间的熔体结晶）

4. 升华

另一种常用的热相变途径是升华，通常用于制备进行单晶X射线衍射的单晶。升华温度和收集表面与升华材料的距离对所制备的晶体的形状和尺寸有很大影响，这些实验变量通常在单晶制备中得到优化。如图2-12所示，本书著者团队通过在90℃、环境压力下加热24h使异烟肼升华，产生了适合单晶X射线衍射法的晶型Ⅱ针状晶体，并伴有晶型Ⅰ片状晶体[24]。

5. 限域

选择合适的受限空间是限域结晶的关键步骤。根据受限空间的构造方法，将受限空间分为两类：软受限空间和硬受限空间。

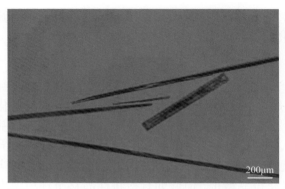

图2-12　异烟肼晶体在载玻片上升华（矩形晶体为晶型Ⅰ，针状晶体为晶型Ⅱ）

（1）软受限空间的构造　在软受限空间中，结晶完成后受限空间可自行消失或者被简单去除。乳液结晶是一种典型的软空间类限域结晶方法。制备包含 API 的单分散液滴的乳液，然后利用蒸发或者冷却实现液滴内 API 的结晶。在蒸发过程中表面活性剂的存在可保证在连续相蒸发后，分散相仍保持液滴形态。随着液滴内 API 过饱和度的增加，API 发生成核和生长，液滴消失。本书著者团队以卡马西平为模型物质，发现其 O/W 乳液在 333.15K 下蒸发结晶产物的多晶型结果与乳液液滴的初始直径相关。液滴初始直径小于 20nm 时，得到最不稳定的晶型Ⅱ；液滴初始直径大于 20nm 时，得到晶型Ⅱ和晶型Ⅰ的混晶[25]。

（2）硬受限空间的构造　目前硬受限空间是借助于多孔材料实现的，包括聚合物多孔基质、凝胶和无机多孔材料等。凝胶由于内部具有丰富的网格结构常被用于药物晶型调控研究。本书著者团队利用藻酸盐凝胶（ALG）包裹 O/W 卡马西平（CBZ）乳液，在 CBZ-ALG-1 和 CBZ-ALG-2 中，CBZ 都以亚稳晶型Ⅱ存在，结果显示凝胶珠粒尺寸越大，溶出介质向凝胶中的扩散时间越长，且凝胶中心的药物扩散至外部溶出体系的距离更长，所需时间更多，因此珠粒尺寸较大的凝胶中药物的溶出速率较低（图 2-13）[25]。

多孔二氧化硅是由有机分子与硅源在溶液中自组装形成的，具有易于调节的孔径，且其因为无毒、生物相容性较好、表面易修饰等特点，被广泛用于药物传递系统的研究。本书著者团队利用生物相容性的多孔二氧化硅创造受限空间，通过控制二氧化硅的孔径和溶剂分子体积，稳定制备氢溴酸沃替西汀（VH）受限亚稳晶型 α。与 VH 粉末亚稳晶型 α 相比，二氧化硅纳米孔中的 VH 亚稳晶型 α 的溶出速率提高，且溶出过程中的转晶时间延长（图 2-14）。此外，采用生物相容性的多孔材料，不仅可以稳定制备药物的亚稳晶型，而且药物也无需从孔中取出，可直接压制成片剂或者包封，规避由药物不良晶习（如长针状等）带来的造粒困难[26]。

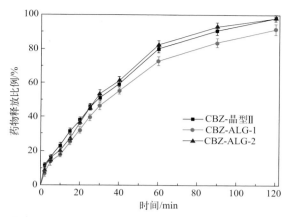

图2-13 卡马西平纯晶型、CBZ-ALG-1和CBZ-ALG-2的溶出曲线

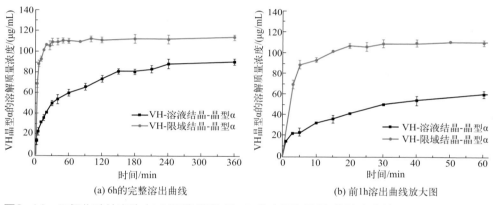

(a) 6h的完整溶出曲线　　　　　　　(b) 前1h溶出曲线放大图

图2-14 二氧化硅纳米孔中VH亚稳晶型α及VH粉末亚稳晶型α的溶出曲线

第三节
药物晶型分析

  固体药物同一 API 的不同晶型在晶体学、光谱学、热力学等方面存在显著差异，利用这些差异来表征多晶型的不同特征及性质从而产生了不同的固体分析技术。目前，固体分析技术可以分为以下几个部分：①晶体学分析；②热分析；

③振动光谱分析；④固态核磁分析；⑤显微镜分析；⑥其他分析方法。

一、定性表征手段

1. 晶体学分析

（1）单晶 X 射线衍射法（SXRD）　SXRD 基于由纯的、规则的和足够大的晶体衍射产生的电子密度图来分配原子排列。SXRD 得到的结构信息是对多晶型药物或溶剂化晶型的最基本描述，有助于解释其物理性质。本书著者团队成功通过溶剂缓慢蒸发法获得依帕司他 - 二甲双胍丙酮溶剂化物（EP-MET S$_{ACE}$）、依帕司他 - 二甲双胍水合物（EP-MET MH）和依帕司他 - 二甲双胍乙醇 / 水双溶剂化物（EP-MET S$_{ETOH-H_2O}$）的单晶结构（见附录）[27]。

（2）粉末 X 射线衍射法（PXRD）　在常规合成过程中，大多数晶体产品都是以微晶粉末的形式获得的，因此通常只需确定固体的物理形态，并验证分离出的化合物确实具有所需的结构即可。由于每种化合物都因其独特的晶体结构而产生其特有的粉末图案，PXRD 显然是分析物多态性鉴定的最强大和最基本的工具。

此外，通过变温 X 射线衍射法（VT-XRD）能够获得在高温下的粉末图案，并允许推断热诱导相变反应的晶体结构变化。VT-XRD 非常适合用来解释涉及药物水合物的潜在复杂固态转变。本书著者团队进行了两种二元酸的 VT-XRD 实验（图 2-15），发现图中明确显示 DA5 和 DA7（二元酸，数字指碳原子数目）被加热到熔化之前，发生了晶型Ⅰ向晶型Ⅱ的固 - 固转变[28]。

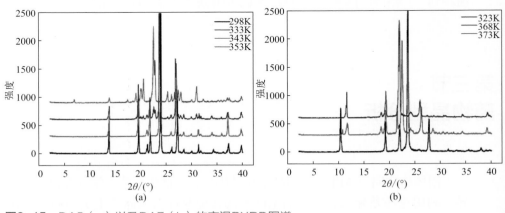

图2-15　DA5（a）以及DA7（b）的变温PXRD图谱

2．热分析

热分析方法可以定义为将分析物的某些特性作为外部施加温度的函数来测量的技术。热分析方法用于监测吸热过程以及放热过程。

差示扫描量热法（DSC）是用于药物热表征最广泛的技术。在 DSC 中，分析物受到温度控制程序的控制，并测量与热诱导转变相关的温度和热流。热重分析（TGA）是一种使用非常灵敏的天平连续确定分析物质量随温度或时间变化的技术，可以帮助识别和表征与溶剂化物的热诱导反应相关的热事件。本书著者团队通过 DSC/TGA 联用的方法区分并鉴别了 γ- 氨基丁酸的两种晶型和一种半水合物。由图 2-16 可以看出，晶型 I 在 DSC 曲线中 213.02℃处有明显的吸热特征峰，同时对应 TGA 中的质量失重，表明晶型 I 是熔化与热分解同步进行的。半水合物在 DSC 曲线中 212.50℃处有一个明显的吸热特征峰，对应 TGA 图中的质量失重，可以判定是热分解峰。另外，半水合物在 120～180℃还有一个较小的吸热特征峰，对应 TGA 图中的质量失重，可以判定是脱溶剂峰。根据计算可知 TGA 曲线中的质量失重为 8.07%，与 γ- 氨基丁酸半水合物中 0.5 个水分子的质量分数的理论值（8.04%）相近，因而判定该水合物是一个半水合物[29]。

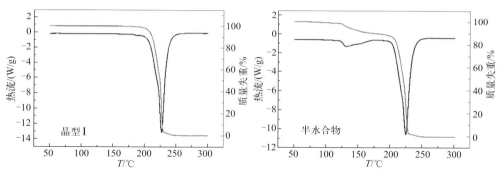

图2-16 γ-氨基丁酸晶型 I 和溶剂化物的DSC和TGA图

3．振动光谱分析

红外光谱是固体药物 API 分子能够选择性吸收固定波长的红外辐射，导致 API 分子振动能级和转动能级的跃迁，API 分子吸收红外辐射的情况被描述成红外光谱图谱。固体药物 API 分子不同晶型的红外光谱的差别主要体现在峰形、峰位置及峰强度等方面。每种晶型的峰形、峰位置是特定的，且不会发生改变，但多晶型混合物中各晶型的特征吸收峰的峰强度、峰面积等则随着各晶型在混合物中含量的变化而变化[30]。

本书著者团队将预处理的适量两种吲哚美辛（INDO）样品置于近红外光谱仪。INDO 不同固体形态的近红外光谱如图 2-17 所示，其中 8532cm^{-1}、

8432cm⁻¹、5940cm⁻¹、4656cm⁻¹ 处分别为 INDO 分子中 —CH₃、—CH=CH—、芳香环等官能团在近红外图谱上的体现[31]。

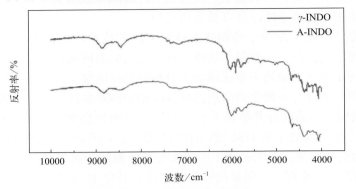

图2-17 不同固体形态的INDO的近红外图谱

Raman（拉曼）光谱法是收集单色光光子与固体药物 API 分子振动和转动的相互作用使散射光的波长偏离入射光波长信息的一种分析技术。对于不同晶型的固体药物 API 化合物，分子堆积方式不同，导致分子振动和转动也不同。Raman 光谱法固体分析技术测试速度较快、试样的前处理简单、降低了因制样和长时间暴露引起晶型转化的可能性，具有较好的应用前景。但其主要的缺陷在于药物 API 不同晶型的 Raman 图谱难以找到独立且明显的特征峰。

本书著者团队采用拉曼光谱仪分别对普拉格雷、普拉格雷盐酸盐晶型 I 和晶型 II 进行了拉曼光谱的采集，结果如图 2-18 所示：普拉格雷在 667cm⁻¹ 处具有特征峰，而普拉格雷盐酸盐晶型 I 和晶型 II 在 1501cm⁻¹ 处都具有不同于普拉格雷的峰。与晶型 I 相比，晶型 II 在 692cm⁻¹ 处具有明显的特征峰[32]。

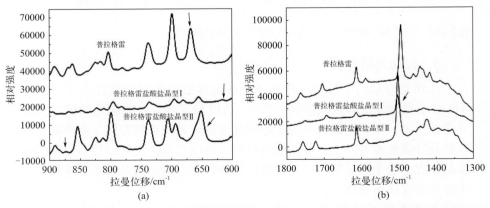

图2-18 600~900cm⁻¹（a）和1300~1800cm⁻¹（b）下普拉格雷、普拉格雷盐酸盐晶型 I 和晶型 II 的拉曼光谱图

4．固态核磁分析

与其他分析技术相比，固态核磁（SSNMR）光谱由于其选择性和特异性提供了独特的信息，这使得其对于纯化合物以及混合物的表征非常有价值。本书著者团队使用 ^{13}C SSNMR 光谱作为辅助支持分析两种DA11（二元酸，数字指碳原子数目）晶型结构上的差异。图2-19 显示两个晶型羧基 C 的 ^{13}C SSNMR 信号在约 $\delta = 181.7$ 处，但晶型Ⅱ的谱图在 $\delta = 183.0$ 处显示另一个特征峰。根据 NMR 基础理论，与晶型Ⅰ相比，晶型Ⅱ的分子构象不对称，尤其是两端的羧基碳原子[33]。

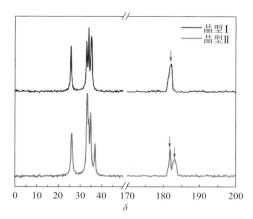

图2-19 DA11两种晶型的 ^{13}C 固态核磁图谱

5．显微镜分析

光学显微镜通过表征晶体的形貌来分析和判断晶型，一般而言，晶型不同往往也会呈现不同的晶体形状，通过显微镜直接观测形貌差异可以快速区分晶型。而且不同晶型会有不同的光学性质，在偏光显微镜下，不同晶型会显现出不同的颜色，通过颜色差异和二向色性可以快速筛选和表征晶型。

二、定量分析方法

同一种 API 的不同晶型可能在晶体学、热力学、动力学、光谱学、机械学等方面存在显著差异，从而影响固体药物的加工性能、医药质量、临床疗效，甚至是固体药物的安全性等，因此亟须建立药物晶型的定量分析方法。其大致要经历如图 2-20 所示的三个部分，分别包括：①原始数据测定及预处理；②晶型定量的数学模型建立；③数学模型验证及分析。

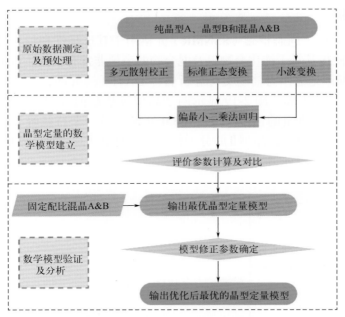

图2-20 药物晶型的定量分析方法的建立流程图

1. 原始数据预处理

众所周知，在对 API 采集数据的过程中易受到外部因素的干扰产生噪声。同时，样品的物理特性（如粒度大小、混合均匀性、密度、黏度、表面光洁度等）也会影响光谱数据的准确性。为了消除原始数据中无效信息的影响，同时突出能分辨样品结构信息的特征信息，有必要在建立样品的定性分析和定量分析模型之前消除原始数据中的无效信息。常用的处理方法有均值中心化（mean centering）、平滑校正（smoothing）、导数处理（derivative）、多元散射校正（MSC）、标准正态变换（SNV）、小波变换（WT）等[34]。

但每种预处理方法都有各自的优点：利用 MSC 可消除样品分布不均匀、粒径不同对光谱的散射影响；采用 SNV 法可消除粒径、表面散射和光程变化对漫反射光谱的影响[35]；WT 可以提供随频率变化的时频窗口，用于光谱原始数据的预处理。原始数据中的噪声等不需要的信息被分离出来，可使处理后的光谱数据更接近于样本数据[36]。因此，利用 MSC、SNV 和 WT 对原始光谱数据进行预处理，能够提高信噪比或去除与分析物变化无关的干扰信息以提高校准模型的性能[37]。

本书著者团队以恩替卡韦（ETV）的 ETV-A 和 ETV-H 两种晶型作为晶型定量的研究对象。如图 2-21 所示，$2\theta = 5.2°$、$10.5°$、$15.6°$、$21.1°$、$24.9°$、$25.5°$ 和 $2\theta = 11.8°$、$16.0°$、$16.9°$、$19.9°$、$23.6°$、$23.8°$ 分别为 ETV-H 和

ETV-A 的特征峰。ETV-H 和 ETV-A 可以通过 PXRD 的特征峰来区分[31]。

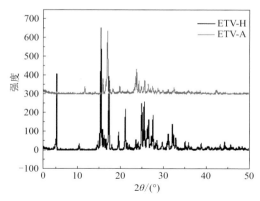

图2-21 两种ETV固体形态的PXRD图谱

本书著者团队收集了用来定量 ETV 二元混合物中 ETV-A 含量的 16 种不同 ETV 二元混合物的 PXRD 平均光谱（图 2-22）。可以清楚地看到几个特

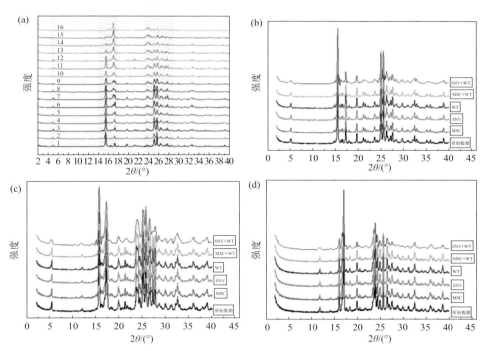

图2-22 16种ETV二元混合物的PXRD对比图（a）和样品ETV-H∶ETV-A=1∶0（b）、样品ETV-H∶ETV-A=1∶1（c）、样品ETV-H∶ETV-A=0∶1（d）均经MSC、SNV、WT、MSC+WT、SNV+WT预处理后的PXRD谱图

征峰的峰强度随 ETV 二元混合物中 ETV-A 含量从 0% 到 100% 的变化，特征峰峰强度的变化与 ETV-A 含量密切相关。随后利用 MSC、SNV、WT 及其组合分别对原始 PXRD 数据进行预处理，预处理后的 PXRD 图如图 2-22 所示。

2. 建模方法

定量分析是指将样品的组分含量或所具备的性质与样品的原始数据进行关联建立相应定量分析校正模型，用其预测未知样品组分含量或性质的过程。目前，常用的定量分析建模方法有：经典单变量线性回归、多元线性回归、主成分回归、偏最小二乘法回归（PLSR）、人工神经网络等。

偏最小二乘法回归是一种多元数据统计分析方法，它结合了主成分分析、典型相关分析和多元线性回归分析三种分析方法的优点。主要研究多因变量对多自变量的回归建模。可以有效解决各变量间高度线性相关的问题和样本数少于变量数的多元线性回归问题。

将预处理后的 PXRD 原始数据通过 PLSR 建立 PXRD 校正模型。采用 Origin 软件对数据进行线性回归处理。根据相关系数（R^2）、均方根误差（RMSE）、校正集均方根误差（RMSEC）、交叉验证均方根误差（RMSECV）和预测集均方根误差（RMSEP）评价模型的质量。相关计算见式（2-5）和式（2-6）。

$$R^2 = \frac{\sum_{i=1}^{n}(\hat{y}_i - \bar{y})^2}{\sum_{i=1}^{n}(y_i - \bar{y})} \qquad (2\text{-}5)$$

$$\text{RMSE} = \sqrt{\frac{\sum_{i=1}^{n}(y_i - \hat{y}_i)}{n}} \qquad (2\text{-}6)$$

式中　y_i——理论值；
　　　$\hat{y}_i$——计算值；
　　　$\bar{y}$——平均值；
　　　n——样本个数。

预处理后，分别用衍射角为 2°～40°、14°～34°、4°～6° 和 14°～34° 的 16 条 PXRD 数据通过 PLSR 建立校正模型，量化 ETV-A 含量。

3. 验证分析

采用精密度、稳定性、检测限（LOD）和定量限（LOQ）来验证校正模型。

对重新配制的已知 ETV-A 含量 PXRD（64.583%，74.800%，84.289%）的样品分别进行数据采集以验证校正模型的准确性。根据式（2-7）计算所有的相对标准偏差（RSD）。根据式（2-8）和式（2-9）分别计算 LOD 和 LOQ。

$$RSD = \frac{\sqrt{\dfrac{\sum_{i=1}^{n}\left(x_i - \bar{x}\right)^2}{n-1}}}{\bar{x}} \times 100\%$$ （2-7）

$$LOD = \frac{3.3\sigma}{s}$$ （2-8）

$$LOQ = \frac{10\sigma}{s}$$ （2-9）

式中　　x_i——预测含量值；

　　　　$\bar{x}$——样品预测含量值的平均值；

　　　　n——样品个数；

　　　　σ——校正曲线的截距；

　　　　s——校正曲线的斜率。

　　结合表2-1中 LOD、LOQ 等参数发现，衍射角 2°～40° 用 SNV+WT 预处理、衍射角 14°～34° 用 MSC 预处理、衍射角 4°～6° 和 14°～34° 用 MSC+WT 预处理建立的 PLSR 模型相对其他光谱区域和预处理方法是最合适的回归模型。三个较优模型的校准曲线如图 2-23 所示。ETV-A 实际含量为 64.583%、74.800%、84.289% 的样品的校正模型预测值如表 2-1 所示。进一步可知，衍射角 4°～6° 和 14°～34° 的数据经 MSC+WT 预处理后用 PLSR 建立的校正模型性能最佳。

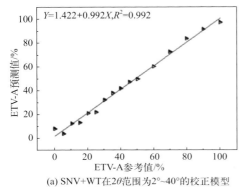
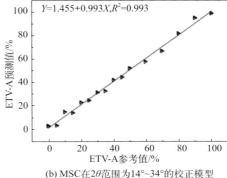

(a) SNV+WT在2θ范围为2°~40°的校正模型　　(b) MSC在2θ范围为14°~34°的校正模型

图2-23

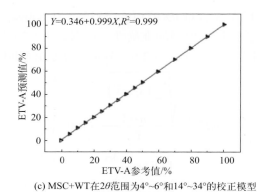

(c) MSC+WT在2θ范围为4°~6°和14°~34°的校正模型

图2-23 PXRD分析技术建立ETV二元混合物中ETV-A的实际含量与预测含量的PLSR校正曲线

表2-1 二元混合物中ETV-A的验证数据

分析技术	预处理	LOD	LOQ	样品1 64.583 (R)	样品2 74.800 (R)	样品3 84.289 (R)	精密度	稳定性
PXRD	SNV+WT (2°~40°)	4.732	14.339	64.743 (P)	61.169 (P)	83.606 (P)	2.371	2.692 (Intra) 2.590 (Inter)
	MSC (14°~34°)	4.835	14.653	61.248 (P)	70.150 (P)	83.176 (P)	1.136	1.268 (Intra) 1.240 (Inter)
	MSC+WT (4°~6°, 14°~34°)	1.142	3.461	64.860 (P)	72.118 (P)	87.315 (P)	1.261	1.144 (Intra) 1.085 (Inter)

注：括号中 R 为验证样品中 ETV-A 的实际含量，P 为校正模型对验证样品的预测含量，Intra 为日内重复性，Inter 为日间重复性。

第四节
药物固体形态评价

一、药物固体形态的稳定性

1. 晶型稳定性

不同晶型固体化学药物根据在正常环境状态下的稳定性，又可分为稳定型、亚稳型及不稳定型。稳定型的热熵值较小，熔点一般较高，化学稳定性较好，并伴有溶解度较小、溶出速率较慢、生物利用度较差等特性；不稳定型则性质相反，而亚稳型则介于两者之间。一般情况下，药物晶型间的相互转换遵从热力学规律，即从不稳定型向亚稳型转化，亚稳型向稳定型转化。

作为晶型药物物质，应具备良好的晶型稳定性，保证在正常状态下不易发生转晶现象。在药品的生产、制剂、包装、贮存等诸多环节中，许多物理化学影响因素均会导致药物的晶型发生转变。了解并掌握这些影响因素、合理制订各种制备工艺方案、合理设计制剂处方、提供药品有效保存的包装方式、避免药品发生晶型转变，是保证药品质量和临床疗效的重要研究内容。

2．无定形稳定性

由于无定形物质中分子属无序排列，故处于热力学不稳定状态。理论上，无定形物质容易释放熵转变为稳定的晶型。在不同的样品制备实验条件下，无定形可以转变成不同种类的晶型固体物质，所以保持无定形态物质需要注意控制适当的环境条件。

无定形固体物质属高能状态，很多表现出物质稳定性差的特性，使之在药物的实际应用中面临一定的挑战。例如在无定形药物生产制备和贮存过程中，如果发生了晶型的转变，可能会导致药物临床疗效下降。正因如此，过去在药物开发中，普遍选择最低或较低能态的晶态物质作为药用晶型，以求药物具有较好的稳定性，而高能态的无定形态由于稳定性差而往往被忽略。然而，对大多数难溶药物而言，无定形态的物质往往比稳定晶态物质具有更高的溶出速率和吸收速度，从而提高口服生物利用度。

3．制剂稳定性

晶型药物制剂研究需要考虑的主要影响因素包括：①辅料自身的影响；②辅料对晶型药物原料的影响；③制备工艺的影响；④制剂处方与制剂中原料药的晶型质量控制标准和控制检测方法。目的是保证晶型药物原料与制剂产品的质量一致性。

为了保证药物的最佳临床疗效及晶型药物产品质量，需要保证固体制剂中使用的晶型原料药物质与优势药物晶型物质一致，即为有效晶型物质。因此，晶型药物除需按照一般药物制剂质量要求进行检测分析外，尚需对固体制剂中原料药的晶型类型、晶型纯度进行质量监控，以避免在制剂过程中发生转晶现象。由于晶型药物制剂属复杂成分体系，多种因素可以引起原料药晶型物质发生转变，此外，原料药与多种辅料成分的混合及制备工艺均会给制剂中的晶型原料药物检测带来难度。检测分析时除需要考虑原料药外，尚需综合考虑制剂中各种辅料、制剂工艺等对药物晶型的影响，以达到对药物制剂中晶型质量控制的目的。

二、药物晶型生物利用度

1. 生物利用度概述

生物利用度是指从药品中吸收的活性成分或活性组分到达作用部位的速度和程度。但是，测定作用部位的药物浓度并不总是可行的，因此，口服生物利用度常用体循环中的药物浓度表示。

通常认为，药物被吸收进入血液就可发挥其药理作用，因此，药物生物利用度就是指给予药物以后被吸收进入血液循环的药物量与最初给予的药物量之比。吸收越多，生物利用度越高，反之，吸收进入血液循环的药物量越少，其生物利用度就越小。

生物利用度可用式（2-10）计算：

$$生物利用度 = \frac{A}{D} \times 100\% \tag{2-10}$$

式中　A——机体吸收的药物总量；

　　　D——用药剂量。

本书著者团队针对两种尼莫地平晶型 H 型和 L 型在不同年龄的大鼠体内的药代动力学进行了探究。结果表明，如图 2-24 所示，H 型和 L 型尼莫地平在 2 月龄健康大鼠体内的生物利用度高于其在 9 月龄健康大鼠体内的生物利用度[38]。

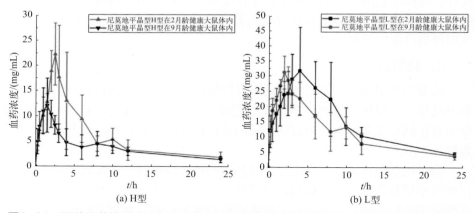

图2-24　两种尼莫地平晶型在2月龄和9月龄健康大鼠体内的平均血药浓度-时间曲线

2. 给药途径

药物吸收与给药途径密切相关，不同部位的吸收差异则更为明显。用于衡量吸收效果的参数主要有两个：吸收的药物剂量与给药剂量的比值和吸收速率。这两个参数都影响药物在血液中的起始浓度，从而影响给药后血药浓度的变化，当药效与浓度相关时，还会影响药效强度。因此，每种新药都需要设计成通过特定途径给药的剂型并进行充分的验证。选择的给药途径应能使药物透过机体屏障。不同给药途径的特点见表2-2。

表2-2 主要给药途径的特点比较

给药途径	优点	缺点
胃肠内 （口服，如阿司匹林）	简单、便宜、方便、无痛、无感染	药物暴露于强烈的胃肠环境，有首过效应，需经胃肠道吸收，到达药理作用部位较慢
胃肠外 （注射，如吗啡）	快速到达药理作用部位。生物利用度高，无需经历首过效应或强烈的胃肠环境	不可逆、感染、疼痛，需要技术熟练的人员给药
黏膜 （吸入，如倍氯美松）	快速到达药理作用部位，无需经历首过效应或强烈的胃肠环境，通常无痛、简单、方便、感染率低，有可能直接应用于感染部位（如肺）	可通过此途径给药的药物极少
经皮 （外用，如烟碱）	简单、方便、无痛、连续使用或延长时间使用极佳，无需经历首过效应或强烈的胃肠环境	要求高度亲脂性药物，到达药理作用部位较慢，可能有刺激性

本书著者团队针对两种尼莫地平晶型经比格犬口服和直肠给药后的药代动力学进行了研究，结果显示 L 型尼莫地平和 H 型尼莫地平在直肠给药时其生物利用度差异显著大于口服给药，且发现体液体积和体液 pH 值是两种晶型尼莫地平生物利用度差异变大的影响因素[39]。

三、其他临床应用药物晶型要求

药物的多晶型直接影响药品的理化性质（如熔点、溶解度、溶出度和稳定性等）及临床疗效。因此，对药物进行多晶型研究，寻找晶型转换的规律，使多晶型药物由无效晶型向有效、低毒和副作用较小的晶型转变，是药物研究的重要内容，也是实现质量控制最基本要求的重要技术环节，即有效控制药物的临床疗效。临床应用的药物，对晶型的要求是多方面的，除上述提到的外，其他影响因素主要包括药物发挥作用的时间、药物作用和毒副作用等。

参考文献

[1] Cherukuvada S, Nangia A. Eutectics as improved pharmaceutical materials: Design, properties and characterization [J]. Chemical Communications (Camb), 2014, 50 (8): 906-923.

[2] Hilfiker R. Polymorphism in the pharmaceutical industry [M]. Weinheim: Wiley-VCH, 2006.

[3] Mohanrao R, Hema K, Sureshan K M. Topochemical synthesis of different polymorphs of polymers as a paradigm for tuning properties of polymers [J]. Nature Communications, 2020, 11 (1): 1-8.

[4] Zhang K, Sun C C, Gong J, et al. Structural origins of elastic and 2D plastic flexibility of molecular crystals investigated with two polymorphs of conformationally rigid coumarin [J]. Chemistry of Materials, 2021, 33(3): 1053-1060.

[5] 韩政阳. 地红霉素多晶型及其结晶过程研究 [D]. 天津：天津大学，2019.

[6] 郭楠楠. 利福平多晶型及其结晶过程研究 [D]. 天津：天津大学，2018.

[7] Aitipamula S, Banerjee R, Bansal A K, et al. Polymorphs, salts, and cocrystals: What's in a name? [J]. Crystal Growth & Design, 2012, 12 (5): 2147-2152.

[8] Sanphui P, Devi V K, Clara D, et al. Cocrystals of hydrochlorothiazide: Solubility and diffusion/permeability enhancements through drug-coformer interactions [J]. Molecular Pharmaceutics, 2015, 12 (5): 1615-1622.

[9] Zhang Y X, Wang L Y, Dai J K, et al. The comparative study of cocrystal/salt in simultaneously improving solubility and permeability of acetazolamide [J]. Journal of Molecular Structure, 2019, 1184: 225-232.

[10] Chu Q, Duncan A J E, Papaefstathiou G S, et al. Putting cocrystal stoichiometry to work: A reactive hydrogen-bonded "superassembly" enables nanoscale enlargement of a metal-organic rhomboid via a solid-state photocycloaddition [J]. Journal of the American Chemical Society, 2018, 140 (14): 4940-4944.

[11] Ganduri R, Cherukuvada S, Sarkar S, et al. Manifestation of cocrystals and eutectics among structurally related molecules: Towards understanding the factors that control their formation [J]. CrystEngComm, 2017, 19 (7): 1123-1132.

[12] 贾丽娜. 糖尿病类药 - 药多组分晶体设计合成及构 - 效关系研究 [D]. 天津：天津大学，2020.

[13] Jia L, Zhang Q, Wang J R, et al. Versatile solid modifications of icariin: Structure, properties and form transformation [J]. CrystEngComm, 2015, 17 (39): 7500-7509.

[14] Skieneh J, Khalili Najafabadi B, Horne S, et al. Crystallization of esomeprazole magnesium water/butanol solvate [J]. Molecules, 2016, 21 (4): 544.

[15] Bolla G, Nangia A. Pharmaceutical cocrystals: Walking the talk [J]. Chemical Communications (Camb), 2016, 52 (54): 8342-8360.

[16] 杜世超. 药物多组分晶体的形成规律及性质研究 [D]. 天津：天津大学，2019.

[17] Li M L, Wang M W, Liu Y M, et al. Co-amorphization story of furosemide-amino acid systems: Protonation and aromatic stacking insights for promoting compatibility and stability [J]. Crystal Growth & Design, 2021, 21 (6): 3280-3289.

[18] Wang L Y, Sun G X, Zhang K K, et al. Green mechanochemical strategy for the discovery and selective preparation of polymorphs of active pharmaceutical ingredient γ-aminobutyric acid (GABA) [J]. ACS Sustainable Chemistry & Engineering, 2020, 8 (45): 16781-16790.

[19] Culloch W, Pitts W S. A logical calculus of the ideas immanent in nervous activity [J]. The Bulletin of Mathematical Biophysics, 1943, 5(4): 113-115.

[20] Groom C R, Bruno I J, Lightfoot M P, et al. The cambridge structural database [J]. Acta Crystallographica Section B: Structural Science, Crystal Engineering and Materials, 2016, 72 (2): 171-179.

[21] Wang D Y, Yang Z, Zhu B Q, et al. Machine-learning-guided cocrystal prediction based on large data base [J]. Crystal Growth & Design, 2020, 20 (10): 6610-6621.

[22] Du S C, Wang Y, Wu S G, et al. Two novel cocrystals of lamotrigine with isomeric bipyridines and in situ monitoring of the cocrystallization [J]. European Journal of Pharmaceutical Sciences, 2017, 110: 19-25.

[23] Zhang K K, Fellah N, Shtukenberg A G, et al. Discovery of new polymorphs of the tuberculosis drug isoniazid [J].

Crystengcomm, 2020, 22 (16): 2705-2708.

[24] 张珂珂. 药物多晶型调控研究 [D]. 天津：天津大学，2021.

[25] 曹郅. 纳米受限空间中药物亚稳形态固体的成核研究 [D]. 天津：天津大学，2022.

[26] Cao Y, Zhang K K, Gao Z G, et al. Preparation, stabilization, and dissolution enhancement of vortioxetine hydrobromide metastable polymorphs in silica nanopores [J]. Crystal Growth & Design, 2021, 22 (1): 191-199.

[27] Sun J J, Jia L N, Wang M W, et al. Novel drug-drug multicomponent crystals of epalrestat-metformin: Improved solubility and photostability of epalrestat and reduced hygroscopicity of metformin [J]. Crystal Growth & Design, 2022, 22 (2): 1005-1016.

[28] 石鹏. 直链饱和二元酸的构象多晶型成核与转化分子机理研究 [D]. 天津：天津大学，2021.

[29] 赵凯飞. γ- 氨基丁酸多晶型与溶剂化物研究及其结晶工艺优化 [D]. 天津：天津大学，2017.

[30] Liu M D, Shi P, Wang G L, et al. Quantitative analysis of binary mixtures of entecavir using solid-state analytical techniques with chemometric methods [J]. Arabian Journal of Chemistry, 2021, 14: 103360.

[31] 刘明地. 固体药物晶型定量分析研究 [D]. 天津：天津大学，2022.

[32] Du W, Yin Q X, Gong J B, et al. Effects of solvent on polymorph formation and nucleation of prasugrel hydrochloride [J]. Crystal Growth & Design, 2014, 14 (9): 4519-4525.

[33] Shi P, Xu S J, Ma Y M, et al. Probing the structural pathway of conformational polymorph nucleation by comparing a series of α, ω-alkanedicarboxylic acids [J]. IUCrJ, 2020, 7: 422-433.

[34] 吴送姑. 药物晶型转化过程分析与控制研究 [D]. 天津：天津大学，2017.

[35] Li X, Liu Y D, Jiang X G, et al. Determination and quantification of kerosene in gasoline by mid-infrared and Raman spectroscopy [J]. Journal of Molecular Structure, 2020, 1210: 127760.

[36] Cheng C G, Liu J, Zhang C J, et al. An overview of infrared spectroscopy based on continuous wavelet transform combined with machine learning algorithms: Application to chinese medicines, plant classification, and cancer diagnosis [J]. Applied Spectroscopy Reviews, 2010, 45 (2): 148-164.

[37] Bhavana V, Chavan R B, Mannava M K C, et al. Quantification of niclosamide polymorphic forms -A comparative study by Raman, NIR and MIR using chemometric techniques [J]. Talanta, 2019, 199: 679-688.

[38] 刘文利. 年龄和糖尿病因素对两种晶型尼莫地平大鼠灌胃后药代动力学的影响 [D]. 天津：天津大学，2016.

[39] 陈瑞莲. 两种晶型尼莫地平经比格犬口服和直肠给药后的药代动力学比较 [D]. 天津：天津大学，2016.

第三章
结晶成核与晶体产品晶型控制

结晶过程是指从液相或气相中的无序分子到固体的相变过程，无序分子通过分子识别和自组装即经历成核和生长两个阶段最终转变为特定的固体形态结构。成核是结晶过程关键的一步，决定着晶体的内部结构、理化性质和粒度分布等。由于成核过程难以观察，因此，研究人员在20世纪初期提出了经典成核理论（CNT）。但是，随着过程分析技术的不断进步和对成核过程研究的深入，研究人员发现经典成核理论已经不足以解释一些特殊现象，随后非经典成核理论被提出。至今，科学家仍在不断探索和解析结晶过程的成核机理。

鉴于同一物质的不同晶型往往展现出不同的理化性质，实现晶体产品制备过程中晶型的精准调控是保证晶体产品质量的重要一环。结晶成核、晶体生长和多晶型间的相互转化均会影响到最终晶体产品的晶型。为此，结晶领域的研究人员提出了多种精准调控晶型的方法，这些方法也随着对结晶过程研究的深入不断拓展。

第一节
介稳区与诱导期

一、介稳区

介稳态作为理解及控制物质在溶液或者熔融态中的成核行为的探针，一般用介稳区宽度及诱导期来描述介稳态以及成核问题。对冷却结晶来说，介于物质在特定溶剂中的溶解度曲线与超溶解度曲线之间的区域，被称为介稳区，如图3-1

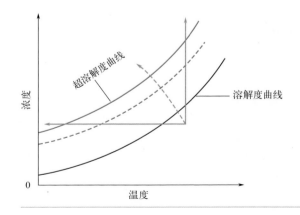

图3-1
介稳区示意图

所示，蓝色实线和红色实线之间的区域为介稳区，蓝色实线代表溶解度曲线，蓝色实线下表示溶液未饱和，不会发生成核现象，红色实线代表发生爆发成核的超溶解度曲线，红色虚线表示在该曲线以下基本不会发生成核，绿色箭头代表不同的结晶路径。

1934 年，Hsü Huai Ting 等[1]发文指出超溶解度曲线不止一条，而是由一簇曲线构成的，因为介稳区宽度不仅会受到降温速率、温度、搅拌、晶种、杂质等的影响，也会受到检测方法的影响[2-5]。近年，姜晓滨等[6]发现当晶体在微孔膜界面的孔上成核时，膜通量急剧下降，并据此开发了一套基于膜蒸馏的响应（MDR）技术来检测成核现象。与常规技术相比，MDR 技术具有可以检测光学不透明溶液中的成核的优点，特别是在熔融结晶过程中。早期关于介稳区的研究主要集中于降温速率与介稳区之间的关系。早在 1968 年，Nývlt 就推导出了介稳区宽度与降温速率之间的关系[7]，该方程被视为介稳区的经典方法，并经常用于分析变温法测得的介稳区宽度数据，从而研究成核动力学。然而，该方程的缺点在于：①成核速率是基于质量单位；②其假设溶解度系数与饱和温度无关，即溶解度随着温度呈直线变化。③该方程反映了降温速率对介稳区宽度的影响，但并不能反映饱和温度、搅拌桨类型、搅拌速率以及杂质等对介稳区宽度的影响。④该方程的成核常数 k 和成核级数 m 不具备物理意义[8]。2008 年，Kubota 等[9]提出了另外一种模型，通过假设在成核点处晶核累积密度达到一个固定但未知的数值来解释在同样的体系下介稳区宽度随着检测技术的不同而改变。Kubota 的模型在介稳区宽度与降温速率的关系上得出了与 Nývlt 方程一样的结论。然而，其大部分假设依然与 Nývlt 方程一样，而且在成核点处晶核累积密度无法得知，因此人们依然无法通过介稳区来探测结晶操作条件是如何影响成核过程和成核速率的。随后，Sangwal[8,10]先是结合正规溶液理论修正了 Nývlt 方程，进一步描述了降温速率和饱和温度对介稳区宽度的影响，然后又通过将正规溶液理论与经典成核理论（CNT）结合起来，发展了一种新的模型来描述降温速率和饱和温度与介稳区宽度之间的关系。但是，在 Sangwal 的模型中由于模型参数嵌入了饱和温度和结晶温度，即其模型参数并不是一个恒定的数值，这使得其模型过于复杂，无法通过实验数据回归得到很好的拟合效果，也无法从介稳区数据中获得物理意义上的成核参数，这是限制介稳区应用的一个重要因素。

本书著者团队针对目前尚没有介稳区模型可以从介稳区数据中获取成核固液界面张力以及成核动力学因子的问题，对 Sangwal 的介稳区理论进行简化及应用。与 Sangwal 的理论不同的是，本团队改进的模型中成核参数与饱和温度 T_0 和成核温度 T_1 无关。因此，通过该理论，成核动力学指前因子和固液界面张力首次可以通过介稳区实验获得，并通过右佐匹克隆在乙酸丁酯中的介稳区实验验证了该介稳区模型[11]。

另外，本书著者团队通过利用泊松分布和正规溶液理论，在经典成核理论的框架内，构建了一个新的模型来描述成核概率与成核诱导期 $\ln(1/t_{ind})$ 以及 $(T_0/\Delta T)^2/(T_0-\Delta T)$ 之间的关系，用以描述过冷度以及结晶温度对成核概率和成核速率的影响。随后，以尿素水溶液体系作为研究对象验证了该模型[11]。

本书著者团队利用提出的介稳区理论模型，准确预测了在给定的降温速率下，孕二烯酮在乙醇溶液中出现两种晶型伴随成核的介稳区，并探究了在成核的介稳态中，不同晶型的分子自组装路径以及伴随成核区域是如何通过降温速率与饱和温度进行调控的[11]。

二、诱导期

在结晶过程中，诱导期[12]是溶液从过饱和度形成到固相（晶核）刚开始出现经过的时间。诱导期长短受多种因素的影响[13]，如过饱和度、搅拌情况、杂质和黏度等，它是结晶过程的重要参数。一般认为，诱导期由以下部分组成：分子簇达到拟稳态所需的松弛时间 t_r；稳定晶核的形成时间 t_n 和晶体长大到可测尺寸所需的时间 t_g。因此，诱导期 t_{ind} 可写成：

$$t_{ind}=t_r+t_n+t_g \tag{3-1}$$

目前主要通过实验方法获得诱导期。根据判断晶核出现时的方式的不同，诱导期的测定方法主要有：肉眼观测法、浊度计法[14]、激光法[15]和电导率法[16]。实际中采用哪种方法，需要根据可用的设备和结晶物系的特征进行选择[17]。

第二节
结晶成核理论

晶体的成核是超饱和状态的一级相变，已经被研究了一个多世纪。成核机制一般可分为两类：经典成核理论（CNT）和非经典成核理论。后者常见于无机物和蛋白质系统。

一、经典成核理论

经典成核理论[18-21]（classical nucleation theory，CNT）认为：在晶体成核过程中，分子、原子或离子等单体经过相互碰撞并遵循多级吸附脱附的动态平衡，首先形成稳定的团簇，这种团簇的堆积结构是有序的、线性的、均匀的。当团簇增长至一定程度时，团簇可生长为晶核，最终甚至可能形成晶体。具体过程如图3-2所示。

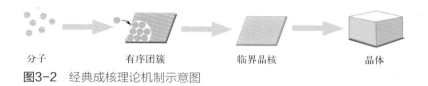

分子　　　　　有序团簇　　　　临界晶核　　　　晶体

图3-2　经典成核理论机制示意图

经典成核理论认为过饱和体系下某一团簇有利的体自由能增加的同时不利的总表面自由能也会升高，导致了团簇总自由能（两者加和）取决于团簇的大小。当团簇小于临界团簇时，团簇表面自由能高于体自由能，团簇不稳定而趋于溶解；只有当团簇大于临界团簇时，体自由能高于表面自由能，团簇才能成为晶核，得到进一步生长。对于由 n 个分子形成的团簇而言 [图 3-3（a）]，团簇总自由能 g_n 为体自由能 g_b 和表面自由能 g_s 的加和[22]，即

$$g_n = n_b g_b + n_s g_s \tag{3-2}$$

式中　n_b和n_s——团簇体分子数和表面分子数。

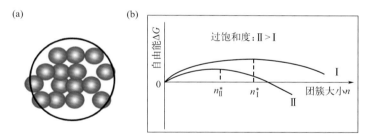

图3-3　成核过程形成的n个分子团簇示意图（a）和自由能随临界分子团簇大小和过饱和度的变化（b）

团簇与溶液界面张力 γ 可表示为

$$\gamma = \frac{(g_s - g_b)}{A} n_s \tag{3-3}$$

式中　A——团簇表面积。

综合式（3-2）和式（3-3），可得

$$g_n = n g_b + \gamma A \tag{3-4}$$

其中，$g_b \equiv \mu_b = \mu_0 + k_B T \ln x_{eq}$，$A = c(nv_0)^{2/3}$，$\mu_0$ 为参比化学势（选择为溶质的过冷液态），c 为形状因子，v_0 为团簇中分子占有体积，从而

$$g_n = n\mu_b + c\gamma(nv_0)^{2/3} \qquad (3\text{-}5)$$

通常认为晶核是通过溶质分子的逐步聚集而成的[23,24]，即

$$M + M \rightleftharpoons M_2$$
$$M + M_2 \rightleftharpoons M_3$$
$$M + M_3 \rightleftharpoons M_4$$
$$\cdots\cdots$$
$$M + M_{n^*-1} \rightleftharpoons M_{n^*}$$
$$M + M_{n^*} \rightleftharpoons M_{n^*+1}$$

在准平衡下，晶核的形成可近似简化为

$$nM \rightleftharpoons M_{n^*}$$

进而，晶核生成过程的总自由能变化 $\Delta G = g_n - n\mu$，单体化学势 $\mu = \mu_0 + k_B T \ln x$，综合式（3-5）可得

$$\Delta G = -nk_B T \ln S + c\gamma(nv_0)^{2/3} \qquad (3\text{-}6)$$

$$n^* = \frac{8}{27} \times \frac{c^3\gamma^3 v_0^{\,2}}{(k_B T \ln S)^3} \qquad (3\text{-}7)$$

$$\Delta G_c = \frac{4}{27} \times \frac{c^3\gamma^3 v_0^{\,2}}{(k_B T \ln S)^2} \qquad (3\text{-}8)$$

由上式可知，ΔG 取决于团簇大小和过饱和度［图 3-3（b）］，当团簇增大成为临界团簇 n^*，体系自由能开始下降，团簇成为临界晶核，得以继续生长，团簇转变为晶核的概率取决于临界自由能 ΔG_c 与 $k_B T$ 的比值。临界团簇大小还取决于体系的过饱和度，过饱度越高（Ⅱ＞Ⅰ），能垒越低，n^* 越小，最终导致成核成为自发过程。故成核速率定义为团簇生长超过临界值成长为晶体的速度。

一般认为，成核的动力学过程可用 Szilard-Farkas 的连续附着和脱附机理描述[24,25]，图 3-4 描绘了团簇形成的"链反应"模型，$f_n(\text{s}^{-1})$ 和 $g_n(\text{s}^{-1})$ 分别表示单体附着和脱附的频率，为时间独立的参数，仅取决于体系过饱和度和温度。稳态过程的成核速率 J 等于临界核 n^* 转化为超临界核 n^*+1 的速率[25]，即

$$J = f_{n^*} X_{n^*} - g_{n^*+1} X_{n^*+1} = z f_{n^*} C_{n^*} \qquad (3\text{-}9)$$

其中，

$$z = \frac{X_{n^*}}{C_{n^*}}\left(1 - \frac{g_{n^*+1}X_{n^*+1}}{f_{n^*}X_{n^*}}\right) = \frac{\ln S\sqrt{RT}}{\sqrt{12\pi\Delta G_c}} \quad (3\text{-}10)$$

$$C_{n^*} = C_0\exp\left(\frac{\Delta G_c}{k_B T}\right) \quad (3\text{-}11)$$

式中　X_{n^*}——临界团簇n^*的真实浓度；

　　　C_{n^*}——临界团簇浓度；

　　　C_0——成核位点的浓度，对于均相成核近似等于$1/v_0$；

　　　z——Zeldovich因子，用于校正临界团簇未能形成晶核的情形[23]。

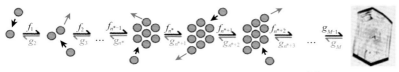

图3-4　Szilard-Farkas成核动力学连续附着和脱附模型[25]

团簇组装过程中，生长基元需要从溶剂化状态转移至晶核表面，此附着过程可分为体积扩散和界面传递两步。若附着为体积扩散控制，f_{n^*}可表达为生长基元向晶核表面的扩散通量（DC/r^*，$C=SC_{eq}$）与表面积$c(n^*v_0)^{2/3}$的乘积[23]，即

$$f_{n^*} = \sqrt{4\pi c}\,D\left(n^*v_0\right)^{1/3}C_{eq}S \quad (3\text{-}12)$$

式中　D——生长基元的扩散系数；

　　　C_{eq}——平衡浓度。

若附着为界面传递控制，生长基元可立即与晶核接触，随机跳动一段距离$[d_0 \approx (6v_0/\pi)^{1/3}]$才能吸附到晶核表面。假设此跳动过程正比于扩散系数和基元的黏附系数λ，附着频率f_{n^*}可表达为

$$f_{n^*} = \left(\pi v_0/6\right)^{1/3}\lambda Dc\left(n^*\right)^{2/3}C_{eq}S \quad (3\text{-}13)$$

综合式（3-9）～式（3-13），可得经典成核的成核速率表达式为

$$J = A_0 S\exp\left(-B/\ln^2 S\right) \quad (3\text{-}14)$$

其中，

$$B = \frac{4}{27}\times\frac{c^3\gamma^3 v_0^2}{\left(k_B T\right)^3}$$

$$A_0 = \left(c^3 / 27Bv_0^4\right)^{1/6} DC_{eq} \ln S \quad \text{（扩散控制）}$$

或

$$A_0 = \left(\pi B^2 c^3 / 6v_0^2\right)^{1/3} \lambda DC_{eq} \quad \text{（界面传递控制）} \qquad （3\text{-}15）$$

经典成核理论解释了成核的随机性现象，定量了成核动力学过程，经过多年的发展提出了较全面的成核动力学理论模型，但是，预测的成核速率远远大于实验测量结果。经典成核理论虽然解释了一些有机物的成核过程，但是，在研究一些蛋白质、无机物的成核过程中，研究人员发现的一些特殊现象无法使用经典成核理论进行解释，因此，经典成核理论受到质疑。

二、非经典成核理论

研究表明，许多晶体在成核前会产生溶液前聚体，而这些溶液前聚体通常以无序团簇[26]、聚集体团簇[27]、纳米粒子[28]等形式存在，这些结构通常是无序的、非线性的、不均匀的。这与经典成核理论中提出的有序的、线性的和均匀的团簇结构存在本质区别。因此，研究人员提出了非经典成核理论（non-classical nucleation theory）。具有代表性的非经典成核理论有两步成核理论（two-step nucleation theory）、预成核团簇理论（pre-nucleation clusters theory）、粒子附着晶化理论（crystallization by particle attachment theory）等[29-31]。本书主要介绍两步成核理论和预成核团簇理论。

1. 两步成核理论

一些蛋白质和无机物结晶的计算模拟[32,33]和实验研究[31,34,35]结果暗示了成核过程至少包含两步：溶质分子堆积形成密集无序的团簇以及随后无序团簇经过重组形成晶核。这一成核机理与主张密度和结构同时演变的经典成核理论存在显著差异（图3-5），称为两步成核理论[36]。堆积结构形成前的过渡相不仅常见于大分子体系[37]，也发现于少许小分子体系中[38]。Garetz等[39]在研究甘氨酸水溶液的非光化学激光诱导成核时发现，激光脉冲的强度可以改变成核速率，而且激光的极化状态可以调控甘氨酸不同晶型的成核顺序，结果表明了成核前团簇分子存在重排，进而佐证了两步成核机理。

Vekilov等[40]基于温度和浓度依赖的团簇生成速度$u_0(C,T)$假设，提出了两步成核的动力学模型，即

$$\text{状态0} \Longleftrightarrow \text{状态1} \longrightarrow \text{状态2}$$

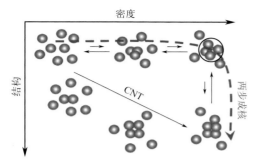

图3-5 两步成核理论与CNT主张的团簇密度和结构演变差异示意图[36]

模型假设密集无序团簇的形成是动力学可逆过程，即溶质分子（状态0）可堆积形成无序团簇（状态1），同时团簇又可以速度 $u_1(T)$ 溶解，团簇抑或以速度 $u_2(T)$ 转变为有序的晶核（状态2），晶核进一步生长为宏观晶体。图3-6描述了此过程的自由能演化路径。若定义体系在时间 t 处状态 $\Omega=0$、1 和 2 下的概率为 $P_\Omega(t)$，则稳态下形成一个晶核的平均时间 τ 可定义为

$$\tau = \int_0^\infty t\left[\frac{\mathrm{d}P_2(t)}{\mathrm{d}t}\right]\mathrm{d}t \tag{3-16}$$

从而，从状态0到状态2转变的参数 τ 为

$$\tau = \frac{1}{u_0(C,\ T)} + \frac{u_1(T)}{u_0(C,\ T)u_2(T)} + \frac{1}{u_2(T)} \tag{3-17}$$

式中 $u_\Omega = U_\Omega\exp[-E_\Omega/(RT)]$，稳态成核速率可通过一级近似计算，即 $J=1/\tau$，得到

$$J = \frac{U_0 U_2 \exp\left(\dfrac{G_0+G_2}{RT}\right)}{U_0\exp\left(-\dfrac{G_0}{RT}\right) + U_1\exp\left(-\dfrac{G_1}{RT}\right) + U_2\exp\left(-\dfrac{G_2}{RT}\right)} \tag{3-18}$$

式中　U_0，U_1和U_2——过渡态团簇形成、过渡态团簇消亡以及有序晶核形成的指前因子；

　　　G_0，G_1 和 G_2——相应的动力学自由能。

两步成核理论辅助解释了某些蛋白质体系的结晶动力学现象，但是其应用局限于溶液中无序团簇的形成。尽管已在一些蛋白质体系和碳酸钙溶液中发现存在此种密集无序团簇，然而并非所有体系中都存在，并且对过渡相的密集无序团簇的定义较模糊。因模型假设未考虑到微观溶质-溶剂相互作用，所以不能解释溶

剂依赖的多晶型成核现象[41]。此外，把液 - 液相分离作为两步成核密集无序团簇形成的证据，也受到一些研究者的质疑[25]。

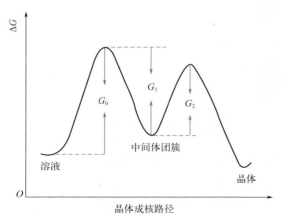

图3-6 晶体成核的自由能演化路径[36]

2.预成核团簇理论

近年来，越来越多的证据表明无机物体系，如碳酸钙[24]和磷酸钙[42,43]体系，在未饱和、过饱和溶液中均存在稳定的聚集体，也被称为前聚体（pre-nucletaion clusters，PNCs）[44]，并参与相分离过程[27]。这些聚集体的发现与经典成核理论中的单体缔合形成不稳定的团簇假设相悖。除了无机物体系外，研究发现某些氨基酸体系中也存在溶液聚集体[44,45]。与经典成核机理不同，PNCs 成核机理认为稳定溶液前聚体不会通过单体的逐渐累加形成晶核，而是通过聚集体团簇间的碰撞聚结形成较大的固体无定形，随后无定形内部分子结构重组形成结晶相，进而生长为宏观晶体，示意图如图 3-7 所示。PNCs 成核机理也与两步成核机理不同，前者认为稳定的结构有序的溶质自缔合体是晶核形成的前体，而后者则认为不稳定的密集无序的新中间相（过渡相）是成核的前体，且认为微观或宏观的液 - 液相分离是形成晶核的必需步骤。PNCs 认为溶液聚集体不一定是随机堆积的，并且溶液聚集体结构可能与最终晶体结构相似，因而在解释多晶型方面展现了较大潜力。但是，目前报道的聚集体主要见于无机物体系[44]，在有机物体系中报道较少且多为二聚体[25]。此外，溶液聚集体的表征仍然困难，尤其是对于含量很低的聚集体。

本书著者团队利用全反射 - 傅里叶红外（ATR-FTIR）光谱、拉曼（Raman）光谱和核磁（NMR）技术并结合密度泛函理论（DFT）计算手段，探究了成核前溶液聚集体的性质、分子间相互作用及其与成核晶体结构和动力学的关联性[46]，得到了以下主要研究成果与结论：

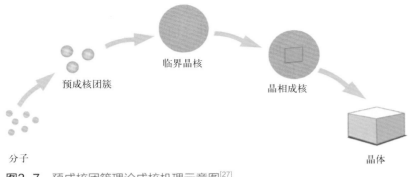

分子

预成核团簇

临界晶核

晶相成核

晶体

图3-7 预成核团簇理论成核机理示意图[27]

① 对托灭酸的成核过程进行研究发现，托灭酸分子存在羧酸二聚化和芳环二聚化两种截然不同的自缔合路径。这些自缔合过程是晶体成核的第一步，决定了托灭酸多晶型的形成。溶质-溶剂和溶质-溶质相互作用的竞争与协同决定了溶液聚集体与晶体合成子是否存在结构关联。

② 苯甲酸在甲苯溶剂中首先通过氢键主要作用力形成羧酸二聚体，随后二聚体间通过 π-π 次级力缔合形成高阶四聚体。这一发现揭示了非共价相互作用力的层级性在主导分子识别与自组装过程中的重要性。

③ 实验确认了甘氨酸在纯水中存在自缔合现象，并且缔合体主要以开环二聚体结构存在。这一发现揭示了 pH 依赖的分子自缔合与多晶型形成的关联性。基于 DL-蛋氨酸 α 晶型与 γ 晶型在水中的伴随结晶现象以及 DL-蛋氨酸分子自发缔合形成类胶束聚集体的实验发现，提出了甘氨酸 α 晶型与 γ 晶型"非经典"成核的可能分子机理。

④ 利用高通量方法测量了 4400 组甲灭酸（又称甲芬那酸）诱导时间数据，确认了成核过程的随机性，建立了溶液聚集体与成核动力学关联，提出基于团簇内部脱溶剂化的成核分子路径假说。

第三节
多晶型稳定性与晶型转化机理

一、多晶型稳定性

根据不同晶型的能量与温度的变化趋势，多晶型体系的热力学关系可以分为单变体系和互变体系两种类型，其能量 - 温度关系曲线如图 3-8 所示。图 3-8（a）代表一个单变体系：在晶型 A 和晶型 B 熔化之前，晶型 A 的吉布斯自由能总是小于晶型 B 的吉布斯自由能，即 $G_A < G_B$，晶型 A 总是比晶型 B 更稳定。在这种情况下，晶型 B 可以自发地向晶型 A 转变并伴随有放热现象的发生，并且从热力学的角度看，这个转晶可以在任意温度下进行。但是由于活化能的存在，由晶型 B 向晶型 A 的固 - 固转晶受到阻碍，并不存在一个热力学转晶点。为了与互变体系相对应，将虚拟转晶点引入单变体系，在该点处，晶型 A 和晶型 B 的吉布斯自由能相等，即 $G_A = G_B$。对于单变体系，虚拟转晶点的温度为绝对零度或者高于两个晶型的熔点，即晶型 A 和晶型 B 全部熔化以后，它们的自由能曲线相交的那一点。

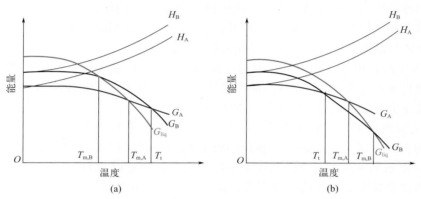

图3-8 多晶型单变体系（a）和互变体系（b）的能量-温度图
H—焓值（内能）

图 3-8（b）代表了一个互变体系：在晶型 A 和晶型 B 熔化之前，它们的吉布斯自由能曲线会相交于一点，此时 $G_A = G_B$，该点被称为转晶点。此外，还存在一个点，在该点处晶型 A 和晶型 B 之间可以发生可逆的固 - 固转晶现象。当体系的温度低于转晶点时，$G_A < G_B$，晶型 A 是稳定晶型，晶型 B 是介稳晶型，晶型 B 可以自发地向晶型 A 转变并且放出热量；当体系温度高于转晶点时，$G_A > G_B$，晶型 A 是介稳晶型，晶型 B 是稳定晶型，晶型 A 可以自发地向晶型 B 转变并吸收热量。判断多晶型体系中晶型之间的稳定性关系首先要判断其是单变体系还是互变体系，确定多晶型热力学关系的规则于 1926 年由 Tammann 首次提出，Burger 和 Ramberger 在 1979 年将这些规则进行了总结，主要有转晶热规则、熔化热规则、熔化熵规则、比热容规则以及晶体密度规则等。

二、晶型转化机理

对相转化机理的研究和探讨是相转化研究不可或缺的核心内容。深入理解相转化机理有助于对结晶工艺的调控和目标晶型的控制。目前，报道比较多的相转化机理有三种：①溶剂介导转晶（solvent-mediated phase transformation，SMPT）；②固-固相转化（solid-solid phase transformation，SSPT）；③单晶到单晶相转化（single crystal to single crystal phase transformation，SCSCPT）。

1. 溶剂介导转晶

溶剂介导转晶是指稳定相的成核和生长是以亚稳相的消失为代价的，溶剂介导转晶可以描述为三个步骤：①亚稳相的溶解；②稳定相的成核；③稳定相的生长。每种物质的溶剂介导转晶过程都不一样，由于转晶过程的复杂性，所以物系不一样，关键控制步骤也不一样。对于溶解速率很慢的物系，可能亚稳相的溶解过程就是转晶的控制步骤；对于介稳区很宽、成核能垒很高的物质，稳定相成核很困难，所以稳定相的成核是转晶的控制步骤；对于生长速率非常缓慢而溶解速率和成核速率较快的物系，稳定相的生长是控制步骤。当然不同的结晶条件下，关键控制步骤也会不一样，而且有可能两个或者三个过程同时为控制步骤。例如：卡马西平晶型Ⅰ到晶型Ⅲ的转化控制步骤是稳定晶型的生长过程；吡拉西坦亚稳晶型转化为稳定晶型的控制过程是稳定晶型的成核过程，稳定晶型成核诱导期很长；盐酸普拉格雷从晶型Ⅰ到晶型Ⅱ的转化过程由稳定晶型的成核和生长两个步骤同时控制；去氢醋酸钠的转晶过程由亚稳晶型的溶解和稳定晶型的成核、生长三个步骤同时控制[47-49]。

影响溶剂介导转晶过程的因素有很多，主要包括：溶剂、温度、添加剂、晶种、固体加入量、冷却速率等[50-56]。溶剂不仅能影响多晶型的溶解度和溶解速率，而且也会影响成核和生长速率。溶剂-溶质分子之间的相互作用对晶体的成核和生长过程的影响主要有两个方面：第一，溶质分子与溶剂分子相互作用发生缔合，形成溶剂化状态，溶质分子进入晶格前，需要脱去缔合的溶剂分子才能堆积生长；第二，在晶体生长的过程中，溶剂分子会吸附在晶体表面上，只有发生溶剂分子被溶质分子取代才能完成生长过程。综上所述，溶剂-溶质分子间的相互作用越强，对晶体的成核和生长阻碍作用越大，那么转晶过程就越缓慢。温度是溶剂介导转晶过程中的关键影响因素，它不仅影响了多晶型体系的相对稳定性而且也决定了多晶型转化过程中的热力学推动力[57]。所以每种物系都有自身的转晶特点，可以根据具体的转晶特点进行转晶过程的调控，例如：若亚稳晶型溶解速率是控制步骤，则需要提高溶解速率促进转晶，比如提高温度；如果稳定晶型的成核是控制步骤，可以考虑加稳定晶型晶种进行诱导转晶[58]。

2. 固 - 固相转化

固态到固态的相转化是指不需要溶剂介导而直接进行的相转化[56]。固 - 固相转化需要晶体内分子、离子或者原子进行重新组装和排列形成新的结构，它主要包括三个过程：

① 亚稳相分子间作用力破坏和断裂；

② 无序分子态的形成；

③ 新的分子间作用力形成和构建新的晶体结构。

固 - 固相转化常发生在研磨和制样的过程中，因受到温度和压力诱导而发生相转变。影响固 - 固相转化的主要因素包括：温度、湿度、压力等[59-61]。多晶型物质常在熔点测试过程中发生固 - 固相转化，例如：丙二酰胺有三种晶型，其中斜方晶系的晶型加热会转化成正交晶系的晶型；无定形碳酸钙加热至 310℃ 左右会转化成方解石[62,63]。目前压力诱导晶型转化是一个很热门的研究点，例如：经机械研磨发生晶型转化或者通入高压气体导致晶型发生转变[64]。通过研磨萘普酮亚稳晶型会转化成稳定晶型；扑热息痛的晶型 I 是单斜晶系，加压到 4.5GPa会发生转晶，晶型 II 是正交晶系，加压到 5.5GPa 会发生转晶[65-67]。

3. 单晶到单晶相转化

固态化学对单晶到单晶相转化的定义是一个单晶发生转晶得到的仍然是一个单晶[68]。一般单晶到单晶相转化发生在两种晶型的结构非常相似的情况下。目前针对单晶到单晶相转化的两个最重要的研究方向是制备介孔材料以及无溶剂的拓扑化学反应[69]。单晶到单晶相转化的过程，对于有的物系是可逆过程，有的物系是不可逆过程。诱导单晶到单晶相转化的方式有很多，如热诱导、蒸汽诱导、压力诱导、溶剂诱导、光诱导等。例如：9,10- 二羟基二氢化蒽的两种晶型是可逆单晶到单晶相转化过程，晶型 I a 加热到 44℃ 会转化成晶型 I b，晶型 I b 冷却到 −38℃ 会转化成晶型 I a；配位聚合物 PbCPs 可以通过在 160℃ 以上的高温下处理 3d 或者经 60h 以上的光照诱导发生单晶到单晶相转化；丙磺舒加热到 150℃ 和 200℃ 时分别会经历两次单晶到单晶相转化；4- 羟基苯甲酰肼含有三个晶型，晶型 I 加热转化成晶型 II 是不可逆的单晶到单晶相转化，晶型 III 加热转晶到晶型 II 是可逆的单晶到单晶相转化；4,6-O- 苯亚甲基 -α-D- 半乳糖叠氮化合物的 α 晶型不仅能受热发生单晶到单晶相转化成 β 晶型，而且室温下就能自发发生单晶到单晶相转化[70-74]。不仅普通的多晶型会发生单晶到单晶相转化，而且共晶也会发生单晶到单晶相转化[75]。

多晶型的成核和转化是一个非常复杂的过程，很多晶体在成核的过程中就已经出现多晶型，而不是完全遵循奥斯瓦尔德熟化规则，即先是亚稳晶型成核生长，再是亚稳晶型转化成稳定晶型[76]。有时两种晶型或者多晶型同时成核、生长，出现伴随多晶型（concomitant polymorphs，CP）[77,78]，然而甚至有的时候出现交叉成核（cross-nucleation，CN），即亚稳晶型需要在稳定晶型的表面成核和生长或者稳定晶型需要在亚稳晶型表面成核和生长[79,80]。

第四节
晶型控制方法

多晶型物系的结晶过程通常包括不同晶型之间的竞争成核、竞争生长以及相互转化。三个过程中任一过程受到干扰，都会影响到最终产品晶型，从而导致产品质量和性能的差异。因此，实现晶体产品制备过程中的晶型精准调控是保证晶体产品质量与性能的关键环节，一直以来也是多晶型研究中的重要课题[81,82]。结晶领域的研究人员经过多年的探究，针对上述影响最终产品晶型的三个过程提出了多种有效的多晶型控制策略。

一、基于结晶过程参数的控制策略

调整结晶过程工艺参数是最常用的晶型控制策略，包括调整温度、过饱和度以及更换溶剂种类等。温度会影响晶型的稳定性，并且可能引起晶型之间的转变。过饱和度作为结晶过程中的推动力，可以极大地影响晶体成核、生长速率，根据 Ostwald 规则，在低过饱和度下，稳定晶型会优先析出；而在高过饱和度下，亚稳晶型则会优先析出进而可能影响晶体的晶型及晶习等行为。在溶液结晶中，溶剂分子与溶质分子之间的作用力会直接影响不同晶型之间的溶解度、溶质分子在体系中的构象和成核前聚体的结构等，从而影响多晶型的成核过程。

本书著者团队在基于结晶过程参数调控晶型的研究方面做了很多工作。其中以非类固醇的消炎药托芬那酸作为模型物质考察了温度、过饱和度和溶剂对晶型的影响。团队首先确定了晶型Ⅰ和晶型Ⅱ为互变体系，且它们的转晶点低于 0℃。当温度高于 0℃时，晶型Ⅰ是稳定晶型，晶型Ⅱ是介稳晶型。托芬那酸在乙醇、异丙醇和乙酸乙酯中通过快速冷却结晶过程所得产品的晶型与溶剂、温度和过饱和度的关系如图 3-9 所示，需要指出的是，图 3-9 中所展示的实验中，成核诱导期只有几分钟，而转晶完成需要几个小时，所以图 3-9 中所示产品的晶型都是通过直接成核获得的而不是通过晶型之间的转化。在所测温度范围内，托芬那酸的结晶诱导期较短，结晶过程中多晶型的形成符合 Ostwald 规则，乙醇中的冷却结晶有利于获得晶型Ⅰ，乙酸乙酯中的重结晶有利于获得晶型Ⅱ[83]。

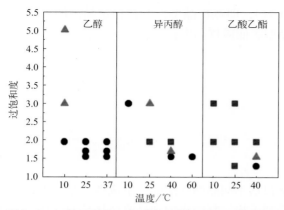

图3-9　托芬那酸在一定过饱和度和温度下快速冷却结晶产品的晶型
● 晶型Ⅰ；■ 晶型Ⅱ；▲ 晶型Ⅰ和Ⅱ

　　本书著者团队探究了溶剂对十一烷二元酸（DA11）两种多晶型成核的影响规律。表 3-1 列出了在 16 种溶剂中以不同的冷却速率进行冷却结晶实验所得到的 DA11 晶型。实验发现，在醇类和羧酸类溶剂中，更倾向于得到晶型Ⅱ，而晶型Ⅰ在其他溶剂（例如酮、酯等）中成核。以往研究表明，溶质 - 溶剂之间的氢键和范德瓦耳斯力相互作用可能会在多晶型成核中起重要作用。溶质 - 溶剂之间氢键作用强度可以通过氢键供体（HBD）能力 α 和氢键受体（HBA）能力 β 来评估。溶剂和溶质之间范德瓦耳斯力相互作用的强度可以通过偶极极化率 π^* 进行评估。这些溶剂的特性参数也列在表 3-1 中。分析各参数关联性，较为明显的是，DA11 多晶型成核主要受 HBD 控制。晶型Ⅰ往往在 α 值接近 0 的溶剂中成核，而晶型Ⅱ是在具有高 HBD 能力（在本工作中 α 值高于 79）的溶剂中产生的。与之相对应的是，溶剂的 HBA 能力 β 和偶极极化率 π^* 似乎与 DA11 的多晶型的形成并不相关[84]。

表3-1　溶剂性质参数和成核结果

溶剂	α	β	π^*	晶型（0.1K/min）	晶型（1K/min）	晶型（骤冷）
乙醇	86	75	54	Ⅱ	Ⅱ	Ⅱ
正丙醇	84	90	52	Ⅱ	Ⅱ	Ⅱ
正丁醇	84	84	47	Ⅱ	Ⅱ	Ⅱ
异丁醇	79	84	40	Ⅱ	Ⅱ	Ⅱ
乙酸	112	45	64	Ⅱ	Ⅱ	Ⅱ
丙酸	112	45	58	Ⅱ	Ⅱ	Ⅱ
丙酮	8	43	71	Ⅰ	Ⅰ	Ⅰ+Ⅱ
丁酮	6	48	67	Ⅰ	Ⅰ	Ⅰ+Ⅱ
甲基异丁基酮	2	48	65	Ⅰ	Ⅰ	Ⅰ+Ⅱ
环己酮	0	53	76	Ⅰ	Ⅰ+Ⅱ	Ⅰ+Ⅱ

溶剂	α	β	π*	晶型（0.1K/min）	晶型（1K/min）	晶型（骤冷）
乙酸乙酯	0	45	55	I	I+II	I+II
乙酸异丙酯	0	40	53	I	I+II	I+II
丙酸丁酯	0	42	47	I	I+II	I+II
异丙醚	0	49	19	I	I+II	I+II
正丁醚	0	46	27	I	I+II	I+II
二噁烷	0	37	55	I	I	I+II

通过采用溶液和固态 FTIR 光谱、晶体结构测试分析、SSNMR 光谱、定量 PXRD 和理论计算等手段，探索了 DA11 的溶液化学与不同溶剂的两种多晶型成核结果之间的联系。结果表明，溶质的脱溶剂化过程受溶质和溶剂之间相互作用的影响，并影响成核过程中结构的重排，最终影响晶体的多晶型成核。当 DA11 中的羧基与具有 HBD 和 HBA 能力的溶剂相互作用时，与仅具有 HBA 能力的溶剂相比，脱溶剂化的难度要大得多。因此，亚稳晶型 II 优先在构象重排不充分下结晶。相反，更易、更早的脱溶剂作用使得 DA11 分子构象充分重排得到晶型 I（图 3-10）[84]。

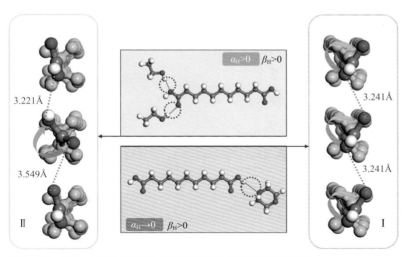

图3-10 DA11构象多晶型成核的溶剂依赖性机理示意图

1Å=0.1nm

二、添加晶种策略

通过向过饱和溶液中加入特定晶型的晶体诱导产生大量相同晶型的晶体，是一种控制产品晶型的有效方法。晶种可以促进该晶型的二次成核，并为成核提供相应的生长位点，从而加速了目标晶型的成核及生长。添加晶种的策略已被广泛地应用于工业生产中，并可用于大规模地制备某一特定晶型。但是，使用这一策略必须掌握体系的介稳区宽度，保证操作点处于介稳区内。否则，会导致晶种因体系未饱和而溶解在其中。

本书著者团队在研究硫醚型受阻酚类抗氧化剂 2,2′- 硫代双 [3-(3,5- 二叔丁基 -4- 羟苯基) 丙酸甲酯]（简称 TBHP）的结晶过程中，考察了晶种对其成核行为的影响。TBHP 存在两种多晶型，其中晶型 I 为块状，晶型 II 为细长棒状（图 3-11）。如在冷却结晶过程中不加晶种，则会发生剧烈的爆发成核现象，如图 3-12 所示，由 3-12（a）可看出在爆发成核初期，小晶体团聚在一起，在结晶终点取样进行显微镜观察，如图 3-12（b）所示，可以看出细小的针状晶体和块状的晶体伴随出现。加晶种时的显微照片如图 3-13 所示，加晶种后，晶种为即将结晶的溶质提供了生长位点，有效地避免了爆发成核，在加入晶种初期［如图 3-13（a）］有规则块状粒子均匀成核和生长，在冷却结晶过程结束后，获得块状晶体［图 3-13（b）］[85]。

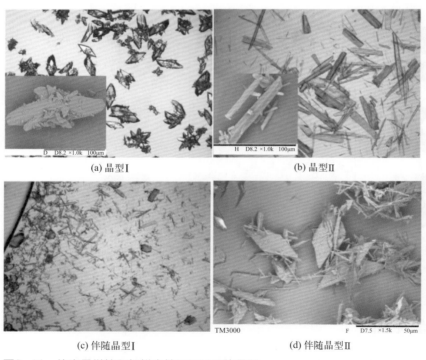

(a) 晶型 I　　　　　　　　　　　　　(b) 晶型 II

(c) 伴随晶型 I　　　　　　　　　　　(d) 伴随晶型 II

图3-11　偏光显微镜和扫描电镜下TBHP的晶习

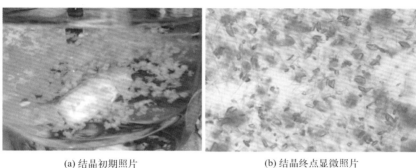

(a) 结晶初期照片	(b) 结晶终点显微照片

图3-12　不加晶种时的爆发成核现象

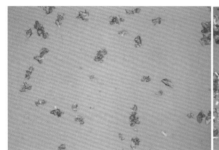

(a) 结晶初期	(b) 结晶终点

图3-13　加入晶种的结晶过程

三、添加剂策略

　　添加剂策略也是常用的晶型控制方法之一。添加剂可以影响多晶型的成核和生长过程，也可以影响晶型之间的相互转化，从而实现特定晶型控制。因此，目前添加剂对多晶型调控的机理解释主要集中在三个方面：①添加剂抑制了某种晶型的成核前聚集体生长成临界晶核的过程，从而抑制了该晶型的成核；②添加剂并不影响成核过程，而是吸附在或者嵌入某种晶型的特定晶面上，从而抑制了该种晶型的生长，导致最终得到另一种晶型的产品；③添加剂改变了不同晶型的溶解度、体系的介稳区以及不同晶型之间的热力学稳定性关系[86,87]。

　　本书著者团队针对 DL- 蛋氨酸结晶产品多为 α 和 β 晶型的混晶，且 β 晶型易发生相转变的问题，提出了通过添加剂控制制备过滤性、流动性、沉降性均优于 β 晶型的 DL- 蛋氨酸 α 晶型产品的研究思路。在溶液结晶过程中，团队研究了甘氨酸、DL- 丙氨酸、DL-2- 氨基丁酸、DL- 缬氨酸和 DL- 亮氨酸添加剂对

DL-蛋氨酸多晶型成核的影响，发现这些氨基酸都能促进介稳晶型的结晶，且添加剂浓度越高，作用越明显，其中 DL-亮氨酸作用最明显。在不同浓度 DL-缬氨酸和 DL-亮氨酸作用下，测定了 DL-蛋氨酸成核诱导期，开展了溶剂介导转晶实验，发现两种氨基酸都能抑制 DL-蛋氨酸稳定晶型的成核和介稳晶型向稳定晶型的转化，且随着添加剂浓度的增加，抑制作用越明显。综合分析发现氨基酸添加剂主要通过抑制 β 晶型的成核与生长，从而实现 DL-蛋氨酸结晶过程中 α 晶型的选择性结晶[88]。

四、模板剂策略

通过模板剂来实现多晶型的调控是目前多晶型控制研究的热点。模板剂调控晶型的关键在于模板剂在晶体成核过程中提供具有特定物理化学性质的异质表面，可以在不改变结晶体系温度、溶剂组成等参数的情况下对晶体的成核过程进行调控。模板剂表面可以是具有二维或三维结构的有机 / 无机材料、无定形或者晶体，其表面主要通过三个因素影响溶质分子成核：外延、表面形貌和表面化学[89]。如图 3-14 所示，这些因素通常相互作用，共同影响晶体成核。此外，过饱和度和溶剂等溶液性质以及结晶体系中的流体动力学等因素也会影响晶体成核。

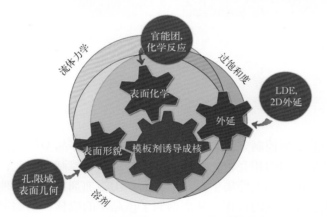

图3-14 溶液结晶中模板剂诱导成核过程影响因素的示意图[84]

本书著者团队探究了在丙二酰胺作为模板剂下庚二酸的晶型情况，在没有模板剂存在时，庚二酸在乙醇中结晶得到的产品晶型和原料相同，都是晶型Ⅰ，晶体呈片状；有模板剂存在时，获得的庚二酸晶体为晶型Ⅱ，晶体呈短棒状（图 3-15），并且当模板剂用量达到 10% 时可以获得高纯度亚稳晶型。单晶模板剂诱导庚二酸成核的实验结果表明，模板剂的（111）/（011）晶面与其他晶面相比有更明显的诱导作用，并且诱导所得的晶体经过固体红外光谱和显微拉曼光谱表征后确认为庚二酸亚稳晶型Ⅱ。晶体结构分析显示在模板剂的（100）和（110）晶面上，丙二酰胺分子垂直于晶面堆积，只有一端的酰胺基团暴露于晶面；而在（111）和（011）晶面上，丙二酰胺分子平行于晶面堆积，分子两端的酰胺基团均暴露于晶面，使得晶面更容易吸附庚二酸分子。通过 MS 软件计算了庚二酸两种晶型的主要晶面与模板剂之间的吸附能，结果显示亚稳晶型Ⅱ的主要晶面与模板剂之间的吸附能大于稳定晶型Ⅰ，因此在模板剂的作用下，庚二酸晶型Ⅱ更容易被诱导成核[90]。

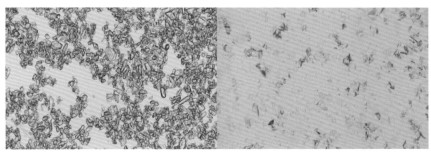

模板存在时   空白条件下

图3-15　庚二酸显微镜图

五、超声辅助晶型控制策略

超声作为一种绿色工艺强化手段，对结晶过程的影响主要体现在四个方面：晶体的成核、多晶型的调控、相转变和晶体的生长。由于超声在溶液中产生的空化效应本身是复杂的，难以通过仪器捕捉，且空化气泡的坍塌产生高温高压等极端环境，因此对结晶过程既可以产生所期望的积极作用，但也增加了体系分析的复杂程度。

本书著者团队考察了超声对 L- 谷氨酸 α 晶型（晶体呈棱柱状）和 β 晶型（晶体呈针状或者板状）的控制作用（图 3-16）。超声对 L- 谷氨酸多晶型调控的影响如下：①相对于静置结晶条件下得到的产品（β 晶型），超声辐照可以作为搅拌扰动溶液，增强溶液中的传质，从而得到 α 晶型。②在一定的超声功率下，可以在无超声条件下更倾向于生成 α 晶型晶体的浓度下成核 β 晶型。超声对 L- 谷氨酸多晶型的调控，稳定的 β 晶型直接通过成核获得，而不是通过溶剂介导转晶得到（从 α 晶型转化为 β 晶型）。骤冷结晶的方式以及出现晶体产品即刻进行固态检测的操作，消除了转晶所需的时间，产品的多晶型即反映了 L- 谷氨酸成核阶段的多晶型分布情况[91]。

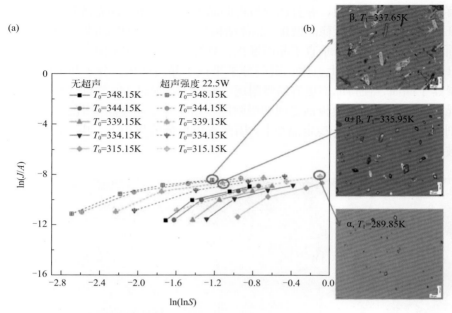

图3-16 成核速率和多晶型的分布

（a）在不同饱和温度、有无超声的条件下，ln(*J/A*)与ln(ln*S*)的关系图（图中带颜色的线条表示数据点的趋势）；
（b）在超声下，对应于每个实验条件（用圆圈标记）的L-谷氨酸多晶型的显微镜图像

参考文献

[1] Ting H H, McCabe W L. Supersaturation and crystal formation in seeded solutions[J]. Ind Eng Chem, 1934, 26 (11):1201-1207.

[2] Taboada M E, Graber T A, Bastias Y E. A new method to obtain kinetics information of batch crystallization from aqueous solutions.[J]. Boletin De La Sociedad Chilena De Quimica, 1999, 44 (3):279-287.

[3] Gurbuz H,Ozdemir B. Experimental determination of the metastable zone width of borax decahydrate by ultrasonic velocity measurement[J]. Journal of Crystal Growth, 2003, 252 (1/2/3):343-349.

[4] Lyczko N,Espitalier F,Louisnard O, et al. Effect of ultrasound on the induction time and the metastable zone widths of potassium sulphate[J]. Chemical Engineering Journal, 2002, 86 (3):233-241.

[5] Marciniak B. Density and ultrasonic velocity of undersaturated and supersaturated solutions of fluoranthene in trichloroethylene, and study of their metastable zone width[J]. Journal of Crystal Growth, 2002, 236 (1/2/3):347-356.

[6] Jiang X B,Ruan X H,Xiao W, et al. A novel membrane distillation response technology for nucleation detection, metastable zone width measurement and analysis[J]. Chemical Engineering Science, 2015, 134:671-680.

[7] Nývlt J. Kinetics of nucleation in solutions[J]. Journal of Crystal Growth, 1968, 3-4 :377-383.

[8] Sangwal K. Novel approach to analyze metastable zone width determined by the polythermal method: Physical interpretation of various parameters[J]. Crystal Growth & Design, 2009, 9 (2):942-950.

[9] Kubota N. A new interpretation of metastable zone widths measured for unseeded solutions[J]. Journal of Crystal Growth, 2008, 310 (3):629-634.

[10] Sangwal K. A novel self-consistent Nývlt-Like equation for metastable zone width determined by the polythermal method[J]. Crystal Research and Technology, 2009, 44 (3):231-247.

[11] 许史杰. 基于介稳区模型的成核行为研究 [D]. 天津：天津大学，2019.

[12] 杨柳，陈启元，尹周澜，等. 诱导期法对过饱和铝酸钠溶液初级成核过程的研究 [J]. 有色金属（冶炼部分），2008(4):20-23.

[13] 哈姆斯基 E B. 化学工业中的结晶 [M]. 古涛，叶铁林，译. 北京：化学工业出版社，1984.

[14] Teychené S, Biscans B. Nucleation kinetics of polymorphs: Induction period and interfacial energy measurements[J]. Crystal Growth and Design, 2008, 8(4): 1133-1139.

[15] Zheng X F, Fu J, Lu X Y. Solubility and induction period study of asiaticoside and madecassoside in a methanol + water mixture[J]. J Chem Eng Data, 2012, 57: 3258-3263.

[16] Chien W C, Lee C C, Tai C Y. Heterogeneous nucleation rate of calcium carbonate derived from induction period[J]. Ind Eng Chem Res, 2007, 46: 6435-6441.

[17] 王海生. 添加剂影响下硝酸硫胺结晶过程研究 [D]. 天津：天津大学，2016.

[18] Mullin J W. Crystallization [M]. Oxford: Butterworth-Heinemann, 2001.

[19] Xu S J, Chen Y F, Gong J B, et al. Interplay between kinetics and thermodynamics on the probability nucleation rate of a urea-water crystallization system[J]. Crystal Growth & Design, 2018, 18(4): 2305-2315.

[20] Yang J, Xu S J, Wang J K, et al. Nucleation behavior of ethyl vanillin: Balance between chemical potential difference and saturation temperature[J]. Journal of Molecular Liquids, 2020, 303: 112609.

[21] Xu S J, Wang J K, Zhang K K, et al. Nucleation behavior of eszopiclone-butyl acetate solutions from metastable zone widths[J]. Chemical Engineering Science, 2016, 155: 248-257.

[22] Davey R, Garside J. From molecules to crystallizers [M]. Oxford: Oxford University Press, 2000.

[23] Kashchiev D. Nucleation: Basic theory with applications [M]. Oxford: Butterworth-Heinemann, 2000.

[24] Kashchiev D, van Rosmalen G M. Review: Nucleation in solutions revisited [J]. Crystal Research and Technology, 2003, 38(7/8): 555-574.

[25] Davey R J, Schroeder S L, ter Horst J H. Nucleation of organic crystals-a molecular perspective [J]. Angewandte Chemie International Edition, 2013, 52(8): 2166-2179.

[26] Gower L B, Odom D J. Deposition of calcium carbonate films by a polymer-induced liquid-precursor (PILP) process[J]. Journal of Crystal Growth, 2000, 210(4): 719-734.

[27] Gebauer D, Cölfen H. Prenucleation clusters and non-classical nucleation[J]. Nano Today, 2011, 6(6): 564-584.

[28] Thanh N T K, MacLean N, Mahiddine S. Mechanisms of nucleation and growth of nanoparticles in solution[J]. Chemical Reviews, 2014, 114(15): 7610-7630.

[29] Sun M M, Tang W W, Du S C, et al. Understanding the roles of oiling-out on crystallization of β-alanine: Unusual behavior in metastable zone width and surface nucleation during growth stage[J]. Crystal Growth & Design, 2018, 18(11): 6885-6890.

[30] Vekilov P G. Dense liquid precursor for the nucleation of ordered solid phases from solution[J]. Crystal Growth & Design, 2004, 4(4): 671-685.

[31] Chen J J, Zhu E B, Liu J, et al. Building two-dimensional materials one row at a time: Avoiding the nucleation

barrier[J]. Science, 2018, 362(6419): 1135-1139.

[32] Wallace A F, Hedges L O, Fernandez-Martinez A, et al. Microscopic evidence for liquid-liquid separation in supersaturated CaCO$_3$ solutions [J]. Science, 2013, 341(6148): 885-889.

[33] Shore J D, Perchak D, Shnidman Y. Simulations of the nucleation of AgBr from solution [J]. The Journal of Chemical Physics, 2000, 113(15): 6276-6284.

[34] Galkin O, Pan W, Filobelo L, et al. Two-step mechanism of homogeneous nucleation of sickle cell hemoglobin polymers [J]. Biophysical Journal, 2007, 93(3): 902-913.

[35] Erdemir D, Lee A Y, Myerson A S. Nucleation of crystals from solution: Classical and two-step models [J]. Accounts of Chemical Research, 2009, 42(5): 621-629.

[36] Vekilov P G. Nucleation [J]. Crystal Growth & Design, 2010, 10(12): 5007-5019.

[37] Asherie N, Lomakin A, Benedek G B. Phase diagram of colloidal solutions [J]. Physical Review Letters, 1996, 77(23): 4832-4835.

[38] Sommerdijk N A J M, With G D. Biomimetic CaCO$_3$ mineralization using designer molecules and interfaces [J]. Chemical Reviews, 2008, 108(11): 4499-4550.

[39] Garetz B A, Matic J, Myerson A S. Polarization switching of crystal structure in the nonphotochemical light-induced nucleation of supersaturated aqueous glycine solutions [J]. Physical Review Letters, 2002, 89(17): 175501.

[40] Pan W, Kolomeisky A B, Vekilov P G. Nucleation of ordered solid phases of proteins via a disordered high-density state: Phenomenological approach [J]. The Journal of Chemical Physics, 2005,122(17): 174905.

[41] Chen J, Sarma B, Evans J M B, et al. Pharmaceutical crystallization [J]. Crystal Growth & Design, 2011, 11(4): 887-895.

[42] Betts F, Posner A S. An X-ray radial distribution study of amorphous calcium phosphate [J].Materials Research Bulletin, 1974, 9(3): 353-360.

[43] Onuma K, Ito A. Cluster growth model for hydroxyapatite [J]. Chemistry of Materials, 1998, 10(11): 3346-3351.

[44] Gebauer D, Kellermeier M, Gale J D, et al. Pre-nucleation clusters as solute precursors in crystallisation [J]. Chemical Society Reviews, 2014, 43(7): 2348-2371.

[45] Kellermeier M, Rosenberg R, Moise A, et al. Amino acids form prenucleation clusters: ESI-MS as a fast detection method in comparison to analytical ultracentrifugation [J]. Faraday Discussions, 2012, 159(10): 23-45.

[46] 汤伟伟. 有机晶体成核的分子机理研究 [D]. 天津：天津大学，2017.

[47] O'Mahony M A, Maher A, Croker D M. Examining solution and solid state composition for the solution-mediated polymorphic transformation of carbamazepine and piracetam [J]. Crystal Growth & Design, 2012, 12 (4): 1925-1932.

[48] Du W, Yin Q, Hao H. Solution-mediated polymorphic transformation of prasugrel hydrochloride from form II to form I [J]. Industrial & Engineering Chemistry Research, 2014, 53 (14): 5652-5659.

[49] Zhang X, Yin Q, Du W. Phase transformation between anhydrate and monohydrate of sodium dehydroacetate [J]. Industrial & Engineering Chemistry Research, 2015, 54 (13): 3438-3444.

[50] Isabelle W, Yu T V, Leslie L. Solvent effect on crystal polymorphism: Why addition of methanol or ethanol to aqueous solutions induces the precipitation of the least stable beta form of glycine [J]. Angewandte Chemie International Edition, 2005, 44 (21): 3226-3229.

[51] Kitamura M, Horimoto K. Role of kinetic process in the solvent effect on crystallization of BPT propyl ester polymorph [J]. Journal of Crystal Growth, 2013, 373 (15): 151-155.

[52] Schöll J, Bonalumi D, Lars Vicum A. In situ monitoring and modeling of the solvent-mediated polymorphic

transformation of 1-glutamic acid [J]. Crystal Growth & Design, 2006, 6 (4): 881-891.

[53] Sathe D, Sawant K, Mondkar H. Monitoring temperature effect on the polymorphic transformation of acitretin using FBRM-lasentec [J]. Organic Process Research & Development, 2010, 14 (6): 1381-1386.

[54] Dharmayat S, Hammond R B, Lai X. An examination of the kinetics of the solution-mediated polymorphic phase transformation between α-and β-forms of 1-glutamic acid as determined using online powder X-ray diffraction [J]. Crystal Growth & Design, 2008, 8 (7): 2205-2216.

[55] Qu H, Marjatta Louhikultanen A, Kallas J. Additive effects on the solvent-mediated anhydrate/hydrate phase transformation in a mixed solvent [J]. Crystal Growth & Design, 2007, 7 (4): 724-729.

[56] Skrdla P J. Physicochemically relevant modeling of nucleation-and-growth kinetics: Investigation of additive effects on the solvent-mediated phase transformation of carbamazepine [J]. Crystal Growth & Design, 2008, 8 (11): 4185-4189.

[57] Du W, Yin Q, Gong J. Effects of solvent on polymorph formation and nucleation of prasugrel hydrochloride [J]. Crystal Growth & Design, 2014, 14 (9): 4519-4525.

[58] Lai T T C, Cornevin J, Ferguson S. Control of polymorphism in continuous crystallization via mixed suspension mixed product removal systems cascade design [J]. Crystal Growth & Design, 2015, 15 (7): 3374-3382.

[59] Trask A V, Shan N, Motherwell W D. Selective polymorph transformation via solvent-drop grinding [J]. Chemical Communication, 2005, 21 (7): 880-882.

[60] Sood J, Sapra B, Bhandari S. Understanding pharmaceutical polymorphic transformations I : Influence of process variables and storage conditions [J]. Ther Deliv, 2014, 5 (10): 1123-1142.

[61] Otsuka M, Matsumoto T, Kaneniwa N. Effect of environmental temperature on polymorphic solid-state transformation of indomethacin during grinding [J]. Chemical & Pharmaceutical Bulletin, 1986, 34 (4): 1784-1793.

[62] Corvis Y, Guiblin N, Espeau P. Phase behavior and relative stability of malonamide polymorphs [J]. Journal Physical Chemistry B, 2014, 118 (7): 1925-1931.

[63] Zou Z, Bertinetti L, Politi Y. Opposite particle size effect on amorphous calcium carbonate crystallization in water and during heating in air [J]. Chemistry of Materials, 2015, 27 (12): 4237-4246.

[64] Heinz A, Strachan C J, Gordon K C. Analysis of solid-state transformations of pharmaceutical compounds using vibrational spectroscopy [J]. Journal of Pharmacy & Pharmacology, 2009, 61 (8): 971-988.

[65] Chyall L J, Tower J M, Coates D A, et al. Polymorph generation in capillary spaces: the preparation and structural analysis of a metastable polymorph of nabumetone [J]. Crystal Growth & Design, 2002, 2 (6): 505-510.

[66] Boldyreva E V, Shakhtshneider T P, Ahsbahs H. Effect of high pressure on the polymorphs of paracetamol [J]. Journal of Thermal Analysis & Calorimetry, 2002, 68 (2): 437-452.

[67] Lin S Y, Cheng W T, Wang S L. Thermal micro-Raman spectroscopic study of polymorphic transformation of famotidine under different compression pressures [J]. Journal of Raman Spectroscopy, 2007, 38 (1): 39-43.

[68] Halasz I. ChemInform abstract: Single crystal to single crystal reactivity: Gray, rather than black or white [J]. Cheminform, 2010, 41 (34): 2817-2823.

[69] Albrecht M, Lutz M, Spek A L. Organoplatinum crystals for gas-triggered switches [J]. Nature, 2000, 406 (6799): 970-974.

[70] Das D, Engel E, Barbour L J. Reversible single-crystal to single-crystal polymorphic phase transformation of an organic crystal [J]. Chemical Communications, 2010, 46 (10): 1676-1678.

[71] Knichal J V, Gee W J, Burrows A D. A facile single crystal to single crystal transition with significant structural contraction on desolvation [J]. Chemical Communications, 2014, 50 (92): 14436-14439.

[72] Nauha E, Bernstein J. "Predicting" polymorphs of pharmaceuticals using hydrogen bond propensities:

Probenecid and its two single-crystal-to-single-crystal phase transitions [J]. Journal of Pharmaceutical Sciences, 2015, 104 (6): 2056-2061.

[73] Centore R, Jazbinsek M, Tuzi A. A series of compounds forming polar crystals and showing single-crystal-to-single-crystal transitions between polar phases [J]. CrystEngComm, 2012, 14 (8): 2645-2653.

[74] Krishnan B P, Sureshan K M. A spontaneous single-crystal-to-single-crystal polymorphic transition involving major packing changes [J]. Journal of the American Chemical Society, 2015, 137 (4): 1692-1696.

[75] Liu G, Liu J, Liu Y. Oriented single-crystal-to-single-crystal phase transition with dramatic changes in the dimensions of crystals [J]. Journal of the American Chemical Society, 2014, 136 (2): 590-593.

[76] Cornel J, Kidambi P, Mazzotti M. Precipitation and transformation of the three polymorphs of D-mannitol [J]. Industrial & Engineering Chemistry Research, 2010, 49 (12): 338-344.

[77] Singh A, Lee I S, Myerson A S. Concomitant nucleation of polymorphs [C]. Aiche Meeting, 2008.

[78] Rafilovich M, Bernstein J, Harris R K. Groth's original concomitant polymorphs revisited [J]. Crystal Growth & Design, 2005, 5 (6): 2197-2209.

[79] Chen S, Xi H, Yu L. Cross-nucleation between ROY polymorphs [J]. Journal of the American Chemical Society, 2005, 127 (49): 17439-17444.

[80] Desgranges C, Delhommelle J. Molecular mechanism for the cross-nucleation between polymorphs [J]. Journal of the American Chemical Society, 2006, 128 (32): 10368-10369.

[81] Kitamura M. Strategy for control of crystallization of polymorphs[J]. CrystEngComm, 2009, 11(6): 949-964.

[82] Llinàs A, Goodman J M. Polymorph control: Past, present and future[J]. Drug Discovery Today, 2008, 13(5): 198-210.

[83] 杜威. 普拉格雷盐酸盐伴随多晶型和托芬那酸构象多晶型行为研究 [D]. 天津：天津大学，2015.

[84] 石鹏. 直链饱和二元酸的构象多晶型成核与转化分子机理研究 [D]. 天津：天津大学，2021.

[85] 张洪娇. 2, 2′- 硫代双 [3-(3, 5- 二叔丁基 -4- 羟苯基) 丙酸甲酯] 结晶过程研究 [D]. 天津：天津大学，2015.

[86] Mo Y, Dang L, Wei H. L-Glutamic acid polymorph control using amino acid additives[J]. Industrial & Engineering Chemistry Research, 2011, 50(18): 10385-10392.

[87] Simone E, Steele G, Nagy Z K. Tailoring crystal shape and polymorphism using combinations of solvents and astructurally related additive[J]. CrystEngComm, 2015, 17(48): 9370-9379.

[88] 孙盼盼. DL- 蛋氨酸多晶型与晶习及添加剂调控研究 [D]. 天津：天津大学，2018.

[89] Parambil J V, Poornachary S K, Heng J Y Y, et al. Template induced nucleation for controlling crystal polymorphism: From molecular mechanisms to applications in pharmaceutical processing[J]. CrystEngComm, 2019, 21: 4122-4135.

[90] 杨鹏. 模板对药物晶体成核和生长的调控及机理研究 [D]. 天津：天津大学，2022.

[91] 方晨. 超声强化有机小分子溶液结晶过程及机理探究 [D]. 天津：天津大学，2022.

第四章
晶体生长与晶习调控

在过饱和溶液中已有晶核形成或加入晶种后，以过饱和度为推动力，晶核或晶种将长大，这种现象称为晶体生长[1]。晶体生长理论是固体物理学的一个重要组成部分，与原料药生产、半导体材料、激光材料等重要生产技术紧密联系在一起。在我国，晶体生长有着悠久的历史，早在春秋战国甚至更早的时期，就有煮海为盐、炼制丹药等与晶体生长有关的实践活动。尽管早期关于晶体生长的研究萌芽很早，但是现代关于晶体生长的研究起步却较晚，进入二十世纪后，晶体生长领域的研究才有了飞跃式的发展，近几十年来关于晶体生长的研究一直是一个十分活跃的科学领域。

从溶液中结晶出来的晶体具有特定的外部形态，称为晶习。晶习是决定产品质量的本质要素之一，影响产品的后处理、后加工性能及使用功效[2,3]。晶体的晶习主要取决于不同晶面在溶液中的生长行为，然而晶面生长机理尚不清晰且影响因素复杂多变，导致晶习调控难度大、效率低、成本高。近年来，科学家试图通过探究不同晶面在溶液中的生长机理以及过程环境因素的影响机制，理性设计溶液组成环境，高效调控过程参数，可控制备特定晶习的晶体产品，以满足国际高端市场对高品质晶体化学品的需求。

第一节
晶体生长理论

晶体生长理论主要研究晶体生长过程中，晶体内部结构与外部环境对晶体生长过程及晶习的影响规律。1669 年，丹麦学者 N. Steno 最先开始探讨晶体生长理论[4]。发展至今，晶体生长的研究重点已逐渐由宏观转为微观，由经验统计分析转为定性、定量预测计算，由考虑单一的晶体相到考虑晶体相与环境相。晶体生长理论的研究可大致分为两类[5]：一类为经典晶体生长理论，其发展可以大致分为四个阶段，即晶体平衡形态理论、界面生长理论、周期键链（period bond chain, PBC）理论以及负离子配位多面体生长基元模型；另一类为非经典晶体生长理论，例如反向生长理论。

晶体平衡形态理论从晶体内部结构、结晶学和热力学的基础原理出发，探讨晶体的生长[6-9]，基本理论主要包括 Bravais 法则[10]、Gibbs-Wulff 晶体生长定律[11]、BFDH 模型[12]、Frank 运动学理论[13] 等。晶体平衡形态理论注重于晶体的宏观因素与热力学条件，并没有考虑晶体的微观条件和环境相对晶体生长过程的影响。

界面生长理论[14]重点讨论晶体表面与外部环境之间的界面形态对晶体生长过程的影响，力求通过界面上的物理化学特性来解释晶体生长的动力学。该理论主要包括完整光滑突变界面模型、非完整光滑界面模型、粗糙界面模型、弥散界面模型、粗糙化相变模型等[15]。

1955 年，Hartman 和 Perdok 将固体的相互作用能与晶体形态联系起来，提出了 PBC 理论[16]。基于晶体结构的几何特征和质点能量，PBC 理论认为晶体中存在可不间断地连贯成键的强键链，并呈周期性重复。晶体的生长速率与键链方向有关，生长速率最快的方向是化学键链最强的方向。

1994 年，我国的仲维卓和华素坤等[17]提出负离子配位多面体生长基元模型。该模型将晶体内部结构、晶体形态和晶体生长的外界条件及缺陷作为一个整体进行研究，开辟了晶体生长理论研究的新途径。它考虑的晶体生长影响因素较全面，能很好地解释极性晶体的生长习性。

为解释一些异常晶体生长现象，研究者还提出了多种非经典晶体生长理论。其中，通过研究方解石与 A 型沸石的晶体生长过程，提出了反向生长理论[18]。该理论表明，在晶体反向生长的前期，以纳米粒子聚集为主，随后结晶由表面向核心延伸，这与经典结晶过程恰好相反，如图 4-1。

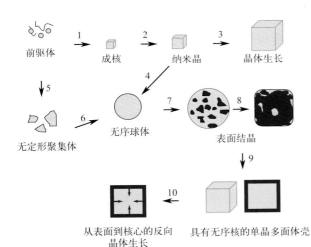

图4-1　经典结晶过程的原理图（步骤1～3）和新提出的反向晶体生长路线（步骤4～10）

第二节
晶体生长动力学

溶质分子在晶体表面的生长嵌入方式可以分为粗糙生长模式、2D 成核生长模式和螺旋生长模式[19]，晶体以何种方式生长与溶液中的过饱和度相关。一般粗糙生长模式发生在高过饱和度条件下，而 2D 成核生长模式和螺旋生长模式则分别发生在中、低过饱和度条件下，如图 4-2 所示。

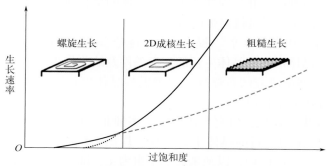

图4-2 晶面生长机理与溶液过饱和度的关系

粗糙生长模式下，生长单元能够快速结合至晶面的任意位置处，并且晶体粗糙的表面会在晶体生长过程中一直保持下去。因此采用粗糙生长模型的晶体的生长速率会与过饱和度一直保持线性关系，这种生长模式也称为"连续生长方式"。

对于表面光滑完整的晶体，生长单元无法以粗糙生长的方式实现晶体生长过程。基于此，Kossel 和 Stranski 在二十世纪二十年代提出了第一个用于描述光滑晶面生长行为的理论，即 2D 成核生长理论[20]。该理论认为溶液中的生长单元会通过吸附和扩散方式聚集在光滑的晶体表面上，在晶面上形成晶核，当该晶核的尺寸超过临界尺寸后，外界的生长单元将不断吸附至该生长位点上，形成完整的晶体片层。

1951 年，Burton 等提出的"台阶自生成过程"理论，也被称为螺旋生长模型[21]。该模型认为，低过饱和度下，生长单元会基于晶体表面的螺旋位点进行生长。溶液中的生长单元会源源不断地在螺旋位错点的台阶处生长，使台阶不断延伸，最终形成螺旋结构。

对于晶体生长机理或生长模式的研究，随着观测技术的不断发展，目前可以通过直接观察晶体表面的微观状态来判断晶体生长的模式。本书著者团队采用原子力显微镜分析 DL- 蛋氨酸晶体表面结构[22]，如图 4-3 所示。无添加剂条件下，晶体层状生长的特征非常明显，晶体表面暴露了多个生长台阶，每个台阶表面都相对比较平整。在羟乙基纤维素作用下，晶体仍然表现为层状生长特性，但台阶表面特别是生长前端的台阶表面存在许多分散的晶体簇。通过这些晶体簇的生长将形成不同高度和形态的晶体层。添加剂可能在晶体生长过程中与晶面接触，产生相互作用力或存在空间位阻效应，减少了晶面的有效生长位点，导致不同位置的台阶生长速率不同，不受影响的位点优先生长，从而形成晶体簇结构。

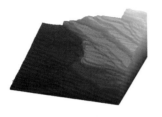
(a) 无添加剂

(b) 添加羟乙基纤维素

图4-3 DL-蛋氨酸晶体的原子力显微镜图

　　在自然界中，生物体内的结晶是一种普遍的现象。然而，病态的生物矿化会引发疾病，如尿液中草酸钙结晶形成肾结石、尿酸结晶形成尿结石等，危害生物体健康。本书著者团队针对肾结石成分草酸钙的结晶机理及结石抑制剂的调控机制不明、抑制剂-晶面相互作用方式复杂多变、无法指导新型抑制剂药物的开发等难题，研究了几种天然多酚类分子对草酸钙一水合物（COM）晶体生长的调节作用[23]。利用在线和原位单晶生长实验揭示了天然多酚对COM晶体生长的双重作用，在一定的浓度范围内诱导COM晶体（010）晶面产生单晶属性的COM晶须。随着抑制剂单宁酸浓度的增加，晶须的形貌由致密集合体转变为稀疏的针状晶体形貌，最终由于晶体生长的完全抑制，晶须消失，如图4-4所示。此外，溶液过饱和度可调控晶须形成的抑制剂浓度范围。通过原位监测COM晶体在

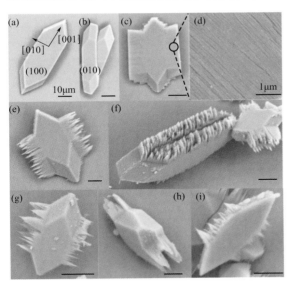

图4-4 不同浓度的单宁酸作用后，COM晶须的形貌：（a）、（b）：空白组；（c）、（d）：0.05mmol/L单宁酸；（e）、（f）：0.1mmol/L单宁酸；（g）～（i）：0.2mmol/L单宁酸

[001] 和 [010] 方向的生长，发现多酚类物质结构中没食子酸基较多的抑制剂，如鞣花酸、原儿茶酸和单宁酸，对 COM 晶体生长展现出生长促进和生长抑制的双重作用：促进效率可高达 75%，抑制效果达 100%。

通过原位原子力显微镜监测，如图 4-5 所示，发现单宁酸改变了 COM 晶体的生长机理，将 COM 晶体（010）晶面台阶的生长由螺旋位错转变为 2D 层生长模式；单宁酸分子对晶面台阶传播的抑制，导致晶面台阶束的形成。随着抑制剂浓度的增加，（010）晶面上的 2D 成核逐渐被抑制。多酚物质在 COM 晶体（100）晶面上，以台阶阻凝的方式抑制台阶的传播和延展，即天然多酚类物质吸附在晶体台阶平台，以阻碍台阶传播、降低台阶局部过饱和度的方式，抑制台阶的生长。且在中等作用浓度下，台阶出现波纹形的粗糙边缘，随着抑制剂浓度的增加，台阶生长速率逐渐降至零。生长促进和抑制之间的控制机制由多酚抑制剂的作用浓度决定，但也受结晶驱动力的影响。

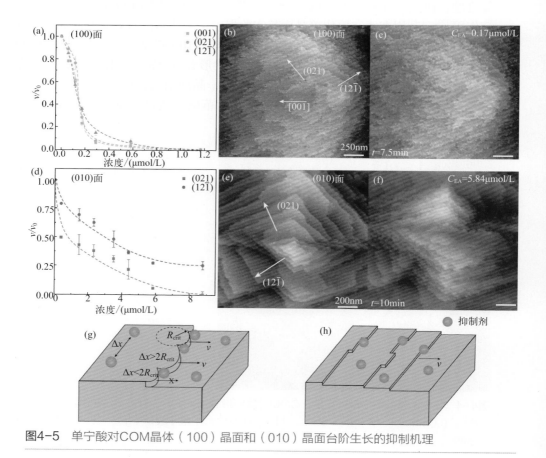

图4-5 单宁酸对COM晶体（100）晶面和（010）晶面台阶生长的抑制机理

第三节
晶习预测模拟

为了实现对产品晶习的有效控制，对晶习的预测是晶习调控过程中重要的环节，晶习预测是指基于晶体内部结构来预测晶体可能呈现的晶习，有助于对晶体的生长机理，晶体内部分子的相互作用，以及晶面与溶质分子、溶剂分子的相互作用进行研究。目前，对晶习预测的研究主要是晶习预测模型的提出，比较常用的几种模型有 BFDH 模型、PBC 模型、结合能（attachment energy, AE）模型和 MAE 模型。

1937 年，Bravais 等在 Bravais 法则[6]基础上，考虑了晶体结构中的旋转轴及滑移面对晶体形貌的影响，并基于 Frank-Chernov 条件，预测了晶体形貌，最终形成了 BFDH 模型，该模型也是首个用于构建晶体生长形貌并尝试预测晶体生长速率的非平衡态模型，常用于判断晶体的主要晶面。但该模型也有一定的局限性，因为它仅基于晶体内部结构来预测晶体在真空状态下生长的晶习，没有考虑分子间的作用力、结构基元间的键能作用和晶体生长时外部的物理化学条件对晶体晶习的影响。

1955 年，Hartman 等[16]提出了 PBC 理论。他们认为晶体的结构是由周期性键链构成的，研究表明键合能越大，该表面基元的成键时间越短，晶面生长越快。该模型建立了周期键链与晶面生长速率的联系。按照晶面所含 PBC 的数量，对晶体生长中可能形成的晶面做如下划分：① F（flat）面，其含有 2 条或 2 条以上的 PBC，遵循二维生长方式，生长最为缓慢；② S（step）面，其含有 1 条 PBC，遵循一维成核的生长方式，S 面的生长比较缓慢；③ K（kink）面，其不含 PBC，存在很多扭折位，生长基元从扭折位进入晶胞中，尽管没有晶核，晶体也能够生长，生长最为迅速，通常也是最容易消失的。PBC 模型各晶面生长的示意图如图 4-6。该理论的最大特征是将固态相互作用纳入考察范围内，既考虑了晶体结构的影响，同时也考虑了分子间的键链性质，将晶体晶面 PBC 数量与其生长速率关联。然而，该模型所存在的问题与 BFDH 模型一样，即未考虑外界物理化学环境对晶体晶习产生的影响。

1980 年，在 PBC 理论的基础上，Hartman 和 Bennema 考虑了分子间的作用力，提出了 AE 模型[24]，如图 4-6，该理论首先将晶面生长速率与晶面结合能关联在一起，认为两者呈正比关系，即在某方向上晶面结合能越大，在该方向上晶面生长速率越快；相反地，在某方向上晶面结合能偏小，该方向上晶面的面积偏小或不出现。AE 模型是基于能量的，而非基于晶体内部生长单元的几何排列方式，这一点在晶习预测研究中具有里程碑的意义。

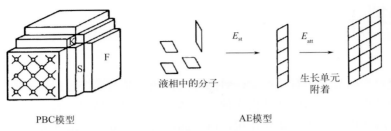

图4-6 PBC模型和AE模型示意图

  BFDH 模型、PBC 模型和 AE 模型在将外界环境因素纳入研究体系时，譬如溶剂效应和过饱和度效应等，往往无法表现出正确的形貌预测结果。针对这一问题，基于 AE 模型演化出的 MAE 模型将诸如溶剂、过饱和度、添加剂等外界环境因素统统纳入了考察范围[25]。虽然 MAE 模型已被广泛应用于计算溶液环境中的理论晶习，但是 MAE 模型也存在着自身的缺点，当前 MAE 模型预测的晶习均是基于相互作用能结果所得，而晶面的生长过程并非只受能量控制，晶面几何结构、溶液中生长单元存在形式等因素均会显著影响晶体的生长过程。

  本书著者团队[26-29]基于 BFDH 模型、AE 模型等模拟了盐酸大观霉素、布洛芬、氢化可的松和头孢曲松钠等几十种有机药物分子的晶习，为其结晶过程设计与分析提供了一定的预示效果。基于 BFDH、PBC 和 AE 等模型预测了 6- 氨基青霉烷酸晶体的晶习，通过考虑溶液多种组分在主要晶面上的停留时间，提出了一种改进的 AE 模型，该模型能够较好地预测该晶体在水、乙醇、丙酮和苯乙酸中的晶习[29]。针对盐酸硫胺在甲醇中生成的片状晶习易团聚、破碎，晶体形态差等问题，本书著者团队通过分子模拟预测甲醇 / 乙酸乙酯混合溶剂中的晶习，并采用分子模拟的方法模拟了盐酸硫胺在不同溶剂中的结晶形态[30]。根据分子模拟计算的结果给出了 AE 模型在真空状态下的晶习，得到盐酸硫胺的五个重要晶面。将溶剂层添加到五个表面上，研究了结合能 E_{att}^{s}。在甲醇中，盐酸硫胺晶体形貌为片状，而在甲醇 / 乙酸乙酯混合溶剂中，晶体为块状，具有较好的形貌，如图 4-7，且模拟结果与实验晶体形貌完全吻合，表明分子模拟技术可以指导工业生产。

  传统分子模拟方法往往基于吸附能进行晶习预测，如图 4-8 所示，难以直观揭示溶剂对晶体生长的影响，导致结晶过程中溶剂的筛选存在盲目性大、效率低等问题。针对上述问题，本书著者团队于 2019 年利用 Gromacs-5.1.4 搭配改进版本的 Plumed-2 开发了恒定化学势下的分子动力学模拟方法[30]，该方法通过施加外力使晶面附近区域的溶液浓度保持恒定，而其余溶液则作为"仓库"，为晶体生长提供恒定的过饱和度，如图 4-9 所示。通过这种方法，可以获得稳定的晶体生长条件。

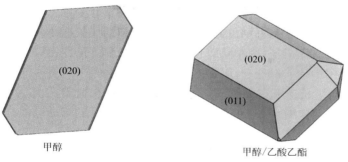

甲醇

甲醇/乙酸乙酯

图4-7　AE模型进行分子模拟得到的盐酸硫胺的晶体形貌

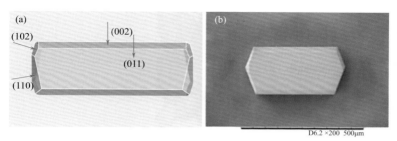

图4-8　AE模型预测的异烟肼晶习（a）和异丙醇中生长的异烟肼的晶习（b）

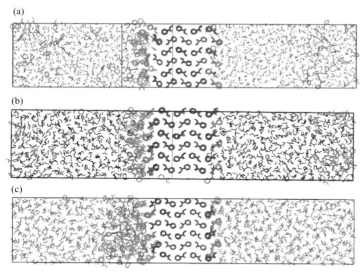

图4-9　模拟1.2μs后，异烟肼的（002）晶面在甲醇（a）、乙醇（b）、异丙醇（c）中的生长状态

（红色代表结晶的异烟肼分子，绿色代表溶液中的异烟肼分子，橙色代表甲醇分子，蓝色代表乙醇分子，灰色代表异丙醇分子）

通过计算晶胞中异烟肼分子间的距离和方向，定义了集合变量，成功用于区分结晶态的异烟肼分子和溶液中的异烟肼分子。分子模拟的生长曲线表明：快速生长的（110）晶面在所有醇类溶剂中均遵循粗糙生长机理，并且相对生长速率在甲醇、乙醇和异丙醇中依次减小；缓慢生长的（002）晶面在醇类溶剂中遵循层生长机理，并且相对生长速率在甲醇、乙醇和异丙醇中依次增大。

通过分子模拟计算了异烟肼的（110）和（002）晶面附近的溶质与溶剂分子随着异烟肼晶体生长的变化趋势，从而揭示了溶质的运输是（110）晶面生长速率的控制步骤，溶质的表面嵌入是（002）晶面生长的控制步骤，如图4-10所示。

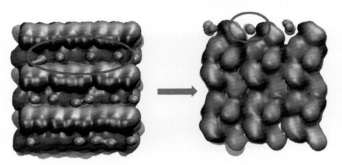

图4-10　甲醇分子在异烟肼（002）晶面上的嵌入（两个方向的视图）

2022年，本书著者团队针对现有晶习预测模型无法准确预测溶液环境中乙基香兰素晶习这一问题，探究了溶剂分子对乙基香兰素晶习的影响机制[31]。通过分子动力学模拟等手段，确定了乙基香兰素晶面的"口袋"结构是引起其晶习发生显著变化的关键因素。"口袋"结构会显著抑制晶面溶剂分子的扩散能力，其中（010）晶面的"口袋"抑制作用最为显著，该晶面"口袋"内的局部溶剂分子的扩散能力仅为全局溶剂分子的2%～12%。难以脱附的溶剂分子通过抑制晶面生长方式，最终使乙基香兰素成为（010）晶面为主的薄片状晶习。如图4-11和图4-12所示。

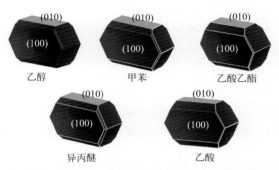

图4-11　基于MAE模型预测的不同溶剂中乙基香兰素晶习

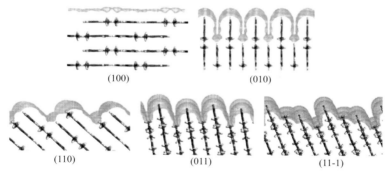

(100)　　　　　　　　　　(010)

(110)　　　　　　　(011)　　　　　　　(11-1)

图4-12　乙基香兰素不同晶面的溶剂可接触面

在 MAE 模型的基础上，进一步引入了基于溶剂扩散结果的修正参数 p，以将晶面上的溶剂脱附行为纳入考察因素范围，从而对晶面的生长速率进行校正，成功预测了乙基香兰素在溶剂环境中的片状晶习，见图 4-13。

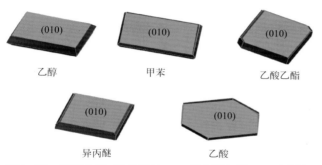

乙醇　　　　　　甲苯　　　　　　乙酸乙酯

异丙醚　　　　　　乙酸

图4-13　基于参数 p 改善后的MAE模型预测的不同溶剂中乙基香兰素晶习

第四节
晶习调控方法

对于具有特定内部结构的晶体，晶习由一定条件下晶体不同晶面的相对生长速率决定，生长速率越快的晶面，在晶体上所占面积越小。从结晶学角度分析，在真空体系中，晶习严格受晶体内部的分子结构制约，晶体可自发地生长成为具有对称几何外形的多面体；而在溶液环境中，晶体生长还受外部因素，例如溶剂、相转化、添加剂以及过程强化手段等的影响，晶体趋向于往某一特定晶面方向生长为具有特定形貌的晶体。因此，研究各种因素对晶体生长过程的影响，对晶习的预测及调控具有深远意义。

一、溶剂调控方法

在溶液结晶过程中，任何不同于溶质的物质（包括溶剂、杂质和添加剂）都可能会对晶习产生影响。从相对含量上看，溶剂的含量远远高于杂质和添加剂的含量，因此溶剂对晶习的影响往往是最明显的。20世纪至今，大量文献报道了溶剂分子对晶体晶习的调控能力。Wells[32]通过探究溶剂对碘仿、邻氨基苯甲酸和间苯二酚晶习的影响，指出研究者必须重视对溶剂效应的探究。

本书著者团队也在溶剂对晶体晶习的调控能力的研究方面做出了大量的工作。硝苯地平是一种治疗心血管疾病的低水溶性药物，针对提高其溶解度和溶解速率的工业需求，通过探究硝苯地平晶习的形成机理，制备了不同晶习的晶体产品[33]。硝苯地平是具有亚氨基官能团的氢键供体分子，因此选用三类具有不同氢键供、受体能力的溶剂研究溶剂特性对硝苯地平晶习的影响规律：乙醇（同时具有氢键供体和受体），乙酸乙酯、丙酮和乙腈（存在氢键受体），甲苯（无氢键供体和受体）。在乙酸乙酯、丙酮、甲苯、乙醇和乙腈中通过溶剂缓慢挥发生长的硝苯地平晶体如图4-14所示。在乙腈中，硝苯地平晶体生长成梭形，而在其他溶剂中，它们显示出随长径比变化的棒状晶习。在乙酸乙酯中观察到最长的硝苯地平晶习，而在丙酮中观察到较短的硝苯地平晶习，在甲苯和乙醇中生长的硝苯地平晶体长径比最短。说明通过改变溶剂的氢键受体能力可以调节硝苯地平的晶习，晶体长径比一般随溶剂氢键受体能力的增大而增大，如图4-15所示。

图4-14 在乙酸乙酯（EA）、丙酮（AC）、甲苯（TOL）、乙醇（EtOH）和乙腈（MeCN）5种有机溶剂中通过溶剂缓慢挥发获得的实验晶习

离子液体是一种绿色的可设计性溶剂，大量文献报道了溶剂与离子液体之间的相互作用。本书著者团队通过将2种有机溶剂（乙腈、乙醇）和4种离子液体进行混合，构建离子液体-有机溶剂的二元体系，探究溶剂氢键能力增强对硝苯地平长径比的影响，如图4-16所示，在乙醇和乙腈中，离子液体的加入对晶体

长径比有显著影响。强氢键供体离子液体 [EMIm][AcO] 和 [OHEMIm][BF$_4$] 的加入显著提高了溶剂形成氢键的能力，硝苯地平晶体的长径比随之增大。

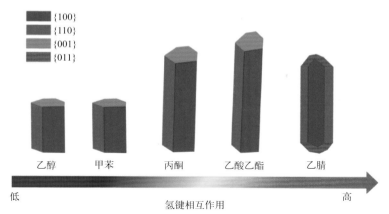

图4-15　溶剂和硝苯地平分子之间的N—H…A氢键相互作用对晶习的影响

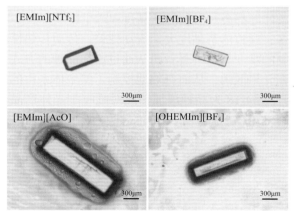

图4-16　在乙醇中添加离子液体（[EMIm][NTf$_2$]）、（[EMIm][BF$_4$]）、（[EMIm][AcO]）和（[OHEMIm][BF$_4$]）通过溶剂缓慢挥发获得的实验晶习

　　香兰素类化合物作为一种重要的香料产品，其片状晶习将给后处理及使用过程带来不利影响，因而需要对其晶习进行调控。本书著者团队探究了不同溶剂调控香兰素晶习的机理[33]。如图 4-17 所示，香兰素晶习受溶剂影响显著，在乙醇、乙腈、乙酸乙酯中为高长径比的板状晶习，而在有机酸中呈低长径比的厚板状晶习。无论在何种良溶剂中，水作为反溶剂均会使香兰素晶体长径比提高，变为针状晶习，而烷烃类反溶剂则不具备这种形貌调控能力。

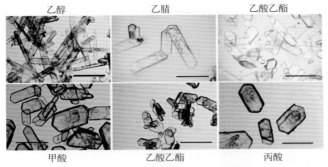

图4-17　香兰素在不同溶剂中的晶习

图中比例尺均为1mm

二、晶种调控方法

　　工业结晶过程中为了得到粒度均一的晶体产品，需要避免出现爆发成核的现象，因此可以通过添加晶种的方式来控制过饱和度，使整个结晶过程中的过饱和度维持在介稳区内，从而有效地控制整个体系中的晶体总数，改善晶体的粒度分布。晶种的尺寸、数量、加入条件等都会对后续的结晶过程产生影响。

　　吡喹酮的结晶过程细晶过多，导致体系黏度大、流动性差、传质传热性能显著下降，极大地增加了过程控制的难度。本书著者团队通过添加晶种的方式来控制溶液的过饱和度，使其维持在介稳区内，从而有效地控制了整个体系中的晶体总数，改善晶体的粒度分布[34]。图4-18为晶种添加情况对吡喹酮晶体产品分布

图4-18　晶种添加情况对吡喹酮产品的影响的照片

的影响。由粒度分布结果可知，当不加入晶种时，体系出现明显的爆发成核现象，会使体系黏度明显增大，此时结晶器内溶液变为石膏状，搅拌器难以起到作用，而加入晶种后，晶体颗粒相对均匀，无过多细晶产生，晶体生长良好。

盐酸林可霉素结晶生产中存在的问题主要是产品粒度分布不均匀。本书著者团队通过添加晶种，并考察晶种的添加时机、晶种添加量、晶种粒度分布、养晶时间和加酸速率对产品粒度的影响，确定了最佳工艺参数，得到了粒度均匀的产品[35]。如图 4-19 和图 4-20 所示。

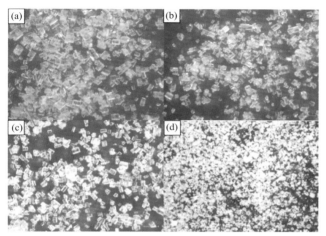

图4-19 不同晶种添加时机下晶体产品显微镜照片
晶种添加时盐酸加入量占总量的比例：（a）22.17%；（b）26.92%；（c）33.26%；（d）41.18%

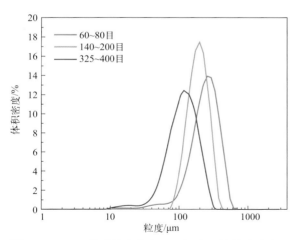

图4-20 不同晶种粒度分布下所得产品的粒度分布

三、添加剂调控方法

添加剂是在溶液结晶过程中为了达到某种目的而添加的物质，可改变晶体的溶解度、成核过程以及生长过程以起到改变晶体晶型或调控晶习的作用[36]。常见的添加剂可以分为三类：一是小分子添加剂，例如表面活性剂、无机盐；二是大分子添加剂，例如高分子聚合物、蛋白质；三是特制添加剂，这一类添加剂的分子结构一般与溶质的分子结构十分相近，仅有部分基团被其他分子所替代。研究者普遍认为添加剂能够显著强化晶习的原因在于其对分子自组装过程产生明显的干涉，但是添加剂对晶体分子自组装过程的具体调控机制却始终没有得出共性规律。添加剂对晶体生长的影响因素不是单一的，可能是多种因素共同调控，具体作用机理仍处于不断发展阶段。

由于 DL- 蛋氨酸 α 晶型的过滤性、流动性、沉降性均优于 β 晶型产品，因此通过控制结晶过程得到 DL- 蛋氨酸 α 晶型产品在工业上具有很重要的意义。本书著者团队考察了几种氨基酸添加剂对 DL- 蛋氨酸晶习的影响[37]。不加入添加剂时，结晶得到的 DL- 蛋氨酸晶体为长锤形结构，晶体长径比大，易发生聚结，产品流动性差，当加入 0.01mol/L 的甘氨酸后，晶习没有发生明显变化；当加入 0.01mol/L 的 DL- 丙氨酸和 DL-2- 氨基丁酸时，叶片状晶体两端的生长受到抑制，晶体变成长片状，两端变宽；当加入 0.01mol/L 的 DL- 缬氨酸时，晶体沿长轴端的生长受到抑制，晶体的宽度进一步增加；在添加剂 DL- 亮氨酸作用下，DL- 蛋氨酸的晶习发生明显变化，由长的叶片状变为长径比更小的六边形片状。对添加剂存在下所得产品进行晶型鉴定，结果如图 4-21 所示，当不加入添加剂时，结晶得到稳定的 β 晶型产品；当加入甘氨酸、DL-2- 氨基丁酸或 DL- 丙氨酸时产品的晶型没有改变；而当加入同等浓度的 DL- 缬氨酸时，得到的是 DL- 蛋氨酸 α 和 β 晶型的混合产品；当加入 DL- 亮氨酸作为添加剂时，最终产品为介稳的 α 晶型产品，能明显改善 DL- 蛋氨酸重结晶产品的品质，使得产品堆密度提升，粒径分布均匀，流动性改善。特别是在高浓度作用下，重结晶产品的堆密度提升约 65%，平均粒径增大约 15%。

为了进一步揭示添加剂对晶体生长的影响规律，本书著者团队进一步探究了离子型和非离子型表面活性剂对饲料添加剂盐酸吡哆醇（VB6）生长的影响[38-40]，结果如图 4-22 所示。研究发现离子型表面活性剂一方面可以通过强的静电作用定向吸附在 VB6 晶面抑制其生长，另一方面可以通过促进溶液中的氯离子在 VB6 晶面聚集而促进其生长，从而将 VB6 从块状调控为针状。而非离子表面活性剂只能通过非特异性聚集在 VB6 的晶面，轻微抑制 VB6 生长，且对 VB6 的晶习几乎无影响。

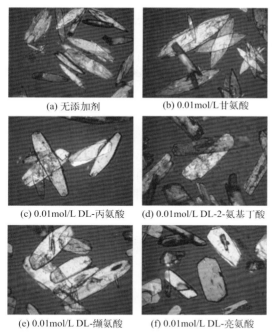

(a) 无添加剂　　　　　　(b) 0.01mol/L 甘氨酸

(c) 0.01mol/L DL-丙氨酸　　(d) 0.01mol/L DL-2-氨基丁酸

(e) 0.01mol/L DL-缬氨酸　　(f) 0.01mol/L DL-亮氨酸

图4-21　不同添加剂作用下DL-蛋氨酸晶体显微镜照片

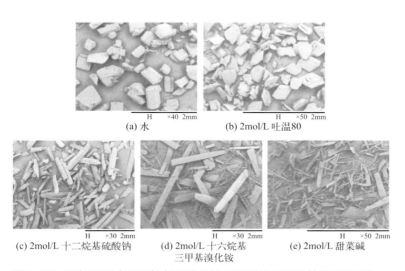

(a) 水　　　　　　　　　(b) 2mol/L 吐温80

(c) 2mol/L 十二烷基硫酸钠　　(d) 2mol/L 十六烷基　　(e) 2mol/L 甜菜碱
　　　　　　　　　　　　　　三甲基溴化铵

图4-22　添加不同表面活性剂下冷却结晶得到的VB6晶体的SEM图

近年来，氨基酸工业生产使用的化工原料中往往会有微量的寡肽残留，该残留会对氨基酸晶体产品的形貌与生长过程产生显著的影响。寡肽有潜力成为一种新型的绿色添加剂，从而高效调控氨基酸以及蛋白质的结晶过程。本书著者团队针对棒状晶体可能造成堆密度低、流动性差等问题，以双甘肽、三甘肽为添加剂，揭示了寡肽对 L- 丙氨酸晶体形貌的调控机制 [41,42]，结果如图 4-23 所示。寡肽主要通过竞争机制对（120）晶面与（011）晶面的生长加以调控。当寡肽亲水指数相同时，其对（120）晶面生长的调控由静电作用位点及其数量主导，对（011）晶面生长的调控由链长引起的空间位阻主导。研究过程中，通过分子模拟推测了寡肽在 L- 丙氨酸晶体中可能的作用位点。随后，利用寡肽自身的荧光性质，通过激光共聚焦扫描手段监测了该作用位点，既证明了晶格嵌入的存在，又证实了分子模拟的有效性。最后，针对不完善的寡肽调控晶体形貌的机制而可能造成晶习优化效率低的问题，探究了不同二肽水溶液中 L- 丙氨酸晶体的生长过程，进一步揭示氨基酸 R 基对 L- 丙氨酸晶体调控的影响规律。

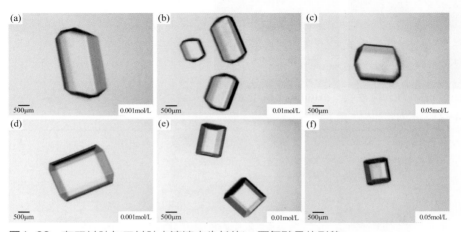

图4-23 在双甘肽与三甘肽水溶液中生长的L-丙氨酸晶体形貌
（a）～（c）分别为0.001、0.01、0.05mol/L双甘肽水溶液；（d）～（f）分别为0.001、0.01、0.05mol/L三甘肽水溶液

本书著者团队在病理性结石矿化领域的晶体生长研究中也做了大量的工作。在肾脏结石方面，研究了几种从中草药中筛选得到的天然多酚类分子对肾结石的主要成分——草酸钙（COM）晶体生长的调控作用，揭示了天然多酚对 COM 晶体生长的双重作用：生长促进和生长抑制 [43]。在尿道结石方面，针对尿液中 Na$^+$ 和 K$^+$ 对尿结石作用机制不明确的问题，探究了离子对尿酸晶体（尿结石主要成分）生长的调控机制 [44]。如图 4-24 所示，Na$^+$ 通过封锁扭结点抑制晶体生长，而 K$^+$ 既可以使晶面粗糙化，又会抑制溶质的吸附，综合作用的结果是促进晶体沿 [100] 方向生长，但抑制了 [010] 方向生长。该研究揭示了尿液中碱金属离子对尿酸晶体生长的调控机制，为尿结石病人的合理膳食提供理论指导。

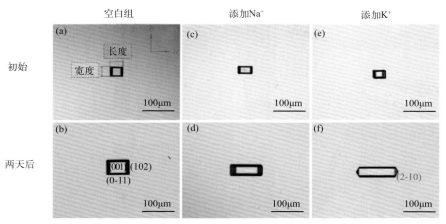

图4-24 原始单晶[（a）、（c）、（e）]放到添加不同离子的过饱和液中生长2天后[（b）、（d）、（f）]的形貌对比图

四、相转化调控方法

晶习是不同晶型之间最为明显的差异之一。在溶液结晶过程中，通过调控结晶过程中的操作参数，控制晶型的转化从而控制晶体的晶型，是调控晶习最为高效的手段之一。

本书著者团队选择磺胺嘧啶为研究模型[45]，主要解决生产上存在的磺胺嘧啶细针状晶习导致堆密度低和流动性差的问题。

通过对磺胺嘧啶分子组装的分析，设计和筛选制备得到磺胺嘧啶溶剂化合物、1,4-二氧六环溶剂化合物和四氢呋喃溶剂化合物，这些溶剂化合物都遵循溶剂渗透介导相转化机理，可以通过相转化制备得到目标晶习和粒度的产品，粉体性能较好。结果如图 4-25 和图 4-26 所示。

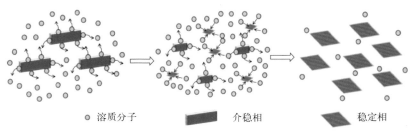

○ 溶质分子　　　　　▬ 介稳相　　　　　◆ 稳定相

图4-25 经典溶剂介导转晶示意图

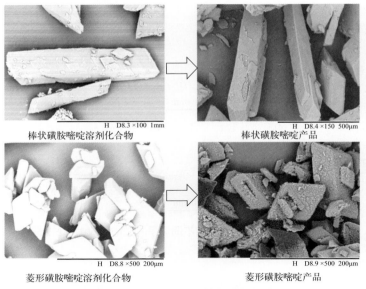

棒状磺胺嘧啶溶剂化合物　　　　　　　棒状磺胺嘧啶产品

菱形磺胺嘧啶溶剂化合物　　　　　　　菱形磺胺嘧啶产品

图4-26 通过溶剂渗透介导转晶法制备目标晶习的产品

针对饲料添加剂 D- 泛酸钙（D-PC）晶习为针状，易聚结导致产品纯度低等问题，本书著者团队通过在线红外光谱和在线拉曼光谱监测了从 D-PC·MeOH 到 D-PC·4MeOH·H₂O 的相转化过程，提出稳定晶型 D-PC·4MeOH·H₂O 的成核和生长是相转化的控制步骤，发现通过调控溶液转晶过程中溶剂、温度等工艺参数对 D- 泛酸钙的溶剂化物形式进行控制是改善其晶习的关键手段。通过控制转晶，最终得到形貌较好的块状 D-PC·4MeOH·H₂O 产品，如图 4-27 所示[46]，且开发了一种制备块状 D- 泛酸钙四甲醇一水合物的工艺路线。

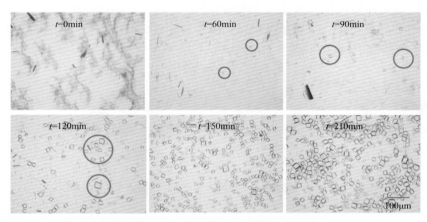

图4-27 溶液介导相转化过程中溶液中D-泛酸钙的显微照片

五、物理场调控方法

探索结晶过程的调控方法和过程强化，以提高产品质量和结晶过程稳定性的研究越来越多。近年来，一些研究人员探索采用不同的方法来增强结晶过程。关于物理场对产品晶习的影响，目前研究主要集中在超声和磁场等方式上。随着工业结晶技术的发展，超声波于 1927 年首次应用于工业结晶领域。大量研究表明，超声波的加入对晶习的调控具有显著的效果，引入超声波可以得到粒度分布较窄的均匀晶体，使产品流动性增加，降低装填过程中的难度。磁场辅助结晶是指应用磁场来增强结晶过程的方法，因其具有环境友好、成本低、无杂质进入结晶系统等优点而受到研究人员的广泛关注。

2012 年，本书著者团队通过优化超声波和搅拌速率等外场强化条件，使阿洛西林酸产品晶习呈短棒状，且粒度分布均匀、分散性好，符合生产的需求，为进一步工业化生产提供依据[47]。吡虫啉在冷却结晶过程中极易形成长径比大于 10 的细针状晶体，影响晶体产品质量和下游过程处理。这些细针状产品的成因主要包括不可控的成核和不同晶面生长速率的较大差异。本书著者团队研究了降温方式、混合条件及晶种等操作条件对吡虫啉长径比的影响[33]。结果表明，晶种质量是控制吡虫啉产品晶习的关键。利用纯溶剂重结晶和超声辅助的方法制备了长径比小的晶种，通过调控吡虫啉的成核和生长过程，制备出长径比小于 6 的板状晶体，产品堆密度和流动性得到显著提升，如图 4-28 所示。

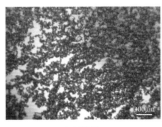 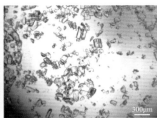 

（a）研磨　　　　　　　　　　（b）超声处理　　　　　　　　（c）超声处理-润洗

图4-28　不同方法制备的晶种

2021 年，本书著者团队通过超声联合添加剂对水杨酰胺的晶习进行了调控，提出了超声改变添加剂分子在各晶面上的吸附作用和迁移方式，从而影响各晶面的生长速率，最终改变晶体形貌的分子机制，并建立了超声联合添加剂对水杨酰胺晶体形貌调控的分子机理[48]，如图 4-29 所示。

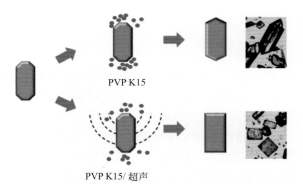

PVP K15

PVP K15/ 超声

图4-29 超声联合PVP K15调控水杨酰胺晶习的机理
红色圆点代表PVP K15分子

针对蛋白质结晶过程存在结晶时间长、产品结晶度低、粒度分布不均等问题，本书著者团队考察了超声对溶菌酶间歇结晶过程的影响，结果如图 4-30 所示，超声波可以有效地强化溶菌酶的成核并防止晶体聚集的发生[45,50]。但是长时间超声（注入过多的能量）会导致产生较小的晶体粒径。因此，采用超声 - 停止的模式不仅改善了晶体聚集、优化了晶习，还使晶体粒径分布变得更加均一，并使达到高收率所需的时间大大缩短，并且在整个过程中成功地避免了溶菌酶的变性。

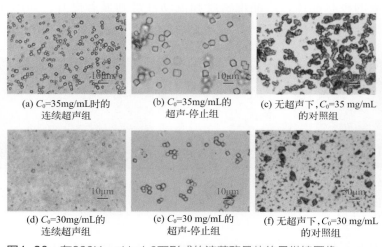

(a) C_0=35mg/mL时的
连续超声组

(b) C_0=35mg/mL的
超声-停止组

(c) 无超声下，C_0=35 mg/mL
的对照组

(d) C_0=30mg/mL的
连续超声组

(e) C_0=30 mg/mL的
超声-停止组

(f) 无超声下，C_0=30 mg/mL
的对照组

图4-30 在293K、pH=4.6下形成的溶菌酶晶体的显微镜图像

在结晶过程中，晶体生长缺陷也会降低晶体的强度和纯度[51]。本书著者团队以异烟肼晶体为例，通过实验和分子动力学模拟相结合的方法，在分子尺度上

研究了晶体缺陷的形成[52]，结果如图 4-31 所示。从晶体生长机理出发，首次提出了异烟肼晶体缺陷的形成机理。在轴向即 (110) 晶面粗糙生长，由于存在溶质扩散饥饿现象，晶体边缘的生长速率大于中心的生长速率，从而在表面形成空洞。另一方面，在径向即 (002) 晶面逐级生长，当溶剂去除率小于溶质插入率时，晶体表面被溶剂包裹形成液体包裹体。为减少异烟肼晶体缺陷的产生，采用超声辅助结晶方法，成功制备出无缺陷的异烟肼晶体，这项工作对无缺陷晶体的设计和制备具有重要的指导意义。

H D4.7 ×60 1mm	H D6.3 ×400 200μm	H D7.2 ×400 200μm
(a)无超声	(b) 180W	(c) 315W
H D5.9 ×800 100μm	H D7.8 ×500 200μm	H D6.4 ×500 200μm
(d) 450W	(e) 585W	(f) 720W

图4-31　异烟肼晶体在不同超声时的SEM图像

为了丰富结晶过程的调控和强化方法，本书著者团队致力于探索磁场对结晶过程的影响，从而揭示磁场作用机理。以有机小分子聚酰胺 56 盐为模型化合物，从结晶动力学的角度研究磁场对晶体生长的影响及其机理[53]，结果如图 4-32 所示。发现磁场可以增大模型化合物的溶解度。磁场的引入可以产生增溶效应，增强粒子的定向运动，从而削弱溶质 - 溶剂相互作用。此外，磁场还可以有效地影响晶体形态和粒径，这是成核动力学和生长动力学协同作用的结果。

本章以经典的晶体生长理论与模型为主线，结合本书著者团队在晶体生长与晶习调控方面的研究工作，概述了由宏观层次深入微观层次、由经验分析转为定性预测、由只考虑单一的晶体相到考虑晶体相与环境相的晶体生长理论的发展历程，并对现有理论的局限性作了评述；介绍了粗糙生长、2D 成核生长和螺旋生长三种基本的晶体生长动力学模型的基本原理，简述了 BFDH、PBC、AE 和 MAE 等几种常见晶习预测模型的应用情况。基于此，重点讨论了不同因素对晶体生长过程的影响，并介绍了几种工业上常用的晶习调控手段。

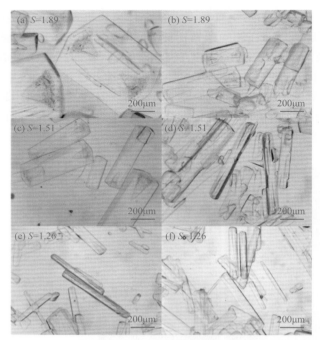

图4-32　聚酰胺56盐在无磁场[(a)、(c)、(e)]和0.5T磁场[(b)、(d)、(f)]下缓慢冷却结晶的显微图像

展望未来，晶体生长及晶习调控作为工业结晶领域的重要组成部分，以下几个方面亟待深入研究与发展。

① 由于实验技术和单晶培养的限制，实时获得晶体的生长速率相对困难，开发可靠、高通量预测晶体生长的方法是未来需要完成的工作。

② 晶体生长的定量化，并综合考虑晶体相和环境相，将实际模型和理论模型有机地联系起来，从微观和宏观层次对晶体生长历程进行解析是今后晶体生长理论的重要发展方向。

③ 从分子结构的角度，探索具有相似分子结构的添加剂对晶习的调变是否具有相同的规律，发现添加剂分子结构与晶习调变作用之间的联系，从而指导添加剂的筛选过程。

④ 晶体生长缺陷的形成机理复杂、不统一，其定量和定性预测方法存在不足，用来观察晶体缺陷形成过程的在线表征手段比较少。随着模拟技术的发展，可以考虑通过分子模拟技术模拟生长过程中的分子组装，从而揭示晶体缺陷的形成机理。

参考文献

[1] Tilbury C J, Green D A, Marshall W J, et al. Predicting the effect of solvent on the crystal habit of small organic molecules[J]. Crystal Growth & Design, 2016, 16(5): 2590-2604.

[2] Burton W K, Cabrera N, Frank F C. The growth of crystals and the equilibrium structure of their surfaces[J]. Philosophical Transactions of the Royal Society of London. Series A, Mathematical and Physical Sciences, 1951, 243(866): 299-358.

[3] 韩丹丹. 有机小分子在溶液中的晶习调控 [D]. 天津：天津大学，2020.

[4] Furukawa Y, Nakajima K. Advances in crystal growth research[M]. Amsterdam: Elsevier, 2001.

[5] 胡家乐，王汇霖，梁晰童，等. 材料多尺度结晶研究进展 [J]. 中国科学，2020, 50: 650-666.

[6] Bravais A. Etudes cristallographiques[M]. Paris: Gauthier-Villars, 1866.

[7] Gibbs J W. On the equilibrium of heterogeneous substances in collected works of JW Gibbs[J]. 1928.

[8] Hartman P, Perdok W G. On the relations between structure and morphology of crystals[J]. Acta Crystallographica, 1955, 8(49): 49-52.

[9] Prywer J. Kinetic and geometric determination of the growth morphology of bulk crystals: Recent developments[J]. Progress in Crystal Growth and Characterization of Materials, 2005, 50(1/2/3): 1-38.

[10] Wulff G X X V. Zur frage der geschwindigkeit des wachsthums und der auflsung der krystallflchen: Zeitschrift für kristallographie -crystalline materials[J]. Zeitschrift für Kristallographie -Crystalline Materials, 1901, 34(1).

[11] Gibbs J W. Collected works longmans[M]. New York: Green and Co, 1928.

[12] Friedel G. Etudes sur la loi de Bravais[J]. Bulletin de Minéralogie, 1907, 30(9): 326-455.

[13] Donnay J D H, Harker D. A new law of crystal morphology extending the law of Bravais[J]. American Mineralogist: Journal of Earth and Planetary Materials, 1937, 22(5): 446-467.

[14] Kondrashova D, Valiullin R. Freezing and melting transitions under mesoscalic confinement: Application of the Kossel-Stranski crystal-growth model[J]. The Journal of Physical Chemistry C, 2015, 119(8): 4312-4323.

[15] Jackson K. Mechanism of growth, in liquid metals and solidification[J]. Cleveland: American Society of Metals, 1958: 174-186.

[16] Wu H, Wang J K, Li F, et al. Investigations on growth intensification of P-toluamide crystals based on growth rate analysis and molecular simulation[J]. CrystEngComm, 2019, 21(36): 5519-5525.

[17] 仲维卓，华素坤，唐鼎元，等. 晶体生长基元与晶体结晶习性 [J]. 结构化学，1995, 14(5): 464-468.

[18] Zhou W. Reversed crystal growth: Implications for crystal engineering[J]. Advanced Materials, 2010, 22(28): 3086-3092.

[19] Sangwal K. Additives and crystallization processes: From fundamentals to applications[M]. Hoboken: John Wiley & Sons, 2007: 65-174.

[20] Volmer M. Kinetic der phasenbildung, chapter 4[M]. Dresden and Leipzig: Steinkopf, 1939.

[21] 王艳. 溶液结晶调控产品晶体与颗粒形态研究 [D]. 天津：天津大学，2019.

[22] Li S, et al. Dual Mechanism of natural polyphenols on crystal whiskers formation on calcium oxalate mono hydrate crystal surface[J]. Applied surface science. 2022, 592: 153355.

[23] Hartman P, Bennema P. The attachment energy as a habit controlling factor: Ⅰ. Theoretical considerations[J]. Journal of Crystal Growth, 1980, 49(1): 145-156.

[24] Hammond R B, Pencheva K, Ramachandran V, et al. Application of grid based molecular methods for modeling solvent-dependent crystal growth morphology: Aspirin crystallized from aqueous ethanolic solution [J]. Cryst Growth Des,

2007, 7(9): 1571-1574.

[25] 鲍颖. 盐酸大观霉素的晶体结构 [J]. 华东理工大学学报：自然科学版，2003, 29(4): 336-340.

[26] 鲍颖. 盐酸大观霉素溶析结晶过程研究 [D]. 天津：天津大学，2003.

[27] 陈建新. 氢化可的松结晶过程研究 [D]. 天津：天津大学，2005.

[28] 陈巍，王静康，尹秋响，等. 计算机模拟溶剂对对苯二酚晶习的影响 [J]. 化学工业与工程，2005, 22(4): 251-254.

[29] 黄向荣. 6- 氨基青霉烷酸晶习的研究 [D]. 天津：天津大学，2002.

[30] Yang Y, Han D D, Du S C, et al. Crystal morphology optimization of thiamine hydrochloride in solvent system: Experimental and molecular dynamics simulation studies[J]. Journal of Crystal Growth, 2018, 481:48-55.

[31] Zhang S H, Zhou L, Yang W C, et al. An investigation into the morphology evolution of ethyl vanillin with the presence of a polymer additive [J]. Cryst Growth Des, 2020, 20(3): 1609-1617.

[32] Wells A. Abnormal and modified crystal growth. Introductory paper [J]. Discuss Faraday Soc, 1949, 5: 197-201.

[33] 李文龙. 硝苯地平和吡虫啉的晶习调控研究 [D]. 天津：天津大学，2020.

[34] 张旭. 吡喹酮结晶过程研究 [D]. 天津：天津大学，2020.

[35] 魏宇. 盐酸林可霉素多晶型与结晶过程研究 [D]. 天津：天津大学，2019.

[36] Wang Y, Du S, Wang X, et al. Spherulitic growth and morphology control of lithium carbonate: The stepwise evolution of core-shell structures[J]. Powder Technology, 2019, 355:617-628.

[37] 孙盼盼. DL- 蛋氨酸多晶型与晶习及添加剂调控研究 [D]. 天津：天津大学，2018.

[38] Han D D,Yu B, Liu Y M, et al. Effects of additives on the morphology of thiamine nitrate: The great difference of two kinds of similar additives[J]. Crystal Growth & Design, 2018, 18: 775-785.

[39] Han D D, Karmakar T, Liu F, et al. Uncovering the surfactants role in controlling the crystal growth of pyridoxine hydrochloride[J]. Crystal Growth & Design, 2019,19: 7240-7248.

[40] Han D D, Wang Y, Yang Y, et al. Revealing the role of surfactant on the nucleation and crystal growth of thiamine nitrate: Experiments and simulation studies[J]. CrystEngComm, 2019, 21: 3576-3585.

[41] Liu F, Wang L Y, Li W L, et al. Crystal growth of L-alanine with glycine-based oligopeptides: The revelation for the competitive mechanism[J]. Crystal Growth & Design,2021,21(7):3818-3830.

[42] 刘菲. 寡肽对 L- 丙氨酸晶体形貌调控的机制研究 [D]. 天津：天津大学，2021.

[43] Li S, Kang X, He Q, et al. Natural polyphenol as dual nucleation and growth inhibitors of calcium oxalate crystallization[J]. Applied Surface Science, 2022,593: 153355.

[44] Li M Y, Han D D, Gong J B. What roles do alkali metal ions play in the pathological crystallization of uric acid? [J]. CrystEngComm, 2022,23: 3749.

[45] Wu S, Li K, Zhang T, et al. Size control of atorvastatin calcium particles based on spherical agglomeration[J]. Chem Eng Technol, 2015, 38(6):1081-1087.

[46] Han D D, Du S C, Wu S G, et al. Optimizing the morphology of calcium d-pantothenate by controlling phase transformation processes[J]. CrystEngComm,2021,23(10):2162-2173.

[47] 张光雷. 超声波对阿洛西林酸反应结晶过程的影响研究 [D]. 天津：天津大学，2012.

[48] Fang C, Tang W W, Wu S G, et al. Ultrasound-assisted intensified crystallization of L-glutamic acid: Crystal nucleation and polymorph transformation[J]. Ultrasonics Sonochemistry, 2020, 68: 105227.

[49] Mao Y F, Li F, Wang T, et al. Enhancement of lysozyme crystallization under ultrasound field[J]. Ultrasonics Sonochemistry, 2020, 63:104975.

[50] 毛亚飞. 超声场下溶菌酶的结晶过程强化 [D]. 天津：天津大学，2020.

[51] Yu Z R, Wang Y L, Du S C, et al. Impact of affecting the formation defects in vinpocetine crystals[J]. Crystal Growth & Design, 2020, 20(5): 3093-3103.

[52] Li M, Hu W G, Wang L Y, et al. Study on the formation mechanism of isoniazid crystal defects and defect elimination strategy based on ultrasound[J]. Ultrasonics Sonochemistry, 2021, 77: 105674.

[53] Zhao Y H, Hou B H, Liu C H, et al. Mechanistic study on the effect of magnetic field on the crystallization of organic small molecules[J]. Industrial & Engineering Chemistry Research, 2021, 60(43):15741-15751.

第五章
球形晶体的理性设计与可控制备

111

球形晶体是指具有类球形颗粒形貌的晶体。制备球形晶体产品是提升颗粒性能、赋予产品独特功能、提高产品附加值的有效途径，是工业结晶在高新技术领域的新方向和热点。本书著者团队针对目前球形晶体形成机理不明、制备成功率低、球形产品性能无法定量预测等研究难题，对球形聚结、球形生长、油析聚结三种球形晶体制备方法及结晶机理进行了深入研究，提出了球形晶体普适化设计策略，开发了等电点结晶球形聚结技术、两步油析球形聚结技术、油析球形共聚技术等多种球形结晶技术，并建立了球形晶体抗结块性能预测方法，最终实现球形晶体的理性设计与可控制备。总的来说，相比于传统的流化床造粒技术，球形结晶技术可以减少晶体产品工业加工过程中的单元操作数量，缩短生产时间和降低成本，同时可以调控粒子特性，改善产品性能，提高传统行业如制药的过程效率，具有较大的产业应用潜力。然而，球形结晶技术目前仍存在机理复杂、工业放大困难和结晶器设计要求高等挑战，针对上述问题，本书著者团队认为可以从以下两个方面进行突破：一方面，结合在线过程分析技术，深化机理研究，建立普适化的数学模型，实现对聚结过程的理性设计与球形结晶产品粒度粒形的精准调控；另一方面，面向连续结晶和清洁生产需求，开发球形结晶的新方法与新设备，突破工业放大难题，以进一步推动其产业化应用。

第一节
球形晶体形成机理

一、球形聚结

1. 晶体聚结现象

　　聚结现象常见于工业结晶过程，尤其是成核速率较大的反应沉淀过程和大部分溶析结晶过程，不仅影响产品的粒度分布，还易引起母液或杂质包藏，降低产品纯度[1]。目前，一般认为聚结不仅与悬浮液的流体力学环境、粒子间作用力（如静电力、范德瓦耳斯力、氢键等）有关，还与粒子的外观形状相关。晶体聚结主要分为初级聚结和次级聚结两种类型，如图 5-1 所示。次级聚结可通过碰撞机制来解释，它可以看作一个三步过程：晶体碰撞、黏附、共同生长。而初级聚结是由某些与晶体学有关的特异性生长现象引起的，如平行生长、枝晶生长和孪晶生长[2]。以前，由于聚结过程的内部机理不明，且缺乏对聚结过程的有效控制手段，聚结往往被视为结晶过程中的一种不利现象。然而，在近年来学者们的报道中，通过合理设计与精准调控结晶过程中的聚结行为，可以对晶体产品的粉体性能、力学性能和压缩性能等物理性质进行改善，并衍生出了一种独特的聚结过程——球形聚结。

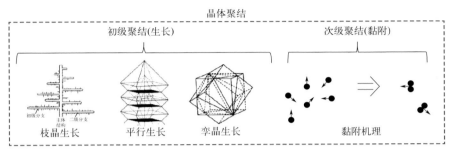

图5-1 初级聚结和次级聚结示意图

2. 球形聚结机理

球形聚结过程通常需要三元溶剂体系：良溶剂、不良溶剂、架桥剂。良溶剂与不良溶剂引发溶析结晶，架桥剂引发晶体聚结，最终形成球形晶体。球形聚结过程一般可分为四步：

① 结晶。球形聚结的基础是结晶过程，良溶剂与不良溶剂混合引发溶析结晶，形成初级晶体颗粒。根据良溶剂与不良溶剂添加顺序，分为正滴加和反滴加。该过程主要受温度、良溶剂和不良溶剂影响。其中，温度通过改变溶解度，良溶剂和不良溶剂通过改变流加方式、比例、初始浓度等影响结晶行为。一般随温度升高，团聚体平均粒径减小，粒径分布变宽[3,4]。正滴加方式及较大的初始浓度会产生较大粒径的团聚体[5,6]。

② 分相。随不良溶剂加入，架桥剂逐渐从溶液主体中析出，在搅拌和界面张力作用下以液滴形式存在，该过程可用三元相图描述。一般认为架桥剂在良溶剂和不良溶剂混合溶剂中的低溶解度，即架桥剂的快速分相有利于形成优良的团聚体[7]。架桥剂分相是包覆和固结过程的前提。

③ 包覆。架桥剂通过对晶体的润湿作用将分散的单晶体包覆形成松散的团聚体[6]。根据架桥剂液滴与晶体的相对大小，包覆分为两种形式：当液滴大于晶体尺寸，多个晶体同时进入架桥剂液滴，在液滴包裹作用下形成松散的团聚体，称为浸润式；当液滴小于晶体尺寸，架桥剂附着在晶体表面，两个润湿晶体的碰撞导致颗粒之间形成液桥，进而形成松散团聚体，称为分布式[6]。所选架桥剂种类因其润湿性的差异显著影响包覆过程，架桥剂润湿性越好，对晶体的吸引作用

越强，有利于形成团聚体 [7]。架桥剂流加方式以及搅拌速率决定晶体与架桥剂液滴的相对大小，且影响包覆形式，进而影响最终团聚体性能。

④ 固结。初始松散团聚体形成后，架桥剂逐渐从团聚体内部向表面扩散，在搅拌作用下，团聚体之间发生碰撞，通过界面张力和毛细管作用力将团聚体连接在一起形成二次聚结颗粒，平均直径迅速增大。同时团聚体之间发生碰撞变形，孔隙度减小，球形度增加，形成较紧实的球形结晶产品 [8,9]。当团聚体致密到不能变形时，平均直径保持恒定，球形聚结过程完成。固结过程主要受架桥剂用量、温度和搅拌影响。架桥剂用量的一般原则为架桥剂体积与晶体总体积比（bridging liquid/solid ratio, BSR）约等于 1[5]。BSR 过小时，固结过程不发生，无明显团聚体形成；BSR 过大时，将产生大的团聚体和类膏状物质 [7]。温度通过改变架桥剂向团聚体外表面的扩散速率影响固结过程，一般较高温度促进固结导致形成较大的团聚体，粒径分布变宽 [3,4]。搅拌通过影响团聚动力学中颗粒间的碰撞频率及接触时间进而影响团聚体直径和球形度。

3．球形聚结研究

球形聚结技术最早由 Kawashima 团队提出 [10]，其工作主要集中在 1982—2002 年间，他们主要提出基于溶剂分相原则设计球形聚结过程，并指出球形聚结颗粒产品的性能优势在于可直接压片。Kawashima 团队以氨茶碱[11]、苯妥英[12]、布洛芬[13]、盐酸醋丁洛尔[14]、抗坏血酸[15] 等有机药物晶体为模型物质，考察了架桥剂和聚合物添加剂对球形晶体的尺寸、流动性、可压缩性、机械强度、溶出速率、生物利用度等颗粒性能的调控作用，结果表明球形晶体具有优越的压片性能。由于比单个晶体具有更高的塑性形变能力和更低的弹性恢复能力，球形晶体的压片性能显著提升，可实现直接压片。此外，提出了利用良溶剂 - 不良溶剂 - 架桥剂的三元相图筛选架桥剂，从而提高球形聚结技术的研发效率[16]。

2008—2012 年，Rasmuson 团队 [5] 选用苯甲酸作为模型物质，进一步研究三元溶剂体系的成球机理，尤其是尝试基于毛细管作用力评估架桥剂的成球能力，从而设计溶剂体系。他们首先考察了架桥剂用量、溶质浓度、搅拌速率与球形产品的尺寸、形状、硬度之间的关系。结果表明溶质浓度和搅拌速率对球形晶体尺寸影响明显，但对机械力学特性影响微弱。随后，他们报道了苯甲酸在多种架桥剂中的成球效果，包括庚烷、氯仿、甲苯、戊烷、环己烷、乙酸乙酯、乙醚，其中在乙酸乙酯和乙醚中无法成球，而在其余架桥剂中均能成球。利用毛细管作用力理论计算了每种架桥剂与水的界面张力，以此反映架桥剂的成球能力，从而解释了以上架桥剂的效果 [7,8]。

2015—2019 年，Pena 团队 [17,18] 选用苯甲酸作为模型物质，提出了球形聚结的连续结晶方法和粒数衡算模型。他们先后报道了一种两步混合悬浮混合出料的连续球形聚结方法和一种在管式振荡塔板连续结晶器中实现连续球形聚结的方法。随后将连续相和分散相中的成核、生长、聚结、破碎模型耦合，从而构建了球形聚结的耦合粒数衡算模型[19]。近两年，Nagy 对聚结成球机理做了进一步研究探讨，提出球形聚结中的架桥剂包覆过程可能存在两种机理——浸润式和分布式。通过在线监测发现这两种包覆机理对最终球形晶体的尺寸、形状和硬度具有显著影响[6,20]。

2020 年，本书著者团队[21] 报道了一种球形聚结技术的三元溶剂体系设计CPWA（crystallization-phase separation-wetting-adhesion）策略，如图 5-2 所示。该策略强调架桥剂润湿行为是类球形团聚体形成的关键，是判断溶剂体系成球潜力的关键指标。采用范德瓦耳斯酸碱理论计算待选溶剂体系中的架桥剂、良溶剂、不良溶剂对晶体的润湿能差值，完成对这一核心指标的定量计算。基于各溶剂体系的润湿能差值的相对大小，可以优先筛选出最为有效的溶剂体系，并一次性排除大量无效体系。利用该策略对头孢噻肟钠、苯甲酸、氯化钾、麦芽糖醇、磷酸三钠进行溶剂筛选，分别在 720 种和 2184 种三元溶剂组合中成功筛选出 3 组头孢噻肟钠球形聚结新溶剂体系和 21 组苯甲酸球形聚结新溶剂体系，且所有已报道体系均未遗漏。研究结果同时显示，由于不满足润湿性要求，氯化钾、麦芽糖醇、磷酸三钠在给定的溶剂中无有效成球体系。最后设计验证实验，采用在线高清晰颗粒显微镜（PVM）、在线粒度分析仪（FBRM）等在线分析方法进行过程监控，结果显示以上模型物质在所测溶剂体系中的成球行为与策略设计相符。

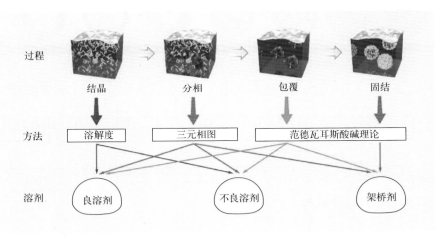

图5-2 球形聚结的溶剂体系筛选的CPWA策略

2021 年，本书著者团队[22] 开发了一种由溶剂体系筛选策略和粒度粒形设计与调控策略构成的晶体聚结成球设计策略，以苯甲酸、水杨酸和洛伐他汀为模型物质验证了该策略的可行性、有效性和普适性，实现了对球形团聚体尺寸和形状的理性设计与精准控制。其中，溶剂体系筛选策略基于物质单晶数据计算溶剂对晶体的等容吸附热，结合溶解度和三元相图，实现对成球溶剂体系的快速、高效筛选。粒度粒形设计与调控策略中提出两步成球机理（图5-3），将球形聚结过程划分为清晰可控的预处理、尺寸和形状区间。根据浸润式和分布式机理，进一步将尺寸区间分为一级聚结和二级聚结，并建立相应的球形晶体的热力学尺寸模型。该模型充分考虑具有动态组成的多相流体产生的作用力，包括两相流体对颗粒的黏附力以及由两相间压差和界面张力引起的毛细管作用力。对于液体黏附力，根据力的作用区域和两相流体动态组成计算各分量的贡献；基于范德瓦耳斯酸碱理论，推导了毛细管作用力计算中难以测量的关键参数——动态变化的界面张力，提高模型的计算精度。利用晶体聚结成球设计策略调控苯甲酸在甲酰胺 - 水 - 环己烷溶剂体系中的成球过程，实现了高球形度苯甲酸晶体在 1000～5000μm 颗粒尺寸范围内的可控制备。此外，基于该策略还成功制备了粒径范围为 1700～4400μm 的水杨酸球形晶体以及粒径范围在 700～3300μm 的洛伐他汀球形晶体，球形晶体产品表现出窄的粒度分布，CV 值均小于 10%，平均圆度都在 0.9 左右，验证了该策略的普适性。

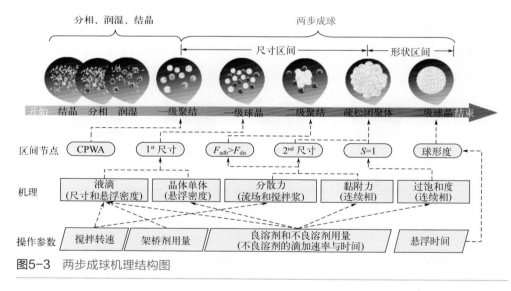

图5-3 两步成球机理结构图

2022 年，本书著者团队[23]将球形聚结过程和等电点结晶进行耦合，在降低了聚结过程中有机溶剂用量的同时对结晶母液进行循环利用，实现了两性化合物球形晶体的高效绿色制备。本团队还进一步提出了冷却结晶 - 球形聚结技术，选择油酸作为新型绿色有效的架桥剂，研究表明，油酸在单一溶剂体系中，特别是在水中，可以诱导结晶过程中发生球形聚结，使有机溶剂的用量减少约90%，从根本上消除了架桥剂的毒性，并成功制备了尺寸可控、球形度高的苯甲酸、L-亮氨酸和阿司匹林的球形聚结体[24]。

二、球形生长

1.球形生长现象

球形生长是指以一个晶核为中心向各径向呈放射状生长，并形成球形多晶聚集体的过程[25]，由球形生长制备出的球形晶体又称为球晶（spherulite）。球晶是由大量不等轴的晶粒呈放射状有序排列组成的。球晶通过连续的非晶体学分枝（Non-crystallographic branching）行为而形成，非晶体学分枝行为是区别球晶与其他分支晶体以及无规则多晶聚结体的主要依据[26]。在非晶体学分枝行为中，母晶与子晶的生长方向之间并不存在晶体学的关系，也就是说两者生长方向的偏差并不受晶体结构与晶体对称性的限制。非晶体学分枝具有自相似性，即子晶和母晶形貌相同，片状晶体上长片状晶体，针状晶体上长针状晶体。球形生长是一种典型的多晶生长机制，其受过饱和度、黏度等因素综合控制。如图5-4所示，在接近平衡态（低过饱和度）的体系中，晶体生长通过生长基元的自组装完成，最终呈现具有周期性和对称性的多面体单晶。随着过饱和度的增大，晶体生长转为自组织方式，又称为耗散结构[27]。此时，生长速率受扩散控制，生长表面在扩散场中不能维持稳定，形成结构复杂的、规则的枝状晶体。当过饱和度极大时，则会形成随机聚集的多晶，如扩散控制的聚集体或球晶[28]。因此，在极大过饱和度条件下或杂质存在时，都有利于晶体生长机制从自组装转变为自组织的形式，由单晶变为多晶，进而获得球晶产品。

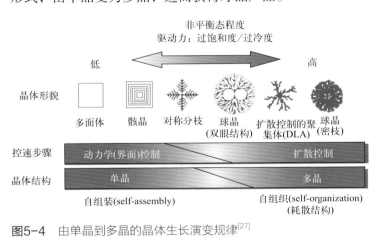

图5-4 由单晶到多晶的晶体生长演变规律[27]

2．球形生长机理

球晶是远离平衡态条件下晶体生长演变形成的一种多晶形貌，是自然界中普遍存在的一种分级结构。如图 5-5 所示，根据球晶的演变规律，将球晶生长分为两类：第 I 类是由中心呈放射状的多向生长模式；第 II 类是基于针状或纤维状微晶，由非晶体学分枝构成的单向生长模式，中间呈现双叶状的过渡形态，最终球晶中心部位会形成空腔，又称"晶眼"。

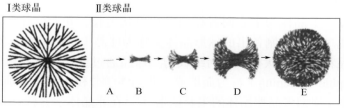

图5-5 两类球晶生长过程示意图[29]

球晶形成机理十分复杂，这主要受限于时间和空间尺度上球晶生长的难以捕捉和影响因素的复杂性，其中涉及了传质、传热、分子组装和晶体力学性能等因素的共同影响。晶体生长的自变形机制（autodeformation mechanism）是目前解释非晶体学分枝普适性最好的机理。不同于枝状晶体或扩散控制的聚集体，非晶体学分枝的形成归因于晶体的非均质性、位错和应力。自变形机制认为，在晶体生长过程中，由于受外力、温度场、杂质等因素的影响，晶体晶胞为调节大小产生内应力，应力释放的同时引发晶体缺陷；随着晶体的生长，缺陷向生长前沿移动并长期存在；缺陷相互作用催生新的应力，从而导致新的变形。这一过程形成正反馈，最终导致晶体自变形[30]。因此，自变形可以被定义为晶体生长过程中结构取向的不稳定性，这影响了晶体材料塑性的不稳定性[31]。而在高过饱和度或杂质存在条件下，生长单元在界面吸附过程中极易发生取向错误，这种取向错误的不断衍生会加剧材料塑性的不稳定性，也是子晶和母晶晶界处（应力集中部分）产生非晶体学分枝簇的原因。

3．球形生长研究

1837 年，Talbot[32] 报道了用磷酸液滴制备出的硼砂球形晶体，他描述每个颗粒都像是由一团簇从中心放射出来的丝状物构成。1853 年，Brewster[33] 研究了300 种双折射物质，其中 70 种在一些特定的条件下形成这种状态。在随后的一个多世纪中，众多学者猜测这种状态是一种介于无定形与晶体之间的过渡状态。但随着几百种类似的现象被陆续报道，该状态最终被确定为一种在特殊结晶条件下产生的具有光学环带特性的球形晶体[26]。20 世纪下半叶，Keith 等[34] 提出了一种球晶生长机理，在骤冷条件下晶体生长前端不稳定而具有纤维习性进而形成球晶。Punin[35] 提出了自变形理论尝试对球形生长过程进行普适化的解释，该理论的核心观点是晶体生长过程中产生的缺陷会在应力驱动下诱发更多缺陷，进而形成非晶体学分枝，导致了由中心向外径向辐射结构的球晶。

　　自 2000 年以来，借助于电子显微镜、扫描电镜、透射电镜等微结构表征手段，球晶结构得以被细致考察。Gránásy 等 [36] 基于球晶截面微结构的分枝情况，提出非晶体学分枝往往在高过饱和度的结晶条件下出现。Andreassen 和 Beck 等 [37,38] 采用胶质态成球、横截面放射状纹理、粒数衡算等方法来判断球霰石的球晶形成过程为球形生长。其研究结果还表明高过饱和度是球形生长的关键因素。Yang 等 [39] 报道了 L- 色氨酸的球形生长动力学和机理。他们利用在线图像监测观察了 L- 色氨酸的球形生长过程，结果表明高过饱和度有利于球形生长。此外，利用液滴蒸发创造过饱和度和稳定的观察环境来测量球晶的生长速率，并利用经验模型拟合，拟合结果表明此球晶生长为界面动力学控制。

　　近年来，本书著者团队对球晶的生长机理和形貌调控开展了一系列研究，考察了溶液结晶中温度场、浓度场和分子尺度特异性相互作用对球形生长过程的影响。报道了具有多种球形形貌（星形、花状、核壳等）的碳酸锂球晶，并发现在反应结晶中温度和过饱和度是影响球晶形貌演化的关键因素 [40]。另外，本书著者团队以硝基胍和 L- 缬氨酸为模型物质，发现大分子添加剂通过弱相互作用吸附在特定晶面，可以显著抑制晶体成核过程，进而促进非晶体学分枝的形成，最终制备高粉体性能的球晶产品 [41,42]。特别是在硝基胍的案例中，通过 PVM 在线监测和间歇取样探究了硝基胍球晶形貌的演变过程和微观结构（图 5-6）。确定硝

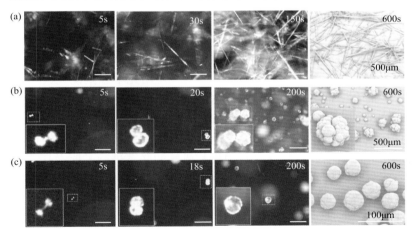

图5-6　纯水(a)和0.51g/100g H₂O(b)、0.75g/100g H₂O(c)的明胶水溶液中，硝基胍结晶过程原位PVM图及产品SEM图
标尺为200μm，时间表示体系成核后时长

基胍菜花状球晶和密实球晶都属于第Ⅱ类球晶生长方式，即在纤维状或针状的微晶基础上，球晶由连续、多步生长的非晶体学分枝组成，经双叶状结构过渡，最终晶体表面形成"一"字形或"S"形狭缝，且中间存在"晶眼"的空腔结构。此外，还发现球晶形貌取决于分枝速率和子晶的生长速率。过饱和度增大有利于增大非晶体学分枝速率，为密实球晶形成提供了良好条件。而高温则促进晶面上分枝位点增加，是造成菜花状球晶形成的主要因素。由于明胶对硝基胍成核和晶体长径比的明显抑制作用，同时诱导非晶体学分枝，最终制备得到了堆密度提高3倍且具有良好流动性的球晶产品。

除此之外，本书著者团队[43]还通过合理构建具有平面和弯曲结构的分子排布，制备了具有空心状球晶形貌的姜黄素1,5-二氧六环溶剂化物，并基于氢键键能计算和在线拉曼光谱等数据提出了空心球晶的形成机理。采取相同的策略，还制备了过碳酸钠[44]、L-色氨酸[39]、L-苹果酸[45]等球晶产品。近期，本书著者团队利用分子动力学模拟的手段计算了溶剂分子在硫酸氢氯吡格雷晶体表面的等容吸附热，结合溶解度数据提出了适合制备球晶的溶剂筛选策略[46,47]。并且在借助过程监测技术建立球形生长操作空间之后，指导设计了硫酸氢氯吡格雷Ⅰ晶型混合溶剂体系成球方案，能够同时实现成球、不转晶、不成胶三个设计目标，较原有的纯溶剂体系[47]具有显著优势。

三、油析聚结

1．油析现象

油析是一种特殊的液-液相分离现象，即均一的溶液在结晶成核前会自发地分成两个具有不同物理性质的液相[48,49]。1921年，Sidgwick和Ewbank[50]在相平衡研究中发现水杨酸过饱和溶液在结晶前会出现液-液相分离现象，但是没有直接证据证明这一现象。直到2003年，Davey等[51]使用光学显微镜观察到了啶氧菌酯在水和甲醇混合溶剂中的油析现象，这是第一次直观地观察到有机小分子物质在结晶过程中的液-液相分离现象。Vekilov等[52]也通过大量的实验证实了在结晶过程中存在这种油析现象。随后，国内外又有更多关于油析现象的报道和针对油析过程的研究。目前，多数学者对油析和成核的联系进行了探索[53,54]，油析现象发生后，溶液在成核之前会形成一个高浓度液相，相比于经典成核理论，油析结晶成核过程更符合两步成核机理。此外，对于复杂的油析体系，热力学相图的分析和测定是设计结晶过程必不可少的[55]，因此大多数油析研究集中在热力学相图方面。油析不仅受热力学控制还受动力学影响，比如冷却结晶过程中降温速率和溶析结晶中反溶剂添加速率都会影响液-液相分离曲线。油析过程的复杂性给油析结晶过程设计及控制带来了较大困难，油析的存在一般会使结晶产品质量恶化。因此大部分学者致力于寻找可以抑制油析的方法来优化药物产品质量。Gao 等[56] 研究表明超声和晶种的引入均可以抑制油析。超声结晶可以以重复的方式产生小而均匀的晶体，加入晶种结晶能够得到尺寸较大且无明显结块的晶体。Li 等[57] 研究了琥乙红霉素在水-四氢呋喃中的油析结晶过程，发现油析结晶产品没有固定形貌，聚结现象明显，而通过冷却与溶析相结合的方式，可以避免琥乙红霉素在水-四氢呋喃中的油析，终产品呈分散的棒状。综上可知，目前学者对油析的探究集中于热力学相行为、两步成核机理以及如何抑制油析现象的产生三个方面，而对于在分子水平上理解油析和利用油析制备高附加值晶体产品（例如球形晶体）却鲜有研究。

2．油析聚结机理

油析现象发生后，在搅拌的作用下会形成分散在水相中的油相（溶质富集相）液滴。也就是说，可以借助于油析产生的天然球形空间（油滴）来实现在水体系中制备球形晶体，即油析聚结过程。目前，根据本书著者团队和其他学者们的报道，油析现象可分为以下 3 类（如图 5-7 所示）：

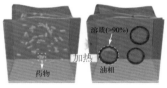

(a) Ⅰ类油析　　　　　　　(b) Ⅱ类油析　　　　　(c) Ⅲ类油析

图5-7　油析过程的示意图

① Ⅰ类油析。在发生液-液相分离后，油相和水相中都含有一定量的溶质，且Ⅰ类通常发生在溶析和冷却结晶过程中[58]。在这种情况下，油相中的溶质可能会结晶并聚结成球状晶体，但是水相中的溶质则结晶为非球状聚结体。此外，由于两相中的结晶过程很难同时控制，这通常会导致分离不彻底（纯度降低、杂质包藏）和产品质量差（晶型转化、结块）[59,60]。因此，Ⅰ类油析过程一般不适合用于制备球形晶体。

② Ⅱ类油析。在发生液-液相分离后，几乎所有的溶质都在油相中，且Ⅱ类通常发生在温度接近溶质熔点的加热过程中[58]。油滴中溶质的高度富集使得Ⅱ类更接近于"水熔融"状态，也就避免了Ⅰ类溶质分布不均的缺陷。然而，由于高熔点药物（熔点高于 373.15K）难以在水中引发油析现象，Ⅱ类仅适用于低熔点药物。

③ Ⅲ类油析。又称共油析，该概念由本书著者团队在 2021 年首次提出。在Ⅲ类油析过程中，其他药物可以溶解在Ⅱ类油析的油滴中，导致油滴中出现多种组分，使得制备多组分球形产品成为了可能。值得注意的是，在某些案例中，最初在水中不能发生Ⅱ类油析的高熔点药物，可以通过Ⅲ类油析间接形成与低温下熔化状态相似的油滴。

3．油析聚结研究

2016 年，本书著者团队[61]以吡唑醚菌酯为模型物质，通过测定二元油析相图，在合理调控结晶工艺参数（溶质浓度、降温速率、晶种添加量等）后成功避免了Ⅰ类油析现象，并得到了稳定的目标晶型。

2019 年，本书著者团队[62]以布洛芬 - 水以及 L- 薄荷醇 - 水二元油析相图为基础，开发了一种基于Ⅱ类油析现象的绿色高效球形晶体制备技术。该技术依靠油析产生的球形液滴作为晶体成核及聚结的"球形限域"，通过简单加热 - 骤冷方式即可在水体系中制备球形度高且尺寸可调的球形晶体，产品收率可达 99.5%以上。本书著者团队还采用机器学习智能算法（ML-based linear model）进一步建立了药物分子的Ⅱ类油析预测模型，该模型可有效筛选Ⅱ类油析现象发生所需的物质 - 溶剂组合，并最终形成了一种从体系筛选到球形晶体制备过程全面高效的Ⅱ类油析球形结晶技术[63]。

2021 年，本书著者团队[64]从多组分药物油析相图出发，首次分析并测定了双药物体系（药物 1- 药物 2- 溶剂）的三元油析相图，并将其应用于药物共聚过程的设计，成功制备了布洛芬 -L- 薄荷醇、布洛芬 - 吡喹酮、布洛芬 -利伐沙班以及布洛芬 - 来那度胺的共聚颗粒。同时，共油析机理保证了每个球形共聚颗粒之间的组分含量高度均一，且可根据三元油析相图灵活调节其配比。

2022 年，本书著者团队[65]在Ⅱ类和Ⅲ类油析的基础上，进一步提出了两步油析机制（图 5-8），以打破原本Ⅱ类油析在药物熔点方面的应用限制，并在水体系中制备了共计 12 种高熔点药物（熔点范围为 385.15 ～ 526.15K）的球形晶体。在两步油析机制中，高熔点药物首先在水溶液中与特定的油析伴侣发生共油析（第一步），接着去除油析伴侣，即可得到高熔点药物的单油析油滴（第二步），最终形成高熔点药物球形晶体。至此，本书著者团队基于油析现象的研究成果，形成了一套完整的用于在水体系制备药物单 / 多组分球形晶体的油析聚结技术。该技术具有三大显著特征：绿色低耗、工艺简单和高普适性。此外，本书著者团队还建立了基于分子尺度模拟和计算的油析球形聚结体系的筛选及机理分析策略，该策略的提出可极大减少油析聚结技术推广过程中化学品的使用，且可显著提高技术的推广效率。

(a) 药物+伴侣　　(b) 共油析　　(c) 单油析　　(d) 油滴内聚结

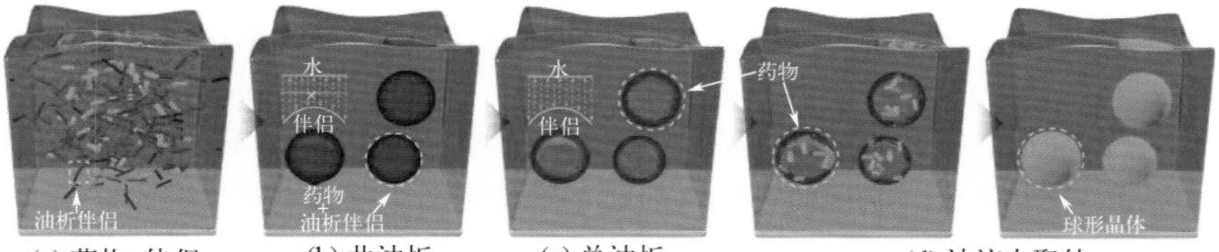

图5-8 两步油析过程示意图

第二节
球形结晶技术

　　球形结晶是一种新型的结晶造粒技术，能够在一个操作单元中耦合结晶和造粒两个过程，从而制备出球形晶体产品[66,67]。球形晶体是一种具有特殊晶习的晶体，整体形貌呈现球形或类球形，而在局部形貌上呈现均匀或非均匀分布的结构特征。不同于一般的非球形晶体所展现的各向异性，球形晶体展现出较高的各向同性，从而在流动性、可压性、抗结块性、服用口感等颗粒性能方面往往较非球形晶体有质的提升[68]。制备球形晶体产品是提升颗粒性能、赋予产品独特功能、提高产品附加值的有效途径[69]，成为工业结晶在高新技术领域的新方向和热点。球形晶体在医药、食品、日化、肥料、军工等领域具有广泛的工业应用价值和潜力。

　　① 在医药领域，球形晶体的制备省去了原本的整粒操作单元，能够实现直接压片，从根源解决了传统粉体压片效率低、成本高和风险大的问题。同时，球形晶体还能够规避亚稳晶型在湿法造粒过程中的转晶风险[70-72]，这在突破专利封锁、提高国际市场份额方面具有战略意义。

　　② 在食品领域，将盐糖类晶体制备成球形晶体，可显著提高质量稳定性、观感和口感[73]，同时赋予其安全和健康相关的高端功能，从而提高产品竞争力。例如，氯化钠球形晶体具有高抗结块性能，实现抗结块剂零添加[74]。因此球形食盐产品因其不添加抗结块剂的安全优势和优异的形貌观感成为开发高端食盐的新方向之一，其经济价值是普通立方体食盐的数倍。另一方面，球形盐糖类晶体还能够通过较高的球形度提升食物口感，也是开发高端食品类晶体的主要方向之一。

③ 在日化领域，通过在日化产品中添加尺寸适中、球形度高的球形盐粒子，可以提升使用肤感，起到按摩和强化清洁等作用[74]。

④ 在肥料领域，通过强化结晶过程制备肥料球形晶体而不引入额外的操作单元和抗结块剂，保证了在低成本的前提下制备出具有高抗结块性能的肥料产品，是开发高品质肥料产品的新方向之一。

⑤ 在军工领域，球形晶体的特殊形貌可改变炸药晶体的弹药性能，如感度、威力、毁伤效应、力学性能、安全性能、弹道性能、存储性能等，是开发高性能炸药晶体材料的有效手段[75,76]。

由于球形晶体在提升颗粒性能、赋予产品独特功能、提高产品附加值方面效果显著，在一些技术中具有不可替代的核心优势，因此受到广泛关注，根据本书著者团队的研究，目前主要形成了 3 种球形晶体制备技术。

一、等电点结晶球形聚结技术

1．技术背景

球形聚结技术是一种将结晶和造粒结合为一个单元操作的新兴技术，与传统的造粒技术相比大大缩短了时间和降低了设备成本，受到广泛关注。然而，球形聚结技术通常需要三元溶剂体系，包括良溶剂、反溶剂和架桥剂，其中至少有两种是有机溶剂，且用量较大。更重要的是，球形聚结工艺的母液——这三种溶剂的混合溶液不能直接重复使用，大大增加了有机溶剂的使用和回收成本。此外，三元溶剂体系的筛选过程复杂，需要开展大量的预实验进行筛选，势必会使用大量化学物质，增加人力、时间和成本的消耗。因此，探索一种更便宜、更清洁、更高效和更可持续的球形颗粒制备技术具有重要意义。近期，本书著者团队开发出一种适用于两性有机物的等电点结晶球形聚结技术，该技术只需改变母液的pH 值即可重新实现溶质的溶解和结晶，实现母液的重复利用，从而有效减少有机溶剂的使用和排放。

2．技术内容

本书著者团队结合等电点结晶和球形聚结的特点，提出了等电点结晶球形聚结技术的六步成球机理，包括分相、结晶、润湿、初级团聚、次级团聚和固结，如图 5-9 所示。

① 分相。等电点结晶球形聚结技术的溶剂体系包括水溶液和架桥剂，二者互不混溶。因此，将架桥剂加入溶有溶质的酸性水溶液后，架桥剂在搅拌作用下分散为分相液滴。

② 结晶。调节溶液的 pH 值达到溶质的等电点，从而逐渐析出初级晶体。

③ 润湿　与水溶液相比，架桥剂对溶质具有更好的润湿性，溶质逐渐被润湿并进入架桥剂液滴中。

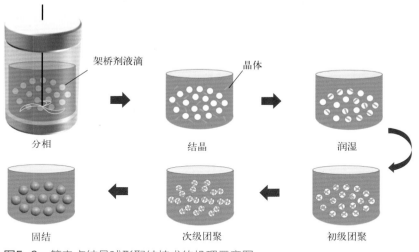

图5-9　等电点结晶球形聚结技术的机理示意图

④ 初级团聚。越来越多晶体进入架桥剂液滴中，晶体在液滴内相互黏附形成初级团聚体。

⑤ 次级团聚。当初级团聚体的尺寸与架桥剂液滴尺寸相当时，团聚体会脱离液滴的束缚。架桥剂在团聚体之间形成液桥，引发团聚体之间发生次级团聚，从而形成粒径较大的二次团聚体。

⑥ 固结。设定一段停留时间，搅拌产生的剪切力使二次团聚体越来越致密、紧实，球形度逐渐增大。

3．技术效果

本书著者团队选用 L- 色氨酸、L- 亮氨酸和 L- 蛋氨酸为模型物质，制得的球形颗粒如图 5-10 所示，纯度高于 99%。与氨基酸的片状原料相比，球形产品的颗粒性能得到了有效提升，球形度高、粒度分布均匀、流动性提升了 50% 左右。通过设计等电点结晶球形聚结工艺的 5 次母液循环利用，有效减少了 60% 左右的有机溶剂使用量（与传统球形聚结技术相比）。另外，研究表明通过设计架桥剂添加量、搅拌速率以及 NaOH 滴加速率可以有效调控球形颗粒的尺寸。虽然本节选择了三种氨基酸作为模型物质，但等电点结晶球形聚结技术很容易应用于其他两性有机物中。

(a) L-色氨酸球形颗粒　　(b) L-亮氨酸球形颗粒　　(c) L-蛋氨酸球形颗粒

(d) L-色氨酸原料　　　(e) L-亮氨酸原料　　　(f) L-蛋氨酸原料

图5-10　氨基酸原料和球形颗粒的电镜图

二、两步油析球形聚结技术

1．技术背景

球形晶体颗粒是具有代表性的高附加值产品，目前已经开发了两种主要的药物球形晶体制备技术：传统造粒技术［图 5-11（a）］和球形聚结技术［图 5-11（b）］。但是这两种技术均有其不可克服的限制，比如造粒技术一般依赖于复杂的设备及冗长的操作单元，而球形聚结技术通常涉及大量毒害性强的溶剂体系，且收率较低。为了克服上述球形造粒技术的缺点，本书著者团队在之前研究的基础上开发了一种简单依靠在水中加热和骤冷操作的油析球形聚结技术［图 5-11（c）］。使用水代替传统的挥发性溶剂符合"绿色化学"的理念，可以有效地减小对环境的影响和潜在的风险。然而，这种技术目前有一个不容忽视的局限性：药物的熔点必须低于水的沸点，否则在加热过程中不能出现油析现象。由于熔点的限制，油析球形聚结技术的适用性大大降低。根据文献报道，在过去的近十年内，只有低熔点的案例被报道。因此，仍然需要探索新的机制或设计新的设备来打破油析球形聚结技术的适用性限制。

2．技术内容

完整的两步油析球形聚结技术如图 5-12 所示。它可以分为 4 个阶段：固体悬浮、共油析、单油析和在油滴中聚结。在两步油析过程中，油析伴侣被定义为一种无毒、廉价、可回收并且能够人为控制其热力学状态（是否油析）的物质。

在初始状态下，油析伴侣和高熔点药物作为固体悬浮在水溶液中。温度升高后，在抑制剂的存在下，油析伴侣在此温度下发生Ⅱ类油析，从而引发油析伴侣和高熔点药物之间的共油析。换句话说，在水溶液的加热过程中，水分子对油析伴侣的溶剂化被阻断，油析伴侣以油滴的形式存在。因此，在低于熔点的温度下，高熔点药物可以溶解在富含油析伴侣的油滴中。然后，在去除抑制剂的情况下保持恒温，其Ⅱ类油析状态消失，同时溶剂化作用被激活，油析伴侣从油滴转移到水中，导致高熔点药物单油析的发生。对于高熔点药物来说，油滴处于高能量的不稳定状态，药物在温差（熔点与操作温度之差）的驱动下，会在油滴内迅速成核、生长，最终聚结成球形晶体。

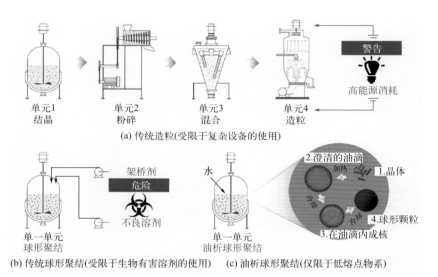

图5-11　药物球形颗粒制备技术示意图

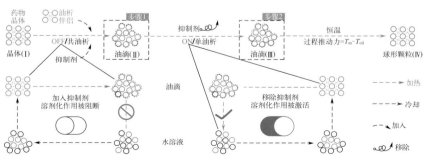

图5-12　两步油析球形聚结技术的详细运行机制和主要阶段

3．技术效果

12种高熔点药物（熔点范围为385.15～526.15K）被用来验证两步油析球形聚结技术的普适性。图5-13展示了高熔点药物的球形产品的SEM照片。从整体上看，由两步油析球形聚结技术制备的产品结构紧凑、不易结块、球形度高，完成了对其普适性的证明。应该指出的是，由于上述药物的熔点远远高于水在常压下的沸点（373.15K），因此没有一种药物适合于原来的油析球形聚结技术。根据高熔点药物所占的比例，可以合理推测两步油析过程使原技术适用的物质数量增加了约150%。在塞莱昔布的案例中，传统熔融造粒技术的操作温度为443.15K，需要高品质加热介质；而球形聚结技术操作复杂，需要消耗大量的乙

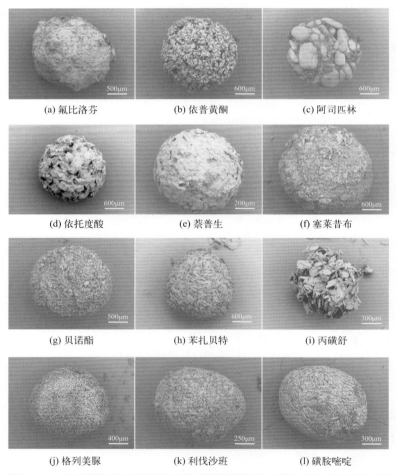

(a) 氟比洛芬　　(b) 依普黄酮　　(c) 阿司匹林

(d) 依托度酸　　(e) 萘普生　　(f) 塞莱昔布

(g) 贝诺酯　　(h) 苯扎贝特　　(i) 丙磺舒

(j) 格列美脲　　(k) 利伐沙班　　(l) 磺胺嘧啶

图5-13　通过两步油析球形聚结技术制备的高熔点药物球形晶体SEM照片

醇（良溶剂）和环己烷（架桥剂），每制备1g球形产品需要多达63.8g的有机溶剂。相反，采用两步油析球形聚结技术制备塞莱昔布球形晶体，不仅实现了有机溶剂零添加，而且与原技术相比操作温度降低了52.9%，预计每吨产品综合能耗将减少41.2%，相当于每年减少二氧化碳排放5.2t。

三、油析球形共聚技术

1．技术背景

在制药领域，药物颗粒设计不仅包括颗粒外部形态的调控，还包括颗粒中药物种类及各组分含量的调控。这种多组分功能性药物颗粒设计是实现联合用药的途径之一。联合用药可通过增加药物制剂可实施性、减少方案复杂性和药片数量来提高药物依从性。在抗病毒领域，联合用药已成为首选治疗方案，而且研究表明在严重急性呼吸系统综合征冠状病毒（SARSCoV-2）及其疾病Covid-19的治疗中，两种或更多抗病毒药物的联合使用比单一药物治疗具有更好的潜在治疗效果。目前主要有两种实现联合用药的手段，但均存在一定的缺陷：工业上主要通过造粒（该技术的实施需要依靠复杂昂贵的设备以及多单元操作流程）来实现药物共聚以达到联合制剂的目的，文献中多采用结晶共聚技术（该技术的实施需要大量有毒有害溶剂和烦琐的筛选实验）来实现药物共聚。因此，开发一种高效绿色、收率高且普适性强的药物共聚技术是联合用药领域亟待解决的问题之一。

2．技术内容

本书著者团队开发的油析球形共聚技术包含两种不同的共聚机理：共油析机理和单油析机理（如图5-14所示）。在共油析中，两种药物在水中共同油析，产生药物1-药物2的密集油滴。值得注意的是，共油析仅需要两种能够在水中引发油析的药物中的任何一种，而不是两种。药物1-药物2的共油析归因于两种药物之间的相互溶解，这使得无法在水中油析的药物也适用于油析球形共聚技术，广泛地扩大了该技术的适用范围。当涉及单油析机理时，只有一种药物在水中形成油滴，另一种药物以其固体形式与油滴结合，即被油滴润湿或黏附在其表面。单油析机理是油析球形共聚技术应用范围的进一步扩展。

本书著者团队提出了一种油析及共/单油析机理的模拟预测方法，并在此基础上构建了适用于油析球形共聚技术的（药物1-药物2-溶剂）体系筛选策略：

① 可行性分析。首先要评估药物1或药物2在某种特定溶剂中是否能油析。选择可以表征晶面与溶剂分子间相互作用力强度的物理量——吸附热来预测药物油析温度。然后通过计算分子静电势面和分子极性指数评估药物与溶剂极性，保证二者之间差异性足够大，以使药物在溶剂中具有低溶解性，确保球形共聚产品的高收率。

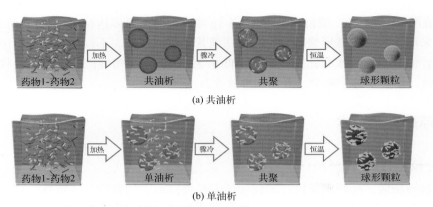

(a) 共油析

(b) 单油析

图5-14 油析球形共聚技术的两种机理

② 机理分析。根据相似相溶原理，如果两个药物的分子极性指数相近，那么极有可能相互溶解并形成均一的药物 1- 药物 2 油滴，这意味着油析球形共聚过程将遵循共油析机理，否则，将遵循单油析机理。为了进一步提高机理分析的有效性和可靠性，本书著者团队还计算了（药物 1- 药物 2- 溶剂）三元体系在三种情况下的系统总能量，并对其进行了稳定性对比。

3．技术效果

本书著者团队基于多组分药物油析热力学相图（药物 1- 药物 2- 溶剂），通过油析球形共聚技术成功在水中制备了布洛芬 -L- 薄荷醇［图 5-15(a)］、布洛芬 -

图5-15 不同搅拌速率下的布洛芬-L-薄荷醇共聚产品（a）及其他球形共聚产品［（b）布洛芬-吡喹酮；（c）布洛芬-利伐沙班；（d）布洛芬-来那度胺］的SEM照片

吡喹酮［图 5-15（b）］、布洛芬 - 利伐沙班［图 5-15（c）］以及布洛芬 - 来那度胺［图 5-15（d）］的多组分功能性球形晶体，其收率可达 99.5% 以上。油析球形共聚技术将结晶和造粒过程耦合起来，可显著降低工艺过程成本，制备得到的药物颗粒粒度和组分之间比例可调，且具备球形度高、堆密度大和流动性好等优点。

第三节
球形晶体的抗结块研究

一、结块现象及原因

显著提高晶体产品的抗结块能力是球形晶体的主要优势之一，也是本章所关注的球形晶体性能。结块将造成颗粒性能显著下降，是困扰医药、食品、肥料、日化等领域的重点难题。结块（caking）可描述为原本具有良好流动性和分散性的粒子彼此聚结，形成不规则聚结体的过程，是聚结的一种表现形式[77]。整体上讲，由晶体粒子吸湿（水）导致的一系列结块行为可以反映大多数的结块现象，具体的结块行为可见图 5-16，基本可以划分为三个步骤：水分吸附、液桥形成和

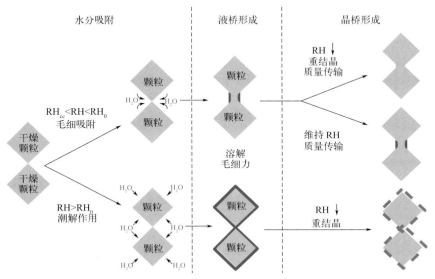

图5-16 不同条件下的结块过程
RH—环境相对湿度；RH_0—晶体的潮解临界湿度；RH_{cc}—产生毛细冷凝现象的临界湿度

晶桥形成。"聚结"这一概念同时包含有利和有害的过程[78]，而"结块"一词则专指一种有害的聚结过程，且这种过程发生在颗粒产品的后处理（过滤、洗涤、干燥）、堆积、运输、存储、销售等过程中。

二、晶体结块研究

（1）结块机理研究　Lowery 等从宏观角度定性总结了水溶性盐的常见结块成因，如：晶体表面的水分蒸发、机械压力、重结晶、转晶等。并提出了抑制结块的方法，如：避免水溶性杂质、提高晶体尺寸、避免研磨、动态干燥、保持低温低湿环境等。但由于早期实验结果的限制，他认为主动添加外来物质，即如今被定义为"抗结剂"的添加剂，不是一种有效的抗结块方式。此外，肥料结块被广泛关注。基于装袋法和拍照的宏观研究，"黏合相"被认为是结块的主要成因[79]。表面活性剂对结块行为的影响仍具有争议。虽然部分表面活性剂被证实有效，但也有案例显示很多表面活性剂对长期存储中发生的结块行为无抑制效果[80]。Tucker[80] 在研究磷酸铵肥料结块的报道中提出了一种较为可靠的实验室级结块研究范式——结块体制样+力学测试+显微结构表征。与此同时，抗结剂逐渐得到认可，并用于解决食品结块问题[81]。Rutland[82] 综述了肥料结块的机理、影响因素和抑制方法，强调了盐桥/晶桥（即固桥）是结块的关键成因。同时，该综述认为抗结剂是一种有效的防止结块的方法，并讨论了关于肥料抗结剂的种类、效果、筛选方法。

（2）结块模型开发　20 世纪 70 ～ 80 年代，"加速结块测试法"这一概念被提出。它基于 Tucker[80] 的结块研究范式，强调通过实验室级别的温湿循环、载荷调控来高效模拟工厂级的实际结块过程，从而提高研究的效率、准确性和经济性。Tanaka 提出了第一个预测结块强度的数学模型，并在之后的结块模型研究中被广泛采用。他将两个颗粒的结块简化为两个球形粒子在接触点形成液桥和固桥的过程。模型中主要考虑了液桥溶解度和晶体结构强度等因素。随后学者们大量报道了有关固桥/液桥形成因素、吸湿行为、结块强度、结块压缩性、潮解点降低现象等的研究，提出了吸湿和固桥/液桥形成的热力学和动力学模型，以及对抗结剂的研究[83]。同时，出现了少量模拟研究，Wahl[84] 采用接触动力学模型通过离散元方法模拟了二维结块体系中的颗粒负载情况，能够输出二维结块体系的接触力网络及其晶桥强度分布。

2019 年，本书著者团队[85] 提出一种晶体结块模拟方法，实现对晶体抗结块性能的定量预测。在充分考虑晶桥溶解和重结晶的传质现象后，提出了晶桥生长修正模型。通过监测 KCl 球形晶体的晶桥生长过程，验证了修正模型的精度，较文献模型的精度显著提高。并将离散元方法模拟晶体堆积与晶桥生长修正模型耦合，从而建立了基于时间域和空间域的非均匀晶桥网。同时，通过测定单位晶桥强度并定义震动强度常数，完成对临界晶桥强度的定义，从而判定晶桥网中结块体，最终实现了多方面的模拟输出，包括：结块强度分布、结块率和形态学分布。最后，本书著者团队在模拟中采用多球法构建了非球形状，提出了湿度匹配法和孔隙率匹配法对其中的关键参数——单元球数量进行合理设定，从而使模拟的颗粒特性与真实的颗粒特性相吻合。利用多桥模拟法完成了对 KCl 球形晶体尺寸和形状的定量设计，以满足高抗结块性能需求。

参考文献

[1] Mydlarz J, Jones A G. Crystallization and agglomeration kinetics during the batch drawing-out precipitation of potash alum with aqueous acetone[J]. Powder Technology, 1991, 65: 187-194.

[2] Alander E M, Rasmuson A C. Agglomeration and adhesion free energy of paracetamol crystals in organic solvents[J]. Aiche Journal, 2007, 53(10): 2590-2605.

[3] Zhang H, Chen Y, Wang J, et al. Investigation on the spherical crystallization process of cefotaxime sodium[J]. Industrial & Engineering Chemistry Research, 2010, 49(3): 1402-1411.

[4] Zhang H, Wang J, Chen Y, et al. Solubility of sodium cefotaxime in different solvents[J]. Journal of Chemical and Engineering Data, 2007, 52(3): 982-985.

[5] Katta J, Rasmuson A C. Spherical crystallization of benzoic acid[J]. International Journal of Pharmaceutics, 2008, 348(1/2): 61-69.

[6] Pena R, Jarmer D J, Burcham C L, et al. Further understanding of agglomeration mechanisms in spherical crystallization systems: Benzoic acid case study[J]. Crystal Growth & Design, 2019, 19(3): 1668-1679.

[7] Thati J, Rasmuson A C. Particle engineering of benzoic acid by spherical agglomeration[J]. European Journal of Pharmaceutical Sciences, 2012, 45(5): 657-667.

[8] Thati J, Rasmuson A C. On the mechanisms of formation of spherical agglomerates[J]. European Journal of Pharmaceutical Sciences, 2011, 42(4): 365-379.

[9] Orlewski P M, Ahn B, Mazzotti M. Tuning the particle sizes in spherical agglomeration[J]. Crystal Growth & Design, 2018, 18(10): 6257-6265.

[10] Kawashima Y, Okumura M, Takenaka H. Spherical crystallization: Direct spherical agglomeration of salicylic acid crystals during crystallization[J]. New York: Science, 1982, 216(4550): 1127-1128.

[11] Kawashima Y, Aoki S, Takenaka H, et al. Preparation of spherically agglomerated crystals of aminophylline[J]. Journal of Pharmaceutical Sciences, 1984, 73(10): 1407-1410.

[12] Kawashima Y, Handa T, Takeuchi H, et al. Crystal modification of phenytoin with polyethylene glycol for improving mechanical strength, dissolution rate and bioavailability by a spherical crystallization technique[J]. Chemical & Pharmaceutical Bulletin, 1986, 34(8): 3376-3383.

[13] Kawashima Y, Niwa T, Handa T, et al. Preparation of prolonged-release spherical micro-matrix of ibuprofen with acrylic polymer by the emulsion-solvent diffusion method for improving bioavailability[J]. Chemical & Pharmaceutical

Bulletin, 1989, 37(2): 425-429.

[14] Kawashima Y, Cui F, Takeuchi H, et al. Improved static compression behaviors and tablettabilities of spherically agglomerated crystals produced by the spherical crystallization technique with a two-solvent system[J]. Pharmaceutical Research, 1995, 12(7): 1040-1044.

[15] Imai M, Kamiya K, Hino T, et al. Development of agglomerated crystals of ascorbic acid for direct tableting by spherical crystallization technique and evaluation of their compactibilities[J]. Journal of the Society of Powder Technology, Japan, 2001, 38(3): 160-168.

[16] Kawashima Y. Development of spherical crystallization technique and its application to pharmaceutical systems[J]. Archives of Pharmacal Research, 1984, 7(2): 145-151.

[17] Pena R, Nagy Z K. Process intensification through continuous spherical crystallization using a two-stage mixed suspension mixed product removal (MSMPR) system[J]. Crystal Growth & Design, 2015, 15(9): 4225-4236.

[18] Pena R, Oliva J A, Burcham C L, et al. Process intensification through continuous spherical crystallization using an oscillatory flow baffled crystallizer[J]. Crystal Growth & Design, 2017, 17(9): 4776-4784.

[19] Pena R, Burcham C L, Jarmer D J, et al. Modeling and optimization of spherical agglomeration in suspension through a coupled population balance model[J]. Chemical Engineering Science, 2017, 167: 66-77.

[20] Pitt K, Pena R, Tew J D, et al. Particle design via spherical agglomeration: A critical review of controlling parameters, rate processes and modelling[J]. Powder Technology, 2018, 326: 327-343.

[21] Chen M, Liu X, Yu C, et al. Strategy of selecting solvent systems for spherical agglomeration by the Lifshitz-van der Waals acid-base approach[J]. Chemical Engineering Science, 2020, 220: 115613.

[22] Yu C, Yao M, Ma Y, et al. Design of the spherical agglomerate size in crystallization by developing a two-step bridging mechanism and the model[J]. AIChE Journal, 2022, 68(2): 17526.

[23] Guo S, Feng S, Yu C, et al. Sustainable preparation of spherical amphoteric organics:Isoelectric point-spherical agglomeration technology[J]. Powder Technology, 2022, 407: 117645.

[24] Guo S, Feng S, Yu C, et al. Design of spherical agglomerates via crystallization with a non-toxic bridging liquid: From mechanism to application[J]. Powder Technology, 2022, 408: 117725.

[25] 杨景翔. 有机小分子的球晶形成机理及其应用研究 [D]. 天津：天津大学，2017.

[26] Shtukenberg A G, Punin Y O, Gunn E, et al. Spherulites[J]. Chemical Reviews, 2012, 112(3): 1805-1838.

[27] Imai H. Self-organized formation of hierarchical structures[J]. Topics Incurrent Chemistry, 2007, 270(1): 43-72.

[28] Imai H. Mesostructured crystals: Growth processes and features[J]. Progress in Crystal Growth & Characterization of Materials, 2016, 62(2): 212-226.

[29] Gránásy L, Pusztai T, Tegze G, et al. Growth and form of spherulites[J]. Physical Review E, 2005, 72(1): 011605.

[30] Punin Y O, Artamonova O I. Autodeformation bending of gypsum crystals grown under the conditions of counterdiffusion[J]. Crystallography Reports, 2001, 46(1): 138-143.

[31] Punin Y O. Structural and orientational instability of crystals during their growth[J]. Journal of Structural Chemistry, 1994, 35(5): 616-624.

[32] Talbot W H F. III. On the optical phenomena of certain crystals[J]. Philosophical Transactions of Royal Society, 1837, 127: 25-27.

[33] Brewster D. XLIII.-On circular crystals[J]. Transactions of the Royal Society of Edinburgh, 1853, 20(4): 607-623.

[34] Keith H D, Padden F J. A phenomenological theory of spherulitic crystallization[J]. Journal of Applied Physics, 1963, 34(8): 2409-2421.

[35] Punin Y O. Cleavage of crystals (minerals)[J]. Zapiski Vsesoyuznogo Mineralogicheskogo Obshchestva, 1981, 110(6): 666-686.

[36] Gránásy L, Pusztai T, Warren J A. Modelling polycrystalline solidification using phase field theory[J]. Journal of Physics-Condensed Matter, 2004, 16(41): 1205-1235.

[37] Andreassen J P. Formation mechanism and morphology in precipitation of vaterite -nano aggregation or crystal growth?[J]. Journal of Crystal Growth, 2005, 274(1/2): 256-264.

[38] Beck R, Flaten E, Andreassen J P. Influence of crystallization conditions on the growth of polycrystalline particles[J]. Chemical Engineering & Technology, 2011, 34(4): 631-638.

[39] Yang J, Wang Y, Hao H, et al. Spherulitic crystallization of L-tryptophan: Characterization, growth kinetics, and mechanism[J]. Crystal Growth & Design, 2015, 15(10): 5124-5132.

[40] Wang Y, Du S, Wang X, et al. Spherulitic growth and morphology control of lithium carbonate: The stepwise evolution of core-shell structures[J]. Powder Technology, 2019, 355: 617-628.

[41] Yang J, Cui Y, Chen M, et al. Transformation between two types of spherulitic growth: Tuning the morphology of spherulitic nitroguanidine in a gelatin solution[J]. Industrial & Engineering Chemistry Research, 2020, 59(48): 21167-21176.

[42] Li W, Yang J, Du S, et al. Preparation and formation mechanism of L-valine spherulites via evaporation crystallization[J]. Industrial & Engineering Chemistry Research, 2021, 60(16): 6048-6058.

[43] Wan X, Wu S, Wang Y, et al. The formation mechanism of hollow spherulites and molecular conformation of curcumin and solvate[J]. Crystengcomm, 2020, 22(48): 8405-8411.

[44] Yang W, Xiong L, Zhang M, et al. Crystallization of sodium percarbonate from aqueous solution: Basic principles of spherulite product design[J]. Industrial & Engineering Chemistry Research, 2019, 58(14): 5715-5724.

[45] Yang J, Hu C T, Shtukenberg A G, et al. L-malic acid crystallization: Polymorphism, semi-spherulites, twisting, and polarity[J]. Crystengcomm, 2018, 20(10): 1383-1389.

[46] Liu Y, Yan H, Yang J, et al. Particle design of the metastable form of clopidogrel hydrogen sulfate by building spherulitic growth operating spaces in binary solvent systems[J]. Powder Technology, 2021, 386: 70-80.

[47] Chen M, Du S, Zhang T, et al. Spherical crystallization and the mechanism of clopidogrel hydrogen sulfate[J]. Chemical Engineering & Technology, 2018, 41(6): 1259-1265.

[48] Sun M, Du S, Chen M, et al. Oiling-out investigation and morphology control of beta-alanine based on ternary phase diagrams[J]. Crystal Growth & Design, 2018, 18(2): 818-826.

[49] Meng Z, Huang Y, Cheng S, et al. Investigation of oiling-out phenomenon of small organic molecules in crystallization processes: A review[J]. Chemistryselect, 2020, 5(26): 7855-7866.

[50] Sidgwick N V, Ewbank E K. The influence of position on the solubilities of the substituted benzoic acids[J]. Journal of the Chemical Society, 1921, 119: 979-1001.

[51] Davey R J, Schroeder S L M, Ter Horst J H. Nucleation of organic crystals—a molecular perspective[J]. Angewandte Chemie-International Edition, 2013, 52(8): 2166-2179.

[52] Vekilov P G. Dense liquid precursor for the nucleation of ordered solid phases from solution[J]. Crystal Growth & Design, 2004, 4(4): 671-685.

[53] Galkin O, Vekilov P G. Control of protein crystal nucleation around the metastable liquid-liquid phase boundary[J]. Proceedings of the National Academy of Sciences of the United States of America, 2000, 97(12): 6277-6281.

[54] Veesler S, Lafferrere L, Garcia E, et al. Phase transitions in supersaturated drug solution[J]. Organic Process Research & Development, 2003, 7(6): 983-989.

[55] Lafferrere L, Hoff C, Veesler S. Study of liquid-liquid demixing from drug solution[J]. Journal of Crystal

Growth, 2004, 269(2/3/4): 550-557.

[56] Gao Z, Altimimi F, Gong J, et al. Ultrasonic irradiation and seeding to prevent metastable liquid-liquid phase separation and intensify crystallization[J]. Crystal Growth & Design, 2018, 18(4): 2628-2635.

[57] Li X, Yin Q X, Zhang M J, et al. Process design for antisolvent crystallization of erythromycin ethylsuccinate in oiling-out system[J]. Industrial & Engineering Chemistry Research, 2016,55(27):7484-7492.

[58] Xu S, Zhang H, Qiao B, et al. Review of liquid-liquid phase separation in crystallization: From fundamentals to application[J]. Crystal Growth & Design, 2021, 21(12): 7306-7325.

[59] Sun M, Tang W, Du S, et al. Understanding the roles of oiling-out on crystallization of beta-alanine: Unusual behavior in metastable zone width and surface nucleation during growth stage[J]. Crystal Growth & Design, 2018, 18(11): 6885-6890.

[60] Sun M, Du S, Yang J, et al. Understanding the effects of upstream impurities on the oiling-out and crystallization of gamma-aminobutyric acid[J]. Organic Process Research & Development, 2020, 24(3): 398-404.

[61] Li K, Wu S, Xu S, et al. Oiling out and polymorphism control of pyraclostrobin in cooling crystallization[J]. Industrial & Engineering Chemistry Research, 2016, 55(44): 11631-11637.

[62] Sun M, Du S, Tang W, et al. Design of spherical crystallization for drugs based on thermal-induced liquid-liquid phase separation: Case studies of water-insoluble drugs[J]. Industrial & Engineering Chemistry Research, 2019, 58(44): 20401-20411.

[63] Ma Y, Sun M, Liu Y, et al. Design of spherical crystallization of active pharmaceutical ingredients via a highly efficient strategy: From screening to preparation[J]. Acs Sustainable Chemistry & Engineering, 2021, 9(27): 9018-9032.

[64] Sun M, Liu Y, Yan H, et al. Highly-efficient production of spherical co-agglomerates of drugs via an organic solvent-free process and a mechanism study[J]. Green Chemistry, 2021, 23(7): 2710-2721.

[65] Liu Y, Ma Y, Yu C, et al. Spherical agglomeration of high melting point drugs in water at low temperature by developing a two-step oiling-out mechanism and the design strategy[J]. Green Chemistry, 2022, 24(15): 5779-5791.

[66] 余畅游，何兵兵，刘岩博，等．制造球形粒子的晶体聚结方法 [J]．化工学报，2020, 71(11): 4903-4917.

[67] 陈明洋．球形晶体设计：制备策略与抗结块性能预测 [D]．天津：天津大学，2020.

[68] Wu H, Wang J, Xiao Y, et al. Manipulation of crystal morphology of zoxamide based on phase diagram and crystal structure analysis[J]. Crystal Growth & Design, 2018, 18(10): 5790-5799.

[69] Zhou Y, Wang J, Wang T, et al. Self-assembly of monodispersed carnosine spherical crystals in a reverse antisolvent crystallization process[J]. Crystal Growth & Design, 2019, 19(5): 2695-2705.

[70] Simone E, Szilagyi B, Nagy Z K. Systematic model identification and optimization-based active polymorphic control of crystallization processes[J]. Chemical Engineering Science, 2017, 174: 374-386.

[71] Derdour L, Skliar D. A review of the effect of multiple conformers on crystallization from solution and strategies for crystallizing slow inter-converting conformers[J]. Chemical Engineering Science, 2014, 106: 275-292.

[72] Variankaval N, Cote A S, Doherty M F. From form to function: Crystallization of active pharmaceutical ingredients[J]. Aiche Journal, 2008, 54(7): 1682-1688.

[73] Idroas M, Najib S M, Ibrahim M N. Imaging particles in solid/air flows using an optical tomography system based on complementary metal oxide semiconductor area image sensors[J]. Sensors and Actuators B-Chemical, 2015, 220: 75-80.

[74] Jin S, Chen M, Li Z, et al. Design and mechanism of the formation of spherical KCl particles using cooling crystallization without additives[J]. Powder Technology, 2018, 329: 455-462.

[75] Kumar R, Soni P, Siril P F. Engineering the morphology and particle size of high energetic compounds using

drop-by-drop and drop-to-drop solvent-antisolvent interaction methods[J]. Acs Omega, 2019, 4(3): 5424-5433.

[76] Chen H, Li L, Jin S, et al. Effects of additives on epsilon-HNIW crystal morphology and impact sensitivity[J]. Propellants Explosives Pyrotechnics, 2012, 37(1): 77-82.

[77] Freeman T, Brockbank K, Armstrong B. Measurement and quantification of caking in powders[C]. 7th World Congress on Particle Technology (WCPT), 2014: 35-44.

[78] Palzer S. The effect of glass transition on the desired and undesired agglomeration of amorphous food powders[J]. Chemical Engineering Science, 2005, 60(14): 3959-3968.

[79] Chen M, Wu S, Xu S, et al. Caking of crystals: Characterization, mechanisms and prevention[J]. Powder Technology, 2018, 337: 51-67.

[80] Tucker W J. Surfactants in fertilizers, effects of surface active agents on caking of stored mixed fertilizer[J]. Journal of Agricultural and Food Chemistry, 1955, 3(8): 669-672.

[81] Peleg Y, Mannheim C H. Caking of onion powder[J]. Journal of Food Technology, 1969, 4(2): 157-160.

[82] Rutland D W. Fertilizer caking: Mechanisms, influential factors, and methods of prevention[J]. Fertilizer Research, 1991, 30(1): 99-114.

[83] Chen M, Zhang D, Dong W, et al. Amorphous and humidity caking: A review[J]. Chinese Journal of Chemical Engineering, 2019, 27(6): 1429-1438.

[84] Wahl M, Broecke U, Brendel L, et al. Understanding powder caking: Predicting caking strength from individual particle contacts[J]. Powder Technology, 2008, 188(2): 147-152.

[85] Chen M, Yu C, Yao M, et al. The time and location dependent prediction of crystal caking by a modified crystal bridge growth model and DEM simulation considering particle size and shape[J]. Chemical Engineering Science, 2020, 214: 115419.

第六章
工业结晶过程分析与控制

结晶过程控制的核心是通过调控结晶过程的各种工艺操作参数，调控结晶溶液的物理化学环境条件（包括过饱和度），进而对结晶成核与生长行为进行调控，最终实现对结晶产品晶体形态的控制。为了达到此目的，学者们首先对结晶成核与机理进行了大量的研究，主要集中在溶质、溶剂和添加剂之间的相互作用，溶质分子如何自组装成不同的晶型以及成核机理和动力学。为了在结晶过程中得到所需的形状和粒度，大量文献也报道了晶体生长过程及其可能的机理研究。基于模拟和实验技术，目前有大量的工作研究晶体生长过程和形状控制。在过去的20年，溶液结晶过程控制的工业应用和学术研究取得了重大进展，这主要是由工业要求和过程分析技术（process analysis technology, PAT）的发展推动的。PAT是一个跨学科不断发展的领域，包括一套控制原理和过程监控设备，以增强对制造过程的理解和控制。

第一节
工业结晶过程分析技术概述

结晶过程控制的实质是协调成核与生长之间的竞争，尽管目前研究者们投入大量精力试图通过关注溶质、溶剂和外部添加剂之间的定性和定量相互作用，以及溶质分子的自组装行为确定成核路径和成核、生长动力学，但仍无法完全理解和掌握溶液结晶涉及的全部成核机制和生长机理[1-10]。

PAT于2004年由美国食品药品监督管理局提出，通过对工艺参数的及时监控、分析和控制，确保最终产品的质量。PAT是多学科交叉不断发展的新领域，其利用化学计量学、化学工程、过程分析、过程自动化和控制以及知识和风险管理构建出一套设计控制原则和工具包，以实现对制造过程的理解和控制。PAT的广泛应用对实现质量源于设计理念和先进结晶控制方法起到关键性作用。

PAT的应用是实现质量源于设计（quality by design，QbD）和质量源于控制（quality by control, QbC）理念以及先进结晶控制方法的关键驱动力。制药行业生产原则与指导方针从"质量依赖检验（quality by test，QbT）"发展到"QbD"，过程效率和产品质量不断提高。随着智能制造工业时代的进程，"QbC"的制造理念应运而生，基于模拟预测手段以及过程在线定量分析与控制，设计自动化、连续化的药物制造过程，可实现对目标产品质量更精准的控制。

在工业结晶过程中，晶体产品质量与过程效率与结晶系统中的溶剂、过饱度、杂质、添加剂、混合条件、操作方式和体积等关键过程参数（critical process parameters, CPP）相关。同时，结晶过程中单个或多个 CPP 耦合会使过程复杂且难以控制[11-14]。在过去的 20 年中，受工业需求的驱动，工业界和学术界基于 PAT 的溶液结晶过程控制已经取得了重大进展[15]。PAT 可以同时监测、收集结晶过程中多种参数信息（浓度、温度、晶型、晶习和粒度等），并且可以基于相关溶液和晶体信息，调控结晶 CPP 得到目标产物。

第二节
工业结晶过程分析技术分类

近年来，实现过程先进控制的基础——PAT 工具不断被开发，主要包括衰减全反射傅里叶变换红外光谱（ATR-FTIR）、衰减全反射紫外 / 可见光谱（ATR-UV/Vis）、聚焦光束反射测量（FBRM）、拉曼光谱（Raman spectrum）和粒子视觉与测量（PVM）等。这些原位监测工具应用于生产过程的监测和控制，提高了数据质量与监测灵活性，同时保证了过程的可靠性[16-20]。并且在线分析仪器也在不断革新，出现了用于苛刻的结晶环境到无菌过程的 pH 电极 /ORP（氧化还原）电极，在线溶解氧、二氧化碳和臭氧传感器，用于测量化学制药过程的电导率传感器和电阻率传感器，提供生物制药过程中微生物污染瞬时检测的 TOC（总有机碳）分析仪，用于气相氧的电化学传感器，检测生物质生长和结晶的浊度仪，检测痕量级离子浓度的氯离子和硫酸根分析仪、钠分析仪、硅分析仪等。

不同的 PAT 工具可以监测结晶过程中的不同信息，主要分为实时监测固体信息（多晶型、粒子数量、粒径和形状等）和液体信息（浓度和温度等）两类，但也存在将多种分析工具联用，实现结晶信息的耦合。原位技术可以实时对结晶过程中的固体信息和液体信息进行处理，并且在科学研究和工业生产中已得到应用。基于 PAT 工具监测的信息可以对结晶过程的成核、生长、破碎、聚结、形状演变、多晶型转化以及油析进行研究。

一、基于溶液信息的过程分析技术

ATR-FTIR 可以实时测量溶液浓度的变化，此过程需要建立浓度校正模型，即将光谱强度和温度与溶液浓度进行关联。为了保证溶液浓度测量的准确性需要精确扣除溶剂背景，此外实验条件对浓度校正模型存在较大影响。ATR-UV/Vis 是由价电子跃迁产生吸收的分子光谱，与 ATR-FTIR 一样可以实时监测溶液中浓度的变化。其中 IR 光谱（红外光谱）主要记录含氢基团（C—H、O—H、N—H 等）的倍频和合频吸收峰，往往用于反映待测物的整体信息，可用于定性定量分析。光谱监测过程高效无损，应用范围广，环境友好，污染小。在药物精制过程中主要用于结晶度、晶型、晶体粒度的监测和调控。

下面分别对用于结晶过程溶液浓度信息监测的 ATR-FTIR 和 ATR-UV/Vis 两种在线分析设备进行简单介绍。

衰减全反射傅里叶变换红外光谱（ATR-FTIR）：ATR-FTIR 主要通过监测样品吸收光学致晶体反射出的红外衰减波信号，并将该信号转化为红外光谱图，从而实现对样品表层化学成分结构信息的表征。其可根据不同组分的特征吸收峰，对溶液中样品实现定性和定量分析。ATR-FTIR 技术在溶液实时在线表征中具有明显优势：①与普通红外光谱相比较，制样简单，几乎无需对样品进行特殊处理；②监测高效灵敏，监测点可达数微米；③原位监测，实时跟踪；④环境友好，污染小。当 ATR-FTIR 与流动化学联用时，可以实现对化学反应的快速分析、优化和放大生产。研究人员可通过连续实时分析监测稳态条件，排除工艺中的故障和识别反应性中间体。当使用 ATR-FTIR 分析流动化学时，特定物质的每一个官能团具有一个独特指纹，通过不断跟踪其趋势可连续测量组分浓度或工艺条件。通过这种方式，可对达到和保持稳定状态所需的时间和条件进行跟踪。

衰减全反射紫外/可见光谱（ATR-UV/Vis）：ATR-UV/Vis 是由价电子跃迁产生的一种电子光谱，该技术通过检测物质对紫外/可见光的吸收程度，可得出该物质的组成、含量以及结构信息，其获取信息便捷且精确。由于大多数药物活性成分具有紫外吸收，所以 ATR-UV/Vis 的适用范围很广泛，可在药物的结晶精制过程中同时实现对晶体成核、多晶型的转变与过饱和度变化的原位监测。

在结晶过程中基于 ATR-FTIR 或者 ATR-UV/Vis 测量溶液浓度信息，可以通过控制过饱和度的变化，从而控制结晶过程中的成核和生长，进而控制最终的产品。Kee[21] 等基于在线红外光谱进行过饱和度控制，实现 L- 谷氨酸结晶过程中亚稳晶型的制备。在结晶过程的初始阶段，当过饱和度达到设定值，加入目标晶型 α 的晶种，通过维持恒定的过饱和度，实验所得产物中几乎没有稳定的晶型 β。结晶过程中控制二次成核是实现晶型控制的有效方法，目标晶型为转晶速率较慢的介稳晶型，也可以通过控制过饱和度得到目标晶型，即加入亚稳晶型晶种后控制过饱和度抑制成核，促进晶种生长。结晶过程相图与产品如图 6-1 所示。

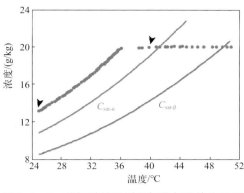

图6-1　L-谷氨酸结晶过程相图与最终产品图

二、基于固体信息的过程分析技术

通过 PAT 工具，可以实时监测溶液中固体信息，如粒子数量、多晶型、晶体形貌以及粒度等。即可以通过 FBRM 实时监测溶液中颗粒数量及其平均弦长分布，可以通过 PVM 观察晶体形貌和大小，以及采用在线 Raman 光谱实时测量产品晶型转化。下面分别进行简单介绍。

聚焦光束反射测量（FBRM）技术：FBRM 是一种基于探针监测的高效准确的在线分析技术。其通过测定激光束在与粒子接触前后光的反射时长，测定出粒子的弦长分布，从而确定粒子粒度，并通过反射数量确定晶体数量。在制药领域，药物产品粒度分布直接影响了药品的堆密度、流动性，进而影响之后的造粒和制剂过程。采用 FBRM 进行原位实时粒度监测可以更好地理解晶体生长及粒度的变化，为制备符合粒度要求的产品提供直观和清晰的指导。

粒子视觉与测量（PVM）技术：PVM 是一种基于探针的高分辨率原位视频显微镜。其可提供粒子基本形态的实时可视化信息，如晶体形状和大小等，一般与 FBRM 联用。此外，它也可以鉴定结晶过程中的一系列现象即成核、生长、晶型转变、结块、破碎和油析等。通过测定结果对结晶精制过程参数进行合理调节制备出符合要求的药物产品。

拉曼光谱（Raman spectrum）：Raman 光谱属于一种散射光谱，主要用于研究晶格和分子的振动模式、转动模式以及在某一系统中的其他低频模式。目前最多的是采用 Raman 光谱测量固体晶型信息，Raman 光谱与 IR 光谱在分子结构分析上的互补性也是其获得广泛应用的原因之一。在药品精制过程中，在线拉曼光谱技术可以监测晶型转变过程，可对晶型转变的起点和终点进行判别，并获取晶型转变动力学信息，从而有助于更深层次地理解该晶型的转变工艺。在线拉曼光谱技术还可对结晶过程中晶体和溶液进行同时监测，用以定性和定量跟踪溶液浓度和固相晶型产品浓度的变化趋势，得到析晶趋势图，从而可以直观判断析晶点、析晶速率和析晶平衡等数据。此外，还可建立定量标准模型，得到体系的实时过饱和度数据，直接从源头控制结晶过程，尤其适用于多晶型的工艺开发，达到直观快速地优化工艺参数的目的。

除了上述广泛使用的监测方法之外，在线分析技术还包括电导率测量、折射率测量、浊度测量和声学光谱[22-33] 等。需要根据产品体系和实际情况确定不同的分析策略。然而，这些在线分析工具在应用中仍存在一些不可忽视的局限性。从理论上讲，光源的强度、探测器的灵敏度、分析仪器（如单色仪、探针、光纤）的传光函数以及截面限制了许多分析物的检测极限。例如，在线近红外光谱分析方法显示出可靠性低和对最终产品水分含量敏感性高的局限性。FBRM 是用于检测弦长的重要在线分析工具，然而，与其他粒径测量工具（如单频超声技术、三维光学反射率测量）相比，药物颗粒的可测量浓度受到严格限制，药物颗粒的形状也会影响测量结果的准确性。此外，随着晶浆密度的增大，侵入式探头易结垢也是导致探针类在线监测手段失败的重要原因。

不同晶型之间分子构象或堆积方式的不同导致多晶型之间会存在表观溶解度和溶解速率的差异。对不同晶型的溶解热力学的测定，可为确定目标晶型的最优制备条件以及最佳存储条件提供指导，也是互变多晶型体系中确定转晶温度点最可靠的手段。但是在许多情况下，传统的静态法或者动态法在多晶型的溶解度测定中是不适用的。例如，对介稳晶型溶解度数据的测定，如果采用静态法，因其耗时比较长，测量过程中很可能会发生转晶，从而导致无法准确获得介稳晶型的溶解度。而联用在线分析仪器比如 FBRM 和 Raman 光谱却可以很好地解决这个问题：一方面利用 FBRM 信号检测溶解饱和点，另一方面借助 Raman 光谱实时监测固相晶型，确保测定过程没有发生转晶现象，以保证测量数据的准确性和可靠性。本书著作团队采用 Raman 光谱辅助质量法，成功测定了 D- 甘露醇的介稳晶型 α 和晶型 δ 的溶解度。测量过程中采用在线 Raman 光谱实时检测固相的晶型，监测到介稳晶型的转晶点处即刻取样进行溶解度的测定，从而得到介稳晶型的溶解度曲线。Raman 光谱辅助质量法测定介稳晶型溶解度避免了测量过程中介稳晶型向稳定晶型的转变，可以准确得到介稳晶型的溶解度数据，其工作原理如图 6-2 所示。

三、基于溶液和固体信息联用的过程分析技术

结晶过程涉及信息较多，往往需要对溶液信息和固体信息进行同时监测和控制，结晶过程主要受到溶液环境的影响，最终的产品又是以固体形态产生，因此需要对溶液和固体同时监测。

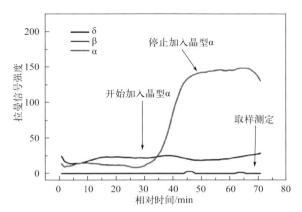

图6-2 20℃下在线Raman光谱测定的D-甘露醇晶型α在水中的溶解度

本书著者团队[34]利用在线分析仪器 ATR-FTIR 和 FBRM 研究了硫酸氢氯吡格雷（CHS）在九种纯溶剂中的反应结晶和多晶型现象。结果表明，CHS 在溶解度较高的溶剂中倾向于获得热力学稳定的多晶型，溶剂的氢键供体能力是决定溶剂对 CHS 溶解度和多晶型形成的关键因素。采用 ATR-FTIR 和 FBRM 在线监测 CHS 在不同过饱和度下于 2- 丙醇和 2- 丁醇中的反应结晶（图6-3），结果表明，成核诱导期是 CHS 的动力学决定阶段，过饱和度是决定 CHS 多晶型形成的直接因素：过饱和度 S 在 18 以下时形成晶型Ⅱ，S 在 21 以上时形成晶型Ⅰ。

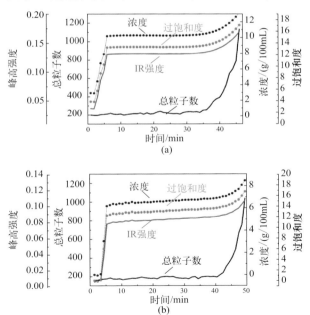

图6-3 ATR-FTIR及FBRM联用监测硫酸氢氯吡格雷在2-丙醇（a）和2-丁醇（b）中的多晶型

第三节
基于模型的反馈控制策略在工业结晶过程中的应用

在 20 世纪 70 年代，对结晶过程程序冷却设计的研究证明了基于模型的控制方法具有可控的产品质量的优势 [35,36]。此后，学术界和化工企业开始不断尝试通过建模和控制实现对结晶系统的优化。基于模型控制策略的最大优势是在帮助研究者们理解结晶过程的基础上，实现无需大量实验研究即可计算出最佳操作路径，并通过建模和模拟工作来预测可能性，因此通常基于模型控制比通过大量实验更容易寻找到目标工艺指标的最优操作方案。但同时，由于成核、生长机理普遍复杂且晶体产品通常对工艺参数和杂质敏感，研究者往往需要投入大量精力建立精确的动力学模型。此外，实际目标（例如溶出速率、片剂稳定性、纯度、过滤性）以及溶液热力学和动力学的巨大差异会增加结晶建模的难度，进而导致无法控制过程以达到预测目标 [37-39]。因此建立可靠的粒数衡算方程（population balance equation, PBE）对于基于模型的控制至关重要。

PBE 是 Randolph 和 Larson 基于结晶过程中维持稳定质量提出的常用模型，通常有以下形式 [40]。

欧拉公式：

$$\frac{\partial n}{\partial t} + \nabla \cdot v_i n + n \frac{\mathrm{d}(\lg V)}{\mathrm{d}t} = B - D - \sum_k \frac{Q_k n_k}{V} \qquad (6\text{-}1)$$

拉格朗日公式：

$$\frac{\partial n}{\partial t} + \nabla \cdot (v_e n) + \nabla \cdot (v_i n) = B - D \qquad (6\text{-}2)$$

式中　　n——联合可能性密度函数；

　　　　t——时间；

　　　　v_e——外部速度矢量；

　　　　v_i——内部速度矢量，其分布在内部坐标 L 和外部坐标 x 处；

　　　　B——包含成核和破裂的晶体生成项；

　　　　D——包括团聚和溶解；

　　　　V——结晶器体积；

　　$Q_k n_k$——体积流入 / 流出量与流入 / 流出量的密度相乘的数学结果。

自 20 世纪 80 年代以来，PBE 在间歇和连续过程溶液结晶的建模中得到了广泛的研究。由于连续过程的稳态条件，PBE 可以在一定程度上进行数学简化。

Vetter 等对 PBE 在间歇和连续结晶中开展了系统化的研究，在介绍结晶过程的概念设计的基础上，构建了产品特性的可变范围、多样化的结晶器设备和描述它们的自变量之间的联系。实际上，相当多的研究人员倾向于关注模型本身的性能。Su 等提出了对乙酰氨基酚在多段活塞流结晶器中结晶的成核和生长的第一性原理动力学和动力学模型。他们发现，通过模拟确定的开环优化技术的实施，可以明显压缩启动持续时间。他们还优化了抗溶剂添加位置以获得所需的粒度分布。同年，他们逐步将浓度控制策略从间歇结晶扩展到连续 MSMPR（混合悬浮混合排料）结晶器，将 PBE 与质量平衡方程结合使用，为传统的间歇结晶转化为连续模式提供了严格而通用的数学模型 [41-46]。

PBE 通常与一系列动力学模型耦合，以模拟连续结晶中的可变浓度。尤其适用于一些单一的粒子平衡方程无法实现成熟控制系统的开环最优控制情况 [47,48]。Majumder 等 [49] 采用分段功率因数校正以对应加热和冷却部分。晶体生长和溶解对整体过饱和的贡献由结晶动力学模型确定。基于模型的最佳温度曲线几乎可以完全去除细粉。PBE 的一部分与反应动力学方程耦合，氨基酸是一个很好的代表，因为它在溶液中以不同离子种类独立地响应 pH 值。Su 等 [50] 开发了一种数学模型来预测 L- 谷氨酸的多晶型成核。根据影响非理想溶液性质的质子化、去质子化和形成的因素，研究了多晶型的结晶机制。Cogoni 等优化了功率因数校正设计，通过功率因数校正将母液循环，从而改善了当前合成产率低的情况。种群平衡模型有助于预测和改进合成体积、颗粒平均尺寸、工艺产量，它还促进了工业规模的实际应用。值得强调的是，在结晶过程中实施了一种更先进的基于模型的方法，称为模型预测控制，用于反复求解开环优化。Moraes 等 [51] 应用模型预测控制方法来实现 MSMPR 多元蒸发器的控制策略过程。据报道，非线性模型预测控制可以处理高复杂性和非线性系统，且似乎比普通的开环控制策略更稳健。

基于模型的控制策略主要包括以下几部分：①描述结晶过程和产品指标的高精度数学模型，例如粒数衡算方程、质量和能量守恒方程、结晶动力学模型和流体力学模型等 [52]；②用于实时监测数学模型与实际过程是否产生较大偏差的动态监测器，这是模型预测控制方案能否实现强鲁棒性（反映控制系统抗干扰能力的参数）和无偏移控制的关键组成部分 [53]；③用于确定最佳操作轨迹以实现用尽可能低的成本达到过程所需状态的动态优化器，优化器的效率和鲁棒性在控制系统的设计中起着重要作用 [54]。

尽管基于模型的控制策略在减小实验量和强化过程理解等方面具有一定的优势，并能耦合流体力学考察混合状况带来的影响，但仍存在一些问题限制了其应用：①模型中并未对晶种的具体特征进行详细考虑，但是往往这些晶种的质量也会对结晶过程和产品产生重要影响 [55]；②没有考虑动力学模型的不确定性和扰动带来的影响，这将大大降低基于模型的控制策略在实际应用中的精准程度 [56]；

③基于模型的控制策略并没有考虑到将结晶过程限制在介稳区内进行，这可能导致如爆发成核等不期望的过程发生[57]。

基于模型的控制策略要想实现更广泛的应用，在过程模型方面还需进行更深层次的研究：首先，基于模型的控制策略需要求解一系列的粒数衡算方程，开发高效的数值解法对实时模型预测控制至关重要；其次，如果进行晶体形貌的控制或考虑溶解过程，需要引入多维粒数衡算方程并进行求解；此外，将结晶过程中颗粒聚结和破碎等问题考虑到粒数衡算方程中可以更加贴近实际情况，能显著提高基于模型的控制策略的预测能力和鲁棒性。

一、粒度分布优化

通常期望由结晶得到粒度较大和分布较窄的产品，结晶过程主要受过饱和度控制，将结晶过程保持在亚稳区，从而促进晶种的生长，尽可能减少二次成核。在间歇结晶过程中，过饱和度传统上是通过结晶器或溶剂/反溶剂组合物的温度来控制的。对于冷却结晶过程的简单情况，通过在相图中将系统控制在所需的过饱和轨迹上，过饱和度控制（SSC）自动确定温度曲线。这种固有地促进晶体生长和抑制成核的操作通常显示出抛物线冷却曲线，从缓慢冷却开始，冷却速度逐渐增加，在间歇的初始部分，溶质在溶液中也较高。但通过常规的结晶实验摸索合适的过饱和度需要进行大量的实验，因此可以基于相关模型进行计算得到合适的过饱和度，避免大量实验。通过仿真模拟得到不同性能（粒度及粒度分布或纯度）的产品，模拟结晶过程控制的参数主要为温度和流量。

尽管前期研究者们报道了应用 SSC 可以提高产品性能（更大尺寸的晶体或高多晶型纯度）。然而，SSC 方法主要基于间歇冷却结晶过程的开发和应用，该框架在一些特定但经常遇到的情况下适用性有限，包括热敏材料的结晶或互变多晶型结晶系统。在间歇冷却结晶中，系统中通常加入溶剂和原料并升高温度直至完全溶解，然后根据开环或闭环控制策略降低温度。本书著者团队[58]基于这种传统的间歇式冷却 SSC 策略，提出了一种用于冷却结晶过程的新型半间歇式SSC 操作，将高温浓缩溶液送入低温浆液中，通过操纵进料流的流速来应用过饱和反馈控制。在该操作中，结晶温度保持在由所需产率确定的最低值。此外，还提出了另一种 SSC 模式，即将间歇和半间歇操作相结合。在这种方法中，在初始分批补料操作期间，结晶器温度保持在恒定值，这将控制结晶的初始阶段（成核和初始生长），然后可以进入冷却阶段以实现所需的最终收率。这两种控制策略都具有以下优点：在结晶过程中可以维持恒定的温度，并允许操作点处于较低的所需温度值，从而为热敏材料的多晶型控制或结晶提供了良好的策略。

仿真研究是基于粒数平衡方程的模拟和敏感性研究进行的。数值模拟的结果能够识别各种类型的结晶系统的最佳操作模式。在基于 PBE 的模拟工作中，使用 Simulink PID Controller 来实现不同 SSC 程序的仿真：T-SSC（温度 - 过饱和度控制）、F-SSC（流量 - 过饱和度控制）和组合 TF-SSC（温度流量 - 过饱和度控制）。图 6-4 显示了三种闭环控制方法（T-SSC、F-SSC 和 TF-SSC）的示意框图。仿真分析在 MATLAB -Simulink 系统中进行，可以评估不同过程或控制器参数对过程、控制性能和产品特性的影响。图 6-5 说明了在 MATLAB -Simulink 平台中针对不同 SSC 模式进行仿真的示意结果。

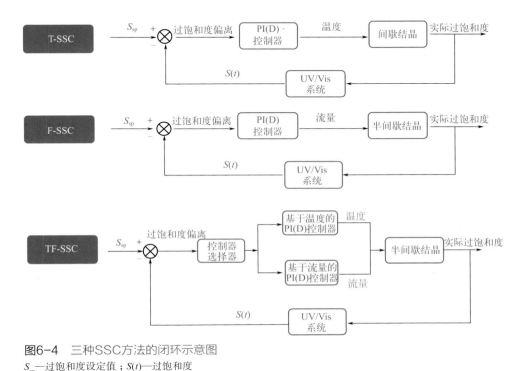

图6-4 三种SSC方法的闭环示意图

S_{sp}—过饱和度设定值；$S(t)$—过饱和度

平均晶体尺寸是工业结晶系统设计过程中考虑的重要参数之一。图 6-6 显示了阿司匹林在乙醇中冷却结晶三种控制系统中晶种量和晶种平均尺寸对结晶产品平均尺寸的影响。结果表明，采用三种控制系统（T-SSC、F-SSC 和 TF-SSC）得到的产品具有相同的平均粒径。这证实了不同控制策略主要影响结晶过程动态而不是系统的最终状态。结果还表明，通过增加晶种量，产品平均尺寸减小；增加晶种平均尺寸可以得到粒度更大的晶体产品。基于模型的仿真研究可以表明产品的某些性能如何随不同的操作参数而变化，从而为实验设计和工业应用提供帮助。此外，仿真结果还表明，使用不同的 SSC 方法，总成核晶体数是恒定的。

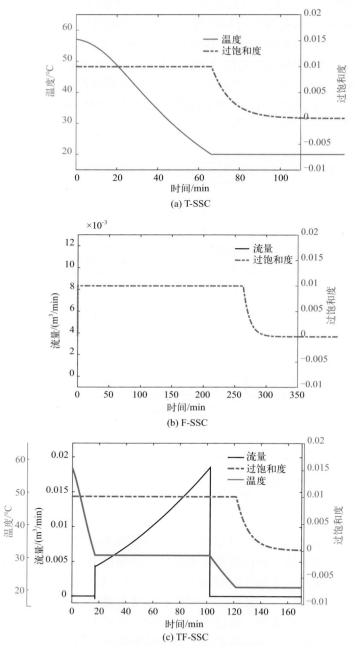

图6-5 三种不同SSC模式下模拟工艺参数随时间的变化趋势

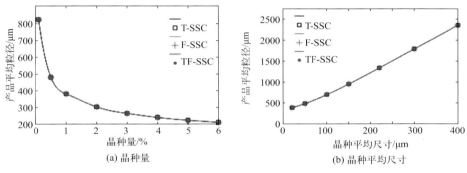

图6-6 通过改变不同工艺参数，三种控制系统的模拟产品平均粒径比较

新型半间歇与传统间歇 SSC 策略之间的主要区别在于，新型半间歇操作温度可以在进料过程中保持任意的恒定值，因为此阶段的过饱和度由进料流速控制。由于晶体的生长速率取决于过饱和度和温度，在相同的过饱和度条件下，不同的物质在间歇和半间歇模式下结晶可能因温度差异而呈现不同的粒度及粒度分布特征。由晶体生长速率方程可以说明活化能反映了晶体生长速率对温度的依赖性。本书著者团队[58]比较了具有负生长活化能的蛋白质结晶的不同 SSC 策略，由于蛋白质是热敏材料，为了保持蛋白质活性，通常需要在相对较窄的温度范围内操作，这使得新型半间歇 SSC 方法可能成为控制热敏性系统的重要方法。

二、纯度控制

间歇冷却策略被广泛用于药物结晶，并且优于溶析结晶，溶析结晶需要通过额外的溶剂来控制溶解度，使操作体积不断变化。此外，在一些情况下，多晶型稳定性强烈依赖于溶剂组成，这进一步增加了溶析结晶的限制。然而，间歇冷却 SSC 在某些特定的情况下适用性有限，例如热敏性材料的结晶。许多有机化合物在高温下因副反应（例如水解）而发生热降解，并且降解速率也随温度的升高而增大。对于这类化合物的间歇冷却 SSC，在高温阶段的降解是不可避免的，这会影响晶体的产品收率和纯度，并且降解产物还可以作为生长速率抑制剂，可能会进一步减缓结晶过程和增加退化程度。为了减轻典型冷却结晶的这种限制，同时保持间歇结晶的优势，本书著者团队[59]，提出了一种半间歇结晶的热敏性材料反馈控制策略。以阿司匹林作为模型系统，它在水以及高温下发生水解反应，生成的水杨酸作为杂质可以结合到晶格中。通过控制温度减少阿司匹林的分解，降低杂质含量。

间歇 SSC 和半间歇 SSC 的操作示意图分别如图 6-7（a）和图 6-7（b）所示。通常，在间歇冷却结晶过程（无进料）中，所有材料都装入结晶器并加热到完全溶解的高温，然后控制工作温度从高温降到低温，实时控制恒定的过饱和度。半间歇 SSC 是将高温浓缩溶液送入低温浆液中。在这种情况下，如图 6-7（d）和图 6-7（f）所示，结晶器温度固定在足够低的值，通过控制进料流的流量来应用 SSC，以使系统保持在介稳区内和减少成核作用。

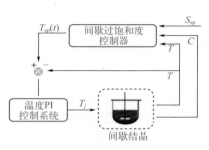

(a) 传统SSC用于间歇操作中的冷却结晶

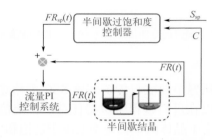

(b) 新SSC方法用于半间歇操作中的冷却结晶

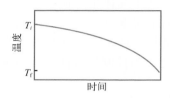

(c) 间歇SSC的时域温度曲线

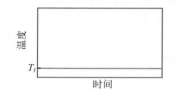

(d) 半间歇SSC的时域温度曲线

(e) 间歇SSC中的流量曲线(F=0)

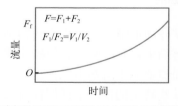

(f) 与半间歇SSC相对应的时域中组合进料流的流量曲线

图6-7 两种不同SSC程序的示意图

间歇结晶和半间歇结晶的仿真结果如图 6-8 所示。图 6-8(a) 显示了间歇 SSC 的温度和过饱和度曲线，半间歇 SSC 中的流量和过饱和度曲线如图 6-8(b) 所示。这些结果证明了两种操作之间的典型差异：在间歇模式下，通过控制结晶冷却速率将间歇过程中的过饱和度控制在设定值，而在半间歇模式下，通过控制进料在恒温下实现 SSC。半间歇 SSC 通过控制相对较低的温度，得到的产品中杂质浓度较低。

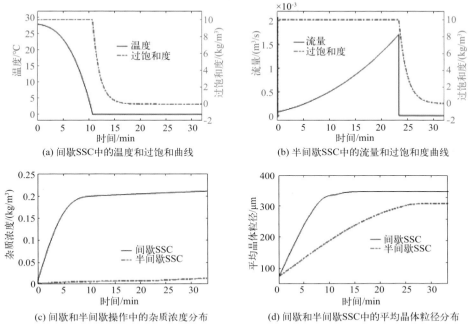

(a) 间歇SSC中的温度和过饱和曲线

(b) 半间歇SSC中的流量和过饱和度曲线

(c) 间歇和半间歇操作中的杂质浓度分布

(d) 间歇和半间歇SSC中的平均晶体粒径分布

图6-8 在系统经历热降解的情况下，由SSC控制的半间歇式和间歇式冷却结晶的比较

在过饱和度恒定的间歇和半间歇 SSC 实施中，比较了产品的操作时间、杂质浓度、晶体质量和平均晶体尺寸，如图 6-9 所示。通过提高终点温度，间歇和半间歇操作时间会缩短，半间歇 SSC 操作时间相对更久，并且变化明显。由图 6-9（b）可以看出，无论终点温度如何，在间歇 SSC 中，由产品热降解导致的杂质量总是高于半间歇 SSC。此外，当 SSC 终点温度较高时，即使在较高温度下操作时间较短，但平均降解率较高，这会导致间歇结束时的杂质浓度较高。如图 6-9（c）所示，提高终点温度会显著降低两种方案的收率。终点温度对产品平均晶体尺寸的影响，如图 6-9（d）所示，在低温下，半间歇 SSC 会产生较小的晶体，但在足够高的温度下（在此过程中高于 20℃），来自半间歇 SSC 的产品晶体的平均尺寸变得稍大。

无论终点温度如何，两种控制策略之间的杂质浓度和晶体质量差异都保持大致恒定。半间歇 SSC 产生的杂质更少，平均晶体尺寸更大，产率略高。基于这些结果，可以通过评估不同参数的相互作用灵活设计结晶过程，以满足操作时间和产品性能（如颗粒性能和纯度）的实际需求。

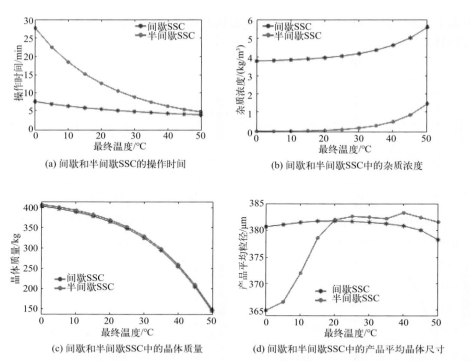

(a) 间歇和半间歇SSC的操作时间

(b) 间歇和半间歇SSC中的杂质浓度

(c) 间歇和半间歇SSC中的晶体质量

(d) 间歇和半间歇SSC中的产品平均晶体尺寸

图6-9　使用绝对过饱和设定点（10kg/m³）间歇或半间歇SSC获得的产品特性相对于最终温度的比较

第四节
基于无模型的反馈控制策略在工业结晶过程中的应用

　　在大多数工业溶液结晶系统中，传统的控制方法遵循简单的操作曲线，例如线性冷却速率、溶剂进料速率或蒸发速率，但这些控制策略往往无法满足多目标产品特性优化控制目标。PAT 传感器的开发及其测量精度的提高已逐渐应用于结晶领域，实现了对液相浓度、固相粒度、形貌和晶体形态等数据的精确测量，促使研究人员开发更完整的晶体过程控制策略。现代传感器技术和结晶过程模型的最新进展使更先进的控制策略得以更频繁地使用。

　　无模型控制方法是直接使用基于 PAT 的测量值来实现结晶过程控制。广义上讲，无模型控制方法包括开环控制和闭环 / 反馈控制方法。传统的开环控制方法，例如具有恒定冷却速率（或抗溶剂添加速率）的线性控制。本节主要讨论用于各种结晶系统的反馈控制策略的开发和应用，这可以代表无模型结晶控制方法以及基于 PAT 测量的主要进展。无模型反馈控制策略是一种基于设定点和实时测量值之间的差异的反馈控制策略，这些因素包括浓度、颗粒数和温度。该方法可以控制相图中的结晶过程或直接控制固相的性质，这是一种相对直观的控制方案。

无模型反馈控制策略包括过饱和度控制（supersaturation control，SSC）/浓度反馈控制（concentration feedback control，CFC）、直接成核控制（direct nucleation control，DNC）、基于图像分析的直接成核控制（image analysis based direct nucleation control，IA-DNC）、多晶型反馈控制（polymorphic feedback control，PFC）和质量计数（mass count，MC）框架等[60-64]。

基于 ATR-FTIR 和 ATR-UV/Vis 精确原位浓度测量方法的发展，开发的过饱和度控制（SSC）/浓度反馈控制（CFC）策略可以应用于实验室和工业规模的结晶操作。对于典型的间歇冷却或者半间歇溶析结晶，SSC 中的控制器根据实时测量的浓度、温度与溶解度数据计算当前溶液的过饱和度，并根据得到的过饱和度及时调整温度以保持目标过饱和度。该方法的优点在于可以通过在结晶相图中指定操作路径自动确定最佳运行轨迹。在结晶相图中，通常将期望结晶的操作路径控制在成核介稳区内，以避免非必要的成核。SSC 可以通过控制降温速率或者溶剂流加速率保持恒定的过饱和度，将操作路径控制在成核介稳区内。与非受控结晶相比，SSC 的主要优点是操作曲线可以直接保持在一个"稳健操作区"内，该操作区可以表示成核亚稳区或目标多晶成核/生长区。通过 SSC 可以避免不希望的成核和多晶型转变，并获得最佳结晶性能，而无须进行大量实验来研究工艺条件的影响机理。

DNC 策略基于这样一个理念，即系统中的粒子数越少，产品的粒度越大。通过对溶液中粒子数的实时监控，实现了对结晶过程的控制。DNC 方法是通过控制温度循环（或抗溶剂/溶剂交替添加）直接改善固体产物的晶粒度分布（CSD），该循环允许反复穿过结晶亚稳区边界。FBRM 测量的每秒晶体计数保持为设定值，然后可通过连续溶解（通过加热或添加溶剂）和产生过饱和度（通过冷却或添加抗溶剂）控制。

随着图像处理技术的迅速普及，IA-DNC 是在 PVM 的基础上发展起来的，即对 PVM 采集到的图像进行实时处理，提取 IA-DNC 的粒径、形状和相对粒子数等信息进行粒子分析。当 FBRM 被用于高长径比晶体的结晶监测时，会导致粒子数量统计不准确。IA-DNC 的主要优点是粒子数的测量完全不受晶体形状的影响，是成核或溶解的真实反映。IA-DNC 也有一定的局限性，晶浆浓度过高会导致晶体重叠，从而降低捕获单晶的机会。当团聚体中的颗粒尺寸低于物体可检测尺寸的极限时，PVM 将无法检测这些细晶。

在线拉曼光谱可以实时监测溶液中多晶型现象，为生产所需的多晶型，基于拉曼光谱开发了一种新的、易于操作的结晶反馈控制系统，该系统能够精确调控多晶型浓度（多晶型/溶剂的质量比）。通过拉曼光谱实时监测溶液中的多晶型，UV/Vis在这一过程中也起到了辅助作用。根据UV/Vis数据计算当前晶浆浓度，得到多晶型浓度，然后该值与不同多晶型的拉曼光谱强度呈正比。根据计算出的晶型浓度使用可编程逻辑控制器来控制晶体的冷却和加热循环。升温促进晶体溶解，降温有利于晶体的成核和生长。检测到非目标晶型浓度大于设定值并持续一定时间，开始加热循环溶解。当目标晶型浓度大于设定值，非目标晶型浓度低于设定值一定时间后，控制策略继续冷却进行结晶。此外，基于拉曼光谱和ATR-UV/Vis的结合也可以进行主动多晶型反馈控制（APFC），进行分级控制以实现晶体细化。在反馈控制策略中，拉曼信号用于检测非目标晶型的存在并触发升温溶解，APFC方法将自动确定消除非目标晶型所需的溶解时间。在基于拉曼信号的纯度校正步骤后，采用过饱和度控制，在相图中遵循稳定晶型和亚稳晶型的溶解度曲线之间的工作曲线，以避免进一步产生介稳晶型。此外，该方法还可以用于生产不同比例的混合晶型。

基于AR-FTIR和FBRM连用拓展的质量计数（MC）框架而建立的反馈控制策略具有两个主要作用：控制溶液结晶（生产所需尺寸的晶体）和控制胶体组装（以产生完美的胶体晶体）。使用MC框架时，结晶和溶解动力学可视为空间运动：成核导致晶体数量增加，而晶体质量没有显著增加；生长导致晶体质量增加，而晶体数量没有明显变化；最后，溶解导致质量和数量减少。根据在线设备测量的溶液浓度、晶浆浓度与粒子数量自行确定温度程序。使用MC框架反馈控制策略，即便在存在干扰的情况下也可以提高控制晶体平均尺寸的鲁棒性。

一、晶型控制

药物多晶型现象是指同一种药物分子在结晶时形成两种或者两种以上不同的分子组装模式。药物的不同晶型可能会严重地影响药物的稳定性、生物利用度、治疗效果以及产品质量。当晶型发生变化时，可能使好的药物变成无效药物甚至毒药，因此晶型的控制对药品的质量控制具有重要意义。与亚稳晶型相比，稳定晶型通常表现出较低的溶解度和溶解速率。如果稳定晶型的溶解度远小于亚稳晶型从而影响疗效，或者药物需要在体内快速达到最大浓度，则首选具有高溶解度和溶解速率的亚稳晶形作为最终产品。药物多态性控制的最终目标是获得"优势药物晶型"，即获得稳定性、临床效果和安全性等整体效果最佳的药物晶型。

溶液结晶反馈控制是实现目标晶型细化的最有效方法之一。过饱和度是结晶的驱动力。对于多晶材料，产生过饱和度的不同方式可能导致不同的晶体形式。

控制过饱和度以获得所需的晶型是利用亚稳晶型和稳定晶型之间的溶解度差。例如，由于 β- 对氨基苯甲酸（PABA）在大多数溶剂中很容易发生相变，因此在溶液结晶中获得 β- 对氨基苯甲酸特别困难。本书著者团队[65] 使用浓度反馈控制来控制两种晶型溶解度曲线之间的操作范围，以实现对 β- 对氨基苯甲酸晶型的控制。通过结晶操作曲线控制二次成核亚稳区是实现多晶控制的有效方法。结晶过程如图 6-10 所示，在结晶过程的初始阶段加入目标晶型晶型 α 的晶种，并根据预设的过饱和水平在结晶相图中控制操作轨迹。

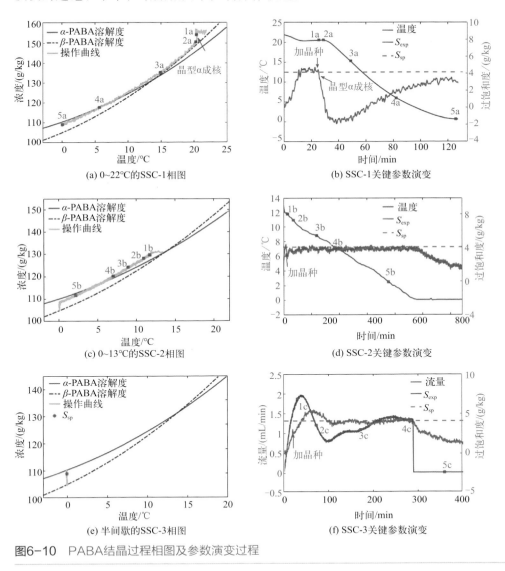

图6-10　PABA结晶过程相图及参数演变过程

结晶过程产品晶型变化如图 6-11 所示，结晶过程初始存在非目标晶型，通过控制过饱和度恒定，最终所得产品都是亚稳的晶型 β。这一方法与控制温度的策略相比鲁棒性更强但同时需要更长的间歇操作时间。

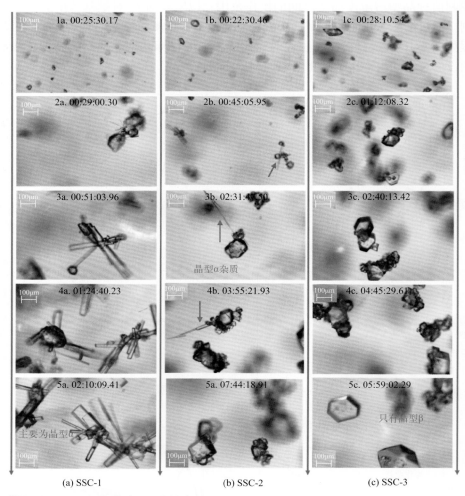

图6-11　PABA结晶过程晶体演变过程

结晶过程中的温度循环有利于溶解结晶过程中产生的亚稳晶型。Pataki 等[61]使用拉曼光谱检测结晶过程中的非目标晶型，并触发自动加热以溶解和消除亚稳晶型。Tacsi 等采用 PCC 提炼卡维地洛的两种晶体形式。在晶体化过程中，当拉曼光谱检测到一种非目标晶型时触发温升溶解，所得产物均为目标晶型。APFC 在种子晶型不纯的情况下实现 PABA 稳定晶型的细化。拉曼光谱检测到亚稳晶型时触发加热和溶解，然后系统执行过饱和控制以制备稳定晶体。

二、纯度控制

在药品生产过程中，产品纯度是一个至关重要的质量指标。药物中的杂质会降低药效，甚至具有生理毒性。这些杂质可能是人为添加的表面活性剂或添加剂，也可能是合成过程中的副产品或催化剂残留物，也可能来自生产过程中使用的溶剂。结晶过程中杂质随晶体析出的机理解释分为以下三种：①杂质吸附在晶体表面；②杂质嵌入晶格内部；③溶剂包藏。传统提高晶体产品纯度的方法是重结晶，但这是一种以牺牲收率为代价的过程，且会使生产工艺更加烦琐。因此，近年来各国学者广泛关注基于过程控制的方法来实现结晶过程产品纯度的原位控制，以满足晶体质量要求。

Simone 等[64]研究了浓度反馈控制和直接成核控制对维生素 B_{12} 结晶过程产品纯度的影响。结果表明，CFC 可以使晶体产品的粒度分布范围变窄，对产品纯度没有显著影响，相反，DNC 可以有效提高产品纯度。这是因为 DNC 可以通过反复溶解生长周期来抑制杂质在晶体表面的吸附，并且晶体表面上的细颗粒和杂质在加热过程中会不断溶解。因此，在随后的冷却过程中，促进了晶体生长，而粒径较大的晶体具有较小的比表面积，这减少了杂质在表面上的吸附，如图 6-12

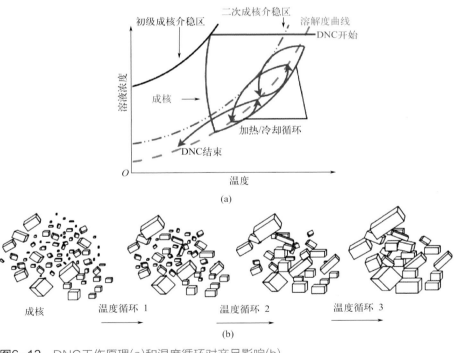

图6-12 DNC工作原理(a)和温度循环对产品影响(b)

所示。此外，Saleemi 等[60]将 DNC 策略应用于 AZD7009 的冷却和结晶过程，并将其与传统的线性冷却进行了比较。结果表明，直接成核控制策略可以减少颗粒聚集和溶剂截留，产物具有更高的纯度、更大的粒径和更规则的形貌。

三、晶习控制

近年来，结晶过程中晶体形貌的在线监测取得了重要进展。对于晶体形态的在线实时测量，最显著的进展是二维（2D）和三维（3D）成像技术的应用。这些研究进展促进了反馈控制策略在晶体形状调节领域的应用。Yang 等[66]使用在线湿磨结合 SSC 和 DNC 来改变针状晶体的纵横比。基于 PVM 开发的 IA-DNC 策略在控制晶体形状方面也有一些应用。Majumder 等[49]提出了一种控制装置，用于控制结晶器中晶体生长调节剂的浓度，以获得所需的晶体形状。模拟结果表明，简单的反馈控制装置可以控制晶体生长调节剂的浓度，从而控制磷酸二氢钾晶体的尺寸和形状分布。Eisenschmidt 等[67,68]提出了通过生长溶解循环控制过饱和曲线以及晶体尺寸和形状的最佳策略，还报告了将此反馈控制方法应用于粒径和形状演变的综合模拟和实验研究，以帮助优化晶体形貌。

本书著者团队[69]采用 SSC 结合超声和温度循环策略改善 PABA 晶习，SSC 结合超声和温度循环策略对晶体形貌和尺寸影响实验的相图和过饱和度曲线如图 6-13 所示。

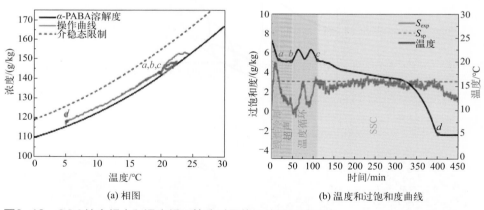

(a) 相图　　　　　　　　　　(b) 温度和过饱和度曲线

图6-13　SSC结合超声和温度循环策略对晶体形貌和尺寸影响

超声可降低针状晶体长径比，温度循环消除产品中细小颗粒，SSC 抑制二次成核促进晶体长大，结晶过程中的晶体形貌演变如图 6-14 所示。

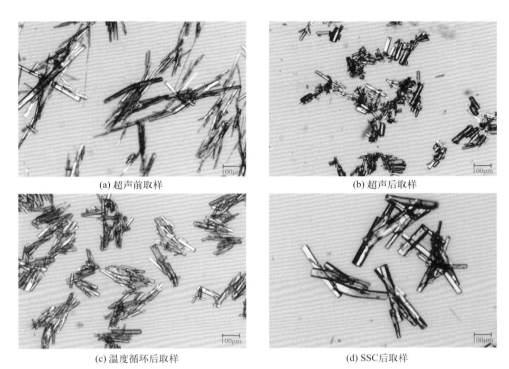

(a) 超声前取样

(b) 超声后取样

(c) 温度循环后取样

(d) SSC后取样

图6-14　SSC结合超声和温度循环策略下过程取样显微镜照片

　　超声破碎之前取样进行显微镜观察，如图 6-14（a）所示，发现晶体均为高长径比的针状晶体。这是因为在该阶段结晶过程没有受到外界扰动或者控制，晶体长轴生长速率远远大于短轴生长速率。恒温超声破碎后的显微镜照片如图 6-14（b）所示，超声破碎后的尺寸明显急剧减小，晶体由长针状变为短棒状，由显微镜照片还可以看出超声作用后的晶体尺寸也比较均一。这是由于超声作用的引入，超声波的辐射、微射流以及局部高温提升了溶质分子混合的速率，降低了局部成核的数量，影响了晶体集聚的情况，从而解决了传统结晶过程中结晶后晶体聚结的问题。虽然超声可以降低晶体长径比并且得到粒度均一的晶体，但超声过程中由于晶体破碎产生了一些细小颗粒，这些颗粒即便在后续结晶得到充分的生长其粒径也会比其他晶体小。因此，超声破碎后采取升温 - 降温循环消除超声过程中产生的细小晶体，如图 6-14（c）所示，温度循环后晶体尺寸普遍增加，细小颗粒几乎消失。这说明升温 - 降温循环过程中小颗粒溶解、大颗粒长大，小颗粒具有更大的比表面积，升温过程中优先溶解小颗粒晶体，大颗粒和小颗粒同时溶解也会导致小颗粒晶体消失。降温过程晶体逐渐长大，小颗粒晶体基本已经消失，剩余大颗粒晶体继续生长。整个温度循环后晶体尺寸增大可以理解为小颗粒溶解产生的过饱和度用于大颗粒晶体的生长。因此温度循环后的结果就是细小晶体消失，晶体总体尺寸有所增大。温度循环后启动 SSC，实验的最终产品显微镜照片如图 6-14（d）所示，SSC 后晶体粒度均一、尺寸增大，最为关键的是晶体的宽度增加明显，SSC 阶段维持恒定较低的过饱和度以避免成核作用促进晶体的生长。采用超声和温度循环对晶体处理相当于为 SSC 制备粒度均一的晶种，在进行 SSC 实验之前晶体宽度已经有明显增加，SSC 期间晶体的长轴与短轴均生长。实验最终的产品粒度大而均一，并且长针状晶体变为短棒状晶体。

四、粒度分布控制

晶体尺寸和 CSD 对其体积密度和流动性有很大影响，这严重影响下游过程（过滤、干燥、造粒和压片）的效率。此外，控制晶体的粒径和粒径分布对最终药物性能（保质期、生物利用度和溶出速率）也很重要。

晶体尺寸和 CSD 的控制直接受生长、成核和溶解的影响。通常，在结晶过程中，生长过程促进晶体生长，成核过程会产生细颗粒，溶解过程可以消除细晶体。晶体尺寸和 CSD 的控制主要通过控制晶体生长和成核来实现。大多数结晶过程通过实时温度控制或反溶剂以遵循相图中设定的过饱和度来间接影响 CSD。在结晶过程中使用 SSC 策略可以将过饱和常数保持在设定值，并在整个结晶过程中减少或避免二次成核，以促进晶体生长。与简单的线性冷却相比，SSC 策略可以产生较大的晶体和较窄的晶体尺寸分布。

DNC 策略是基于系统颗粒越小，产品粒径越大的思想开发的，在该思想中，温度循环有利于消除细小晶体。Saleemi 等[60] 使用 DNC 策略自动控制对乙酰氨基酚结晶过程中的冷却加热循环，以获得粒径更大、粒径更均匀的晶体。Nagy 等[9] 使用 DNC 策略通过控制溶剂和反溶剂的添加来控制甘氨酸的 CSD。基于图像处理的 IA-DNC 方法对控制粒径和粒径分布具有非常重要的作用，结晶终点处的晶体数量越小，晶体尺寸越大[32]。

结晶过程中，粒度控制的一个重要研究领域是开发一种更高效、更准确的粒度实时监测技术，该技术可以有效识别颗粒团聚和破碎。此外，对晶体团聚现象和破碎过程的深入了解也将促进结晶过程中晶体尺寸控制的研究进展。

对制造过程开发设计而言，过程收率、产品纯度和粒度（或粒度分布）等一系列过程或产品指标影响对生产设计和过程控制优劣性的评判。目前工业中通常采用基于理论计算的设计来满足大规模生产的实际需求，但实际上这种经验设计已经不能满足对高质量产品和过程低能高效的新要求。PAT 通过及时测量并提取关键参数和基础信息来设计、分析和控制制造过程系统，以确保过程高效以及最终产品高质量，已经成为小试、中试中不可或缺的关键。本章针对制药结晶过程分析和控制问题，总结了 PAT 工具的原理和应用，以及基于模型的控制和无模型的控制策略；围绕产品工程，讨论了过程控制技术在纯度、粒度分布、晶习和晶型等领域的应用。

基于国内外对药物结晶过程控制的研究现状，过程控制技术需要面向复杂体系进行更深层次的研究，例如：实现粒度、晶习和晶型的多目标同时优化；构建包括结晶过程在内的药物生产多过程耦合控制体系；开发针对连续结晶过程产品性能、开工优化和设备结垢等问题的控制策略；探索面向多组分结晶、手性药物结晶、蛋白质结晶和生物药物结晶等体系的复杂控制策略。最终结晶过程智能化控制的实现，还需综合利用传感技术、视觉技术、大数据等建立智能评价模型，实现过程中对物料状态和性质的实时监测。

PAT 工具的开发应始终以应用为导向。对在线分析硬件设备而言，小型化、微型化、集成化有助于多设备联用并降低使用环境限制，是全流程检测的重要保障。同时，在线分析探头需要做到与整体设备适配，通过多位点、多维度的立体信息真实反映内部在线信息，规避时空分布差异，以配套实验室级别、中试级别和工业级别应用。对在线信息分析软件而言，集成光谱分析能力和图像分析能力并实现在线数据解码与挖掘的软件是开发的重点，这将对简化在线分析流程、提高检测准确性以及提高在线操作裕度有显著作用。

参考文献

[1] 丁绪淮，谈遒. 工业结晶 [M]. 北京：化学工业出版社，1985.

[2] 王静康. 化学工程手册：结晶 [M]. 北京：化学工业出版社，1996.

[3] Gong J, Wang Y, Du S, et al. Industrial crystallization in china[J]. Chemical Engineering & Technology, 2016, 39(5): 807-814.

[4] 哈姆斯基. 化学工业中的结晶 [M]. 古涛，叶铁林，译. 北京：北京工业大学出版社，2006.

[5] Davey R J, Allen K, Blagden N, et al. Crystal engineering-nucleation, the key step[J]. Crystengcomm, 2002, 4 (47): 257-264.

[6] Davey R J, Blagden N, Righini S, et al. Nucleation control in solution mediated polymorphic phase transformations: The case of 2,6-dihydroxybenzoic acid[J]. J Phys Chem B, 2002, 106 (8): 1954-1959.

[7] Yani Y, Chow P S, Tan R B H. Glycine open dimers in solution: New insights into α-glycine nucleation and growth[J]. Crystal Growth & Design, 2012, 12 (10): 4771-4778.

[8] Aamir E, Nagy Z K, Rielly C D. Optimal seed recipe design for crystal size distribution control for batch cooling crystallisation processes[J]. Chem Eng Sci, 2010, 65 (11): 3602-3614.

[9] Acevedo D, Nagy Z K. Systematic classification of unseeded batch crystallization systems for achievable shape and size analysis[J]. Journal of Crystal Growth, 2014, 394: 97-105.

[10] Borsos Á, Majumder A, Nagy Z K. Model development and experimental validation for crystal shape control by using tailored mixtures of crystal growth modifiers[J]. Computer Aided Chemical Engineering, 2014,33: 781-786.

[11] Mangin D, Puel F, Veesler S. Polymorphism in processes of crystallization in solution: A practical review[J]. Org Process Res Dev, 2009, 13 (6): 1241-1253.

[12] Kitamura M, Hara T, Takimoto-Kamimura M. Solvent effect on polymorphism in crystallization of BPT propyl ester[J]. Crystal Growth & Design, 2006, 6(8): 1946-1950.

[13] Chieng N, Rades T, Aaltonen J. An overview of recent studies on the analysis of pharmaceutical polymorphs[J]. J Pharmaceut Biomed, 2011, 55(4): 618-644.

[14] Bernstein J. Polymorphism -A perspective[J]. Crystal Growth & Design, 2011, 11(3): 632-650.

[15] Zhang D,Xu S,Du S, et al. Progress of pharmaceutical continuous crystallization[J]. Engineering, 2017, 3(3):354-364.

[16] Chen J,Sarma B,Evans J M B, et al. Pharmaceutical crystallization[J]. Crystal Growth & Design, 2011, 11(4):887-895.

[17] Fujiwara M,Nagy Z K,Chew J W, et al. First-principles and direct design approaches for the control of pharmaceutical crystallization[J]. Journal of Process Control, 2005, 15(5):493-504.

[18] Nagy Z K,Braatz R D. Open-loop and closed-loop robust optimal control of batch processes using distributional and worst-case analysis[J]. Journal of Process Control, 2004, 14 (4):411-422.

[19] Gamez-Garci V, Flores-Mejia H F,Ramirez-Muñz J, et al. Dynamic optimization and robust control of batch crystallization[J]. Procedia Engineering, 2012, 42:471-481.

[20] Ward J D,Mellichamp D A,Doherty M F. Choosing an operating policy for seeded batch crystallization[J]. AIChE Journal, 2006, 52 (6):2046-2054.

[21] Kee N C, Tan R B, Braatz R D. Selective crystallization of the metastable alpha-form of L-glutamic acid using concentration feedback control[J]. Cryst Growth Des, 2009, 9: 3044-3051.

[22] Rachah A, Noll D. In modeling and control of a semi-batch cooling seeded crystallizer[C]//6th International Conference on Modeling, Simulation, and Applied Optimization (ICMSAO), 2015: 1-6.

[23] Yang Y, Zhang C, Pal K, et al. Application of ultra-performance liquid chromatography as an online process analytical technology tool in pharmaceutical crystallization[J]. Crystal Growth & Design, 2016, 16 (12): 7074-7082.

[24] Hao H, Barrett M, Hu Y, et al. The use of in situ tools to monitor the enantiotropic transformation of p-aminobenzoic acid polymorphs[J]. Org Process Res Dev, 2011, 16 (1): 36-41.

[25] Garg R K, Sarkar D. Polymorphism control of p-aminobenzoic acid by isothermal anti-solvent crystallization[J]. Journal of Crystal Growth, 2016, 454: 180-185.

[26] Black J F B, Cardew P T, Cruz-Cabeza A J, et al. Crystal nucleation and growth in a polymorphic system: Ostwald's rule, p-aminobenzoic acid and nucleation transition states[J]. Crystengcomm, 2018, 20 (6): 768-776.

[27] Black J F B, Davey R J, Gowers R J, et al. Ostwald's rule and enantiotropy: Polymorph appearance in the crystallisation of p-aminobenzoic acid[J]. Crystengcomm, 2015, 17 (28): 5139-5142.

[28] Cruz-Cabeza A J, Davey R J, Oswald I D H, et al. Polymorphism in p-aminobenzoic acid[J]. Crystengcomm, 2019, 21 (13): 2034-2042.

[29] Hulburt H M, Katz S. Some problems in particle technology: A statistical mechanical formulation[J]. Chem Eng Sci, 1964, 19 (8): 556-574.

[30] Alibrandi G, Micali N, Trusso S, et al. Hydrolysis of aspirin studied by spectrophotometric and fluorometric variable-temperature kinetics[J]. J Pharm Sci, 1996, 85 (10): 1106-1108.

[31] Amrani F, Secrétan P-H, Sadou-Yayé H, et al. Identification of dabigatran etexilate major degradation pathways by liquid chromatography coupled to multi stage high-resolution mass spectrometry[J]. RSC Advances, 2015, 5 (56): 45068-45081.

[32] Borsos Á, Szilágyi B, Agachi P Ş, et al. Real-time image processing based online feedback control system for cooling batch crystallization[J]. Org Process Res Dev, 2017, 21 (4): 511-519.

[33] Maia G D, Giulietti M. Solubility of acetylsalicylic acid in ethanol, acetone, propylene glycol, and 2-propanol[J]. Journal of Chemical & Engineering Data, 2008, 53 (1): 256-258.

[34] Zhang T, Liu Y, Du S, et al. Polymorph control by investigating the effects of solvent and supersaturation on clopidogrel hydrogen sulfate in reactive crystallization[J]. Crystal Growth & Design, 2017, 17(11): 6123-6131.

[35] Mullin J W, Nývlt J. Programmed cooling of batch crystallizers[J]. Chem Eng Sci, 1971, 26 (3): 369-377.

[36] Jones A G, Mullin J W. Programmed cooling crystallization of potassium sulphate solutions[J]. Chem Eng Sci, 1974, 29 (1): 106-118.

[37] Worlitschek J, Mazzotti M. Model-based optimization of particle size distribution in batch-cooling crystallization of paracetamol[J]. Crystal Growth & Design, 2004, 4 (5): 891-903.

[38] Woo X Y, Tan R B H, Chow P S, et al. Simulation of mixing effects in antisolvent crystallization using a coupled CFD-PDF-PBE approach[J]. Crystal Growth & Design, 2006, 6 (6): 1291-1303.

[39] Mesbah A, Nagy Z K, Huesman A E M, et al. Nonlinear model-based control of a semi-industrial batch crystallizer using a population balance modeling framework[J]. Ieee T Contr Syst T, 2012, 20 (5): 1188-1201.

[40] Randolph A D, Larson M A. Theory of particulate processes[M]. Amsterdam: Elsevier, 1988:1-18.

[41] Jin S, Chen M, Li Z, et al. Design and mechanism of the formation of spherical KCl particles using cooling crystallization without additives[J]. Powder Technol, 2018, 329: 456-462.

[42] Tahara K, O'Mahony M, Myerson A S. Continuous spherical crystallization of albuterol sulfate with solvent recycle system[J]. Cryst Growth Des, 2015, 15: 5149-5156.

[43] Tahara K, Kono Y, Myerson A S, et al. Development of continuous spherical crystallization to prepare fenofibrate agglomerates with impurity complexation using mixed-suspension, mixed-product removal crystallizer[J]. Cryst Growth Des, 2018, 18: 6448-6454.

[44] Peña R, Oliva J A, Burcham C L, et al. Process intensification through continuous spherical crystallization using an oscillatory flow baffled crystallizer[J]. Cryst Growth Des, 2017, 17: 4776-4784.

[45] Omar H M, Rohani S. Crystal population balance formulation and solution methods: A review[J]. Cryst Growth Des, 2017, 17: 4028-4041.

[46] Nagy Z K. Model based robust control approach for batch crystallization product design[J]. Comput Chem Eng, 2009, 33: 1686-1691.

[47] Chiu T, Christofides P D. Nonlinear control of particulate processes[J]. AIChE J, 1999, 45: 1279-1297.

[48] Santos F P, Favero J L, Lage P L C. Solution of the population balance equation by the direct dual quadrature method of generalized moments[J]. Chem Eng Sci, 2013, 101: 663-673.

[49] Majumder A, Nagy Z K. Fines removal in a continuous plug flow crystallizer by optimal spatial temperature profiles with controlled dissolution[J]. AIChE J, 2013, 59: 4582-4594.

[50] Su Q L, Chiu M S, Braatz R D. Modeling and bayesian parameter estimation for semibatch pH-shift reactive crystallization of l-glutamic acid[J]. AIChE J, 2014, 60: 2828-2838.

[51] De Moraes M G F, de Souza M B, Secchi A R. Dynamics and MPC of an evaporative continuous crystallization process[J]. Comput Aided Chem Eng, 2018, 43: 997-1002.

[52] Aamir E, Nagy Z K, Rielly C D, et al. Combined quadrature method of moments and method of characteristics approach for efficient solution of population balance models for dynamic modelling and crystal size distribution control of crystallization processes[J]. Ind Eng Chem Res, 2009, 48 (18): 8576-8584.

[53] Mesbah A, Huesman A E M, Kramer H J M, et al. A comparison of nonlinear observers for output feedback model-based control of seeded batch crystallization processes[J]. J Process Control, 2011, 21 (4): 652-666.

[54] Mesbah A, Huesman A E M, Kramer H J M, et al. Real-time control of seeded batch crystallization processes[J]. AIChE J, 2011, 57: 1557-1569.

[55] Aamir E, Nagy Z K, Rielly C D. Evaluation of the effect of seed preparation method on the product crystal size distribution for batch cooling crystallization processes[J]. Cryst Growth Des, 2010, 10: 4728-4740.

[56] Nagy Z K, Braatz R D. Worst-case and distributional robustness analysis of finite-time control trajectories for nonlinear distributed parameter systems[J]. IEEE Trans Control Syst Technol, 2003, 11: 694-704.

[57] Nagy Z K, Fujiwara M, Woo X Y, et al. Determination of the kinetic parameters for the crystallization of paracetamol from water using metastable zone width experiments[J]. Ind Eng Chem Res, 2008, 47: 1246-1252.

[58] Zhang T, Nagy B, Szilágyi B, et al. Simulation and experimental investigation of a novel supersaturation feedback control strategy for cooling crystallization in semi-batch implementation[J]. Chem Eng Sci, 2020,225(2):115807.

[59] Zhang T, Botond Szilágyi, Gong J B, et al. Novel semibatch supersaturation control approach for the cooling crystallization of heat-sensitive materials[J]. AIChE J, 2020, 66(6):16955.

[60] Saleemi A N, Steele G, Pedge N I, et al. Enhancing crystalline properties of a cardiovascular active pharmaceutical ingredient using a process analytical technology based crystallization feedback control strategy[J]. Int J Pharmaceut, 2012,430: 56-64.

[61] Tacsi K, Gyurkes M, Csontos I, et al. Polymorphic concentration control for crystallization using raman and attenuated total reflectance ultraviolet visible spectroscopy[J]. Cryst Growth Des, 2020, 20: 73-86.

[62] Ostergaard I, Szilagyi B, De Diego H L, et al. Polymorphic control and scale-up strategy for antisolvent crystallization using a sequential supersaturation and direct nucleation control approach[J]. Cryst Growth Des, 2020, 20: 5538-5550.

[63] Griffin D J, Kawajiri Y, Rousseau R W, et al. Using mc plots for control of paracetamol crystallization[J]. Chem Eng Sci, 2017, 164: 344-360.

[64] Simone E, Saleemi A N, Tonnon N, et al. Active polymorphic feedback control of crystallization processes using a combined raman and atr-uv/vis spectroscopy approach[J]. Cryst Growth Des, 2014, 14: 1839-1850.

[65] Zhang T, Szilagyi B, Gong J, et al. Thermodynamic polymorph selection in enantiotropic systems using supersaturation-controlled batch and semibatch cooling crystallization[J]. Cryst Growth Des, 2019, 19(11): 6716-6726.

[66] Yang Y, Nagy Z K. Advanced control approaches for combined cooling/antisolvent crystallization in continuous mixed suspension mixed product removal cascade crystallizers[J]. Chem Eng Sci, 2015, 127: 362-373.

[67] Eisenschmidt H, Voigt A, Sundmacher K. Face-specific growth and dissolution kinetics of potassium dihydrogen phosphate crystals from batch crystallization experiments[J]. Cryst Growth Des, 2015, 15: 219-227.

[68] Eisenschmidt H, Bajcinca N, Sundmacher K. Optimal control of crystal shapes in batch crystallization experiments by growth-dissolution cycles[J]. Cryst Growth Des, 2016, 16: 3297-3306.

[69] Jia S, Gao Y, Li Z, et al. Process intensification and control strategies in cooling crystallization: Crystal size and morphology optimization of α-PABA[J]. Chem Eng Res Des, 2022, 179: 266-276.

第七章

工业结晶的操作和装置

167

由于工业结晶过程是一个较复杂的过程，与其他化工过程相比其理论进展较慢，长期以来结晶器的设计仍主要依赖于经验。随着人们对结晶过程成核与生长动力学机理的研究以及对非均相流体力学、传热、传质等研究的深化，工业结晶器的放大设计由完全依赖经验逐渐向半理论、半经验阶段发展。工业结晶器的模拟放大是目前工业结晶领域的主要研究课题之一。在本章中，主要介绍了工业通用的结晶器及其操作，并且结合计算流体力学（CFD）技术在模拟计算结晶器内多相体系流体力学状态方面的应用，介绍了工业结晶器设计与优化的研究进展。本章还对本书著者团队研发的结晶器设计案例进行了介绍。

在本章的工作基础之上还可以开展以下研究：

① 连续结晶过程中的非均匀出料对晶体的质量有较为重要的影响，但是通过传统的粒数衡算方程很难确定非均匀出料造成的影响。在放大过程中，如果能够将计算流体力学和粒数衡算方程结合，那么就可以获取更加准确的放大数据，避免某些不可行的设计。

② 本章模拟条件的主导思想是要求在模型及工业型结晶器中晶体的生长及成核的环境保持一致，从而获得相同粒度及粒度分布较窄的晶体产品。而在实际工业化的过程中，将理想状态下的结晶器放大时会经常遇到混合相关的问题。因此在设计时，应使结晶器具有较多的可改变的操作参数，从而增强其适应性，必须使大型结晶器在正式投入运行前有较多的试运转方案，以寻觅最佳的操作条件。

第一节
间歇结晶过程与连续结晶过程操作

结晶器的操作一方面要能满足产品数量，更重要的是要能生产出符合质量、粒度及粒度分布要求的产品。目前应用最广的为混合悬浮混合排料（MSMPR）结晶器，下面分别介绍 MSMPR 结晶器的连续操作和间歇操作方式。

一、间歇结晶过程操作

间歇结晶是一种在过程中没有任何产品排出系统，仅在间歇操作终点才有晶体产品移出的单元操作。作为一个制备各种结晶产品的生产过程，间歇结晶过程广泛应用于化学、医药、材料以及其他工业。间歇结晶过程具有设备相对简单、柔性强、维护成本较低等优点。最主要的是对于某些结晶物系，只有使用间歇操作才能生产出指定纯度、粒度分布及晶型的合格产品[1-3]。间歇结晶过程与连续结晶过程相比较，它的缺点是操作成本比较高，不同批产品的质量可能有差异，即操作及产品质量的稳定性较差，必须使用计算机辅助控制方能保证生产重复性。

目前间歇结晶工艺操作以人工操作经验为主，根据监测数据与历史运行结果改进控制策略，反复实验造成了多批次的资源浪费，所生产的晶体产量低、质量差。为此，要保证间歇结晶过程的晶体质量，亟须提出有效的间歇结晶过程优化控制方法，通过优化后的操作变量生产质量高的晶体，产生较高的经济效益和社会效益。对间歇结晶过程的优化来说，一般可以分为基于模型的优化和不基于模型的优化[4]。

对基于模型的优化来说，这种优化方法常用于开环优化过程中[5,6]。基于模型的优化方案一般包含以下步骤：①获取结晶动力学参数；②建立结晶过程的模型；③设定所需要的目标参数，通过优化结晶模型求解出优化后的操作参数。大部分基于模型的优化过程使用的结晶模型是粒数衡算方程。对不基于模型的优化来说，主要使用 PAT 技术在线反馈控制过程的某一参数在设定范围之内以使晶体尽量生长而压制成核，该参数通常是溶液浓度、温度或总颗粒数[7-9]。

此外，由于过程中基本没有成核，那么产品的晶型或者手性也将与晶种一致[10]。将间歇结晶过程的过饱和度控制在低于二次成核阈值的范围内有利于提升产品的粒度。因此，研究间歇结晶过程的操作优化，对于提高晶体质量、不同批次间的一致性，进而提高结晶工业的生产力，获得更好的产品产量具有重要的理论意义以及应用价值。

二、连续结晶过程操作

近年来，连续结晶在工业界和学术界引起了研究者们极大的兴趣，连续结晶是一种结晶原料液持续流入、含有结晶产品的浆料持续流出结晶器的单元操作。由于其能够克服间歇结晶晶体产品批次间差异大以及生产效率低的问题，越来越受到重视。随着研究的深入，连续结晶的产品已经可以满足人们多种不同的质量要求，然而，现阶段并不是所有的过程都适合连续结晶。例如，在生产手性晶体时，连续结晶的收率仍然很低。此外，连续结晶技术也存在一些限制，例如线路堵塞和结垢问题。

连续结晶器的操作有以下几项要求：控制符合要求的产品粒度分布，结晶器具有尽可能高的生产强度，尽量降低结垢的速率以延长结晶器正常运行的周期及维持结晶器的稳定性。为了使连续结晶器具有良好的操作性能，往往采用"细晶消除""粒度分级排料""清母液溢流"等技术，使结晶器成为所谓"复杂构型结晶器"。

连续结晶过程的产品粒度主要受稳态操作参数（停留时间、结晶器温度等）的影响，在启动过程中溶液状态波动对稳态晶体粒度的影响并不大，因此连续结晶过程的产品粒度调控主要是通过调整稳态操作参数实现的。粒数衡算方程仍然是计算稳态操作参数与粒度间关系的主要模型，除了使用模型对连续结晶过程进行优化外，越来越多的研究开始将连续结晶与过程强化操作（湿磨、超声、细晶消除）相结合以调控晶体产品的粒度。

为了得到粒度分布特性好、纯度高的结晶产品，在工业上已将仪表控制和计算机辅助控制应用于工业结晶过程，在连续结晶过程中除了需稳定控制结晶温度、压力、进料及晶浆出料速率以及结晶器液面，保证结晶过程的过饱和度稳定在介稳区内以防止大量的二次及初级成核外，还需注意对连续结晶不稳态行为进行控制，当系统变得不稳定之后，结晶器内溶液的浓度以及晶体的粒度都会出现周期性的波动，并导致产品质量较差。因此，对连续结晶过程来说，使其在稳定状态下运行是一个基础的要求。

三、应用案例

1. 磷酸钠间歇结晶及连续结晶

案例涉及本书著者团队与浙江某企业合作开展的磷酸钠连续结晶工业化项目。企业原有的磷酸钠结晶过程为一个典型的两级连续结晶，使用常见的 DTB 形式结晶器。

（1）结晶问题　这套设备实际生产的晶体存在粒度过小（200μm 左右）、粒度分布宽、颗粒极易碎等问题，此外，结晶设备也存在结垢严重、无法稳定运行等问题，并最终导致设备的产能以及产品质量大幅低于设计值。通过实地考察得知，导致上述问题的原因是结晶过程的操作条件选取以及结晶器设计不当，而这些问题是连续结晶过程工业化的关键共性问题。研究和解决这些问题不仅有助于解决磷酸钠结晶过程中的实际困难，而且可以为其他结晶过程的工业化提供重要的参考。

（2）间歇结晶过程优化　对于一个间歇加晶种的冷却结晶过程，人们始终希望结晶过程中没有成核或者成核的数量极少，这样产品的粒度就可以直接由加入的晶种量决定。在溶解度图中，普遍存在一个平行于溶解度的二次成核阈值[11]。该阈值代表在低于该浓度的情况下，即使存在晶种，系统也不会产生二次成核，理论上来说，二次成核阈值可以通过加晶种实验来确定。在案例中通过实验和计算相结合的方法来求解生长速率，从而计算出优化后的冷却曲线，流程示意图如 7-1 所示。按照优化后的冷却曲线进行冷却结晶，产品的粒度和晶体外形都得到显著的提升，如图 7-2 所示。

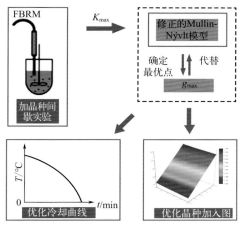

图7-1 实验方法流程示意图

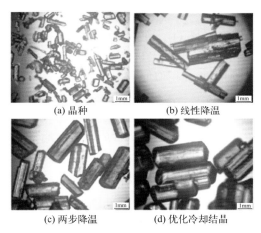

(a) 晶种　　　　　　　　(b) 线性降温

(c) 两步降温　　　　　　(d) 优化冷却结晶

图7-2 晶体的显微镜照片

（3）连续结晶过程优化　磷酸钠实际的工业化结晶过程复杂，仅通过数学模拟来设计结晶工段难度较大，因此必须结合实际的实验结果。根据二次成核的特点，提出了连续结晶过程设计的简化步骤。针对磷酸钠连续结晶的实际问题，分析了磷酸钠结晶过程的特点并结合二次成核阈值的特点，提出了简化的连续结晶操作参数选择依据。考察了细晶消除操作以及非均匀出料对结晶产品的影响。确定在连续结晶过程中使用细晶消除操作需要尽量保持系统中的浓度低于二次成核阈值，并且提出圆底出料结晶器可能导致连续结晶过程不稳定的问题。依据上述结论，根据结晶过程的特点以及动力学参数，设计了一种多级真空绝热闪蒸连续结晶设备（详情见第三节的"结晶器设计案例"部分），并且实现了磷酸钠连续结晶工业化，优化后的产品如图7-3所示，给企业带来了巨大的经济效益和社会效益。

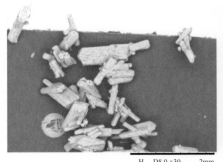

(a) 厂家原工艺产品

(b) 新工艺产品

图7-3　磷酸钠晶体产品的SEM照片

2. 布洛芬连续结晶

（1）布洛芬简介　布洛芬，分子式为 $C_{13}H_{18}O_2$，在临床应用中是安全有效的退烧药，高烧时其退烧效果比对乙酰氨基酚更明显，且退烧时间较长；镇痛作用比阿司匹林强 16～32 倍，退烧作用与阿司匹林相似但作用更持久，胃肠道不良反应较轻，易耐受。

（2）结晶问题　目前，布洛芬的生产主要采用间歇结晶法，考虑到实际生产成本、收率和技术可实施性，布洛芬的生产一般采用上步合成的重排酯与氢氧化钠发生水解反应形成布洛芬钠盐，再加入盐酸酸化得到产品布洛芬。在酸化步骤中，布洛芬组分以高黏度的油态形式存在并且和溶剂发生液-液分离，称为油析现象。在间歇生产过程中成油和反应结晶在同一个设备中进行，使得油相中布洛芬过饱和度随着酸性溶液的流入持续累积，最终引起爆发成核，导致产品粒度细小、晶体易碎、易团聚，由此造成产品过滤困难、溶剂残留多、洗涤难度大、干燥时间长、纯度低等问题，影响产品质量。因此还需在乙醇、水等溶剂中，用冷却结晶的方式进行进一步纯化精制。此工艺方法生产效率低，而且纯化精制过程使用大量有机溶剂，对环境污染程度大。此外，在间歇生产过程中为了降低油析现象对产品质量的影响，通常在溶液爆发成核前添加大量的晶种，造成产品的批次产量降低。

（3）布洛芬连续结晶　本书著者团队以布洛芬钠水溶液为原料，与酸性溶液进行多级反应结晶，将形成的布洛芬晶体浆料连续排出，进入分离、洗涤、干燥等工序，制取布洛芬成品。其连续结晶的生产方法步骤主要包括：反应成油、一级反应结晶、末级反应结晶、脱水洗涤。其中通过设立单独的成油处理和多级反应结晶步骤，有效消除了布洛芬结晶过程中的爆发成核现象。同时，在连续结晶开车时通过添加少量晶种的方式，有效解决了间歇反应结晶的油析现象对产品纯度和粒度造成的影响，处理方法效果明显，并且产品收率和质量均有所提高，生产成本降低。布洛芬产品 SEM 图如图 7-4 所示。

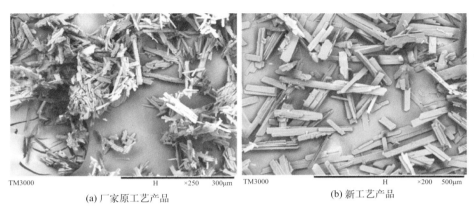

TM3000　　　　　　　　　　H　　×250　300μm　　　TM3000　　　　　　　　　H　　×200　500μm
　　　　　　　(a) 厂家原工艺产品　　　　　　　　　　　　　　　(b) 新工艺产品

图7-4 布洛芬晶体产品的SEM照片

目前该连续结晶生产线生产出的布洛芬粗品晶体产品粒度较大且比较均匀，运行十分稳定，晶体主粒度相比老工艺与设备提高了一倍以上，而且晶体主粒度及比容可以调节，结晶过程收率比原来提高 3%，而且原来年产 8000t 布洛芬粗品，间歇结晶流程需要 16 台 10m³ 的结晶器并联操作，现在的连续结晶流程只需要 3 台串联的结晶器（分别为 19m³、30m³、30m³）。

第二节
溶液结晶装置

工业结晶过程是依靠多种结晶设备来实现的，对于不同类型的工业结晶器，适用于不同的结晶体系，本节只介绍溶质从溶液中结晶时，常用的工业规模的结晶设备，结合计算流体力学（CFD）的方法对结晶器进行优化，并详细介绍了理想的 MSMPR 结晶器的设计方法。

一、通用结晶器分类

目前世界工业中已经应用了许多具体构造不同的连续操作结晶器。它们的主要构形可概括为三类：强制循环类型、流动床类型及导流筒加搅拌桨类型。此处主要对通用的重要型式结晶器做简单介绍。

1. 强制外循环型结晶器（FC 型结晶器）

美国 Swenson 公司开发的强制外循环 Swenson 真空结晶器如图 7-5 所示，由结晶室、循环管、循环泵等组成，并配备有蒸汽冷凝器。部分晶浆由结晶器的锥形底排出后，经循环管，靠循环泵输送，沿切线方向重新返回结晶室，如此循环往复，实现连续结晶过程。这种结晶器亦可用于蒸发法、间壁冷却法结晶，但在循环管中段需加入一个供加热或冷却使用的换热器。这种类型的结晶器的生产量都很大，如果要求 d_p 较大、晶体粒度分布（CSD）均匀，则不能强化，所以产品平均粒度较小，粒度分布较宽。目前已被用于生产氯化钠、尿素、柠檬酸等产品。

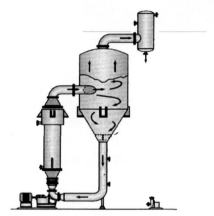

图7-5　强制外循环Swenson真空结晶器

2. 流化床型结晶器（Oslo 型结晶器）

图 7-6 表示了 Oslo 蒸发结晶器的结构[12]，它的主要特点是过饱和度产生区与晶体生长区分别置于结晶器的两处，晶体在循环母液中流化悬浮，能够生产出粒度较大而均匀的晶体。这种型式结晶器的缺点与强制外循环型式结晶器类似，即必须选用性能优良的循环泵，否则容易产生较多细晶。

3. 带有导流筒并具有搅拌桨的真空结晶器

图 7-7 表示了美国 Swenson 公司在 20 世纪 50 年代开发出的具有导流筒及挡板的真空结晶器（简称 DTB 型结晶，即 Draft Tube & Baffled Type 结晶器）[13,14]。这种结晶器可用于真空绝热冷却法、蒸发法、直接接触冷冻法以及反应法等多种结晶操作。它的优点在于生产强度高，能产生粒度达 600 ～ 1200μm 的大颗粒结晶产品，已成为国际上连续结晶器的主要形式之一。

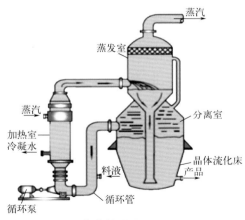

图7-6 Oslo蒸发结晶器

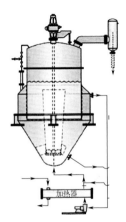

图7-7 Swenson DTB型结晶器

二、结晶器的设计

结晶器的设计方法是以晶体的粒数衡算方程为基础的，针对不同类型的结晶器已提出很多数学模型[15-20]，其中主要有四个学派，即美国 M. A. Larson 和 A. D. Randolph 学派；日本的丰仓贤、中共资学派；欧洲的 J. Nyvlt 学派以及 J. W. Mullin 学派。他们的理论在设计应用上都有局限性，例如丰仓贤应用他的理论成功地把 Na_2SO_4 结晶器由 6L 的实验室设备放大到 600m^3 的大型结晶器，但对其他结晶体系放大的效果却不理想。虽然如此，在实践中已被证明对指导与分析工业结晶的操作是有一定作用的。图 7-8 总结了进行结晶器设计各步骤之间的内在联系。

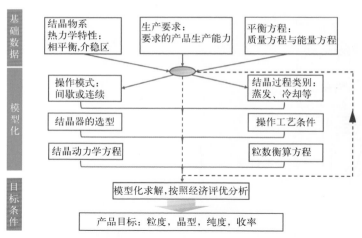

图7-8 结晶设计模型化

由图 7-8 可见，欲完成一台结晶器的设计，首先必须收集与测定必要的结晶物性数据，清楚了解产品的产量与质量要求，然后确定结晶过程的类型，选定操作模式，进而完成结晶器的选型与操作条件的确定。这样才能最终进行模型化求解的设计收敛运算。以下主要介绍拉森（M.A.Larson）和兰道夫（A.D. Randolph）MSMPR 结晶器设计方法。

Larson 和 Randolph 的结晶器设计的数学模型由总体粒数平衡概念出发，将结晶成核和成长经验公式与物料平衡方程联立求出结晶器稳态方程与动态方程的解，导出不同停留时间的结晶器通用方程，进而建立间歇结晶器与连续结晶器的设计模型，如已提出的 MSMPR 结晶器设计基本公式为

$$G = \left(\frac{27M_{\mathrm{T}}^{1-j}}{2L_{\mathrm{D}}^4 k_{\mathrm{v}} k_{\mathrm{N}} \rho} \right)^{\frac{1}{i-1}} \qquad (7\text{-}1)$$

又如具有细晶消除的 DTB 型结晶器设计基本公式：

$$G = \left\{ \frac{27M_{\mathrm{T}}^{1-j}}{2L_{\mathrm{D}}^4 k_{\mathrm{v}} k_{\mathrm{N}} \rho \exp\left[-3L_{\mathrm{ef}}(R-1)/L_{\mathrm{D}} \right]} \right\}^{\frac{1}{i-1}} \qquad (7\text{-}2)$$

式中　G——结晶生长速率，m/s；

$\quad\quad M_{\mathrm{T}}$——悬浮密度，kg/m³；

$\quad\quad L_{\mathrm{D}}$——主粒度（$L_{\mathrm{D}}=3G\tau$，其中 τ 为结晶停留时间，h），m；

$\quad\quad L_{\mathrm{ef}}$——晶体切割粒度，m；

ρ——晶体密度，kg/m^3；

R——消晶循环比；

k_V——体积形状因子；

k_N——成核动力学常数；

i——成核速率与生长速率的指数关系（$B^0=KM_T^jG^i$）；

j——成核速率与浆料密度的指数关系（$B^0=KM_T^jG^i$）。

三、计算流体力学技术在工业结晶器设计中的应用

1．计算流体力学概述

计算流体力学（computational fluid dynamics）是目前具有广泛应用的学科，是建立在流体动力学、数值计算方法和计算机技术上的交叉学科。为了模拟复杂情况下的流体流动过程，首先建立流动的基本控制方程，其中包括质量守恒方程、动量守恒方程、能量守恒方程。计算流体力学的基本思路就是将连续的空间离散化，用离散的有限的常微分方程组来代替原有的偏微分方程组，用离散的有限场的变量在空间上的分布来近似替代原有的流体动力学微分方程的解。

计算流体力学基于质量守恒方程、能量守恒方程和动量守恒方程对流体流动的数值仿真，可以得到压力、速度、温度、能量、体积分数、浓度等，以及随着时间的推移这些物理量的分布。此外，将计算机辅助设计（CAD）和计算流体力学（CFD）结合也可以用来优化结晶设备的设计。

计算流体力学的优点在于它的应用面广，适应性强。首先，因条件限制利用控制方程求解流体流动非常困难，而使用 CFD 方法，可以得到满足工程要求的数值解；其次，用计算机模拟流场实验，对物理模型的参数进行修改，从而对不同情况的流场进行比较；最后，CFD 方法不容易被实验模型和物理模型制约，可以提供详细、完整的信息，很容易模拟易燃、易爆等实际的特殊条件和测试不能达到的理想条件，有更多的灵活性，避免费时费力。

随着计算机领域的发展和计算性能的提升，涌现了很多计算流体力学商用软件。CFD 通过数值模拟能够得到结晶器内不同位置处由实验无法得到的复杂流场，如相关速度场、浓度场、温度场等的分布。在前处理、求解及后处理等方面有着强大的功能，其中前处理的目的在于定义计算域、定义边界条件及划分网格等工作；求解则需要根据实际运用情况设置相关的求解方法、求解参数及求解器模型等；后处理部分则是利用图形处理器根据计算结果对数据进行输出，显示出相关的云图、矢量图及动画等。比较常见的 CFD 软件包括 PHIOENIC、CFX、

FLUENT 等。其中 FLUENT 可以求解多种复杂的流体流动问题，有基于密度和基于压力的求解器，用于求解可压缩与不可压缩的情况，拥有多种处理多相流的模型和多种湍流、换热模型等。

2．CFD 技术在工业结晶器设计中的应用实例

以下以本书著者团队针对盐酸咪唑结晶器混合流场的 CFD 模拟案例为例进行说明。

（1）结晶器结构与网格化　结晶器有两种型式，一是导流筒与单螺旋桨结晶器（结晶器 1），另一种为导流筒、挡板与双层螺旋桨结晶器（结晶器 2），两种结晶器的结构分别如图 7-9 和图 7-10 所示。对上述结晶器进行分区网格化，采用四面体网格，网格化效果分别如图 7-11 和图 7-12 所示。

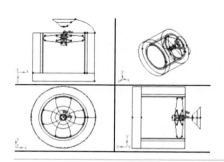

图7-9
结晶器1的结构图

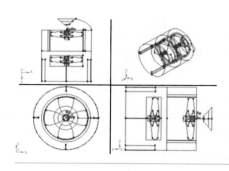

图7-10
结晶器2的结构图

（2）模拟方法　物料为盐酸水溶液和咪唑溶液，溶液黏度按照水的黏度进行设置。考虑盐酸进料位置对混合时间影响时，采用非稳态与自定义标量法追踪，并依据全域最大值和全域最小值随时间变化数据确定出不同加料位置、不同混合程度下对应的混合时间。模拟过程中考虑重力场的影响，选择标准湍流模型。

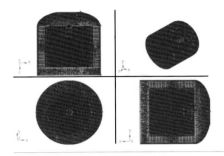

图7-11
结晶器1的网格化效果

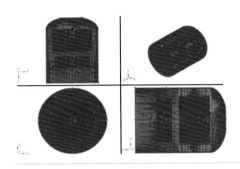

图7-12
结晶器2的网格化效果

（3）模拟结果　结晶器 1 和结晶器 2 的模拟结果见图 7-13 ～图 7-16。

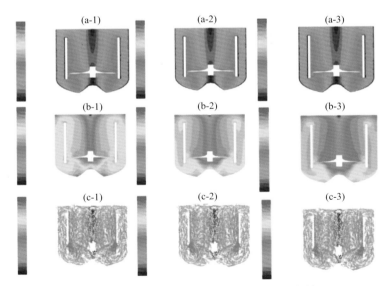

图7-13　结晶器1在不同搅拌速度下的流场与颗粒分布情况

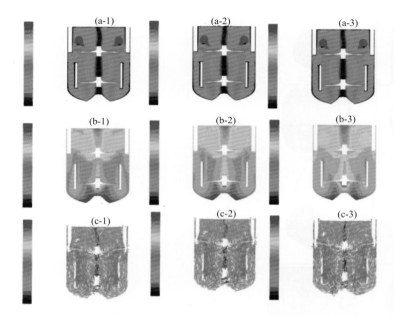

图7-14　结晶器2在不同搅拌速度下的流场与颗粒分布情况

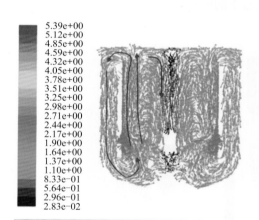

5.39e+00
5.12e+00
4.85e+00
4.59e+00
4.32e+00
4.05e+00
3.78e+00
3.51e+00
3.25e+00
2.98e+00
2.71e+00
2.44e+00
2.17e+00
1.90e+00
1.64e+00
1.37e+00
1.10e+00
8.33e-01
5.64e-01
2.96e-01
2.83e-02

图7-15
结晶器1的流场结构

可以看出结晶器 1 和结晶器 2 的流场均较均匀，结晶器 1 的流场相对更均匀一些；结晶器 1 和结晶器 2 在不同的搅拌速度下颗粒分布均较均匀，从物料混合速度上看建议采用结晶器 2 较好。如果从搅拌效率以及流场均匀性来看，结晶器 1 的整体混合效率可能较好。

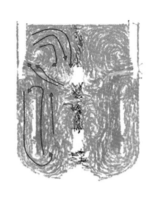

3.85e+00
3.65e+00
3.46e+00
3.27e+00
3.08e+00
2.89e+00
2.69e+00
2.50e+00
2.31e+00
2.12e+00
1.93e+00
1.74e+00
1.54e+00
1.35e+00
1.16e+00
9.67e-01
7.76e-01
5.84e-01
3.92e-01
2.00e-01
7.96e-03

图7-16

结晶器2的流场结构

四、结晶器设计案例

1．绝热闪蒸结晶器

图 7-17 所示为本书著者团队设计的一种多级真空绝热闪蒸连续结晶设备。其由多个结晶器串联，结晶器又分为上直筒段和下直筒段。下直筒段直径小，上直筒段直径大，两段直筒由变径连接，上直筒段短，下直筒段长；结晶器底部为W形底；结晶器下部直筒段内带有导流筒；搅拌用电机位于结晶器的顶部，搅拌桨使用双层搅拌桨，搅拌桨的直径小于导流筒直径，顶层搅拌桨高于导流筒，底层搅拌桨位于导流筒下部。结晶器顶部连接有冷凝器和水环式真空泵，结晶器下部装有浊度仪。各级结晶器的物料入口位于导流筒底部，高于下层搅拌桨；出料口位于结晶器底部；最后一级结晶器的出料管与离心机连接。各个结晶器上部设置喷淋管。生产的晶体粒径均匀、外观较好，晶体粒度较大且稳定。

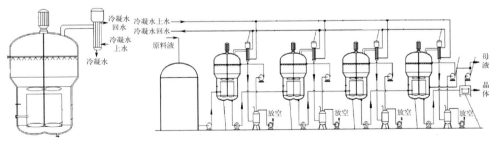

图7-17　多级真空绝热闪蒸连续结晶设备

结晶器上部直径较大主要是为了防止真空度波动以及由蒸发造成的液体夹

带。结晶器底部为 W 形底，这是为减小流动死区经过流体力学模拟得出的设计。搅拌用电机位于结晶器的顶部，搅拌桨使用双层搅拌桨，这样能够使用较低的搅拌转速达到较好的混合效果。采用顶搅拌则是为了在母液中固含量较高的情况下也能有比较好的混合效果。结晶器顶部连接冷凝器和水环式真空泵用于提供真空度。结晶器下部装有浊度仪，用于测定结晶器内部的浆料密度，为控制各级结晶器的操作提供参数。各个管路之间由法兰连接，最后一级结晶器的出料管与离心机连接，离心得到的晶体经烘干后包装入库。如果最后一级结晶器需要母液循环，则将离心后得到的母液由泵重新注入最后一级结晶器中。

同时各个结晶器上部都带有喷淋管，用结晶器内蒸发的水来喷淋结晶器内壁蒸发面处的结壁，保证连续操作的运行。结晶器的外壁包裹有绝热层，用于防止由环境温度低所导致的结晶器内壁结壁。

使用本设备进行连续结晶将有以下有益效果：

① 生产的晶体粒径均匀、外观较好，并且晶体粒度较大、粒度维持稳定。

② 连续生产较间歇生产减少了中间的操作步骤，降低了劳动强度，并且可以通过自动控制操作，减小了由员工操作导致的产品批次间差异。

③ 提升结晶过程生产效率，并大大减少了设备数。

④ 本新型方法以及设备还可以推广应用到各种无机盐及有机产品的生产当中。

2．自循环结晶器

针对现有的多级连续结晶技术与设备存在产品粒度小、设备结垢、流程易堵、运行周期短等方面的问题，本书著者团队还设计了一种高效自循环结晶器，如图 7-18 所示，结晶器从上到下依次包括：釜头、上圆筒体、中圆筒体和带有

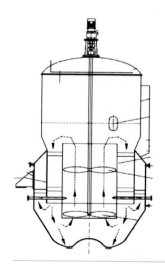

图7-18
自循环结晶器

W 形底的底部缩径筒体。釜头上设置有蒸汽出口和加料口，釜头下部设有环形喷淋管。中圆筒体内设置中直筒段，中直筒段内部设置导流筒，导流筒内设置搅拌器。中圆筒体直径大于上圆筒体直径，上圆筒体直径大于中直筒段直径；上圆筒体下部、中圆筒体上部分别通过缩径过渡段与中直筒段顶部圆周连接，W 形底部设置出料口。该结晶器串联能够实现多级连续蒸发、冷却或反应结晶，制备的晶体粒度大且粒径均匀，改善了连续结晶过程的产品粒度小、设备结垢严重、管路堵塞等问题，并延长了连续结晶过程运行周期。

其中上圆筒体直径是中直筒段直径的 1.2～1.4 倍，上圆筒体直径增大，可以增加蒸发面积，降低单位面积的沸腾强度，物料飞溅状况减轻，减少蒸发结晶过程中料液沸腾造成物料夹带而引起气液界面附近结晶器内壁的物料结垢。在中直筒段外部的晶浆澄清区、下部缩径粒度分级区，对细晶进行分级处理，从而提高最终产品粒度。晶浆澄清区没有搅拌作用，物料扰动较小，由于颗粒沉降、粒度分级作用，含小颗粒的清液从晶浆澄清区上部的清液循环流股出口引出，进入外部加热/冷却换热器，由于此股料液具有晶浆密度低、固体粒子粒径小的特点，不会堵塞外部换热器的管路，解决了现有技术中大颗粒晶体或脱落的大块状垢层物进入换热器管路易堵的问题。下部缩径粒度分级区，由于结晶器直径逐渐变小，晶浆流速逐渐增大，在颗粒沉降作用下粒度分级，在经流体力学模拟得出的减小流动死区的 W 形底的导流作用下，含较小颗粒的晶浆被螺旋搅拌桨吸入导流筒内继续循环生长；含较大颗粒的晶浆沉降后由底部出料口排出，进入下一级结晶器的进料口或作为最终产品排出，从而增大最终产品的晶体粒度。

同时结晶器顶部设有向结晶器内壁方向开孔的环形喷淋管，定时向结晶器内壁喷淋稀母液，可以有效冲刷内壁附着的垢层，使结晶器气液沸腾界面附近的内壁结垢情况大大减轻，也不会造成大块垢层掉落砸坏结晶器内部件或者进入外循环加热/冷却换热器堵塞管路，延长了连续生产周期。现有技术的多级连续结晶器，包括多效蒸发结晶器，其蒸发室直径小于循环室直径，蒸发面积严重不足，为达到产能只能加大蒸发量和沸腾强度，但气液界面沸腾强度大，物料夹带严重，甚至产生爆沸，引起严重的结晶器内壁结垢，而且这是一种恶性循环，结垢后流通面积减小，蒸发能力降低，为达到产能只能再加大蒸汽，结垢越来越严重。

采用本设计提供的结晶器进行连续结晶操作有以下有益效果：

① 适用于反应结晶、蒸发结晶、冷却结晶等。螺旋搅拌桨降低了晶体碰撞成核的概率，结晶器中直筒段内部及导流筒的混合效果良好，保证小晶体有足够的生长时间；中直筒段外部的晶浆澄清区、下部缩径粒度分级区有多次颗粒沉降、粒度分级作用，有利于增大最终产品粒径，制备的晶体粒度大、粒径均匀、外观形态好且粒度维持稳定。

② 采用本设计的装置和流程，结晶器上部直径变大、沸腾强度降低，顶部采用环形喷淋管母液冲洗，使得结晶器内壁结垢情况大大减轻，延长了连续结晶操作周期。

③ 采用本设计的装置和流程，晶浆澄清区引出的外循环流股中大颗粒很少，外循环管路不会被堵塞，连续结晶操作周期长。

目前该设备已经应用于头孢氨苄二级连续反应结晶、维生素 C 三级连续冷却结晶、含盐废水四级连续蒸发结晶，能够实现多次粒度分级，保证最终产品粒度大且均匀。

第三节
熔融结晶装置

熔融结晶和溶液结晶作为工业结晶研究领域的两大分支，各有优势，两者的比较见表 7-1，熔融结晶的目的常常不是得到粒状产品，而是为了分离与纯化某一物质。与其他分离方式相比，熔融结晶具有以下特点：①可获得高纯物质，熔融结晶可获得高纯度产品（99.9%），甚至可获得超高纯度产品（99.99%）；②操作条件温和，熔融结晶通常是在常压低温下操作，因此该方法适用于热敏性物质；③节能环保，通常物质的熔化热远小于汽化热，因此该操作远小于精馏能耗，同时由于无需额外引入其他溶剂，既节约能量又减少了环境污染。

表 7-1　熔融结晶与溶液结晶的比较

项目	溶液结晶	熔融结晶
目的	分离，造粒	分离，精制
结晶组分纯度	低—中（<99.5%）	高（>99.5%）
结晶温度	取决于溶剂	取决于结晶组分的熔点
体系物性	基本上为溶剂的物性	基本上为结晶组分的物性
结晶现象	成核，生长，分级	成核，生长，精制
过程速率	传质+结晶速率	传质+传热+结晶速率
操作方式	间歇或连续	间歇或连续
结晶装置	釜式为主	塔式为主

一、熔融结晶分类

按照熔融结晶的析出方式和结晶装置的类型不同，熔融结晶分为以下三种类型：①在冷却表面上的结晶过程，通常称为层结晶，该过程通常为间歇过程，其操作方式主要包括静态层式结晶和动态降膜结晶。层结晶过程通常由结晶、发汗、熔化三个步骤组成。②在带有搅拌功能的容器中，从熔体中快速结晶析出晶体颗粒，颗粒悬浮于熔体之中，该过程称为悬浮结晶。悬浮结晶通常需要配有固液分离系统。③区域熔炼法，待纯化的固体材料，顺序局部加热，从一端缓慢加热到另一端，达到纯化材料的目的，进而改善其物理性质。

二、熔融结晶器

已经工业化的熔融结晶过程，大多应用塔式结晶器，实现从低共熔混合物或固体混合物中分离出高纯的产物，为避免经过多次重复结晶，使用了多种形式的塔式结晶装置，熔融物系以液体形式进料，高纯产品亦以液体状态由塔中输出，固液交换的传热、传质过程全部在塔内进行。在塔内同时进行重结晶、逆流洗涤、发汗过程，从而达到分离提纯的目的。目前，本书著者团队已完成对磷酸制备过程中液膜结晶和静态多级熔融结晶工艺的系统性研究，制备出的高纯磷酸产品符合厂家和国际的相关标准。塔式结晶器曾被分类为中央加料或末端加料装置，视进料位置在结晶形成段的上游或下游而定。因此，将分开讨论中央加料和末端加料塔式结晶器。

1．中央加料塔式结晶器

（1）布朗底（Brodie）结晶器　图7-19为横卧式中央加料塔式结晶器，采用该装置对萘和对二氯苯进行连续提纯已经商业化。液体进料位置在热的提纯段和冷的冻凝段或回收段之间。熔融物经过精制和回收区壁面间接冷却时，在内部形成晶体。结晶后的残液则从塔的最冷端流出。螺旋输送器控制固体经过塔的输送。

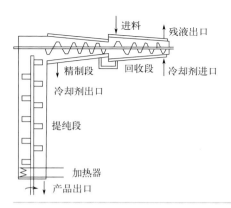

图7-19
横卧式中央加料塔式结晶器

（2）螺旋输送塔式结晶器　另一种商用中央加料结晶器设计是 Schildknect 所报道的垂直螺旋输送器式塔。在这类装置中，如图 7-20 所示，分散的晶相在冷却段中形成，被垂直摆动的旋转螺旋有控制地向下输送。

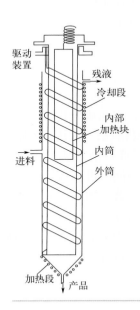

图7-20
具有螺旋输送器的中央加料塔式结晶器

2. 末端加料塔式结晶器

菲利浦（Phillips）塔式结晶器　末端加料塔在 20 世纪 50 年代由菲利浦石油公司成功开发并商业化，常称为菲利浦塔，其典型末端加料塔的各段示于图 7-21。不纯液经由位于产品冻凝区与熔融器之间的过滤器取出，而不是像中央加料塔那样在冻凝区的末端取出。末端加料装置的提纯机理基本上与中央加料设备一样。但是，在末端加料塔中有回流限制，而且在熔融器附近存在高度的固体压紧。曾经观察到，在大部分提纯段中，自由液和固体的分数都始终相对恒定，但在熔融段附近都呈现一个陡然的间断。应注意，末端加料塔只适用于低共熔点混合物系统的提纯，而不能在全回流下操作。

3. 组合塔式结晶器

（1）吴羽化学工业株式会社的克西比（KCP）型工业结晶装置　图 7-22 是 KCP 型工业结晶装置的示意图，装置由结晶器、过滤器、螺旋进料器及提纯塔四个主要部分组成。KCP 结晶装置也是一套连续结晶装置，能耗较低，适合于高纯有机物的分离。

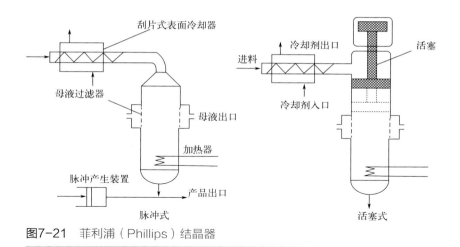

图7-21　菲利浦（Phillips）结晶器

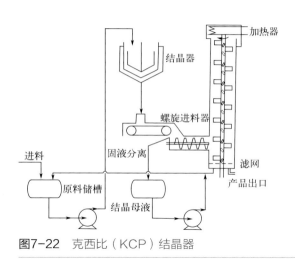

图7-22　克西比（KCP）结晶器

　　（2）月岛机械株式会社（Tsukishima Kihai，TSK）的工业结晶装置　逆流冷却结晶装置（countercurrent cooling process，CCCC）如图7-23所示，该装置由三个塔组成，前两个塔视为二级结晶器，后一个塔视为提纯器。前两个塔结构类似，塔内有带刮刀的转桶、带刮刀的搅拌器，在结晶过程中同时起刮晶、搅拌及输送的作用。该装置能耗较低，能分离出高纯产品。其缺点是操作难度比较大，控制难度也比较大，在结构上因具有运转件及高效固、液离心装置，因此对维修要求比较高。该装置已用于大规模生产对二甲苯等有机产品。

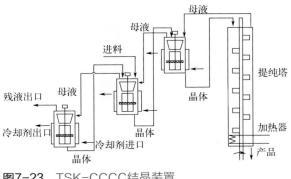

图7-23　TSK-CCCC结晶装置

三、结晶器设计案例

以下以本书著者团队开发的液膜结晶装置的实施为例进行说明。

目前国外的结晶装置与技术虽可获得某些高纯物质（光谱纯），但其存在的缺陷是操作条件比较苛刻，或附有转动的内部构件使装置结构复杂化，同时该类装置的制造、维护和检修也具有一定的难度。针对这些问题，本设计的目的是开发出一种能耗低、结构简单、操作可靠、无转动内部构件、应用计算机辅助控制的高效结晶装置与技术。

如图7-24所示，该装置由一塔式结晶器与一卧式结晶器组成，其特点为塔式夹套结构由四个分离段组成：第一段为粗结晶分离段，第二段为第一结晶提纯分离段，第三段为第二结晶提纯分离段，第四段为精制结晶提纯分离段。塔内有高效填料、塔板与分配管，待分离的熔融液由塔上中部进入，精制的母液由塔底流至卧式结晶器中分离出高纯的产品。该装置能耗比较低，结构简单，操作曲线全部依靠计算机辅助操作保证。目前本设备已经应用于有机物的提纯。

混二氯苯同分异构体的分离提纯：选用高为9000mm的塔式液膜结晶装置（如图7-25），将12t含有65%（质量分数）对二氯苯的混合物，加热至60～70℃，连续送入塔式液膜结晶装置的顶部入口管。塔式液膜结晶装置的温度分布类似正弦波形，最初顶部温度是60～70℃，底部温度是-3～3℃，然后控制全塔保温介质的温度分布，以16h为一操作周期，使温度波形缓慢向下移动，当底部温度为30～40℃时，从底部出口排出浓度约为35%的对二氯苯结晶残液，当时间为半周期8h时，放完残液。控制温度波形继续缓慢向下移动，当底部温度为60～70℃时，从底部出口排出纯度为99.9%以上的（光谱纯）晶体产品约6.4t。

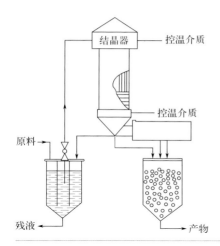

图7-24
液膜结晶（FLC）过程

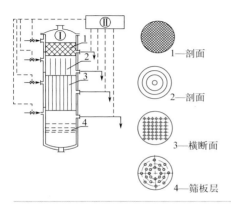

1—剖面

2—剖面

3—横断面

4—筛板层

图7-25
塔式液膜结晶装置

参考文献

[1] Myerson A S. Handbook of industrial crystallization[M]. New York: Butter-worth-Heinemann, 1992.

[2] 王静康，周爱月，张远谋. 多级结晶器的有效能分析与最佳化 [J]. 天津大学学报 .1985 (3): 55-64.

[3] Fujiwara M, Nagy Z K, Chew J W, et al. First-principles and direct design approaches for the control of pharmaceutical crystallization[J]. Journal of Process Control, 2005, 15 (5):493-504.

[4] Nagy Z K, Braatz R D. Open-loop and closed-loop robust optimal control of batch processes using distributional and worst-case analysis[J]. Journal of Process Control, 2004, 14 (4):411-422.

[5] Gamez-Garci V, Flores-Mejia H F, Ramirez-Muñz J, et al. Dynamic optimization and robust control of batch crystallization[J]. Procedia Engineering, 2012, 42:471-481.

[6] Saleemi A N, Steele G, Pedge N I, et al. Enhancing crystalline properties of a cardiovascular active pharmaceutical

ingredient using a process analytical technology based crystallization feedback control strategy[J]. Int J Pharm, 2012, 430 (1/2):56-64.

[7] Nagy Z K, Braatz R D. Advances and new directions in crystallization control[J]. Annu Rev Chem Biomol Eng, 2012, 3:55-75.

[8] Simon L L, Pataki H, Marosi G, et al. Assessment of recent process analytical technology (PAT) trends: A multiauthor review[J]. Organic Process Research & Development, 2015, 19 (1):3-62.

[9] Kee N C S, Tan R B H, Braatz R D. Selective crystallization of the metastable A-Form of L-glutamic acid using concentration feedback control[J]. Crystal Growth & Design, 2009, 9 (7):3044-3051.

[10] Pal K, Chakraborty J. Stability of crystallizer-producing shape-engineered crystals[J]. Industrial & Engineering Chemistry Research, 2015, 54 (42):10510-10519.

[11] Bamforth A W.Industrial crystallization[M]. London: Leonard Hiu, 1965.

[12] Mullin J W. Industhal crystallization[M]. New York: Plenum Press, 1976.

[13] Larson M A, Garside.Solute clustering in supersaturated solutions[J]. Chemical Engineering Science,1986, 41:1285-1289.

[14] Randolph A D. Heat transfer in a fluidized-bed solar thermal receiver[M]. AIChE Symp Ser, 1980, 76(193): 18-23.

[15] Nyvlt J. Design of crystallizers[M]. Florida: CRC Press, 1992.

[16] 张远谋, 王静康. 工业结晶的新进展 [J]. 化工进展, 1986 (4): 15-18.

[17] Randolph A D, Larson M A. Theory of particulate process, analysis and techniques of continuous crystallization[M]. New York: Academic Press, 1988.

[18] 王静康, 王永莉. 单产品间歇过程优化的研究 [J]. 天津大学学报, 1990(1): 42-50.

[19] 王静康. 熔融结晶过程的新进展 [J]. 化工进展, 1991, 2: 14-17.

[20] 菅原克之, 清水忠造. クシカルユソジニヤリソゲ [J]. 1983, 28(2): 28-32.

第八章

抗生素等大宗原料药精制结晶技术

191

我国是全球抗生素使用的第一大国，抗生素作为抗感染治疗的主要药物，其质量直接关系到人民群众的生命健康。抗生素（antibiotics），又称抗菌素，最初被定义为微生物（包括细菌、真菌等）或高等动植物在生命进行过程中所产生的一类次级代谢产物，后延伸理解为微生物或高等动植物在其生命活动中产生的一种次级代谢产物或人工衍生物。20世纪40年代，历史上第一种抗生素——青霉素问世，它的出现直接扭转了人和细菌大战的局势，是人类医学史上的一个重大里程碑。随后几十年里，随着半合成抗生素的出现，人们对抗生素的认识进入了一个新的阶段。头孢菌素类抗生素是指分子中含有头孢烯的半合成抗生素，它与青霉素都属于 β-内酰胺抗生素，具有青霉素酶耐受性、细菌选择性强、副作用低、过敏反应较青霉素少等优点，应用广泛。

然而，目前我国制药行业存在产品晶型不稳定、晶习低劣、杂质含量高、生产过程中环境污染严重、制剂工艺复杂等共性难题，需要进行一系列技术攻关。据统计，85%以上的医药产品是晶体产品，工业结晶技术是原料药研发和生产的关键共性技术。21世纪以来，药物结晶引起了越来越多的关注和重视。现代科技已经证明，药物晶型和晶体形态学指标对药品的质量指标（药效、溶解性、生物活性与利用度、稳定性等）有重要的影响。提高我国药品质量保障人民生命健康，迫切需要攻克以高端精制结晶技术为代表的一批制药领域关键技术，形成具有自主知识产权的创新成果，从根本上提高我国医药产品的核心竞争力。

本书著者团队就抗生素类大宗原料药，开展了从分子水平直至产业化生产的结晶工艺设计。本章以青霉素类、头孢类、红霉素、大观霉素、磷霉素氨丁三醇、布洛芬、地塞米松磷酸钠为例，对大宗原料药的精制结晶技术开发进行了详细介绍。根据每类药物的工艺难题，开发出可得到晶习良好、粒度均一、高品质高端医药产品的结晶技术。

在青霉素结晶操作的领域，本书著者团队与华北制药厂做出了大量卓有成效的工作。本书著者团队完成的"青霉素结晶新型技术与设备"项目于1996年获得国家科技进步奖二等奖。该项目具有重要的科学价值，各项技术经济指标均达到国际先进水平，被列为国家"九五"重点科技推广项目，该项成果经济效益显著，仅以购置新型结晶装置的首年计算，对于千吨级装置，投入产出比可达1:4以上，目前，该成果已在华北制药厂等国内大型企业推广近百条生产线，国内青霉素的生产已经广泛采用本成果，其推广面已达95%以上，新增直接经济效益达1亿元/年以上。此外，本书著者团队对头孢唑林钠、头孢噻肟钠、头孢曲松钠、头孢氨苄、头孢西丁钠以及硫酸头孢匹罗等多个头孢类晶体产品开展了技术攻关研究，开发了多项绿色精制和制剂新技术，并实现了规模化生产，制备出疗效高、稳定性好、质量优异的注射用头孢类药品，形成具有自主知识产权的创新成果并完成产业化，国内市场占有率排名第一，相关技术在国内同行业得到广泛推广。本书著者团队在高端医药产品精制结晶技术的研发与产业化方面取得显著成果，荣获 2015 年国家科技进步奖二等奖。

据统计，医药及精细化工产品在国际大化工 GDP 中持续占有 50% 以上份额。未来，高端医药产品精制结晶技术的研发仍需深入进行，以攻克晶型药物生产中长期被国外制药巨头垄断、晶型不稳定、杂质含量高、环境污染严重、制剂工艺落后等一系列难题。因此，国内医药研发体系需要在药物合成、原料药精制、药物制剂的研发等方面开展系统性的协同创新研发工作，构建合理的研发平台，从根本上提高我国医药产品的核心竞争力。

第一节
青霉素类抗生素精制结晶技术

通常所说的青霉素是指含有 β- 内酰胺环一大类抗生素的总称，其结构通式如图 8-1 所示。根据其发展进程，可将青霉素分为三代：第一代青霉素为天然青霉素，如青霉素 G；第二代青霉素为以 6- 氨基青霉烷酸（6-APA）为母核的半合成青霉素，如氨苄青霉素 G；第三代青霉素是指母核结构中含有 β- 内酰胺环但不具有四氢噻唑环，如甲砜霉素。按照青霉素的特点又可将其分为青霉素 G 类、青霉素 V 类、氨苄西林类、耐酶青霉素类、抗假单胞菌青霉素、美西林及甲氧西林类等。图 8-1 中，当 R_1 为苄基、R_2 为氢时，即是天然青霉素 G；当 R_1 为其他基团（如羟苄基），R_2 为氢时，即为第二代半合成青霉素。

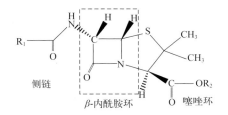

图8-1
青霉素类抗生素通式

自 1928 年亚历山大·弗莱明发现青霉素以来，科学家们纷纷加入青霉素抑菌机理的研究行列。直至 1940 年，弗洛里和钱恩发现青霉素的分子链可以抑制细菌或者病毒的细胞壁合成过程，导致病菌细胞破裂而死亡。青霉素作为高度选择性的抗生素对控制动物及人体伤口感染非常有效，很快便应用于医药领域。1953 年，我国也成功研制出国产的青霉素，掀开了中国抗生素历史的第一页。

至 2001 年底，我国青霉素的年产量已居世界首位，占世界总年产量的 60% 之多。由于青霉素对人体的毒性很小且具有良好的疗效，因而它是化疗指数最大的抗生素。但其也是最容易使人体发生过敏反应的抗生素，发生率最高可达 5%～10%。因此，在使用青霉素之前，均需做皮试，以避免过敏反应给患者带来危害。为拓宽其抗菌谱并拓展青霉素的应用范围，第二代半合成青霉素，如阿莫西林和青霉素 V 钾盐，正受到越来越多的关注并得到大规模的生产。

一、青霉素G盐

1. 青霉素 G 盐简介

青霉素 G[1]（又称苄青霉素）是一种十分不稳定的有机弱酸，医用青霉素取其盐类。青霉素 G 钠化学命名为 6- 苯乙酰氨基青霉烷酸钠，结构式如图 8-2 所示。青霉素 G 钠为白色结晶性粉末，分子量 356.4，熔点 215℃，无臭或微有特异性臭，具有引湿性，遇酸、碱或氧化剂迅速失效。干燥纯净的青霉素碱金属盐在干燥条件下稳定性好，如在 100℃下 70h 效价无损失。青霉素水溶液则不稳定，降解较快；遇酸、碱或加热都易分解而失去活性。因此，青霉素 G 钠需在低温下进行结晶操作，制取纯化产品。

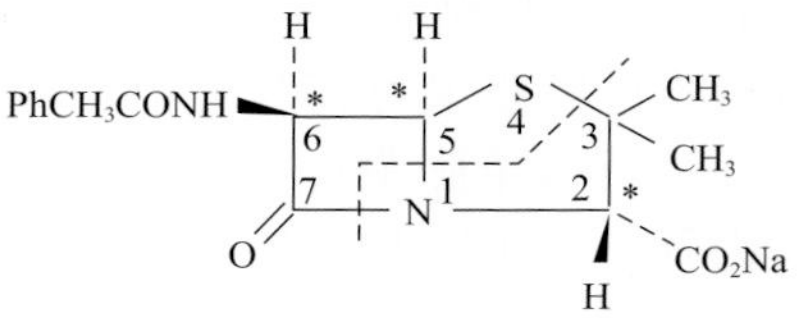

图8-2
青霉素G钠

目前，国际国内市场对青霉素 G 碱金属盐的需求量很大。一方面，青霉素 G 钾、钠盐本身即为应用广泛的广谱抗生素；另一方面，许多抗生素衍生物（俗称半合抗）的飞速发展，使得其前体青霉素 G 钾、钠盐的需求量也日益增大。

从 1991 年开始，本书著者团队对青霉素 G 盐产品的精制结晶过程进行系统研究 [2,3]，以下进行简单介绍。

2. 青霉素 G 钾结晶精制

至 20 世纪 90 年代，鉴于青霉素 G 是专利产品，关于其结晶过程的研究在文献中鲜有报道，有关青霉素盐类的结晶热力学及动力学数据，亦未见有公开发表的研究成果。由于缺乏结晶过程的基础数据，当时我国对青霉素产品的生产过程的结晶器设计尚停留在经验摸索阶段。

青霉素 G 钾的生化性质不稳定性，图 8-3（a）为结晶液在 5℃下静置时的浓度衰减曲线，一般解释为青霉素分子发生了重排或降解。这提示研究者，在进行结晶研究及有关数据测定时，必须尽量削弱生化不稳定性的影响。实验还证明了升高体系温度或增加体系中的水含量，均会提高体系的不稳定性。为了指导青霉素 G 钾的结晶工艺，本书著者团队测得青霉素 G 钾的一系列相关数据。图 8-3（b）给出了在正丁醇 - 水体系中蒸发结晶的汽 - 液平衡相图，图 8-3（c）为青霉素 G 钾盐在正丁醇 - 水体系中的饱和浓度曲线及极限过饱和浓度曲线，两曲线之间的区域即为结晶介稳区。图 8-3（d）给出正丁醇 - 水体系中水含量对青霉素 G

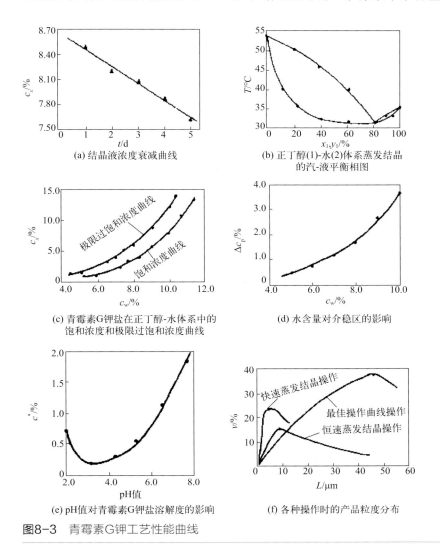

(a) 结晶液浓度衰减曲线

(b) 正丁醇(1)-水(2)体系蒸发结晶的汽-液平衡相图

(c) 青霉素G钾盐在正丁醇-水体系中的饱和浓度和极限过饱和浓度曲线

(d) 水含量对介稳区的影响

(e) pH值对青霉素G钾盐溶解度的影响

(f) 各种操作时的产品粒度分布

图8-3　青霉素G钾工艺性能曲线

钾盐介稳区宽度的影响。图 8-3（e）表示了水含量为 3.2% 时，pH 值对青霉素 G 钾盐溶解度的影响。由图 8-3（c）可见青霉素 G 钾盐在正丁醇 - 水体系中结晶相图的特征，即影响过饱和度的主要参变量不是温度或压力，而是复合溶剂中某一敏感组分的含量。表 8-1 和图 8-3（f）分别是根据公式计算得到的最优操作时间表和各种操作条件下生产的产品粒度分布比较。

表8-1　各种操作条件的结果比较

操作方式	产品主粒度/μm	主粒度含量/%	操作时间/h	结晶收率/%
快速蒸发结晶	4.43	23.9	约1.0	63.1
最佳操作曲线	45.4	38.6	约5.0	92.4
恒速蒸发结晶	8.86	15.5	约8.0	86.0

采用最优操作时间表生产出的晶体完整，而且主粒度大、收率高，不但有利于减少过滤损失而且易于干燥，这充分显示了本研究基础数据测定的有效性和最优操作时间的重要性。

3. 青霉素 G 钠结晶精制

（1）青霉素 G 钠盐结晶热力学　本书著者团队[4]采用泡点法计算得到含有青霉素 G 钠盐的混合溶剂的汽 - 液平衡数据，结果表明该体系为标准正偏差体系。采用激光法测定了青霉素 G 钠盐在混合溶剂体系中的溶解度、超溶解度数据，并研究了温度、溶剂组成对结晶介稳区的影响。青霉素 G 钠盐在混合溶剂中的溶解度随水含量增大和温度的升高而增大，超溶解度在本研究中主要也受这两个因素的影响并有相似的影响趋势。此外，建立了青霉素 G 钠盐 - 混合溶剂体系在结晶过程中的汽 - 液 - 固三相平衡相图（图 8-4）。

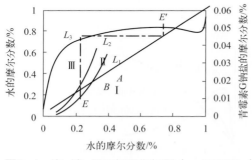

图8-4　汽-液-固三相平衡相图（p=5320Pa）

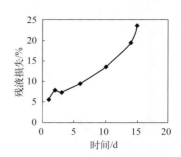

图8-5　结晶残液损失随时间变化

（2）青霉素 G 钠盐结晶工艺的研究　影响青霉素 G 钠盐结晶工艺的因素主

要有 BA 液（原料液）的质量、终点水分、操作时间、真空度、搅拌速度、媒晶剂、晶种、杂质、pH 值等，本书著者团队对这些因素进行了一系列探究，最终得到了经验最佳的操作工艺。

① BA 液质量。BA 液质量首先影响结晶收率，实验中结晶收率以原料液的初始总亿为总输入、产品钠盐为输出（效价按 1660 计）进行计算。

由图 8-5 可见，结晶过程的残液损失随 BA 液储存时间的延长逐步升高，说明原料液随储存时间的延长不断降解。随时间推移，各批实验的残液损失逐渐加大，并且其损失速率有增加的趋势。

② 终点水分。终点水分对结晶过程收率至关重要。假设结晶过程中悬浮液体积 V 不变：

$$结晶过程收率=\frac{悬浮液体积V(mL)\times结晶终点浓度c_e(mg/mL)\times1665u/mg}{初始总亿\times10^8}\times100\%$$

青霉素 G 钠盐在混合溶剂中的溶解度随水含量的减少而减小。终点水分低，残留在母液中的青霉素 G 钠盐就少，收率高；反之，收率低。但是单纯追求终点水分的做法也不可取。因为结晶后期温度较高，青霉素降解加快，而此时馏出液中溶剂 B 与水的比例也增大，需要较长时间才能将水分下降 1 甚至零点几个百分点。

③ 操作时间。在整个结晶过程中青霉素 G 钠盐不断降解，30℃时青霉素 G 钠盐每小时降解 0.375%，因此在达到一定的终点水分前提下，操作时间应尽量缩短。

④ 真空度。真空度在结晶操作中起着重要的作用。较高的真空度可有效地降低结晶液的共沸温度，使整个结晶操作在较低的温度下进行；同时，降低液温也可促进溶剂的蒸发，缩短操作时间。低温、快速两方面的作用都使得青霉素降解减少，收率提高。

⑤ 搅拌速度。搅拌在结晶操作中的作用：一方面促使结晶器内的晶体在结晶液中均匀悬浮，避免局部过饱和度过高导致初级成核；另一方面搅拌是结晶过程中晶核的主要来源，搅拌的快慢影响着晶核的产生速率。

⑥ 媒晶剂。晶形的好坏不仅影响产品质量，而且影响结晶收率。粒度小、无固定形状的晶体包藏、附着的母液也较多。一方面洗涤使损失增大，另一方面晶体不纯也使产品效价降低、色级上升、质量下降。多次实验结果显示：所采用的媒晶剂对产品晶形确有影响。采用 $ZnAc_2$ 作媒晶剂，产品晶体细碎，晶体表面破碎、裂痕多；采用 $ZnSO_4$、$ZnCl_2$ 作媒晶剂时，产品表面相对平整且细碎状况也有所改善，但总体结果仍不好。由此可见，媒晶剂的阳离子和阴离子都对晶体的晶形产生影响。

⑦ 晶种。晶种的加入可使成核能量势垒降低。出晶前加入晶种可使晶体粒度分布集中［图8-6（a）］。晶种的加入需选择适当时机：加得太早晶种被溶解，太晚又失去控制结晶的作用。图8-6（a）为加晶种与不加晶种两种方式所得晶体产品的粒度分布图，图8-6（b）为操作示意图。

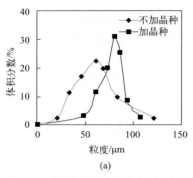
(a)

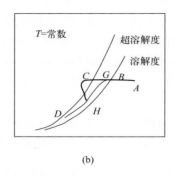
(b)

图8-6 结晶产品粒度分布（a）和操作示意图（b）

⑧ 杂质。杂质对晶形影响较大。青霉素的降解产物一直存在于整个结晶过程中，发酵液中引入的蛋白在结晶液中或多或少地存在，抽提用碳酸钠也会带入一些杂质，不可能完全过滤掉。

（3）经验最优操作时间表　多次实验得到间歇蒸发结晶经验最优操作时间安排。由图8-7可见，在蒸发结晶初期蒸发速率较高，此时需要将结晶母液中的水分尽快蒸出，因此需要较高的蒸发速率。随结晶物系进入介稳区，采取减小蒸发量的方法，使初级成核在较短的时间内完成，达到控制晶核数量的目的。然后控制蒸发速率，使初级成核后结晶物系位于介稳区内，再逐渐增大蒸发速率使青霉素 G 钠盐晶体析出，但这个过程需要保证结晶物系一直位于介稳区内。

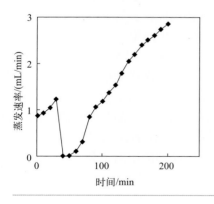

图8-7
间歇蒸发结晶经验最优操作时间安排

（4）青霉素 G 钠盐结晶机理与媒晶剂的研究　本书著者团队通过实验探索了借助添加媒晶剂来改良青霉素 G 钠盐结晶晶习的一步法结晶新工艺。媒晶剂之所以能够改变结晶行为，在于它不但可以改变晶体粒度分布（CSD），而且可以改变结晶动力学参数值。然而，有关媒晶剂的作用机理、评选方案及分类方法等尚未总结出系统的理论与规律，媒晶剂的评价主要依靠经验筛选法。因此，本书著者团队提出了应用结晶动力学测定法评价媒晶剂的方案，测定了必要的基础数据，并在此基础上，进行了将青霉素 G 钠盐的结晶过程由二步法变为一步法的实验，即二次 BA 借助媒晶剂经钠盐结晶生成青霉素 G 钠盐。实验探索了青霉素 G 钠盐的几种媒晶剂，如 Zn^{2+}、Fe^{2+}、Fe^{3+}、Mg^{2+}、Mn^{2+}、Cd^{2+}、Ni^{2+}、Al^{3+}、Cr^{3+}、Co^{2+} 等，并得到了一些初步的结论。

① 媒晶剂在青霉素 G 钠盐晶体产品中的含量。各种媒晶剂在青霉素 G 钠盐晶体产品中的含量如表 8-2 所示。从表 8-2 实验结果中可以看到两种不同的媒晶剂作用方式，一种是媒晶剂不长入晶体之中，表现为产品中不含媒晶剂；另一种是媒晶剂与溶质同时从溶液中结晶出来，同时也有一部分留在溶液中，表现为产品中含有媒晶剂。

表8-2　几种媒晶剂在青霉素 G 钠盐晶体产品中的含量

媒晶剂	产品中的含量（质量分数）/%
Zn^{2+}	0.12
Fe^{3+}	未检出
Fe^{2+}	未检出
Al^{3+}	0.07
Mg^{2+}	0.014
Cr^{3+}	未检出
Cd^{2+}	0.033
Ni^{2+}	未检出
Mn^{2+}	未检出
Co^{2+}	未检出

② 结晶介稳区数据。采用恒温变物系组成的方法并利用激光法进行测量，测定了青霉素 G 钠盐在正丁醇 - 水溶液体系中的结晶介稳区。其数据结果见图 8-8。将图 8-8（a）与图 8-8（b）中的实验数据进行比较，可以看出，在相同条件下，含媒晶剂 Zn^{2+} 的物系介稳区宽度大于不含媒晶剂的物系介稳区宽度，前者更有利于实现对结晶过程的控制。对其他几种媒晶剂的研究可采用相同的方法进行。

③ 结晶动力学参数的测定结果。在加与不加媒晶剂的几种情况下，青霉素 G 钠盐在正丁醇 - 水溶液体系中结晶动力学参数的测定结果如表 8-3 所示。

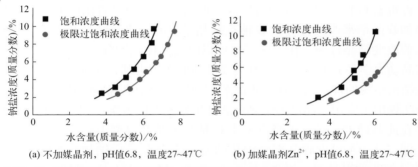

(a) 不加媒晶剂，pH值6.8，温度27~47℃   (b) 加媒晶剂Zn²⁺，pH值6.8，温度27~47℃

图8-8 青霉素G钠盐在正丁醇-水溶液体系中饱和浓度及极限过饱和浓度曲线

从表 8-3 中可以看出，媒晶剂对青霉素 G 钠盐结晶动力学有一定的影响，媒晶剂的加入改变了母液中的组分数，使溶液的性质发生了变化，从而对结晶过程产生了一定的影响。不同媒晶剂的影响作用不同，影响程度也不一样，对于不同的媒晶剂，存在两种截然相反的影响作用：一种使动力学速率增大，一种使动力学速率减小。同时，媒晶剂对生长动力学级数 g 的影响也不一样，Al^{3+}、Cr^{3+}、Ni^{2+}、Fe^{2+}、Zn^{2+} 对 g 的影响较小，其中除 Fe^{2+} 外，均使生长速率有一定程度的增大；而 Cd^{2+} 对 g 有较大的影响。媒晶剂对成核速率亦有影响，Al^{3+} 使成核速率明显增大；Ni^{2+}、Fe^{2+}、Zn^{2+} 使成核速率有一定程度的降低。

表8-3 加与不加媒晶剂的结晶动力学参数

结晶动力学参数	媒晶剂						
	无	Al^{3+}	Cr^{3+}	Cd^{2+}	Ni^{2+}	Fe^{2+}	Zn^{2+}
K_b	1.607×10^{20}	1.780×10^{25}	1.900×10^{21}	4.687×10^{19}	2.134×10^{18}	5.732×10^{17}	3.437×10^{18}
K_g	9.190×10^{-7}	3.530×10^{-6}	1.427×10^{-6}	7.762×10^{-8}	2.353×10^{-8}	7.172×10^{-7}	7.430×10^{-6}
i	1.130	1.679	1.360	1.270	1.080	0.817	1.100
j	0.583	0.492	0.610	0.720	0.300	0.309	0.321
g	1.460	1.630	1.820	0.926	1.528	1.370	1.626

这时应用并发展了一种间歇动态测试成核与生长动力学的方法。该方法的理论基础是对粒数衡算方程的 Laplace 变换，用 Laplace 变换把粒数衡算的偏微分方程变成常微分方程。实验结果表明，此法简单有效，具有一定的通用性。

经过一系列的结晶工艺研发，本书著者团队开发的青霉素 G 钠的结晶技术具有明显的优势。本技术开发了离子交换转钠工艺，而不是传统的青霉素 G 钾转钠盐工艺，与国内外技术相比，利用该技术所得产品在 280nm 吸光值 0.01，325nm 吸光值 0.01（国内外技术：280nm 吸光值 0.02，325nm 吸光值 0.03），产品比容 2.8mL/g（国内外技术：3.3mL/g），产品总收率 92%（国内外技术：87%）。

二、6-APA

1. 6-APA 简介

20 世纪 50 年代初，日本研究者发现在青霉素发酵过程中，如果不加入青霉素合成前体，将产生一种无侧链的青霉素"母核"，他们称之为 6- 氨基青霉烷酸，简称 6-APA，其化学结构见图 8-9。1957—1959 年间，英国 Beecham 研究小组对 6-APA 的理化性质、化学分析及分离纯化等做了较为详尽的研究，且在对 6-APA 的反应性质的研究中发现，在 6- 氨基青霉烷酸的氨基上引入不同的侧链，可制备成各种高效、稳定、抗菌谱广、服用方便的多种半合成青霉素，如氨青霉素 G、甲氧苯青霉素、邻氧苯甲噁唑青霉素、苯甲异噁唑青霉素和羧青霉素 G 等。从而开创了一个半合成抗生素生产的新时代。

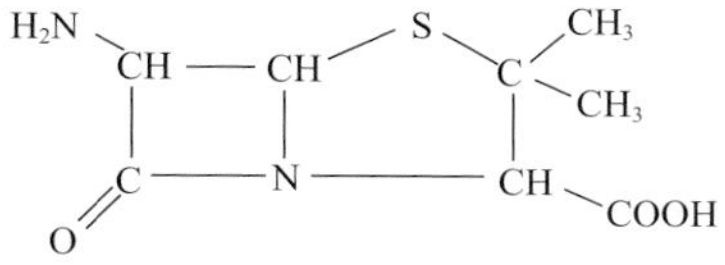

图8-9
6-氨基青霉烷酸化学结构图

6-APA 制备过程包括 6-APA 提取和产品分离精制两个过程。早期的发酵方式由于产率低、分离过程困难，目前基本不使用。6-APA 提取通过化学法或酶法裂解青霉素来完成。由于化学法存在试剂昂贵且具有毒性、腐蚀性，操作过程复杂以及生产环境恶劣等缺点，酶法成为 6-APA 工业生产的主流。尤其随着青霉素酰化酶的分离精制技术以及固定化酶技术的发展和完善，固定化酶技术已被国际上大多数 6-APA 生产企业所采用，生产工艺流程如图 8-10 所示。

固定化酶催化裂解最常用的两种青霉素是青霉素 G（苯甲基青霉素）和青霉素 V（苯氧甲基青霉素）。据统计，目前，77.1% 的青霉素 G 和 71.1% 的青霉素 V 被用于 6-APA 的生产。由于酶底物专一性的不同，青霉素酰化酶在工业生产中也主要有青霉素 V 酰化酶和青霉素 G 酰化酶两种，两种酶在生产中各有优缺点。青霉素裂解反应方程式如下：

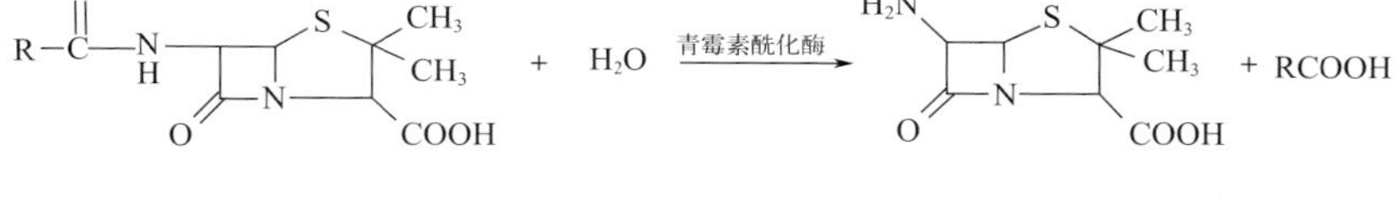

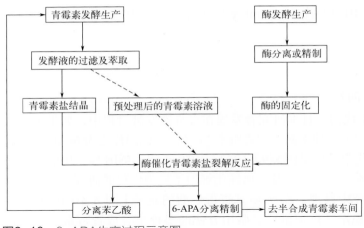

图8-10　6-APA生产过程示意图

6-APA 反应结晶是基于 6-APA 两性电解质的性质，通过控制酸或碱的加入来调节溶液的 pH 值，当其达到或接近 6-APA 的等电点时，6-APA 逐渐在溶液中沉淀出来，这种反应结晶的方法也通常被称为等电点沉淀法，其过程简单，易操作，产品质量及产量都能满足要求，而喷雾干燥法以及席夫碱转化法的产品质量和收率均不理想，因此目前工业上普遍采用反应结晶法精制 6-APA。

以前，我国 6-APA 生产面临的主要问题包括生产稳定性不足、产品收率偏低、质量与国外同类产品存在差距，以及生产成本相对较高，因此，在国际竞争中常常处于劣势。本书著者团队通过反复实验和工厂调研，发现提高产品质量和收率的关键在于反应结晶步骤，而国内学者关于 6-APA 制备过程的研究主要集中在固定化酶的制备与生产以及青霉素裂解反应过程，对 6-APA 反应结晶过程的研究较少，而 6-APA 反应结晶过程是国际技术封锁的核心部分。为了系统优化 6-APA 制备过程，本书著者团队[5]着重研究了 6-APA 反应结晶过程，开发的新型反应结晶技术不仅大幅度提高了结晶收率，而且产品的晶形完美，粒度分布均匀，产品质量完全达到国际先进标准，实现了我国 6-APA 的大规模工业化生产。

2．6-APA 结晶精制的研究

本书著者团队使用青霉素 G 酰化酶裂解青霉素 G 钾制备 6-APA，在 6-APA 的生产过程中，由于青霉素裂解的副产物苯乙酸，以及青霉素和 6-APA 自身产生的某些降解产物，均对 6-APA 的结晶过程构成干扰，因此，如何分离这些杂质得到高质量且高收率的 6-APA 产品，同时节省设备及过程投资是目前工业界的一个关键课题，它直接关系企业在市场上的竞争力。目前采用的分离方式主要有离子交换树脂吸附法、水溶助长剂分离技术以及溶剂萃取法。

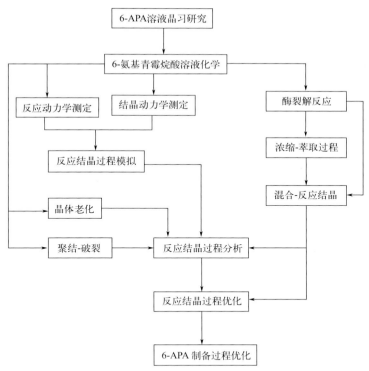

图8-11　6-氨基青霉烷酸制备及反应结晶（沉淀）过程研究内容

实验过程中选择溶剂萃取法，并与直接裂解液结晶过程进行了比较。实验证明两个过程各有优劣。不同的客户对产品的要求不同，因此可根据企业现有的条件，选择不同的生产方式。

针对生产实践中的问题，本书著者团队按图 8-11 的步骤对 6- 氨基青霉烷酸的制备及反应结晶过程进行了系统研究。

（1）6-APA 晶习　6-APA 具有多种晶习，实验证明，其中六角片状晶习为优。不同晶习的 6-APA 晶体属于同一晶系，其晶格参数为：

$a = 0.624$nm，$b = 1.483$nm，$c = 1.049$nm，正交，$P2_12_12_1$

将利用 MM2 分子结构模型软件预测的结果与实验结果进行比较，发现在预测近似行为方面，最小能量模型较分子动力学模型更准确。{020} 晶面是 6-APA 晶体中最主要的晶面，但影响产品晶习的因素是 {002} 晶面与 {101} 晶面的相对生长速率，过饱和度以及温度对不同晶面的生长速率有不同的影响，而杂质和有机溶剂对特定晶面的吸附效应也改变了不同晶面的生长速率，不同杂质对晶习的影响其界限浓度不同。初步探讨 6-APA 固体稳定性的结果表明，极微量杂质或分子在晶体结构中的状态可能是影响产品稳定性的决定性因素。

① 过饱和度的影响。不同的酸流加速率表示不同的过饱和度水平，酸流加速率越快，过程过饱和度越高。通过四组不同酸流加时间实验得到的 6-APA 产品晶习如图 8-12。

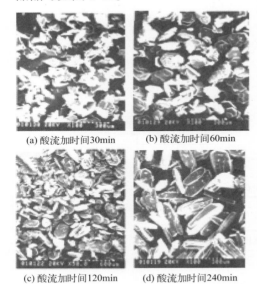

(a) 酸流加时间30min　　(b) 酸流加时间60min

(c) 酸流加时间120min　　(d) 酸流加时间240min

图8-12　反应结晶过饱和度对6-APA产品晶习的影响

随着酸流加时间延长，产品晶体由菱形逐渐向纺锤形转变，{002} 晶面不断发展，如果结晶时间进一步延长，产品晶体有可能变为梭形。当 {002} 晶面增长时，晶体厚度也逐渐增加。

溶液中生长出来的 6-APA 晶体一般是薄片状，以 {020} 晶面为主。在纯水溶液中，各主要晶面的晶形重要性 M.I.（morphology important）如下：

{020} > {101} > {002}

实验证明，6-APA 产品晶习的控制因素是 {002} 晶面与 {101} 晶面分别在 <001> 和 <100> 方向的相对生长速率，以及 {020} 晶面与 {101} 晶面分别在 <010> 和 <100> 方向的相对生长速率。

过程过饱和度降低，相对生长速率均减小，6-APA 晶体从较薄的菱形片状向较厚的六边形长条板状转变，在极低的过饱和度条件下，产品晶体变为梭形，如图 8-13 是结晶时间为 6h 得到的产品。

② 结晶温度的影响。改变反应结晶温度，6-APA 晶习也发生明显变化，如图 8-14 所示。随着结晶温度的升高，{002} 晶面逐渐显露，且比例逐渐增加。这个过程说明，晶体在 <001> 方向的生长对温度较为敏感，而在 <010> 和 <100> 方向的生长在实验温度的范围内受温度的影响较小。

图8-13
结晶时间360min得到的晶体

(a) 结晶温度5℃ (b) 结晶温度10℃

(c) 结晶温度20℃ (d) 结晶温度30℃

图8-14　结晶温度对6-APA产品晶习的影响

③ 杂质的影响

（a）青霉素 G 钾盐的影响。实验模拟了裂解率分别为 100%、98%、95% 及 92% 时青霉素 G 钾盐对 6-APA 产品晶习的影响，见图 8-15。6-APA 反应结晶过程中青霉素 G 钾盐对产品晶习的影响存在一个临界浓度，在 0.875% ～ 1.4% 的范围内，即相当于在裂解率为 92% ～ 95% 时残留的青霉素 G 钾盐含量范围内。因此当青霉素裂解率低于 95% 时，一般应加入萃取及浓缩过程，降低溶液中青霉素含量，以保证产品的质量，得到满意的晶体产品。

(a) 青霉素G钾盐浓度0%　　　　　(b) 青霉素G钾盐浓度0.35%

(c) 青霉素G钾盐浓度0.875%　　　(d) 青霉素G钾盐浓度1.4%

图8-15　青霉素G钾盐对6-APA产品晶习的影响

（b）6-APA 降解产物的影响。实验研究了 6-APA 降解产物对 6-APA 产品晶习的影响。实验结果表明，6-APA 降解产物在实验范围内对 6-APA 产品晶习影响不大，产品质量仍保持较好，但这并不表明 6-APA 降解产物对 6-APA 晶习没有影响。相反，达到一定含量时，6-APA 降解产物对产品晶习的影响相当严重，如图 8-16 和图 8-17 所示。图 8-17（a）是通过加碱调节溶液 pH 值（pH＝1.0 → pH＝4.0）得到的 6-APA 晶体产品照片，由于 6-APA 在这样的强酸性环境下很不稳定，因此 6-APA 降解产物较多，产品晶习有较大改变；图 8-17（b）是 10% 的 6-APA 溶液在 50℃下静置 40min 后结晶的产品照片，受热时间过长，过多的降解产物对 6-APA 产品晶习的影响也相当严重。因此，在 6-APA 反应结晶过程中，只要环境不是过于恶化，在正常的、良好的控制条件下，降解产物对 6-APA 产品晶习及质量的影响很小。

（c）苯乙酸的影响。在固定化青霉素酰化酶裂解青霉素 G 钾盐过程中，除了生成 6-APA，还等物质的量产生副产物苯乙酸，因此研究苯乙酸对 6-APA 产品晶习的影响是非常有意义的。

实验研究了苯乙酸在反应结晶溶液中的含量分别为 1.75% 和 2.25% 时对 6-APA 产品晶习的影响情况，晶体照片如图 8-18 所示。由图 8-18 可知，在实验研究范围内，当苯乙酸在 6-APA 反应结晶溶液中的含量达到 2.25% 时，产品晶习将有明显变化，{002} 晶面比例明显增加，晶体变长；而当苯乙酸含量在 1.75% 以下时，6-APA 晶体的晶习变化不大，{002} 晶面比例仅略微增加，对整

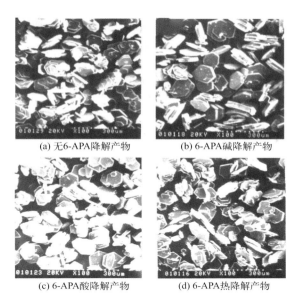

(a) 无6-APA降解产物   (b) 6-APA碱降解产物

(c) 6-APA酸降解产物   (d) 6-APA热降解产物

图8-16　6-APA降解产物对6-APA产品晶习的影响

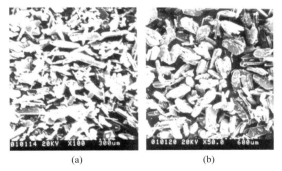

(a)   (b)

图8-17　加碱反应结晶得到的晶体（a）和长时间热降解后得到的产品（b）照片

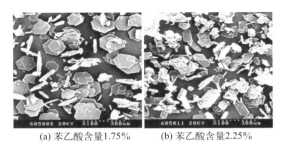

(a) 苯乙酸含量1.75%   (b) 苯乙酸含量2.25%

图8-18　苯乙酸对6-APA产品晶习的影响

个产品晶习的影响不大。由此可知，苯乙酸对 6-APA 产品晶习的影响在本实验研究范围内存在一个临界浓度，在 1.75% ～ 2.25% 之间。

杂质引起的 6-APA 晶习的变化，与前述过饱和度以及温度的影响相比，最明显的特点是晶体变薄、易碎，而且晶体质量明显下降。这说明杂质对 6-APA 晶习的影响机理是较为复杂的。

④ 有机溶剂的影响。改变有机溶剂及其与水的体积比，观察不同混合溶剂对 6-APA 晶习的影响，产品晶体照片如图 8-19 所示。由图可知，不同的有机溶剂对 6-APA 产品晶习影响不同。乙醇的加入对 6-APA 晶习的影响不大，只是随加入量的增加，粒度减小；而丙酮的加入，则明显改变了 6-APA 晶习，当丙酮含量低时，6-APA 晶体较厚，粒度较小，当丙酮含量高时，6-APA 晶习为梭形，厚度增加，但粒度变化不大。

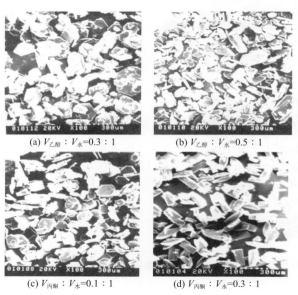

(a) $V_{乙醇} : V_{水} = 0.3 : 1$ (b) $V_{乙醇} : V_{水} = 0.5 : 1$

(c) $V_{丙酮} : V_{水} = 0.1 : 1$ (d) $V_{丙酮} : V_{水} = 0.3 : 1$

图8-19　有机溶剂对6-APA产品晶习的影响

（2）6-APA 反应结晶过程　对 6-APA 反应结晶过程进行了结晶动力学及过程模拟的研究及分析，选用间歇动态法中的矩量变换法处理实验数据，得到 6-APA 反应结晶物系的成核和生长速率 B^0、G，回归得出动力学参数。

在纯水溶剂中的成核及生长动力学方程为

$$B_S = 5.620 \times 10^9 \exp[-20.3 \times 10^3/(RT)]N^{1.62}\Delta C^{2.35}M_T^{0.80} \qquad R^2 = 0.9324$$

$$G = 2.238 \times 10^{-2} \exp[-43.4 \times 10^3/(RT)]\Delta C^{2.10} \qquad R^2 = 0.9578$$

在纯水溶剂中的初级成核动力学方程为

$$B^0 = 3.07 \times 10^{20} \exp[-82.10 \times 10^3/(RT)]\Delta C^{3.48} \qquad R^2 = 0.9636$$

在混合溶剂中的成核及生长动力学方程为

乙醇： $\qquad B = 1.52 \times 10^6 \Delta C^{2.08} M_T^{0.62} \qquad R^2 = 0.9318$

$\qquad\qquad\qquad G = 5.59 \times 10^{-10} \Delta C^{1.95} \qquad R^2 = 0.9632$

丙酮： $\qquad B = 1.79 \times 10^6 \Delta C^{2.16} M_T^{0.74} \qquad R^2 = 0.9126$

$\qquad\qquad\qquad G = 3.62 \times 10^{-10} \Delta C^{1.46} \qquad R^2 = 0.9571$

结果表明 6-APA 晶体在本实验条件下生长为表面控制生长。在结晶动力学实验结果的基础上，本书著者团队建立了 6-APA 半间歇反应结晶过程的数学模型，并通过实验验证了模型的可靠性，结果表明通过控制过饱和度可调节反应结晶产品粒度分布，加晶种操作优于不加晶种操作。

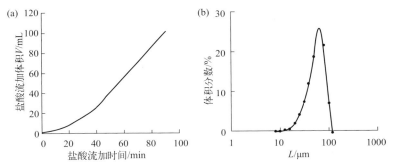

图8-20 经验优化盐酸溶液流加速率曲线（a）和经验优化操作下产品粒度分布（b）

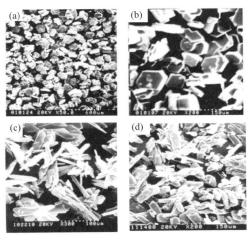

图8-21 天津大学6-APA产品照片（a）、（b）和国内某厂6-APA产品照片（c）、（d）

最终，根据模型模拟的结果，指导实际 6-APA 反应结晶过程，得到了经验最优操作曲线，产品质量及产量均达到国际样品水平，产品粒度分布较稳定，如图 8-20 和图 8-21，操作更易控制，为 6-APA 反应结晶过程的设计与放大奠定了基础。

三、7-ADCA

1．7-ADCA 简介

7- 氨基去乙酰氧基头孢烷酸（7-amino-3-deacetoxy cephalosporanic acid），简称 7-ADCA，化学式为 $C_8H_{10}N_2O_3S$（分子量为 214.2），结构式见图 8-22。7-ADCA 是口服头孢类药物重要的中间体，主要用于头孢氨苄、头孢羟氨苄、头孢拉定等抗生素的合成，同时 7-ADCA 是由青霉素类产品转化为头孢类产品的桥梁。因此，其质量（如粒度分布和纯度）将直接影响到下游产品的生产和质量。另外 7-ADCA 的纯度也是影响下游产品杂质含量的重要因素，由于 7-ADCA 中的杂质将带入下一步生产过程中，为了减小下游生产的压力，对 7-ADCA 的纯度要求也在不断提高。

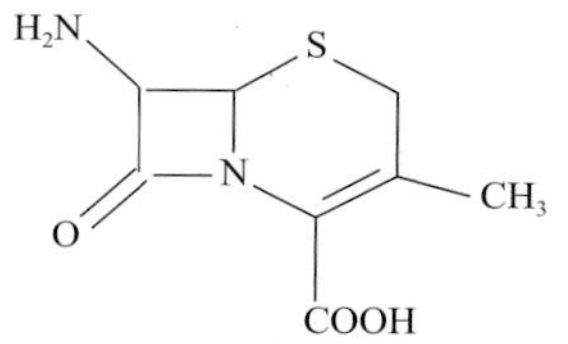

图8-22
7-ADCA化学结构式

长期以来国内市场主要依赖进口，这种局面对我国抗生素工业的发展极其不利。而且，国内生产的结晶产品不仅内在含量低，而且产品晶形差，在吸光值、溶解性、稳定性等方面与国外产品相比存在明显的差距，由此合成的头孢氨苄、头孢拉定等头孢类产品的质量也受到影响。此外，7-ADCA 的生产成本较高，环境污染较严重，自动化水平较低。

2．7-ADCA 结晶精制

本书著者团队以产品质量（粒度分布及纯度）和成本优化为最终目标，对 7-ADCA 反应结晶工艺进行了较系统的研究[6]。

在 7-ADCA 结晶过程中，反应物之间混合、反应速率远大于结晶成核、生长速率，因此结晶是 7-ADCA 反应结晶过程的控制步骤。7-ADCA 在酸性条件下结晶聚结明显，在碱性条件下聚结很少发生。两种条件下的破裂和粒子老化都可以忽略。在各种聚结的影响因素中搅拌强度作用最大，在一定的搅拌强度范围内促进聚结体的形成，而在另外的范围内将阻止聚结体的形成。搅拌引起的流体运动会影响晶体之间的碰撞以及聚结体破裂和磨损。聚结体粒度由搅拌分散能决定，受到 Kolmogorov 微尺度的限制。

（1）结晶过程　在 7-ADCA 结晶过程不同时刻取样，得到产品的 SEM 照片和粒度分布分别如图 8-23 和图 8-24 所示。在结晶初始阶段很短时间内聚结体已经达到一定的粒度，说明聚结体以非常快的速率形成并生长。单个晶体在 5min 内已经生长成几微米大小。至于单个晶体粒度更小的阶段，难以通过取样直接观察粒子形貌。

(a) t=1200s，pH=1.030　　(b) t=1800s，pH=1.050

(c) t=3000s，pH=1.090　　(d) t=5400s，pH=1.295

图8-23　间歇结晶过程中不同时刻产品电镜照片

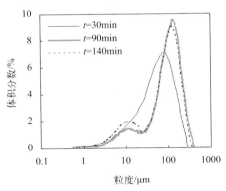

图8-24　不同时刻产品粒度分布

（2）搅拌强度的影响　不同搅拌强度下 7-ADCA 产品粒度分布和 SEM 照片分别如图 8-25 和图 8-26（a）所示，产品聚结率与搅拌速率之间的关系如图 8-26（b）所示。

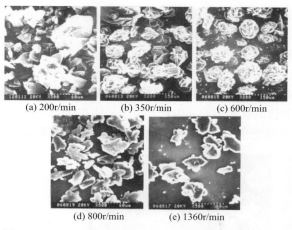

(a) 200r/min   (b) 350r/min   (c) 600r/min

(d) 800r/min   (e) 1360r/min

图8-25　不同搅拌强度下7-ADCA产品电镜照片

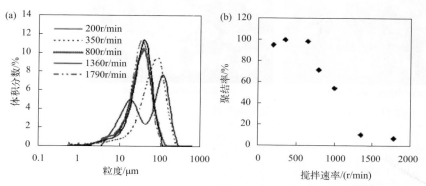

图8-26　不同搅拌速率下7-ADCA产品粒度分布（a）和产品聚结率与搅拌速率关系（b）

（3）流加速率的影响　分别在两个不同氨水流加速率下进行结晶实验，得到7-ADCA 产品的 SEM 照片如图 8-27 所示。

通过对结晶温度、结晶母液浓度、流加速率、搅拌强度、晶种、杂质等影响因素的探索，最终得到最优化条件，在最优化操作条件下所得产品的电镜照片如图 8-28（e）和图 8-28（f）所示，粒度分布如图 8-29。采用最终改善的结晶工艺得到的 7-ADCA 产品 HPLC（高效液相色谱）纯度高于 98.5%（国内外技术：98%），产品 425nm 吸光值 0.08（国内外技术：425nm 吸光值 0.15），产品溶解速率加快，平均总收率为 75.4%（国内外技术：69.5%）。

(a) 流加速率1.5mL/min

(b) 流加速率0.5mL/min

图8-27　不同流加速率下7-ADCA产品电镜照片

(a) 印度7-ADCA产品(×500)　　(b) 荷兰7-ADCA产品(×4000)

(c) 改进前国内工厂7-ADCA　　(d) 改进后国内工厂7-ADCA
　　产品(×100)　　　　　　　　　产品(×1000)

(e) 实验室酸性条件结晶　　　　(f) 实验室碱性条件结晶
　　(×1000)　　　　　　　　　　(×500)

图8-28　实验室（最优化操作条件产品）及国内外工厂7-ADCA产品电镜照片

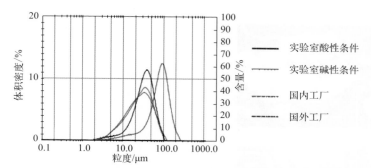

图8-29 实验室（最优化操作条件产品）及国内外工厂7-ADCA产品粒度分布

图例：
实验室酸性条件
实验室碱性条件
国内工厂
国外工厂

四、氯唑西林钠

1.氯唑西林钠简介

氯唑西林钠为半合成青霉素，具有耐酸、耐青霉素酶的特点，对革兰阳性球菌和奈瑟菌有抗菌活性，对葡萄球菌属（包括金黄色葡萄球菌和凝固酶阴性葡萄球菌）产酶株的抗菌活性较苯唑西林强，但对青霉素敏感葡萄球菌和各种链球菌的抗菌作用较青霉素弱，对甲氧西林耐药葡萄球菌无效。

早期，国产氯唑西林钠晶体产品的质量与国外产品相比差距较大，具体表现为液相含量低，晶习不完整，溶剂残留严重，产品的澄清度不能达到中国药典对氯唑西林钠的要求。而且生产过程中过滤时间长、难干燥、过程收率低，这就导致产品的生产周期长、生产能力低、生产成本高，直接影响着工厂的经济效益与市场竞争力。在氯唑西林钠生产过程中，合成过程直接决定产品的收率，结晶过程是提高产品质量和收率的关键步骤。但是，国外对生产工艺，尤其是结晶技术的封锁，使得氯唑西林钠的生产和结晶技术在文献中很少公开报道。基于上述原因，本书著者团队对氯唑西林钠的生产过程，尤其是结晶过程进行优化和改造，提出新的耦合结晶工艺，从而生产出具有国际竞争力的氯唑西林钠晶体产品。

2.氯唑西林钠结晶精制

（1）溶剂对晶习的影响 如图 8-30，在吡啶 - 乙酸丁酯、甲醇 - 无水乙醚中进行溶析结晶得到氯唑西林钠产品的晶习为针状。在乙酸乙酯中进行反应结晶得到产品的晶习也为针状。在甲醇 - 乙酸丁酯中进行溶析结晶、在乙醇中进行冷却结晶、在甲醇 - 乙酸乙酯中结晶所得到的晶体产品均为片状。

（2）结晶方法对晶习的影响 以氯唑西林钠在甲醇 - 乙酸丁酯体系中的结晶为例，不同的结晶方法包括溶析结晶、反应结晶、蒸发结晶和反应 - 蒸发耦合结晶，这些方法对产品晶习的影响结果如图 8-31 所示。在溶析结晶、反应结晶、蒸发结晶三种结晶方式下得到产品的晶习都是片状，其中溶析结晶得到的产品基本不聚结。

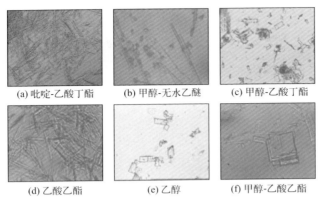

(a) 吡啶-乙酸丁酯　　　(b) 甲醇-无水乙醚　　　(c) 甲醇-乙酸丁酯

(d) 乙酸乙酯　　　　　(e) 乙醇　　　　　　(f) 甲醇-乙酸乙酯

图8-30　溶剂体系对晶习的影响

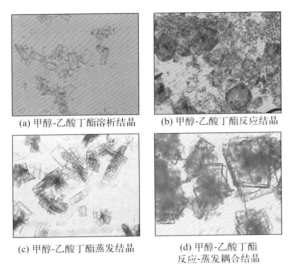

(a) 甲醇-乙酸丁酯溶析结晶　　　(b) 甲醇-乙酸丁酯反应结晶

(c) 甲醇-乙酸丁酯蒸发结晶　　　(d) 甲醇-乙酸丁酯
　　　　　　　　　　　　　　　反应-蒸发耦合结晶

图8-31　结晶方法对晶习的影响

（3）结晶工艺对结晶过程的影响　对工厂原工艺、反应-蒸发耦合结晶工艺及蒸发结晶工艺三种工艺进行比较。三种工艺所得产品的质量指标及收率如表8-4所示。工厂原工艺所得产品的晶习最差，并且产品不合格，过滤和干燥时间长；另外两种工艺所得产品晶习较好，收率略有降低，但是产品的纯度有了明显提高。如果按照生产所得产品的有效成分计，收率大约提高了 0.5 个百分点。蒸发结晶工艺的缺点是溶剂甲醇用量大，并且蒸发过程消耗能量多，因此成本偏高。虽然耦合结晶工艺所生产的产品在晶习方面不如蒸发工艺，但是其在其他的指标方面远超工厂原工艺水平，所以从目前生产状况来说，为提高竞争力，工厂应选择耦合结晶工艺。另外，可以将蒸发结晶工艺作为一种进一步提升产品质量的潜力工艺。

表8-4　三种工艺所得的产品质量

指标	工厂原工艺	反应-蒸发耦合结晶工艺	蒸发结晶工艺
性状	类白色（略发黄）结晶性粉末	白色结晶性粉末	白色结晶性粉末
澄清度	≥1级	0.5级	0.5级
pH值	5.11	5.9	6.0
纯度	94.1%	98.9%	99.2%
干燥时间	12h以上	3h左右	2h左右
总收率	89%	85%	84%

五、普鲁卡因青霉素

1. 普鲁卡因青霉素简介

普鲁卡因青霉素是一种长效抗生素，常用于轻度感染和猩红热、肺炎后期的巩固性治疗，亦可用于风湿热、细菌性心内膜炎、钩端螺旋病、化脓性皮肤病以及新生儿破伤风等的防治。在工业生产中，普鲁卡因青霉素的制备通常采用溶液微粒结晶法，其实质上属于反应结晶过程。

普鲁卡因青霉素工业生产中所采用的溶液微粒结晶过程，包含反应和结晶两个基本步骤。因此，要开发优化的反应结晶工艺，必须研究其反应动力学特性和结晶动力学特性。

制备普鲁卡因青霉素混悬针剂要求粒度小于 20μm，国内原有技术是先结晶制备大颗粒晶体，再通过气流粉碎法制备微粉产品，但是该技术存在产品粒度分布不均匀、产品流动性及混悬性能差等问题。本书著者团队开发的反应结晶工艺，可以通过一步法直接制备微粒产品，得到的产品粒度分布均匀，产品流动性及混悬性能较好。

2. 普鲁卡因青霉素结晶精制

普鲁卡因青霉素的生成反应是一个较快的沉淀反应。对于存在聚结和破裂的普鲁卡因青霉素溶液微粒结晶过程，本书著者团队[7-9]采用生死函数表征法建立的聚结-破裂粒数衡算方程，能很好地反映产品的粒度分布和结晶过程，并用此方程回归得到了普鲁卡因青霉素的结晶动力学表达式。根据结晶动力学表达式可知，在普鲁卡因青霉素反应结晶过程中，在实验条件下，成核速率较大，成核过程主要为初级成核；晶体生长为扩散控制生长；晶体的聚结和破裂不能忽略。

对于反应结晶过程，混合通常对产品的质量（粒度、粒度分布、过滤特性、晶型、纯度等）有较大的影响。本书著者团队研究了普鲁卡因青霉素反应结晶过程中物理环境和操作条件（结晶温度、初始反应浓度、流加速率、加料方式、加料点位置等）对产品粒度的影响，以指导工业生产。

① 操作形式。本书著者团队研究了连续操作、半间歇操作和间歇操作等几种操作形式。在其他操作条件相同的情况下，连续操作所生产的产品平均粒度最大；间歇操作所生产的产品平均粒度最小。对于间歇过程，相比其他的操作形式，更易产生较高的局部过饱和度，产生较多的晶核，从而产品的平均粒度小；而连续结晶过程，系统操作较为稳定，相比其他操作形式，产生的局部过饱和度最小，因而产品的平均粒度最大。

② 加料点位置。实验结果表明，在非湍流区内加料时，反应结晶器内的混合效果相对较差，形成了较高的局部过饱和度，成核数大量增多，产品的平均粒度减小；在湍流区内加料，反应物和反应产物混合充分，形成的局部过饱和度较小，因而产品的平均粒度较大。当混合产生影响时，加料点位置的选择通常十分重要。另外，加料口间的距离由远到近，产品的平均粒度则由大到小，这是由于物料聚集区域按以上顺序依次减小，使得系统内的局部过饱和度依次增大，故最终产品的粒度依次减小。

③ 反应结晶温度。随着反应结晶温度的升高，反应速率、成核速率、生长速率三者均增大，成核速率增大，晶核增多，产品平均粒度减小；生长速率增大，产品的粒度增大，但温度对生长速率的影响比对成核速率的影响大，故产品平均粒度随反应结晶温度的升高而增大。

④ 流加速率。随着反应物料流加速率的增大，产品的平均粒度减小。流加速率愈快，产生的局部过饱和度愈高，产生的晶核愈多，因而，产品的平均粒度愈小。反应物加料速率可以作为结晶产品特征的控制手段。

⑤ 搅拌速度。在普鲁卡因青霉素反应结晶过程中，随着搅拌速度的增大，晶体产品的平均粒度增大。这是由于随着搅拌速度的增大，系统内的混合更加充分，局部过饱和度降低，晶核减小，晶体产品的平均粒度增大。

⑥ 加料体积比。随着加料体积比的增大，晶体产品的平均粒度减小。在本实验中，加料体积比增大，当一种反应物浓度不变时，另一种反应物的浓度增大，反应速率、过饱和度等均增大，因而，产生的晶核增多，产品粒度减小。

⑦ 晶种。加入均匀、粒度小、晶型良好的晶种，产品的平均粒度显著变小，晶型也得到改善。对于反应结晶物系，由于过饱和度较高，加入晶种后，初级成核仍占主导地位。由实验发现，加入晶种能很好地改善初级成核形成的大量细晶的形状（由无晶种时的细微针状变为有晶种时的小粒、小棒状）、大小、均匀度，因而，产品的最终平均粒度减小，粒度分布均匀，晶型较好。

⑧ pH 值的调节。pH 值增大，产品晶体易横向生长，产品晶型为短而粗的棒状，但 pH 值过高和过低均会使反应物、反应产物发生降解、变性。故 pH 值

应选择在一适宜范围内。

⑨ 正丁醇加入量。正丁醇作为消沫剂，对结晶器内的搅拌及混合产生有利的影响，但正丁醇的加入量直接影响到产品的晶型。实验发现，在结晶过程中加入适量的正丁醇，会使结晶器内搅拌和混合良好，泡沫少，产品晶型好；加入过量的正丁醇，搅拌效果差、产品晶型差；加入的正丁醇过少，则起不到消沫的作用，产品晶型也较差。故正丁醇的加入量、流加速率也应选择在一适宜范围内。

本书著者团队采用最佳结晶工艺得到的普鲁卡因青霉素结晶产品（如图 8-32）具有粒度小、粒度分布均匀、晶型好、纯度高等优点，总体质量远超过目前国内生产厂家的产品，完全达到或超过国外水平。

图8-32　本书著者团队反应结晶新技术生产的普鲁卡因青霉素产品（a）和原有技术生产的普鲁卡因青霉素产品（b）

六、青霉素V钾

1. 青霉素 V 钾简介

青霉素 V 钾为白色结晶粉末，化学命名为 6-苯氧乙酰氨基青霉烷酸钾盐，分子式 $C_{16}H_{17}KN_2O_5S$，分子量 388.49，CAS 登记号 132-98-9。其化学结构式如图 8-33 所示。从图 8-33 中可以看出青霉素 V 钾分子结构主要由 β-内酰胺环和四氢噻唑环组成，其中具有抗菌作用的为 β-内酰胺环，而含有苯氧甲基的侧链结构则影响青霉素 V 钾的物化性质。

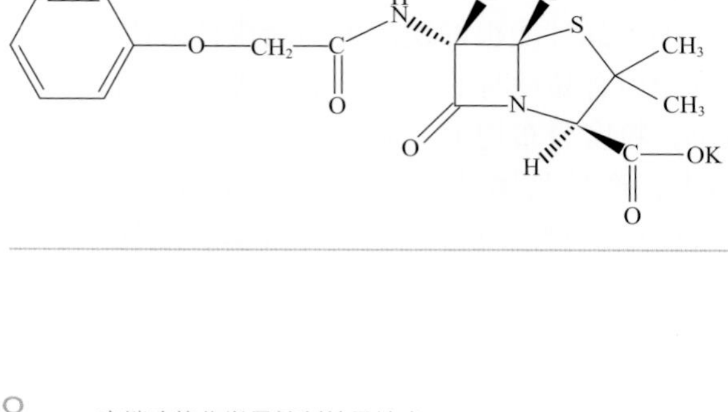

图8-33
青霉素V钾结构式

青霉素 V 钾的生产过程很长，从最初的菌落培养和发酵过程到中期的提炼萃取过程，直至最后的结晶精制过程，中间还涉及过滤、干燥、脱色、二次萃取等过程，整个过程涉及多种单元操作，技术要求较高。

由于青霉素 V 钾的结晶精制过程对最终的产品质量（如晶体形态、收率、粒度大小及其分布）影响显著，因而其结晶过程受到了科研工作者和技术工程师们的广泛关注。针对目前青霉素 V 钾结晶过程中存在的问题，为了得到粒度分布均匀、晶体形态可控以及收率高的产品，本书著者团队[10]选用正丁醇-水作为溶剂体系，系统地研究了青霉素 V 钾的结晶热力学以及晶体形态规律，并在此基础上考察了多种因素对产品粒度和收率的影响，根据热力学数据，确定出最佳操作工艺。

2. 青霉素 V 钾结晶精制

采用真空共沸结晶技术对青霉素 V 钾进行精制提纯，根据过程的物料衡算得到理论收率，并在热力学数据的指导下进行工艺优化。考察了初始浓度、混合溶剂组成、真空度、搅拌桨、搅拌速率以及操作时间对产品收率和粒度的影响。

（1）粒度的影响因素　主要工艺目标是得到粒度大且分布均匀的晶体产品，而在实验过程中发现，蒸发速率的快慢对晶体产品的粒度具有决定性的影响。此外，回流比、搅拌速率和搅拌桨的选择也会对晶体粒度产生一定的影响。

① 真空度对晶体粒度的影响。经过多次实验发现，体系的真空度对晶体产品的粒度与粒度分布有很大的影响，这是因为在一定的温度和搅拌速率下，体系的蒸发速率完全取决于体系的压力，体系的真空度越大，蒸发速率越快，水含量下降得越快。真空度升高 10mm Hg（1mmHg=133Pa），将会直接导致最终的晶体产品粒度变小很多，如图8-34及图8-35所示。

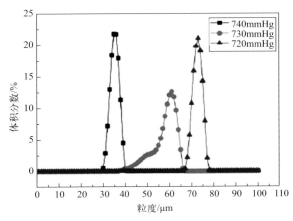

图8-34　真空度对粒度分布的影响

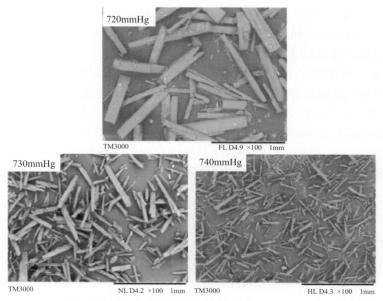

图8-35　真空度对粒度大小的影响

②搅拌桨对晶体粒度的影响。搅拌桨的类型对粒度大小和分布产生一定的影响，这是由于不同的搅拌桨将在结晶器中产生不同的流场，流场的差异会导致粒子在结晶器内运动轨迹不同，从而影响溶质分子的扩散与堆积过程，最终导致粒度分布与粒度大小的差异，如图 8-36 和图 8-37 所示。

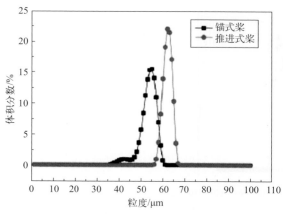

图8-36　搅拌桨对粒度分布的影响

图8-37　搅拌桨对粒度大小的影响

③ 搅拌速率对粒度大小的影响。考察了三个不同大小的搅拌速率对粒度大小的影响，如图 8-38 所示。

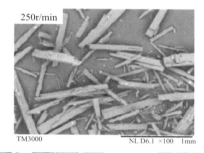

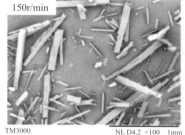

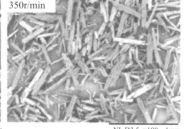

图8-38　搅拌速率对粒度大小的影响

（2）收率的影响因素　结晶产品的收率是由多种因素综合影响决定的，从热力学的角度来看，初始溶质质量、初始溶剂组成以及补加正丁醇的质量是决定理论收率的关键因素。此外，结晶过程也是一个动力学过程，蒸发速率及蒸发时间也会影响最终的收率。

（3）最佳工艺　经过大量的实验研究，本书著者团队比较并总结了影响产品收率和粒度的各种因素，最终确定的最佳工艺参数如表 8-5 所示。

表8-5　最佳工艺参数表

参数	最佳参数值
真空度/mmHg	720
搅拌桨类型	推进式密封不锈钢桨
搅拌速率/（r/min）	250
初始浓度（质量分数）/%	24.0
初始溶剂水含量（质量分数）/%	20.1
蒸发时间/h	4.5

第二节
头孢类抗生素精制结晶技术

一、头孢唑林钠

1．头孢唑林钠简介

头孢唑林钠于 1971 年在日本首次上市，是临床医学界治疗革兰阳性菌感染的首选主导型抗生素，但是，其结构中的含硫基团在剧烈条件下会发生少量断裂，导致高聚物等相关杂质增加，同时含硫基团与胶塞促进剂成分类似，会与丁基胶塞发生化学反应产生有害物质，导致副反应比例明显增加。特别是目前临床上使用的头孢唑林钠为无定形固体，稳定性差。因此，临床医学界迫切需要寻找一种更稳定、更安全、副作用更小的头孢唑林钠新晶型。研究发现，头孢唑林钠有 α 晶型（含 5 分子结晶水，理论含水量为 15.9%）、β 晶型（含 1.5 分子结晶水，理论含水量为 5.4%）和 γ 晶型（含 1 分子结晶乙二醇），另外还有脱水无晶型和无定形，共计五种存在形态。其中，α 晶型头孢唑林钠稳定性最好。

1997 年 7 月，α 晶型头孢唑林钠在日本上市。国内临床上原来使用的头孢唑林钠产品存在着严重的质量问题，如产品为无定形、杂质含量较高、澄清度易变差、稳定性差、有效期短、堆密度小、流动性差等（图 8-39）。而本书著者团队制备的五水头孢唑林钠晶型，彻底解决了国内该产品的质量问题，得到的产品结晶度高、粒度分布均匀、晶体表面光洁、流动性好、堆密度大，并且产品中杂质含量、溶解速度、澄清度等指标优于同类产品标准，结晶收率提高 5%。药物产品的稳定性高，经国家药品监督管理局鉴定，新产品有效期为 24 个月（比原来临床上使用的产品延长 6 个月）。

图8-39　工艺改善前的头孢唑林钠产品

2．头孢唑林钠结晶精制

本书著者团队[11]针对头孢唑林酸的成盐反应以及头孢唑林钠的结晶新工艺进行了研究与开发。头孢唑林钠的合成是一个有机酸和碱的中和反应，主要考察了反应温度、加料方式以及反应终点的 pH 值对产品质量的影响。在头孢唑林钠结晶过程中，主要研究了各操作参数对产品质量的影响情况，具体考察了结晶终点的控制、反应温度、搅拌速率、加料方式以及加晶种等对晶体产品质量的影响。选用了冷却结晶和溶析结晶耦合的结晶方式，得到了收率高、产品质量高于前两种结晶工艺的产品。对这一新工艺进行了系统的实验研究，以确定其最优操作条件。

（1）反应温度　中和反应是一个快速的过程，制约反应的主要因素是头孢唑林钠在溶剂体系中的溶解速率，头孢唑林钠在高温下的溶解速率要远远大于低温下的情况，由此可以推测高温时可以增大溶解速率，推动反应的正向进行。在其他条件相同的情况下，达到平衡的时间随温度的变化关系见图 8-40（a），由图可以看出，随着温度的升高，达到平衡的时间迅速缩短，因此，在条件允许的情况下，尽量在高温下进行反应，但温度也不宜太高，以免头孢唑林钠发生分解，因此反应温度控制在 30 ～ 35℃之间。

（2）加料方式　除反应温度外，还考察了加料方式对产品指标的影响。一种是将碳酸氢钠以溶液的形式加入头孢唑林酸溶液体系，另一种是将头孢唑林酸加入碳酸氢钠溶液体系或者将固体碳酸氢钠直接加入头孢唑林酸溶液体系。经过大量的实验研究发现，加料方式对产品指标的影响不明显，而影响较大的是反应终点时的 pH 值，因此准确判断反应终点是关键的。中和反应 pH 值随碳酸氢钠投入量的变化见图 8-40（b）。

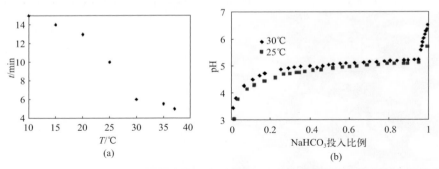

图8-40 反应平衡时间与温度的关系（a）和中和反应pH值随碳酸氢钠投入量的变化（b）

（3）母液浓度 其他操作条件相同的情况下，不同初始浓度下得到的头孢唑林钠产品粒度分布情况如图 8-41（a）所示，由图可以看出，溶液浓度的增大，使得小粒子个数比例增大，大粒子个数比例减小，分析原因可能是初始浓度的增大引起结晶系统中晶浆的悬浮密度增大，导致二次成核速率的增加，从而小粒子的比例上升。在考察的实验范围内，各种情况下的主粒度和CV值列于表 8-6 中，由表中可以看出，随着浓度的增大，主粒度的变化趋势和变异系数并不一致，因此实验中应综合各项因素，以得到粒度分布较好的产品。

表8-6 不同初始浓度条件下产品的主粒度和变异系数

初始浓度/（kg/L）	0.4	0.45	0.5
主粒度/μm	48.27	56.23	48.27
CV	1.18	1.27	1.11

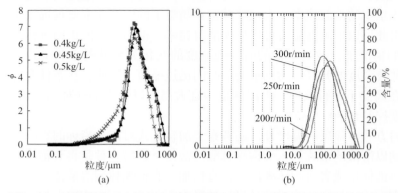

图8-41 溶液浓度对产品粒度分布的影响（a）和搅拌转速对晶体粒度分布的影响（b）

（4）搅拌速率　在其他操作条件相同的情况下，确保系统达到全混，考察了不同转速下所生产头孢唑林钠产品的粒度分布情况，见图 8-41（b）。可以看出，随着搅拌转速的增加，头孢唑林钠晶体产品的主粒度有减小的趋势，而粒度分布越来越集中，将各转速下的主粒度和变异系数列于表 8-7。各搅拌速率下的电镜照片如图 8-42（a）～图 8-42（c）所示。

表8-7　不同搅拌速率下的主粒度和变异系数

搅拌转速/(r/min)	200	250	300
主粒度/μm	157.9	129.1	92.23
CV	1.14	1.11	1.01

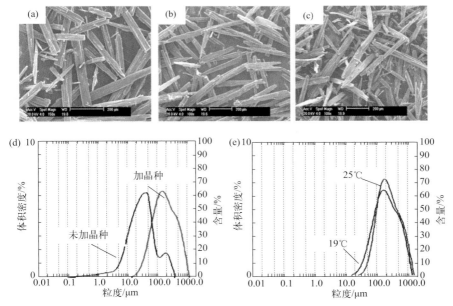

图8-42　不同搅拌转速下[（a）200r/min，（b）250r/min，（c）300r/min]产品电镜照片及晶种对头孢唑林钠粒度分布的影响（d）、结晶温度对产品粒度分布的影响（e）

（5）晶种　晶种的加入可以改善头孢唑林钠产品的粒度分布，实验研究发现，加入晶种可以得到粒度较大的晶体产品［见图 8-42（d）］，未加晶种的产品粒度分布出现双峰，推测可能与爆发成核有关。在实验考察的范围内，晶种加入与否或加入量的多少对产品的收率影响不明显；但晶种的加入量与产品粒度分布的变异系数和主粒度有关，晶种加入量在 2‰ ～ 5‰ 范围内时，发现随着晶种加入量的增大，产品的 CV 值变小，而产品主粒度变化趋势不明显。

（6）结晶温度　结晶过程的温度控制是一个重要的操作，它直接影响到质量的传递，进而影响晶体的成核和生长。实验研究发现，结晶温度越高，得到的晶体产品粒度越大［见图8-42（e）］，这说明温度的升高有利于头孢唑林钠晶体的生长，但是，考虑到头孢唑林钠是一种抗生素类产品，结晶过程的温度不宜过高。

（7）溶析剂流加速率　对头孢唑林钠来讲，由于其为棒状晶体，实验研究发现虽然随着溶析剂流加速率的加快粒度有变大的趋势，但是对照电镜照片后发现，溶析剂流加速率过快将会导致产品的聚集（见图8-43），从而可能会有杂质包藏，影响到产品的纯度和其他质量指标，因此，应将流加速率控制在一定的水平。研究表明，为维持恒定的过饱和度，采用先慢后快的滴加方式加入溶析剂可以得到粒度较大的产品。

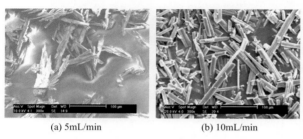

(a) 5mL/min　　　　　　　(b) 10mL/min

图8-43　不同流加速率下产品的电镜照片

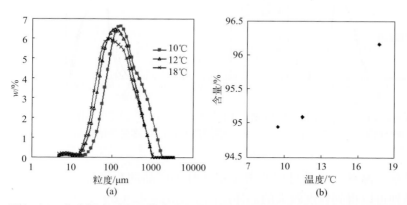

(a)　　　　　　　　　　　(b)

图8-44　终点温度对产品粒度分布的影响（a）和终点温度对产品含量的影响（b）

（8）结晶终点的控制　在一定的操作范围内，随着温度的降低和溶析剂用量的增加，头孢唑林钠在溶液体系的溶解度越小，也就是说，降低结晶的终点温度和提高溶析剂的用量会提高产品收率，同时，随着终点温度的降低，产品粒度越来越大［见图8-44（a）］，但是产品的含量有所下降［见图8-44（b）］。另一方面，溶析剂用量的增加有利于提高收率，但当接近一定水平时，随着溶析剂的增加，产品收率增长缓慢。

（9）老化　实验考察了老化时间对头孢唑林钠产品粒度分布的影响，在其他操作条件相同的情况下，老化时间对产品晶形的影响见图8-45（a），从外观上看，老化时间对产品的晶形没有明显影响，得到产品均为棒状晶体。同时考察了老化时间对头孢唑林钠DSC曲线的影响［见图8-45（b）］，对照结果发现影响并不明显。

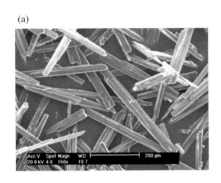
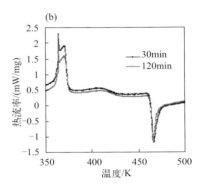

图8-45　老化时间对产品晶形的影响（a）和对DSC的影响（b）

本书著者团队对头孢唑林钠结晶工艺进行了持续不断的基础研究和关键技术开发，通过构建多晶型药物晶体工程研究方法学，成功开发了最稳定的五水头孢唑林钠晶型及其结晶制备方法，申请了美国、欧洲和印度专利各一项，并建立了年产80t五水头孢唑林钠新晶型结晶生产线，产品合格率由74.1%提高至100%，深圳华润九新药业有限公司的市场占有率由4.2%跃升至97.7%。

二、头孢噻肟钠

1.头孢噻肟钠简介

头孢噻肟钠（cefotaxime sodium），其化学名称为：（6R,7R）-3-(乙酰氧基)甲基-7-(2-氨基-4-噻唑基)-(甲氧亚氨基)乙酰氨基-8-氧代-5-硫杂-1-氮杂双环[4.2.0]辛-2-烯-2-甲酸钠盐。分子式$C_{16}H_{16}N_5O_7S_2Na$，分子量477.44，结构式如图8-46。头孢噻肟钠为白色、类白色或淡黄白色结晶，无臭或微有特殊臭味。在水中易溶，在甲醇、乙醇、丙酮中微溶，在氯仿、正己烷、二氯甲烷、二乙醚及乙酸乙酯中不溶。无固定熔点，分解温度为（273±2）℃。

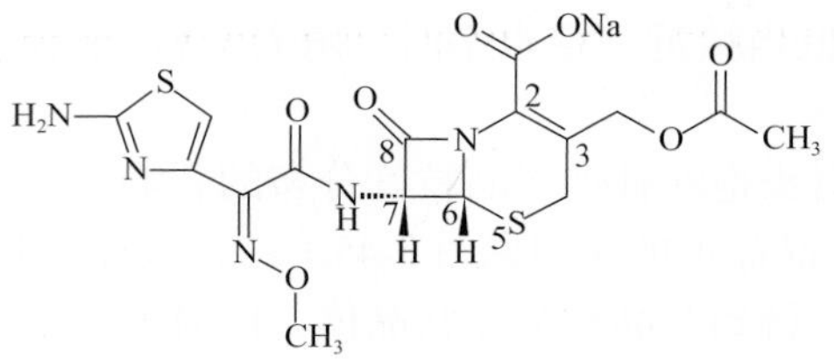

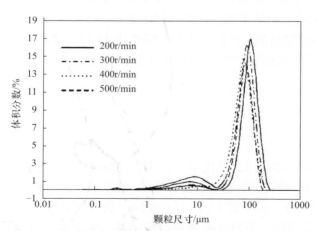

图8-46
头孢噻肟钠结构式

国内生产的头孢噻肟钠与国外同类产品相比存在晶体粒度过小、粒度分布不均匀、纯度较低等质量方面的差距。另外，就目前的工艺现状而言，在头孢噻肟钠结晶过程中极易出现聚结成胶现象，结晶过程极不稳定。而这是由决定产品最终质量的生产过程后段反应以及结晶方法落后导致的。这些问题导致产品质量较差且不稳定，另外还在一定程度上导致生产成本的增加及原材料的浪费。

2．头孢噻肟钠结晶精制

本书著者团队[12,13]在对头孢噻肟钠的结晶热力学和结晶动力学充分研究之后，提出了一种更简捷、有效的方法——基于三元溶剂体系的球形聚结技术，即在结晶过程中将直接产生的微晶体转化为聚结颗粒，从而省去造粒操作。既可简化生产工艺，也可得到堆密度高，流动性、可压缩性及稳定性优良的聚结颗粒，以利于后续分装胶囊或造粒工序的进行。

操作参数对聚结过程的影响研究如下。

图8-47　不同搅拌速率下头孢噻肟钠实验产品的粒度分布

① 搅拌速率的影响。考察了搅拌速率对球形结晶产品粒度分布的影响，结果如图 8-47 及表 8-8 所示。由粒度分布曲线可见，随搅拌速率的增大，聚结产品的主粒度减小，且小颗粒相应的峰越来越明显。这一现象说明搅拌速率增大后，搅拌剪应力作用增强，聚结颗粒结构更紧凑，从而导致粒度有所减小。同时，较高的搅拌速率将导致颗粒聚结所需克服的阻力更大，因此，聚结颗粒进一步生长受到限制，从而粒度较小的聚结颗粒增多将势不可免。而在搅拌速率增大后，颗粒与器壁之间，颗粒与搅拌桨之间以及颗粒之间的碰撞加剧，颗粒的表面能会受到消耗，从而减缓其聚结趋势。

表8-8　不同搅拌速率下头孢噻肟钠实验产品的CV及主粒度

搅拌速率/(r/min)	主粒度/μm	CV	产品收率（摩尔分数）/%
200	96	39.31	95.3
300	78	43.85	93.4
400	71	48.06	92.7
500	64	66.37	92.0

② 温度的影响。除了搅拌速率外，系统的温度也对微晶的球形聚结行为有重要的影响。考察了温度对聚结体颗粒粒度分布的影响，结果如图 8-48 及表 8-9 所示。由图可见，随温度升高，聚结颗粒的主粒度下降，粒度分布略微拓宽。尤其当系统温度由 293.15K 升高到 298.15K 时，聚结体的主粒度明显下降，而温度升高到 303.15K 后，细晶数量明显增多，CV 值增加到 39.56。因此，较低结晶温度下，可以得到粒度较大的球形聚结颗粒产品。同时，细晶的数量也将减少。

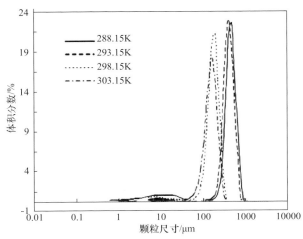

图8-48　不同温度下头孢噻肟钠实验产品的粒度分布

表8-9　不同温度下头孢噻肟钠聚结产品的CV及主粒度

温度/K	主粒度/μm	CV	产品收率（摩尔分数）/%
288.15	421	27.87	95.6
293.15	372	28.56	94.8
298.15	159	30.79	92.5
303.15	132	39.56	90.2

三、头孢曲松钠

1. 头孢曲松钠简介

头孢曲松钠（ceftriaxone sodium）是被广泛使用的第三代头孢菌素类抗生素，半衰期长，对 β- 内酰胺酶稳定，组织穿透能力强，对革兰阴性菌及阳性菌均有效。在 7-ACA 的 3 位侧链引入酸性基团成功获得的头孢菌素类注射剂也仅此一类，头孢曲松钠的分子结构见图 8-49。本品为白色或类白色结晶性粉末，无臭，易溶于水，微溶于甲醇，几乎不溶于氯仿或乙醚中。应在遮光、严封、阴凉、干燥处保存。

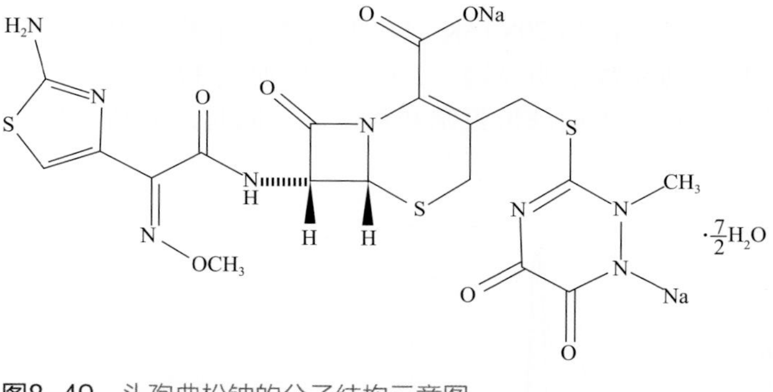

图8-49　头孢曲松钠的分子结构示意图

国产头孢曲松钠结晶产品不仅头孢曲松含量低，而且产品在晶形、溶液的澄清度与颜色、有关物质及头孢曲松聚合物的含量、溶出速率、稳定性等方面与国外产品相比存在明显的差距，不少厂家的产品甚至达不到药典要求，而只能作为原料药廉价出售。此外，由于国内药厂自主科研水平与投入不够，再加上国外技术封锁，国产头孢曲松钠半合成技术与结晶精制工艺落后，产品收率低、生产规模小，自动化水平较低，而"三废"较多，导致生产成本较高。因此，系统研究头孢曲松钠结晶过程具有经济、社会和环境的多重效益。

本书著者团队开发出头孢曲松钠的溶析 - 冷却耦合结晶工艺，优于以往不控温的简单溶析结晶工艺，并且得到的产品中头孢曲松聚合物含量低，产品色级浅于 5#，澄清度较好（0.5#），产品总收率达 96%，而此前国内外技术生产的产品色级浅于 7#，澄清度差（1#），产品总收率为 90%。

2．头孢曲松钠结晶精制

头孢曲松钠工业结晶主要采用溶析结晶的方法，对于溶析结晶法，其溶析剂的选择、沉淀剂的选择、晶种的加入、溶析剂的加入速度、搅拌速度以及结晶温度等都对结晶过程有很大的影响。本书著者团队[14]主要通过改变不同的操作条件，如温度、搅拌速度、流加速率、晶种等开发较好的结晶工艺。通过研究各操作参数对头孢曲松钠溶析结晶过程所得到的最终产品质量的影响，以及结合热力学和动力学的实验可以选择出最佳的结晶工艺。

① 温度选择。当加入的溶析剂的量一定时，温度越高，最终产品的收率越低。同时通过不同温度下的对比实验发现，温度过高（> 20℃）获得的产品浊度较差（为了提高收率加入过多丙酮导致影响浊度的微小粒子析出所造成的），主粒度较小。

② 溶析剂的选择和流加速率控制。通过对比实验，发现用丙酮作溶析剂，获得的产品粒度大、纯度高，且易于结晶操作，因此采用丙酮作为溶析剂。

由于开始时，溶液尚未达到介稳区，允许溶析剂以较大的速率加入，以缩短反应时间，但不宜过大，以免引起局部浓度过高达到介稳区，而且丙酮与水混合时会放出热量，丙酮加入过快，致使体系温度升高，影响系统的稳定。

③ 搅拌速度。搅拌速度增大时，晶体的粒度减小，如图 8-50。动力学方程显示，搅拌速度对生长速率的影响不大，但实验中发现搅拌速度过大时，会出现明显的破碎现象［图 8-51 为 300r/min 下产品的电镜照片］。因此，在保证结

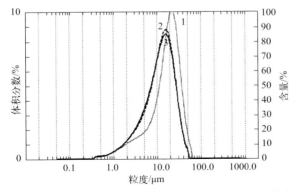

图8-50 不同搅拌速度下头孢曲松钠的粒度分布曲线
1—220r/min；2—300r/min；3—350r/min

晶器内的悬浮液混合较好的条件下，搅拌速度应该尽可能低。图 8-52 是这一搅拌速度下获得的产品的电镜照片，破碎现象不是很明显，且基本没有粘壁现象发生。

图8-51 转速=300r/min时产品的电镜照片

图8-52 转速=220r/min时产品的电镜照片

④ 溶析剂的加入量。只有加入足量的溶析剂，才能保证一定的收率，根据热力学实验结果，可以计算出 15℃时，当丙酮的总加入量与水的比例为 52:7 时理论收率为 97%，超过此量继续加入溶析剂时，对收率的影响不大，而且过量的溶析剂还会使一些杂质析出影响产品纯度。

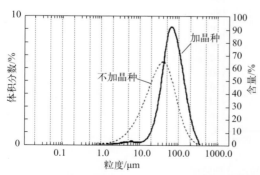

图8-53 加晶种与不加晶种条件下头孢曲松钠的粒度分布曲线

⑤ 晶种要求。在没有晶种加入的情况下会发生剧烈的爆发成核，而加入粒度大小适度、粒度分布均匀、纯度较高的晶种，可以避免粘壁，得到具有较大平均粒度的产品，见图 8-53。实验中采用广东丽朱制药厂生产的注射用头孢曲松钠，并对其进行了研磨。加晶种与不加晶种条件下粒度分布曲线的对比见图 8-53。

⑥ 最终工艺优化的产品。采用如上所述的最佳工艺得到的头孢曲松钠产品［图 8-54］具有粒度大、粒度分布均匀、晶型好、纯度高等优点。

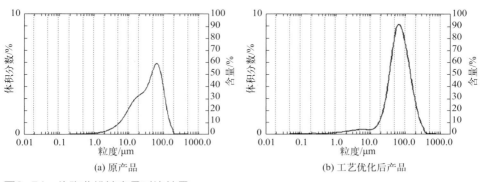

(a) 原产品　　　　　　　　　　(b) 工艺优化后产品

图8-54 头孢曲松钠产品对比结果

四、头孢氨苄

1. 头孢氨苄简介

头孢氨苄一水合物（cefalexin monohydrate），化学名为（6R,7R）-3- 甲基 -7-[(R)-2- 氨基 -2- 苯乙酰氨基]-8- 氧代 -5- 硫杂 -1- 双环 [4.2.0] 辛 -2- 烯 -2- 甲酸一水合物，分子式为 $C_{16}H_{17}N_3O_4S \cdot H_2O$，分子量为 365.41。结构式如图 8-55 所示。从头孢氨苄结构式可知，头孢氨苄是一种两性物质，分子中含有羧基和氨基，且分子内有一个 β- 内酰胺环，在强酸强碱及热环境下不稳定，容易发生开环反应。

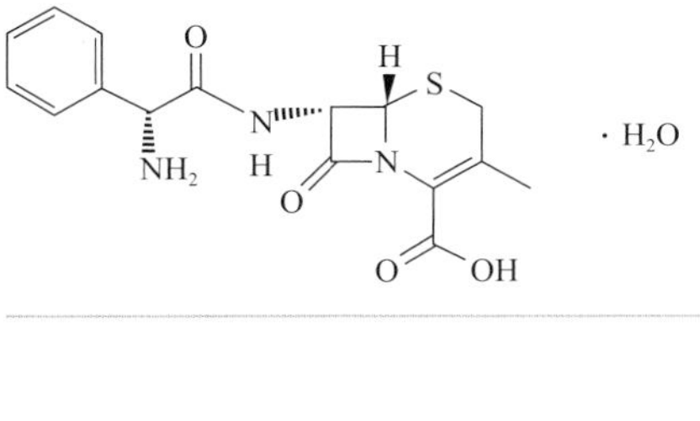

图8-55
头孢氨苄结构式

头孢氨苄是应用较广泛的半合成头孢菌素，是一种广谱抗生素。它在体内对大部分革兰阴性菌和阳性菌有抗菌活性，对肺炎链球菌、金葡菌等大多数菌株有较好的抗菌能力。头孢氨苄被广泛应用在皮肤软组织、呼吸道、泌尿道等的感染。头孢氨苄药物因毒性比较小，并且口服时吸收性很好，而且对 β-内酰胺酶有一定的耐受作用，而在临床应用上被广泛地使用。

目前国内的头孢氨苄晶体产品存在堆密度小、粒度分布不均、晶习不好等质量问题。此外，现行的头孢氨苄间歇结晶生产过程存在周期长、工艺耗水量大等问题，不符合环保节水理念。本书著者团队[15,16]全面开展头孢氨苄原料药结晶清洁生产关键技术与设备研究，开发连续结晶工艺并优化，深入探究头孢氨苄结晶母液资源化回收关键技术，进行工程放大研发直至产业化实证，提高过程处理能力，降低有害物质及废水排放量，为系统解决大宗原料药生产中的水污染问题提供减排关键技术。

2．头孢氨苄结晶精制

目前，头孢氨苄产品存在的主要问题有产品堆密度低、流动性差、易发生聚结等，通过前面对晶体形态学、结晶过程热力学、动力学的基础研究，本书著者团队对头孢氨苄反应结晶工艺进行了系统的优化。结晶过程中存在相互关联又相互制约的因素，影响着产品的晶习、堆密度和粒度分布等，这些影响因素包括反应结晶温度、析晶点 pH、流加速度、晶种数量、晶种大小、搅拌方式等。通过对这些操作参数的考察，最后获取最佳的操作条件，从而获得目标产品。

（1）头孢氨苄半连续结晶工艺　头孢氨苄反应结晶存在结晶与反应的双重特征，影响结晶过程与反应速率的因素主要包括：析晶点 pH 值、流加速度、结晶温度、搅拌速度及方式以及晶种等。由于是反应结晶，体系的混合状态对产品的质量（过滤特性、纯度、聚结度等）有着非常重要的影响。

① 加晶种。不添加晶种时，头孢氨苄反应结晶过程体系的过饱和度极难控制，批次产品结果变动大。同时，晶体产品呈现细针状，其晶体形态如图 8-56 所示，易发生聚结，产品堆密度低。因此，为了更好控制结晶过程，获得理想的头孢氨苄晶体产品，应该在结晶过程中加入适量的晶种。

② 过饱和度。过饱和度对头孢氨苄晶习影响显著。在高过饱和度下，头孢氨苄容易形成爆发成核，生成针状晶体，致使堆密度低；在低过饱和度下，更容易进行二次成核，生成棒状晶体，有利于提高产品堆密度。

③ 析晶点 pH 值。由于头孢类药物为两性物质，其溶解度受 pH 影响极大。头孢氨苄在强碱中不稳定，极易分解，因此，选择在酸性条件下进行反应结晶，考察不同析晶点 pH 值（3.25 ~ 4.5）对产品的影响。如图 8-57 所示。

 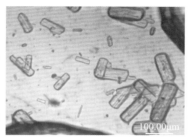

(a) 未添加晶种 (b) 添加晶种

图8-56　头孢氨苄晶体显微镜图

图8-57　不同析晶点pH值下产品显微镜图

④ 温度。影响头孢氨苄溶解度的另一个因素是温度。头孢氨苄在水中微溶，其溶解度受温度影响不显著。同时，头孢类药物热稳定性差，在高温下易发生分解。因此，对 25 ~ 45℃下的产品进行了考察。见图 8-58。

图8-58　不同结晶温度产品显微镜图（从左至右，温度从高到低）

⑤ 流加速度。由于头孢氨苄反应结晶工艺采取双管流加工艺，因此，料液流加速度是影响溶液过饱和度的另一主要因素。以流加时间 90min 为例，通过对过

程取样观察晶体成核生长，图 8-59 为 90min 流加时间下，结晶过程晶体变化图。

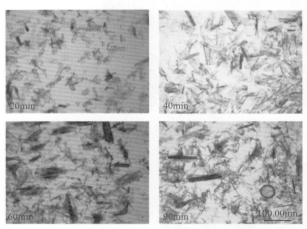

图8-59 流加时间90min时，结晶过程不同时间段晶体显微镜图

当体系流加速度减小时，溶液中过饱和度增加速度变缓，爆发成核得到抑制，产品为棒状，晶体长径比增加，堆密度变大，流加速度对晶体平均长和宽的影响如图 8-60 所示。

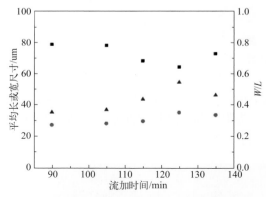

图8-60 流加速度对产品平均尺寸及长径比的影响
■—长（L）；●—宽（W）；▲—W/L

在最佳反应结晶条件下，所得产品如图 8-61 所示。可以看出最佳工艺条件下得到的产品晶习好，产品堆密度提高一倍，其值大于 0.3g/mL，结晶收率可达 91%。

（2）头孢氨苄连续稳态流结晶研究与优化　本书著者团队确定了最佳的连续稳态流结晶操作条件。实验装置如图 8-62 所示。

H D8.8 ×1.2k 50μm   H D8.9 ×800 100μm

图8-61　厂家产品（左）和实验室工艺优化产品（右）SEM图

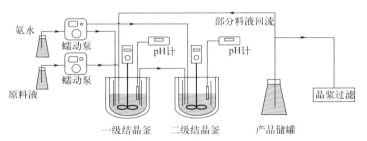

图8-62　头孢氨苄连续稳态流结晶小试研究与优化装置图

溶解度-动力学实验表明，溶液的组成，或者说溶液的 pH 值对头孢氨苄的溶解度影响极大，而温度则对成核-生长动力学参数有着较为显著的影响。

由最终产品的形貌图 8-63 可知，在实验范围内，当 pH 较低时，产品形貌呈长棒状；当 pH 较高时，产品形貌呈短棒状。

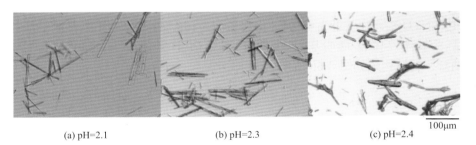

100μm

(a) pH=2.1　　　　　　　　(b) pH=2.3　　　　　　　　(c) pH=2.4

图8-63　不同操作点pH下稳态（τ＞10）产品形貌图

由图 8-64 和图 8-65 可知，在 40℃稳态条件下，最终产品形貌略优于 25℃条件下的产品。其在 40℃下反应结晶，晶体形貌略有改善，优于 25℃，说明较高的温度有利于反应结晶过程。40℃连续稳态运行 20h 以上，固含量持续变少，溶液持续变黄，说明在溶液状态下，溶液中的头孢氨苄容易降解，药物降解杂质增加，但是晶体产品的 XRD 没有明显变化，说明晶体头孢氨苄并没有发生转晶。

图8-64
25℃稳态条件下产品形貌图（过饱和度S=1.4）

图8-65
40℃稳态条件下产品形貌图（过饱和度S=1.4）

五、其他头孢类抗生素

1. 头孢西丁钠结晶精制

头孢西丁钠（CAS 登记号 :33564-30-6）英文名为 cefoxitin sodium，分子式为 $C_{16}H_{16}N_3NaO_7S_2$，分子量为 449.4，化学名称为 (6R,7S)-3- 氨基甲酰基氧甲基 -7- 甲氧基 -8- 氧代 -7-[2-(2- 噻吩基) 乙酰氨基]-5- 硫杂 -1- 氮杂双环 [4.2.0] 辛 -2- 烯 -2- 甲酸钠盐，其结构式如图 8-66 所示：

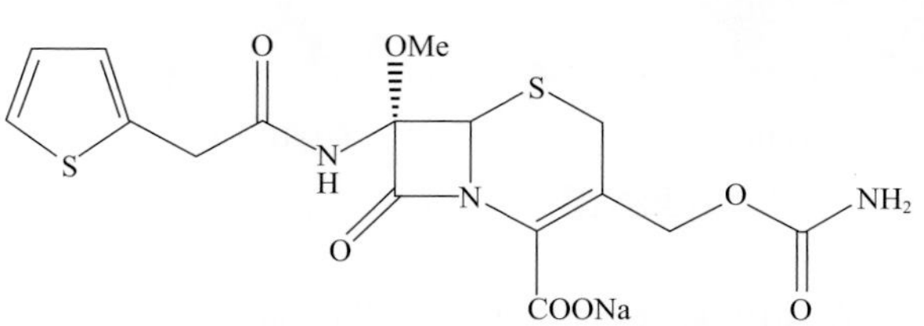

图8-66
头孢西丁钠结构式

头孢西丁钠为白色或类白色粉末，吸湿性强，有轻微的特征气味。极易溶于水，略溶于甲醇、二甲基甲酰胺，微溶于乙醇，不溶于乙醚、氯仿、丙酮、芳香族和脂肪族烃类溶剂。头孢西丁钠由美国 Merck 公司创制和开发，于 1974 年上市，1980 年起销售注射剂。临床上主要用于治疗上、下呼吸道，泌尿生殖系统，腹腔，盆腔，骨和关节，皮肤和软组织等部位感染以及手术性感染。头孢西丁钠习惯上被划分为第二代头孢菌素类药物。

采用国内现有结晶工艺生产的头孢西丁钠产品普遍存在晶习不理想、粒度小、易聚结、干燥困难、稳定性差、结晶度低、易降解、难保存等问题，造成产品在纯度和稳定性方面不合格。因此，设计并优化一种生产头孢西丁钠的结晶新工艺显得尤为重要。

本书著者团队[17]设计并优化了一种生产头孢西丁钠的结晶新工艺，通过系统考察各个因素和操作条件如溶剂体系、初始浓度、成盐剂、结晶温度、脱色条件、搅拌速度和原料等对产品质量的影响，获得头孢西丁钠反应及溶析结晶的新工艺操作条件。在该新工艺操作条件下制备的头孢西丁钠纯度高、晶体形态较好、稳定性较强、结晶度较高，收率达到 90%。

采用本书著者团队开发的头孢西丁钠反应及溶析结晶新工艺制得的头孢西丁钠产品具有以下特点：纯度高，大于 99.9%；收率较高，达到 90%；产品在温度为 60℃、湿度为 75% 条件下，密封、避光静置 5d 后，纯度依然能达到 98%；产品聚结情况得到改善，容易过滤和干燥。采用新工艺制得的头孢西丁钠与国内某厂家生产的头孢西丁钠的 XRD 图和 SEM 图分别如图 8-67、图 8-68 所示。从图 8-67 中可以看出，两种工艺条件下得到的产品的 XRD 衍射峰位置一致，应为同种晶型，但衍射峰强度明显新工艺的增强，说明结晶度有所提高。从图 8-68 中可以看出，由新工艺得到的头孢西丁钠产品呈针状或丝状，长度在 30μm 左右，蓬松地团聚成类球状。国内某厂家生产的产品则没有明显的晶习，聚结严重。

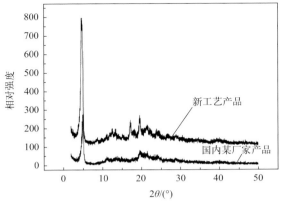

图8-67　新工艺生产的头孢西丁钠与国内某厂家产品的XRD图谱

图8-68 新工艺生产的头孢西丁钠[（a）、（b）]与国内某厂家产品[（c）、（d）]形态对比图

2．硫酸头孢匹罗结晶精制

硫酸头孢匹罗（cefpirome sulphate，CPS），化学式为 $C_{22}H_{22}N_6O_5S_2H_2SO_4$，结构式如图 8-69 所示。硫酸头孢匹罗为第四代头孢菌素，在头孢核处含有季铵盐基团。用于上、下尿道，下呼吸道，皮肤及软组织感染的治疗。头孢匹罗的半衰期为 2h，对假单胞菌、肠球菌、葡萄球菌以及其他革兰阳性和革兰阴性菌均有扩增的活性谱。临床可用于肺炎、脓毒症等多种感染的治疗，也可用于成人患者尿路、腹腔内感染的治疗。该药物几乎不产生严重副作用，最常见的不良症状是非特异性循环系统疾病（寒战、心动过速、高血压、恶心、呼吸困难、冷汗、注意力不集中等），但是可以随着时间自行缓解。

图8-69
硫酸头孢匹罗结构式

硫酸头孢匹罗在溶液和固体状态下都不稳定，易降解，并且降解产物是使其具有毒副作用的主要原因。关于降解研究（时间、压力、杂质含量、环境等条件对稳定性的影响）、CPS 含量测定及方法、药物复合物对稳定性的影响等方面的文章居多。CPS 在水的作用下自发水解，氢离子会催化 CPS 分子水解，尤其是硼酸。CPS 与其他第四代头孢菌素一样，当 pH=3 及以下时稍微不稳定，当 pH=9 或更高时迅速降解，在 pH=3 ～ 6 的水溶液中是最稳定的。

结晶过程是影响硫酸头孢匹罗稳定性和纯度的关键操作步骤，为此，本书著者团队研究了新型硫酸头孢匹罗反应结晶工艺路线。以提高其稳定性、色级指标，降低水分含量，降低杂质含量。本书著者团队发明了一种无菌硫酸头孢匹罗的制备方法，以其制备出的硫酸头孢匹罗具有稳定性好、色级指标低、浊度低、水分含量少等优点。

此外，为提高硫酸头孢匹罗的纯度，本书著者团队发明了一种硫酸头孢匹罗的纯化方法，以解决现有技术成本高、操作复杂、不适宜大规模应用的问题。特殊的除盐工艺和脱色工艺对硫酸钠去除能力强，无需再过吸附柱。经本发明纯化得到的硫酸头孢匹罗具有稳定性好、色级指标低、含量高的优点，能够有效解决生产过程中因颜色、含量、杂质、无菌、可见异物等不合格品返工纯化的问题。本发明纯化工艺成本低，适用于实际生产中。硫酸头孢匹罗的纯度和产品质量得到大幅度提高。

除头孢西丁钠和硫酸头孢匹罗外，本书著者团队还对头孢克肟、头孢他啶、头孢克洛、头孢羟氨苄、头孢哌酮钠、头孢呋辛钠等头孢类抗生素的结晶工艺进行了研究。通过以上研究，头孢类药物的纯度和产品质量得到大幅度提高。

第三节
其他抗生素精制结晶技术

一、红霉素

红霉素 [18,19] 最早于 1952 年由 J.M.McGuire 等以在菲律宾群岛土样中分离到的红霉素链霉菌发酵制得。美国 Lilla 公司和 Abott 公司最先生产红霉素并将产品推向市场。红霉素的主要生产国有美国、意大利、日本、法国、西班牙、葡萄牙、印度、波兰和中国。国内厂家的红霉素及其衍生物的工业产业链以红霉素作为第一关键原料药品，因此，在一定意义上讲，红霉素质量的优劣决定着红霉素衍生物产品质量的优劣，进而决定着这些产品在市场上的竞争力。

国内红霉素结晶普遍采用溶析结晶的方法，在红霉素产品中，主要杂质组分为红霉素 B、红霉素 C 等副产物。红霉素副产物的存在将直接影响红霉素最终产品的质量。副产物含量高除了与红霉素发酵液质量有较大关系外，还与红霉素溶析结晶溶剂的选择、过程控制等有很大关系。众多的国内厂家因产品质量达不到药典要求而停产或减产。因此，本书著者团队开发了红霉素结晶新技术，旨在提高有效组分含量和产品收率，增强国内红霉素的国际竞争力。

为了获得红霉素工业化生产技术可行、经济合理、环境友好的结晶工艺条件，需要综合考虑各种影响因素，同时兼顾各目标参数。工艺优化后产品和工厂生产的红霉素的扫描电子显微照片见图 8-70 所示。工艺优化后的红霉素明显优于厂家产品。经工艺优化后的红霉素晶体，平均粒度变大且粒度分布均匀，收率提高了 8 ～ 10 个百分点，生产周期缩短近 2/3，其他各项质量指标均达到或超过了 USP29 及 CP2005 版要求。

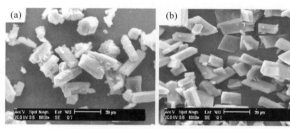

图8-70　国内厂家产品（a）与优化工艺产品（b）的SEM照片

二、大观霉素

大观霉素[20] 又称奇放线菌素或壮观菌素，是一种碱性水溶性抗生素。1960年，美国 Abbott 实验室和 Upjohn 公司的 Mason 等第一次从大观链霉菌中提取出大观霉素。大观霉素肌注吸收快，难于肠道吸收，一般被制成无菌悬浮注射剂。临床采用大观盐的形式。最初为硫酸盐，分子式为 $C_{14}H_{24}N_2O_7 \cdot H_2SO_4 \cdot 4H_2O$，20 世纪 70 年代研制出更适合于悬浮注射的溶解度更大的盐酸盐。盐酸大观霉素为米白色晶体，分子式 $C_{14}H_{24}N_2O_7 \cdot 2HCl \cdot 5H_2O$，分子量 495.35，结构如图 8-71 所示。大观霉素是一种广谱抗生素，对革兰阴性菌和革兰阳性菌均有抗菌作用，临床上专用于治疗奈瑟氏淋球菌引起的感染。目前大观霉素已替代青霉素作为治疗急性淋病的首选药物。

$$CH_3NH \cdot \text{(结构式)} \cdot 2HCl \cdot 5H_2O$$

图8-71
盐酸大观霉素结构式

作为氨基糖苷类抗生素的一员，大观霉素具有这一类物质的通性。比如结构中含有羟基和氨基等亲水基团，游离碱及其盐类均易溶于水，难溶于有机溶剂；稳定性明显受水分、温度、pH 和杂质等的影响；在空气中易潮解，含水量增加后稳定性显著下降；在不同程度的碱性及酸性条件下发生降解反应；分子结构中的许多不对称碳原子带来旋光性等。

目前，以山东鲁抗医药股份有限公司为代表的国内盐酸大观霉素精制工段原有的结晶设备生产批量小、收率较低、批处理重复性及质量不够稳定，已不能满足市场要求，不利于进入国际竞争，因而优化结晶工艺、提升产品质量和提高生产效率成为一个十分迫切且颇具意义的研究课题。为此，本书著者团队进行了以下系统研究工作。

本书著者团队[21,22]在一系列结晶工艺研究的基础上，确定了盐酸大观霉素精制结晶工艺。采用山东鲁抗医药股份有限公司提供的十批粗品进行实验室小试，最终产品的平均收率、平均粒度、变异系数（0.717）均得到优化。工艺优化前后产品扫描电镜照片如图 8-72。由本书著者团队开发的工艺得到的产品效价高于 800 单位/mg，灰分低于 0.2%，通针合格率 100%，混悬液不挂壁，结晶平均收率86.92%，优于以往的国内外技术（产品效价 790 单位/mg，灰分高于 0.5%，通针合格率 75%，混悬液挂壁，结晶平均收率 80%）。

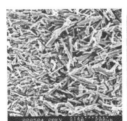
(a) 工艺优化前产品

(b) 新工艺小试产品

(c) 新工艺工业产品

图8-72　工艺优化前后产品扫描电镜照片

三、磷霉素氨丁三醇

1. 磷霉素氨丁三醇简介

磷霉素氨丁三醇是一种磷霉素盐，继承磷霉素的抗菌谱广、药效时间长等特点，同时其生物利用度显著提高，是磷霉素钙的四倍以上。磷霉素氨丁三醇的分子式为$C_7H_{18}NO_7P$，分子量为259.2，化学名为单（2-氨基-2-羟甲基-1,3-丙二醇）（2R-顺式）-（3-甲基环氧乙基）单磷酸盐，其化学结构式如图8-73所示。

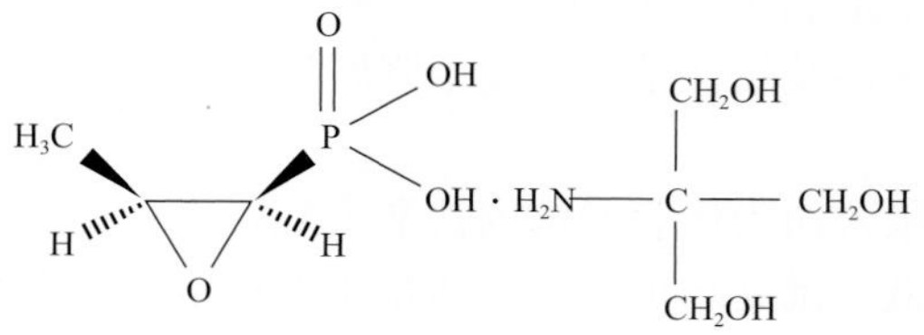

图8-73
磷霉素氨丁三醇的化学结构式

磷霉素氨丁三醇是意大利Zambon公司最早研制开发的水溶性磷霉素盐，临床上用于治疗泌尿系统感染，其疗效独特。该药于1988年首先在意大利上市，国内东北制药总厂最早研制。1993年获得新药证书并投入生产，商品名为复安欣。目前，国内生产磷霉素氨丁三醇的厂家主要有东北制药集团股份有限公司、湖北迅达药业及山西仟源制药股份有限公司。针对磷霉素氨丁三醇易结块、流动性差等问题，本书著者团队开发了一种蒸发、溶析与冷却三者结合的耦合结晶技术。

2. 磷霉素氨丁三醇结晶精制

本书著者团队根据磷霉素氨丁三醇的结晶热力学、结晶动力学数据，经大量理论和实验研究，得出了结晶过程的适宜操作参数。结晶精制技术的关键控制点在于对该结晶过程的成核动力学的控制，进而对刚成核时晶核大小进行控制，从而达到对该过程过饱和度的消耗以及晶体生长的控制，通过对成核和生长的控制，控制产品的粒度，最终获得具有良好流动性与粒度分布的产品，如图 8-74 所示。利用蒸发析出晶体，通过控制蒸发终点、反溶剂加入速率和养晶时间也可得到 40 ～ 60 目占比超过 50%、40 目～ 150 目占比超过 90% 的产品。

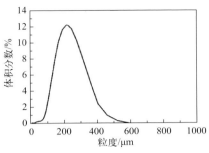

图8-74 干燥后的磷霉素氨丁三醇晶体的粒度分布与电镜照片

第四节
其他大宗原料药精制结晶技术

一、布洛芬

1．布洛芬简介

布洛芬具有良好的消炎、镇痛、解热作用，它被广泛用于治疗风湿性关节炎、类风湿性关节炎、术后疼痛、创伤疼痛等症状。早在 20 世纪，布洛芬已经成为中国首批国家非处方药目录中的一种，同时，它还被列为国际抗风湿协会推荐的首选药物[23]。虽然新型的消炎镇痛药不断出现，但因为布洛芬的疗效极佳，它仍然是解热镇痛药物的三大支柱之一。

布洛芬，$C_{13}H_{18}O_2$，又名异丁苯丙酸，化学名为 α- 甲基 -4-（2- 甲基丙基）苯乙酸。布洛芬为白色或类白色结晶性粉末，有特异臭。布洛芬的熔点约为 75℃，难溶于水，易溶于乙醇、甲醇、乙酸乙酯、丙酮等有机溶剂。布洛芬的化学结构如图 8-75 所示[24]。

$$H_3C-CH-CH_2-\text{苯环}-CH-COOH$$

图8-75
布洛芬分子结构式

布洛芬最早于 1964 年由英国的 Nicholson 等合成，英国的布茨药厂首先获得专利并投入生产[25]。目前，德国的巴斯夫公司、美国的 Albemarle 公司和乙基公司的生产规模较为庞大。上述公司具有自己的核心技术，配合合适的工艺，取得了良好的经济效益，还具有规模优势。我国于 20 世纪 80 年代初开始生产布洛芬，但产量很低。国内的布洛芬生产厂家主要集中在湖北、广东、上海等省市，其中新华制药是国内目前最大的布洛芬原料药生产企业。在布洛芬生产中，决定产品最终质量的关键步骤是结晶单元。国内生产的布洛芬与国外同类产品相比，在晶习、粒度及粒度分布等方面都存在一定的差距。对医药结晶产品而言，质量好坏是产品能否在国际市场竞争中占据有利地位的重要影响因素。因此，有必要对结晶精制过程进行研究，从而生产出高质量的布洛芬晶体产品。本书著者团队以乙醇为主溶剂、水为溶析剂，采用溶析结晶的方法对布洛芬进行结晶精制，以期通过溶析结晶过程能够改善晶体的晶习和粒度分布，达到产品的质量要求。

2．布洛芬结晶精制

本书著者团队考察了溶析结晶过程的操作条件对产品质量的影响，如结晶温度、搅拌速率、是否加入晶种等均可能影响晶体产品的纯度、粒度分布及过程的收率[26]。

（1）结晶温度的影响　如图 8-76 所示，结晶温度过低时，布洛芬晶习为片状；随温度升高片状晶体中出现了棒状晶体，结晶温度再次升高后，晶习基本为棒状。但是过高的结晶温度容易导致溶剂挥发，能耗大，因此结晶温度应控制在 38 ～ 40℃为宜。

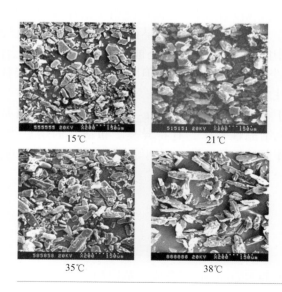

15℃　　　21℃

35℃　　　38℃

图8-76
结晶温度对布洛芬晶习的影响

（2）晶种的影响　从图 8-77 中可以直观地看出，加入晶种之后，产品的粒度分布更加均一，晶习也有所改善。从图 8-78 可以看到，晶种的加入使大粒度晶体数量明显减少，粒度分布更加集中。因此，本书著者团队使用晶种法对结晶精制过程进行了优化。

加晶种

不加晶种

图8-77
晶种对晶习的影响

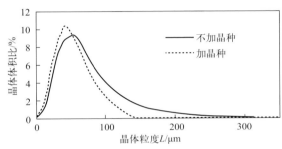

图8-78　晶种对粒度分布的影响

（3）溶析剂流加速率的影响　从图 8-79 可以看出，随着溶析剂流加速率的增大晶体主粒径变小；当流加速率过大时，晶体的主粒度会很小，极易产生聚结现象。所以溶析剂的流加速率需要进行严格控制。

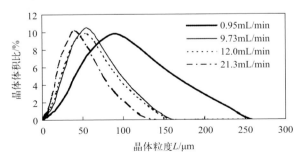

图8-79　流加速率对粒度分布的影响

（4）搅拌速率的影响　本书著者团队发现当溶析剂流加速率介于 8 ～ 12mL/min 时，要使晶体析出时不发生聚结现象，搅拌速率必须大于 1500r/min；流加速率大于 15mL/min 时，要使晶体分散良好，搅拌速率必须大于 1950r/min。搅拌速率过低造成溶析剂与结晶液混合处的局部过饱和度过大，因此大量细小晶体析出，造成聚结，如图 8-80，严重影响了布洛芬晶体产品的晶习和粒度分布。因此，本书著者团队将搅拌速率控制在一个适宜的水平下进行。

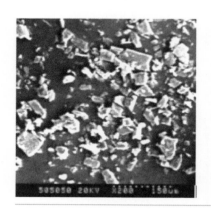

图8-80
布洛芬晶体的聚结现象

（5）优化后结晶产品与国内外同类产品的对比　本书著者团队将在最优结晶过程条件下得到的布洛芬晶体产品与国内外同类产品的晶习进行对比，如图 8-81 所示，产品粒度分布的对比见图 8-82。由图 8-81 可以看出，采用本书著者团队开发的新结晶精制技术获得的布洛芬产品晶习完整，不存在聚结与破碎现象。同时，优化条件下的平均质量收率达到 92%。相比于原先的冷却结晶精制技术，收率提高了两个百分点。由图 8-82 可以看出，在优化结晶技术条件下得到的布洛芬晶体产品中大粒度粒子明显减少，产品的粒度分布与国外的产品基本一致，明显优于国内的产品。

国内产品　　　　　　　实验产品　　　　　　　国外产品

图8-81　结晶精制技术优化后的实验样品与国内外产品的晶习对比

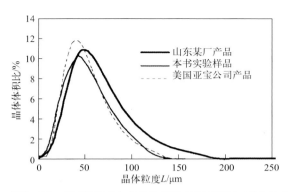

图8-82　结晶精制技术优化后的实验样品与国内外产品的粒度分布对比

二、地塞米松磷酸钠

1. 地塞米松磷酸钠简介

地塞米松磷酸钠是肾上腺糖皮质激素类药物的一种[27]。同其他糖皮质激素类药物相比，地塞米松磷酸钠属激素类长效药，具有更强的抗炎、抗毒素、抗休克作用，且无留钠、排钾作用，是抢救垂危病人不可缺少的急救药品，在20世纪70年代曾被誉为"皮质激素药物之王"。其原料可以制成临床注射用针剂和口服片剂以及外用制剂[27,28]。

地塞米松磷酸钠的化学名为 16α- 甲基 -11β,17α,21- 三羟基 -9α- 氟孕甾 -1,4-二烯 -3,20- 二酮 -21- 磷酸酯二钠盐，分子式为 $C_{22}H_{28}FO_8PNa_2$，分子量为 516.4，其化学结构式如图 8-83 所示。从性状上来看，纯净的地塞米松磷酸钠产品为白色或微黄色粉末；无臭，味微苦；在空气中有较强的吸湿性。

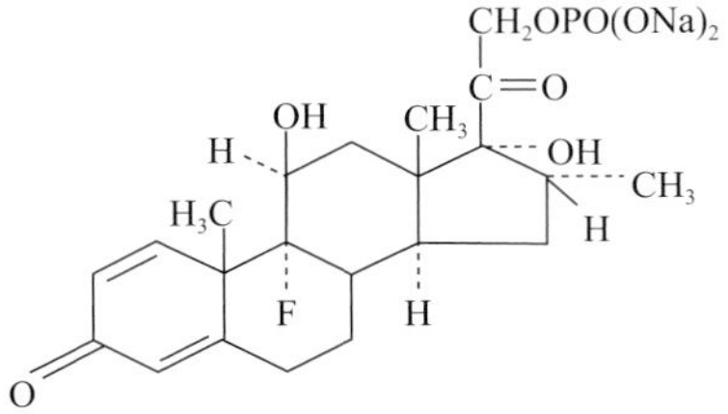

图8-83

地塞米松磷酸钠的化学结构式

地塞米松磷酸钠产品最早于 1960 年由美国的 Merck 公司生产，1962 年荷兰 Organon 药厂开始生产其注射剂。目前，世界各国很多公司都能够生产地塞米松磷酸钠产品。我国于 1965 年开始生产地塞米松磷酸钠原料药，1967 年开始生产其注射液。国内的生产企业主要有天津药业有限公司、上海华联药业有限公司和浙江仙居制药有限公司。

目前，国内生产的地塞米松磷酸钠产品只能作为原料药出口到国际市场，这是由于国内生产的地塞米松磷酸钠同国外同类产品相比存在晶体结晶度低、粒度过小、粒度分布不均匀、纯度较低等质量方面的差距。因此，需要对后段的反应和结晶精制技术进行提升，生产出具有国际先进水平的、质量更好的地塞米松磷酸钠晶体产品。

本书著者团队首先考察了不同结晶方法的优劣，确定合适的结晶方法。然后，对所选择的结晶方法进行实验研究，具体考察不同操作条件对最终产品各项技术指标的影响情况，并进而确定其优化的经验操作条件[29]。

2．地塞米松磷酸钠结晶精制

（1）结晶方法的影响　本书著者团队首先考察了溶析结晶、反应结晶和耦合结晶对晶体产品的影响。在相同的溶剂条件和结晶温度下，采用不同结晶方法得到的地塞米松磷酸钠晶体的电镜照片如图 8-84 所示。可以看到，虽然三种结晶方法下得到的地塞米松磷酸钠晶体的形状基本相同，均为棒状，但是其主粒度大小却有明显差别。采用耦合结晶精制技术得到的晶体产品的主粒度明显大于另两种方法得到的产品。

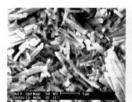
溶析结晶产品/4000倍

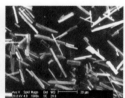
反应结晶产品/1000倍

耦合结晶产品/200倍

图8-84　结晶方法对地塞米松磷酸钠晶习的影响

（2）结晶溶剂的影响　在其他条件均相同的情况下，从不同溶剂中得到的地塞米松磷酸钠晶体的电镜照片如图 8-85 所示。溶剂 A 中得到的晶体较厚，粒度较小；而溶剂 B 中得到的晶体变薄，粒度变大。两种溶剂中得到的晶体的长宽比基本相同，但溶剂 B 中得到的晶体的宽厚比明显大于溶剂 A 中得到的晶体。

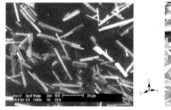

溶剂A/1000倍　　　　　　　　　　　溶剂B/200倍

图8-85　溶剂对地塞米松磷酸钠晶习的影响

（3）结晶温度的影响　在相同溶剂条件、不同结晶温度下得到的地塞米松磷酸钠晶体的电镜照片如图 8-86 所示。在一定的温度范围内，温度并没有对地塞米松磷酸钠的晶习造成很大的影响，但在高温下晶体粒度明显增大。

10℃/2000倍　　　　　　　　　　　25℃/2000倍

图8-86　温度对地塞米松磷酸钠晶习的影响

（4）杂质的影响　在相同溶剂条件和相同温度下，结晶系统中有无表面活性剂吐温 -80 时地塞米松磷酸钠晶体的电镜照片如图 8-87 所示。加入表面活性剂前后，地塞米松磷酸钠晶体的粒度大小和晶习均没有发生明显的改变。

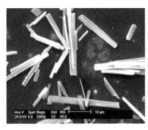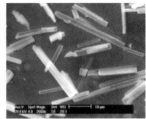

加入吐温-80/2000倍　　　　　　　　未加入吐温-80/2000倍

图8-87　杂质对地塞米松磷酸钠晶习的影响

（5）耦合结晶精制技术产品同国内外产品的比较　图8-88和图8-89分别给出了由耦合结晶精制技术得到的地塞米松磷酸钠晶体产品的扫描电子显微镜照片及粒度分布与国内外同类产品的比较情况。通过这两个图可以看到，采用本书著者团队开发的耦合结晶精制技术得到的地塞米松磷酸钠晶体产品与国内外同类产品相比，平均粒度更大、粒度分布更均匀且基本上不存在聚集与破裂现象。

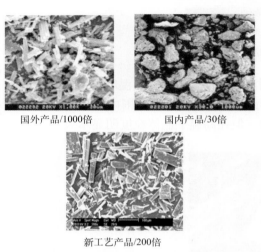

国外产品/1000倍　　　　国内产品/30倍

新工艺产品/200倍

图8-88　不同地塞米松磷酸钠产品的电镜照片

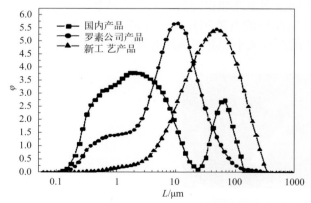

图8-89　不同地塞米松磷酸钠产品的粒度分布比较

3. 地塞米松磷酸钠结晶精制技术产业化

经过大量理论和实验研究，确定了小试条件下地塞米松磷酸钠耦合结晶精制技术的经验优化操作时间表后，在天津药业有限公司对该结晶过程实施了工业放大。从 2002 年 5 月开始，天津大学国家工业结晶工程技术研究中心（简称"结晶中心"）与天津药业有限公司合作，共同完成了地塞米松磷酸钠结晶精制技术的工业应用。经过结晶中心和天津药业有限公司全体参与人员的共同努力，采用新结晶精制技术生产的产品粒度大、粒度分布均匀（图 8-90），过程的一次收率达到了预期目标。产品的高效液相色谱（HPLC）和气相色谱分析表明，产品的纯度和含量均达到国际水平，产品 HPLC 纯度高于 99%，产品中不含甲醇，乙醇含量低于 2000ppm（$1ppm=10^{-6}$），过滤时间短（$<2h$），重量结晶平均收率 102.24%，完全符合欧洲药典和美国药典的规定。相比以往的技术（产品 HPLC 纯度低于 98%；产品中甲醇含量高于 270ppm，乙醇含量高于 18000ppm；产品粒度小，过滤时间 $>12h$；重量结晶平均收率 99.97%），该技术优势十分明显。新结晶精制技术的工业化使结晶中心的科技成果转化为了生产力，这不仅为天津药业有限公司创造了可观的经济效益、提高了国内企业地塞米松磷酸钠产品的国际竞争力，而且也为国内企业迎接入世的挑战创造了条件。

放大100倍

图8-90
天津药业有限公司地塞米松磷酸钠新结晶精制结束的产品

参考文献

[1] 王静康，张美景，万涛，等. 苄青霉素盐结晶过程 [J]. 化工学报，1996, 47(1): 100-105.

[2] 王静康，蔡志刚. 苄青霉素钠盐结晶热力学分析 [J]. 中国抗生素杂志，2001, 26(5): 432-436.

[3] 万涛. 青霉素 G 钾盐真空闪蒸结晶研究 [D]. 天津：天津大学，1992.

[4] 蔡志刚. 苄青霉素钠盐结晶工艺的研究 [D]. 天津：天津大学，1996.

[5] 龚俊波. 6-APA 制备及反应结晶过程研究 [D]. 天津：天津大学，2001.

[6] 刘越. 7ADCA 结晶过程研究 [D]. 天津：天津大学，2003.

[7] 陆杰，王静康. 普鲁卡因青霉素的溶液微粒结晶 Ⅰ. 溶解度和超溶解度的测定 [J]. 中国抗生素杂志，1999, 24(5): 337-338.

[8] 陆杰，王静康. 普鲁卡因青霉素的溶液微粒结晶 Ⅱ. 动力学研究 [J]. 中国抗生素杂志，1999, 24(6): 408-409.

[9] 陆杰，王静康. 普鲁卡因青霉素的溶液微粒结晶 Ⅲ. 结晶工艺优化 [J]. 中国抗生素杂志，2000, 25(1): 16-17.

[10] 谷慧科. 青霉素 V 钾蒸发结晶过程研究 [D]. 天津：天津大学，2013.

[11] 武洁花. 头孢唑林钠结晶过程研究 [D]. 天津：天津大学，2007.

[12] 张海涛. 头孢噻肟钠结晶技术研究 [D]. 天津：天津大学，2008.

[13] 陈明洋. 球形晶体设计：制备策略与抗结块性能预测 [D]. 天津：天津大学，2020.

[14] 张春桃. 头孢曲松钠溶析结晶过程研究 [D]. 天津：天津大学，2007.

[15] 龚俊波，侯静美，刘胜，等. 头孢羟氨苄单水合物反应结晶工艺优化 [J]. 中国抗生素杂志，2012, 37(4): 280-283.

[16] 张军立，龚俊波，孙华，等. 头孢氨苄连续结晶研究及应用 [J]. 化工进展，2019, 38(7): 3349-3354.

[17] 袁付红. 头孢西丁钠反应及溶析结晶过程研究 [D]. 天津：天津大学，2017.

[18] 郭志超. 罗红霉素结晶工艺研究 [D]. 天津：天津大学，2003.

[19] 韩政阳. 地红霉素多晶型及其结晶过程研究 [D]. 天津：天津大学，2019.

[20] 鲍颖，王静康，王永莉. 盐酸大观霉素溶析结晶过程模拟与分析 [J]. 中国化学工程学报（英文版），2005, 13(2): 191-196.

[21] 鲍颖. 盐酸大观霉素溶析结晶过程研究 [D]. 天津：天津大学，2003.

[22] 鲍颖，王静康，黄向荣，等. 盐酸大观霉素的晶体结构 [J]. 华东理工大学学报（自然科学版），2003, 29(4): 336-340.

[23] 苏怀德. 我国第一个非处方药——布洛芬 [J]. 中国医药导刊，2001, 3 (3) : 233-234.

[24] 张伦. 布洛芬市场分析 [J]. 中国制药信息，2002, 18 (4): 35-37.

[25] 卢作勇. 布洛芬的国内外市场和竞争 [J]. 化学医药工业信息，1993 (6): 42-43.

[26] 仲维正. 布洛芬结晶基础数据测定及溶析结晶新工艺研究 [D]. 天津：天津大学，2005.

[27] 中华人民共和国卫生部药典委员会. 中华人民共和国药典 [M]. 北京：中国医药科技出版社，2020.

[28] 梁秉志，张桂华. 常用药物手册 [M]. 北京：科学普及出版社，1987.

[29] 郝红勋. 地塞米松磷酸钠耦合结晶过程研究 [D]. 天津：天津大学，2003.

第九章
特色原料药精制结晶技术

255

特色原料药区别于大宗原料药的范畴，一般指原研药厂的创新药在药品临床研究、注册审批及商业化销售等各阶段所需的原料药以及仿制药厂商仿制生产专利过期或即将专利过期药品所需的原料药。我国是全球主要的特色原料药生产及出口国，在全球医药产业链中占据重要地位。国内早期以华海药业、海正药业等为代表的特色原料药生产企业，主打他汀类、沙坦类等特色原料药。但我国特色原料药生产领域面临严峻挑战，技术壁垒高筑，企业技术研发能力相对薄弱，行业集中度较为分散，出口产品技术含量及附加值不高。特别是特色原料药的晶型被国际专利封锁，精制结晶技术相对滞后，这严重制约了我国高端医药产品的研发、生产。针对这一难题，天津大学国家工业结晶工程技术研究中心开展从分子层次直至产业化实施的多尺度协同创新研发，揭示了药物晶体超分子组装机理，研发了绿色精制结晶成套工艺，为高端医药产品的产业化提供了技术支撑。本章以硫酸氢氯吡格雷、他汀类降脂药、沙坦类降压药、精神病类用药和抗肿瘤类创新药为例，对特色原料药结晶技术的开发进行介绍。在一致性评价、带量采购等政策效应下，特色原料药在未来的研究中将进一步向精加工、过程绿色化、新型药物制剂等方向发展。国内医药研发体系需要在药物合成、原料药精制、药物制剂的研发等方面开展系统性的协同创新研发，构建合理的研发平台，充分利用各学科的优势，集成包括药物合成、原料药精制到药物制剂产业化上市的一系列创新成果，形成创新的整体技术和新设备，进一步解决晶型药物生产中长期被国外制药巨头垄断、晶型不稳定、杂质含量高、环境污染严重、制剂工艺落后等难题，并最终从根本上提高我国医药产品的核心竞争力。

第一节
硫酸氢氯吡格雷精制结晶技术

一、硫酸氢氯吡格雷简介

　　硫酸氢氯吡格雷是氯吡格雷的硫酸盐，英文名 clopidogrel hydrogen sulfate，化学名为 (S)-α-(2- 氯苯基)-6,7- 二氢噻吩并 [3,2-c] 吡啶 -5(4H) 乙酸甲酯硫酸氢盐，其结构式见图 9-1。硫酸氢氯吡格雷是一种血小板抑制剂，它选择性地抑制 ADP（腺苷二磷酸）与血小板受体的结合，具有疗效强、费用低、副作用小等优点 [1,2]。

硫酸氢氯吡格雷于 1986 年由赛诺菲公司研制，由百时美 - 施贵宝与赛诺菲共同开发，2001 年进入中国市场，2010 年是全球销售第二的重磅炸弹药品，占全球抗血栓药物份额的 62% 以上，2011 年全球的销售额也达到 90 亿美元。硫酸氢氯吡格雷最初的专利 FR8702025 已于 2007 年 2 月 17 日到期，药品行政保护也同日终止，新药保护于 2008 年 7 月 12 日到期。不过目前可入药的另一种晶型（Ⅱ晶型）还处于专利保护期内，在巨大的市场需求和经济效益，Ⅰ晶型硫酸氢氯吡格雷的制备成为目前各个药企仿制的重点项目。目前，国内的硫酸氢氯吡格雷制剂产品主要有赛诺菲 - 安万特公司生产的波立维（Plavix）和深圳信立泰药业股份有限公司生产的泰嘉。

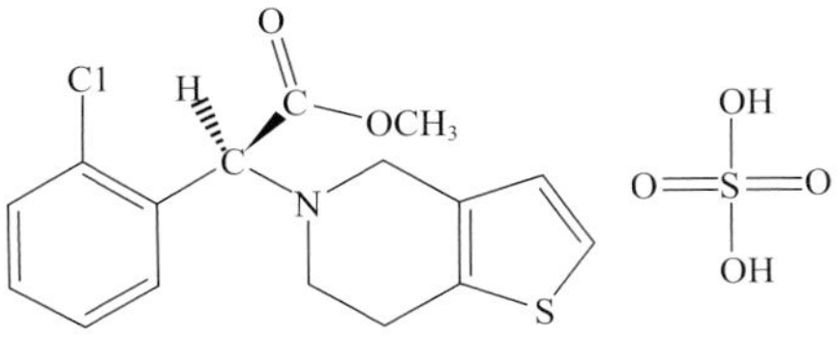

图9-1
硫酸氢氯吡格雷结构式

　　根据目前报道，硫酸氢氯吡格雷存在六种不同晶型和一种无定形，其中只有Ⅰ晶型和Ⅱ晶型为药用晶型 [3,4]。然而，Ⅰ晶型和Ⅱ晶型在理化性质及临床效果方面有很大差异。其中Ⅰ晶型硫酸氢氯吡格雷较Ⅱ晶型具有较高溶解度和生物利用度，但稳定性较差 [5]。因此，Ⅰ晶型的开发引起了医药界的广泛重视。Ⅰ晶型硫酸氢氯吡格雷的稳定制备存在以下共性技术难题：在普通结晶条件下极易转化成稳定的Ⅱ晶型，即使得到Ⅰ晶型，也很容易在湿热条件下转化成Ⅱ晶型 [6]；常温下，在硫酸氢氯吡格雷结晶过程中容易形成胶体和无定形，从而得不到晶体产品；硫酸氢氯吡格雷有很强的吸湿性，结晶过程中很容易吸潮而导致结晶过程失败。并且，由于硫酸氢氯吡格雷Ⅰ晶型对湿热不稳定，粉体性能差，因此常规湿法制粒 - 压片的方法并不适用于硫酸氢氯吡格雷制剂。基于以上问题，本书著者团队对硫酸氢氯吡格雷在晶型精准制备和球形结晶技术开发方面展开了详细研究 [7]。

二、硫酸氢氯吡格雷晶型转化与制备

1. 硫酸氢氯吡格雷多晶型鉴定方法

　　（1）粉末 X 射线衍射（PXRD） 硫酸氢氯吡格雷不同晶型的 PXRD 图谱如图 9-2 所示，Ⅰ晶型与Ⅱ晶型具有明显不同的特征谱线。

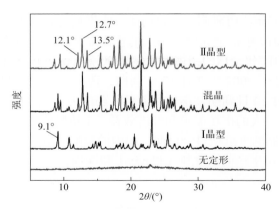

图9-2 硫酸氢氯吡格雷的PXRD图谱

（2）晶体差热分析（DSC） 硫酸氢氯吡格雷的DSC分析如图9-3所示，Ⅰ晶型的熔点为454.52K；Ⅱ晶型的熔点为451.05K。

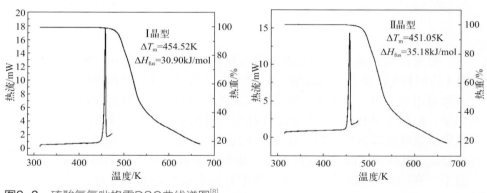

图9-3 硫酸氢氯吡格雷DSC曲线谱图[8]

（3）红外光谱分析（FT-IR） 硫酸氢氯吡格雷的Ⅰ晶型和Ⅱ晶型之间红外光谱具有差异（图9-4）[9,10]：Ⅰ晶型分别在1175cm^{-1}和1350cm^{-1}处附近有一平滑而尖锐的中强度峰，Ⅱ晶型在1120cm^{-1}处附近有一个平滑而尖锐的中强度吸收峰。

2. 硫酸氢氯吡格雷结晶热力学研究

Ⅰ晶型硫酸氢氯吡格雷通过溶液结晶的方式获得，而结晶热力学数据是溶液结晶的关键[11]。本书著者团队选择9种有机溶剂来建立溶剂环境/溶液体系，采用重量法测量了Ⅱ晶型硫酸氢氯吡格雷的溶解度，用FBRM测量了Ⅰ晶型硫酸氢氯吡格雷在293.15～313.15K的溶解度。测量结果见图9-5。可以看出在不同溶剂中Ⅱ晶型的溶解度依次降低：丙醇＜丁醇＜戊醇＜2-丙醇＜2-丁醇＜丁酮＜乙酸甲酯＜甲基异丁基酮（MIBK）＜乙酸乙酯。此外，硫酸氢氯吡格雷的溶解度随温度的升高而增大。从实验结果来看，Ⅰ晶型硫酸氢氯吡格雷的溶解度总是大于Ⅱ晶型的溶解度，这意味着在实验温度和溶剂下，Ⅰ晶型的热力学稳定性低于Ⅱ晶型。

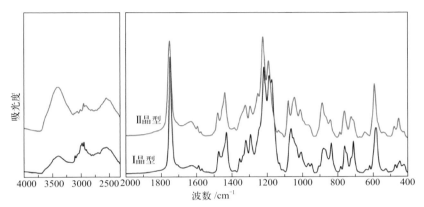

图9-4　硫酸氢氯吡格雷的红外图谱[9,10]

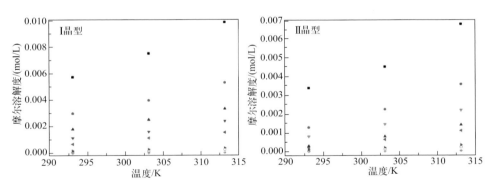

图9-5　不同溶剂中硫酸氢氯吡格雷溶解度与温度的关系
■—丙醇；●—丁醇；▼—戊醇；▲—2-丙醇；◀—2-丁醇；▶—丁酮；○—乙酸甲酯；◇—MIBK；+—乙酸乙酯

3. 硫酸氢氯吡格雷多晶型转化研究

硫酸氢氯吡格雷的反应结晶是在40℃下于9种不同的纯溶剂中进行的。氯吡格雷碱和硫酸快速反应，在短时间内产生高过饱和度，然后在成核的诱导时间后发生结晶。用PXRD对固体样品进行分析，以确定其多态形式，结果表明，Ⅱ晶型在丙醇、丁醇、戊醇和2-丙醇中更容易形成，而Ⅰ晶型在2-丁醇中更容易形成。此外，在丁酮、MIBK、乙酸甲酯和乙酸乙酯中获得无定形。为了研究溶剂对硫酸氢氯吡格雷在 9 种溶剂中多晶型成核和转晶动力学的影响，本书著者团队进行了悬浮多晶型转化实验。将从悬浮 I 晶型到首次检测到 II 晶型的时间段描述为成核诱导期。从表 9-1 来看，II 晶型在 313.15K 时的诱导期与所选溶剂有很大关系，这表明不同溶剂中的成核率有很大差别。

表9-1　悬浮实验中的多晶型转化

溶剂	诱导期/h	晶型II的转化时间（10%到100%）/%
丙醇	79	39.5
丁醇	140.5	110
戊醇	152	151
2-丙醇	186	152
2-丁醇	205	225
丁酮	>240	>240
乙酸甲酯	>240	>240
MIBK	>240	>240
乙酸乙酯	>240	>240

通过确定硫酸氢氯吡格雷在反应结晶过程中的实时浓度，以研究过饱和度对不同溶剂中多晶型的影响。本书著者团队将 ATR-FTIR 和 FBRM 应用于硫酸氢氯吡格雷反应结晶过程的在线测量，包括监测其动力学变化和实时浓度。相对过饱和度比（S，在恒温下实时浓度与溶解度的比）被用来反映实验中的过饱和度水平。图 9-6（a）和图 9-6（b）分别为 2-丙醇（$S=13.24$）和 2-丁醇（$S=13.48$）中的在线测量结果。自结晶开始后，迅速将产物从悬浮液中分离出来，用 PXRD 分析了固体的形态。结合离线测量结果，发现成核诱导应该是反应结晶过程中的动力学决定阶段，成核诱导期随着过饱和度的降低而增加；在 2-丙醇和 2-丁醇中，当 S 值低于 18 时，观察到的晶体是 II 晶型，而当 S 值增加到 21 以上时则是 I 晶型。当过饱和度被设定在一个中间水平（$18 < S < 21$）时，发现得到的产品是 I 晶型和 II 晶型的混合晶体。

(a)
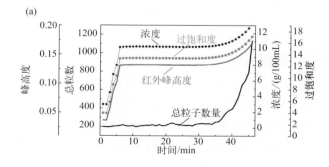

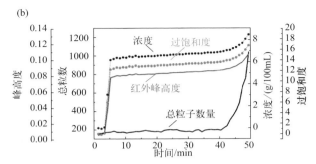

(b)

图9-6 在40℃下硫酸氢氯吡格雷在2-丙醇（a）和2-丁醇（b）中反应结晶的实时监测结果

　　基于以上研究结果可以得出结论：过饱和度是硫酸氢氯吡格雷在实验溶剂中反应结晶过程中多晶型现象产生的直接因素。在测试的温度和溶剂下，热力学上稳定的晶型将在 $S < 18$ 时获得，而亚稳晶型将在较高的过饱和度水平（$S > 21$）下产生。本书著者团队获得的结果将为通过选择合适的溶剂和控制反应结晶中的过饱和度来制备硫酸氢氯吡格雷的单一晶型提供指导。

三、Ⅰ晶型硫酸氢氯吡格雷球形结晶技术

1. 球晶生长机理研究

　　本小节主要研究了Ⅰ晶型硫酸氢氯吡格雷球形晶体在结晶过程中的生长机理。采用在线红外监控结晶过程中浓度的变化，并中间取样观察晶体颗粒的外貌，将两者进行对比，最终得出球形晶体生长的机理。

　　利用在线红外监控结晶过程中不同温度条件下的溶质浓度随时间的变化，确定不同生长速率与晶体晶型与晶习的关系（图9-7）。在实验A中，从图9-7（a）中看出，在实验的初始阶段（5000s），浓度的变化并不明显，并且随着时间的变化，结晶速率逐渐增大；当温度降到15℃时，存在一个明显的折点。在实验B中，由图9-7（b）可知结晶情况与实验A相似，唯一的区别只是在低温阶段，实验B中的结晶速率要快于同阶段的实验A。在实验C中，结晶速率更快，在2000s左右时，特征峰强度已经开始明显下降，且下降的速率也要比实验A、B更快；温度降低到15℃后，红外曲线基本为平的，溶质浓度几乎不变，见图9-7（c）。实验D中，由图9-7（d）可知浓度下降的速率更快，在6000s左右时特征峰强度已开始基本不变，在15000s左右还出现了一个台阶，浓度发生了显著降低，这是由转晶造成的。

　　在结晶过程中，定期从结晶器中取部分结晶样品进行显微镜观察，结果如图9-8所示，可以发现Ⅰ晶型硫酸氢氯吡格雷成球的机理与一般的球形结晶不同。

晶型Ⅰ硫酸氢氯吡格雷的球形颗粒并不是由生成的单晶聚结而成，而是直接生长形成的多晶。成球的机理应为球形生长机理。

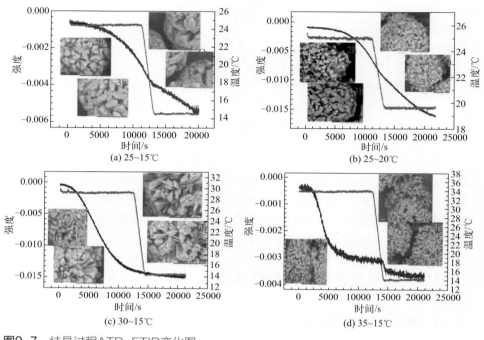

图9-7　结晶过程ATR-FTIR变化图

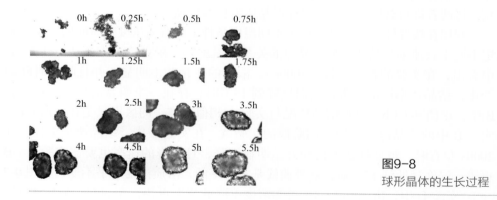

图9-8
球形晶体的生长过程

2．Ⅰ晶型硫酸氢氯吡格雷球形结晶工艺开发与优化

（1）Ⅰ晶型硫酸氢氯吡格雷球形结晶工艺开发　在硫酸氢氯吡格雷的结晶过程中，一般采用图9-9所示步骤，首先加碱与氯吡格雷盐反应，分液、蒸发浓缩

除去溶剂，得到氯吡格雷游离碱，然后在溶剂仲丁醇中加酸酸化，利用反应结晶的方法得到 I 晶型硫酸氢氯吡格雷。原料可以是氯吡格雷樟脑磺酸盐、氯吡格雷氢溴酸盐等。

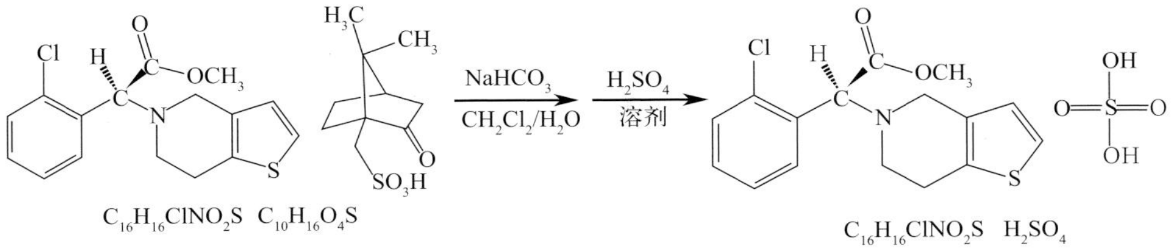

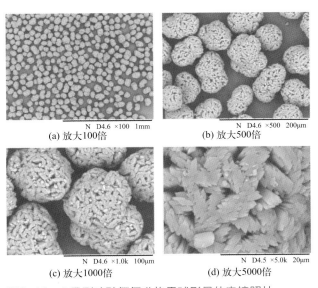

图9-9　硫酸氢氯吡格雷结晶路线

　　本书著者团队通过调节实验条件，使产品生长为紧实的球形颗粒。不同温度下获得的产品中，随着温度的升高，颗粒的紧实度变小，表现出越来越松散，并且当 II 晶型大量存在时，产品的晶习发生变化，变为随意堆积，从而产品形貌更差。因此，将实验温度确定在 25℃，通过中途降温的方式，减缓晶体的生长速率，使晶体可以在球形颗粒表面的沟壑处生长，这样得到更加紧实的产品（如图 9-10）。

(a) 放大100倍

(b) 放大500倍

(c) 放大1000倍

(d) 放大5000倍

图9-10　I 晶型硫酸氢氯吡格雷球形晶体电镜照片

　　（2）I 晶型硫酸氢氯吡格雷球形晶体工艺优化　为了制备结晶形态优异的 I 晶型硫酸氢氯吡格雷球形晶体产品，本书著者团队考察了反应温度、初始浓度、晶种等工艺条件对成球的影响，确定了制备高堆密度 I 晶型硫酸氢氯吡格雷球形晶体产品的优化结晶工艺。

① 反应温度的影响。在实验中发现，随着时间的延长，反应速率先增大后因过饱和度的降低而变慢，长时间在高温下反应，一方面可造成晶体结晶速率过快，使晶体表面粗糙，另一方面可造成晶体转晶速率增大，使得到的产品不纯。因此在实验过程中，需要调节温度，即实验中先保持较高温度反应一段时间再降温结晶。

② 初始浓度的控制。在Ⅰ晶型硫酸氢氯吡格雷的制备实验中发现，硫酸氢氯吡格雷容易聚结成胶状。溶质浓度越高，成胶时的温度也越高，且晶浆密度增大，会促进转晶。但过低的溶质浓度造成生产能力下降、生产成本提高。因此，在滴加硫酸时，应确定合适的初始浓度。

③ 晶种的影响。首先，考察晶种的分散性：本书著者团队将晶种充分研磨，将晶种以悬浮液的状态加入溶液中，产品晶习得到有效改善。然后，考察晶种加入量的影响：晶种量少，溶质分子可生长的面小，造成产品收率降低，颗粒表面上生长速率增大，增加破碎；晶种量过多，使得产品的粒度普遍减小，表面生长不完全，堆密度降低。

④ 搅拌速率的影响。在晶体生长过程中，合适的搅拌速率可以使得体系中溶质的分布比较均匀、加快传质速率，使产品粒子在各个方向上均匀地生长，消除某处过饱和度过大的影响，防止晶体过快生长而产生突出，最终形成球形晶体。

3. 球形晶体与非球形晶体的比较

（1）粒度分布　用马尔文3000测定Ⅰ晶型硫酸氢氯吡格雷球形与非球形晶体的粒度分布（如图9-11），在测定过程中，非球形产品聚结严重，不能够分散在溶剂中。

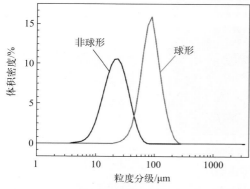

图9-11　Ⅰ晶型硫酸氢氯吡格雷球形晶体与非球形晶体粒度分布

（2）堆密度与振实密度　球形产品与非球形产品密度比较如表9-2所示。结果发现，球形产品不论是在堆密度还是在振实密度方面都要明显优于非球形产品。

表9-2　球形与非球形晶体密度比较

晶体形貌	堆密度/（g/mL）	振实密度/（g/mL）
球形	≥0.65	≥0.75
非球形	0.23	0.28

（3）溶出速率　球形的原料药对最终制剂的影响不仅仅体现在压片方面，在溶出速率方面也有显著的影响。通过实验发现，球形产品的溶出速率要大于非球形产品。并且在压片中可以发现，将球形产品压片更容易。

（4）晶体稳定性　利用红外监控转晶过程中溶液的浓度，通过浓度表征晶型，发现非球形产品在实验条件下大约经过 2h，在浓度上会存在一个大的阶梯状下降，而球形产品浓度的变化则延长到 5h。由此可见，球形产品对晶体的转晶也存在抑制作用。

4．Ⅰ晶型球晶粉末直压制剂技术

粉末直接压片法是指不经过制粒过程直接将药物和辅料的混合物进行压片的方法，简称粉末直压。这种方法避免了制粒过程，因而具有省时节能、工艺简便、工序少、适用于湿热不稳定药物等突出优点。但是这一工艺对产品的粉体性能（如流动性）要求较高。由于早期的氯吡格雷原料药呈粉末状态，其流动性不佳，不适合采用粉末直压工艺。本研究实现了氯吡格雷在球形结晶方面的重大突破，极大改善了原料药的流动性能，使得粉末直压工艺成为可能。深圳信立泰药业股份有限公司通过处方筛选，获得了最符合粉末直压工艺的处方，并实现了粉末直压工艺，该公司采用粉末直压工艺生产的 75mg 规格产品，已获得欧盟的上市许可。

第二节
他汀类降脂药精制结晶技术

一、阿托伐他汀钙

1．阿托伐他汀钙简介

阿托伐他汀钙全名为 [R-(R*,R*)]-2-(4- 氟苯基)-β,δ- 二羟基 -5-(1- 甲基乙基)-3- 苯基 -4-[(苯氨基) 羰基]-1H- 吡咯 -1- 庚酸钙，英文名称 atorvastatin calcium，简

写为 AC。其固态为白色粉末状，溶解之后的溶液无色透明。阿托伐他汀钙的分子式为 $(C_{33}H_{34}O_5N_2F)_2Ca$，分子量为 1155.42，结构式如图 9-12 所示。

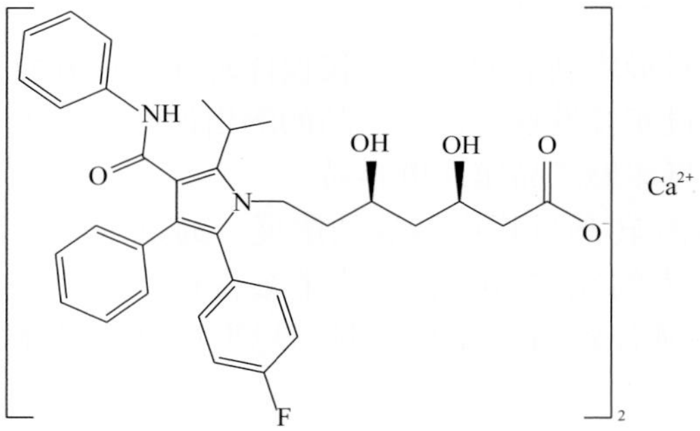

图9-12
阿托伐他汀钙分子结构式

阿托伐他汀钙上市后迅速成为全球最畅销的降血脂药物，该药物属于他汀类药物，也称作羟甲基戊二酰辅酶 A(HMG-CoA) 还原酶抑制剂，它主要和肝脏细胞内 HMG-CoA 还原酶作用抑制 HMG-CoA 合成胆固醇，达到降低血浆中胆固醇含量的效果。主要适应证有：混合型高脂血症[12]、高胆固醇血症和纯合子家族性高胆固醇血症[13]。

对比国内仿制的阿托伐他汀钙和进口阿托伐他汀钙的性质，其在化学结构和纯度、制备工艺、制剂形式和质量控制等方面无显著差异，但是临床结果显示国内仿制药和国外同类药存在明显的差异。最终发现该差异是由药物的晶型导致的。所以为了确保阿托伐他汀钙药品的生产质量以及新药剂的设计，必须深入研究并充分了解药物的晶型和性质。这将使药物在制备、贮存过程中的稳定性得到有效保证，同时提高药物的溶出度和生物利用度，降低细胞毒性，从而提升治疗效果。阿托伐他汀钙仿制药需要通过一致性评价才可生产成品，但是现在国内药企面临的问题主要是成品所用的原料药中杂质种类偏多且杂质含量偏高，需要从工艺方面加以控制或改进。因此，在探究其晶型转化规律之后，需要对其结晶工艺进行开发和优化，以便制备出晶型纯度较高的晶体产品[14]。

2. 阿托伐他汀钙的多晶型现象

从溶液中获得的阿托伐他汀钙的稳定晶型由溶剂组成唯一决定，所以阿托伐他汀钙存在许多晶型，常见的晶型是Ⅰ、Ⅱ和Ⅳ晶型。虽然晶型众多，但这些晶型在一定条件下是可以互相转化的，各晶型之间存在着一定的联系。

（1）多晶型鉴定　在衍射过程 2θ 范围为 2～40° 内，阿托伐他汀Ⅰ、Ⅱ、Ⅳ晶型和无定形的衍射图谱如图 9-13 所示。

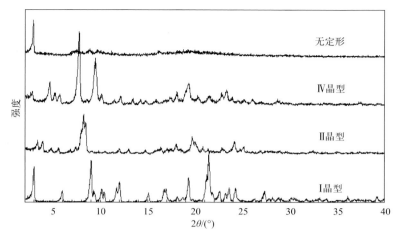

图9-13 阿托伐他汀钙Ⅰ、Ⅱ和Ⅳ晶型以及无定形的XRD图谱

（2）多晶型转化关系　阿托伐他汀钙具有很多种晶型，以阿托伐他汀钙Ⅰ、Ⅱ和Ⅳ晶型以及无定形在甲醇-水溶剂体系中的转化关系为例，不同晶型间的转化条件可以用图9-14所示的简图来表示。可以看到，阿托伐他汀钙任意两种固态形式之间可以相互转化。阿托伐他汀钙的晶型转化速率还与温度密切相关，温度越高，晶型转化速率越快。

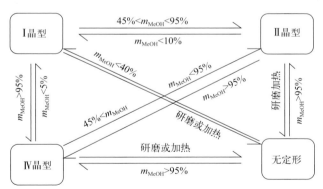

图9-14 阿托伐他汀钙Ⅰ、Ⅱ、Ⅳ晶型和无定形间的转化关系（图中数值表示质量分数）

3．反溶析结晶工艺开发

反溶析结晶操作简便、易于操作，其过程的难点在于溶液局部混合过程的控制，即加料方式控制的范畴，所以对于阿托伐他汀钙反溶析结晶过程的优化，主要聚焦于改进加料方式。该加料方式就是将甲醇料液以单流股的形式滴加到纯水中，加料的位置处于液面之上。

实验操作的基本步骤如下：

① 将 3g 阿托伐他汀钙粗品粉末加入烧杯中，再向其中加入 30g 甲醇，室温下搅拌，粉末很快完全溶解，经离心和压滤后制成甲醇料液，其中离心机的转速为 13000r/min，压滤所使用的滤膜孔径为 0.45μm；

② 将 180g 纯水加入结晶器中，设定搅拌转速为 300r/min，搅拌桨向下推动，夹套的加热温度为 55℃；

③ 设定溶析时间为 t_1，将甲醇料液滴加到纯水中，开始溶析；

④ 溶析过程结束后恒温悬浮时间为 t_2；

⑤ 降至室温，测定晶浆中晶体的粒度分布，过滤，使用纯水洗涤滤饼，然后将滤饼放在 50℃ 鼓风干燥箱中干燥 15h。

采用上述工艺，不同溶析、悬浮时间获得的结晶粉末的产品照片如图 9-15 所示。

(a) t_1=4.67h，t_2=0.83h   (b) t_1=2.5h，t_2=3h   (c) t_1=2.5h，t_2=3h

图9-15　阿托伐他汀钙结晶粉末的扫描电镜照片

由图 9-15 可见，除图 9-15（a）外，图 9-15（b）和图 9-15（c）中的晶体都存在明显的聚结现象。在采用单股滴加方式及上述条件下制备的结晶粉末中，通过对各批结晶粉末的 XRD 图谱分析发现，其 XRD 图谱与 I 晶型阿托伐他汀钙的 XRD 图谱一致，表明通过该方法制备的结晶粉末的晶型均为 I 晶型。

在采用单股滴加方式及上述条件下，各批实验过滤前晶浆中的晶体粒度分布分别如图 9-16 所示，将各粒度分布图的 d_{10}、d_{50} 和 d_{90} 列于图中。由图可以看到，粒度分布图中至少含有两个峰，第一个分布峰的峰值小于 100μm，与晶体长度尺寸相近，可以推断该分布峰为晶体的分布峰；第二个分布峰的峰值大于 100μm，大于晶体长度的尺寸，可以推断该分布峰为聚结颗粒的分布峰。并且，第一批次晶浆中晶体分布的 d_{50} 不大于 50μm，与晶体的长度尺寸相当，表明该晶浆中半数以上的晶体以单分散体的形式存在；后两批次晶浆中晶体分布的 d_{50} 大于 100μm，表明该晶浆中半数以上的晶体以聚结颗粒的形式存在，说明晶浆中存在较多的聚结颗粒，且聚结颗粒的粒径可以达到 500μm 以上。

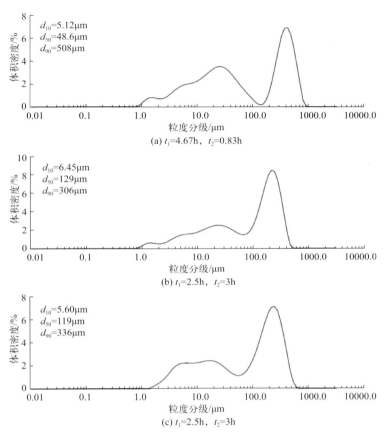

图9-16　阿托伐他汀钙结晶粉末的粒度表征结果

二、普伐他汀钠

1．普伐他汀钠简介

普伐他汀钠的化学名称为 {1S-[1a(βS*,δS*),2α,6α,8β(R*),8aα]}-1,2,6,7,8,8a- 六氢 -2- 甲基 -8-(2- 甲基 -1- 氧丁氧基)-β,δ,6- 三羟基 -1- 萘庚酸钠盐（图 9-17）。普伐他汀钠是近几年发展起来的一种他汀类降血脂药物[15]，临床用于饮食限制仍不能控制的原发性高胆固醇血症[16]。由于其具有高效低毒性、耐受性好等优点而广受欢迎。普伐他汀钠属于典型的多晶型药物[17]，目前报道的晶型和无定形近 20 种：在 US4537859、US4448979 及其各自的同族专利中报道了无定形普伐他汀钠及其制备方法。无定形普伐他汀钠自身存在稳定差等缺陷，对光、温度、湿度等环境因素敏感，不易长期保存。在 US6740775 及其同族专利中报道了一种晶型的普伐他汀钠及其制备方法。专利 US7262218 及其同族专利中报道了 A 型、B 型、C 型、D 型、E 型、F 型、G 型、H 型、H1 型、I 型、J 型、K 型、L 型普伐他汀钠及其制备方法。这些方法操作温度低、能耗较大。专利 US0194984 及其同族专利中报道了 T 型晶体及 B、D、T 型晶体的制备方法。所用方法的缺点是对原料要求苛刻，需特定晶型的普伐他汀钠作为原料，且其干燥过程需分级干燥，比较烦琐。目前已报道的普伐他汀钠晶型几乎都已被申请保护，使得国内企业在竞争中处于不利地位。因此，需要从普伐他汀钠的晶体结构和分子组装机制出发，开发普伐他汀钠新晶型及其制备技术，以突破国外技术的垄断。

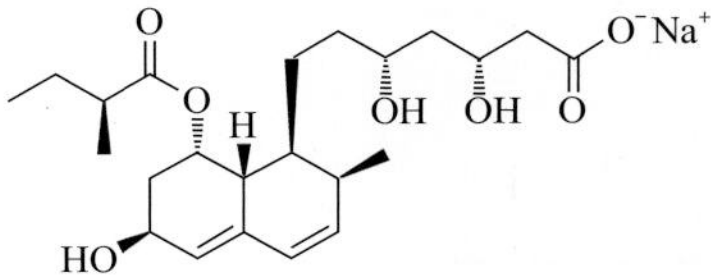

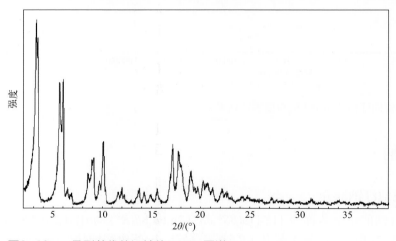

图9-17
普伐他汀钠化学结构式

2．新晶型的发现和表征

（1）PXRD 表征　图 9-18 为开发的新晶型——U 晶型普伐他汀钠的 PXRD 图谱。U 晶型普伐他汀钠的 PXRD 图谱衍射峰与文献中已知任意一种晶型的衍射峰位置不同。

图9-18　U晶型普伐他汀钠的PXRD图谱

（2）热分析　通过分析普伐他汀钠产品 U 晶型的差示扫描量热分析（DSC）曲线图及差热分析（DTA）曲线图可知，产品 U 晶型的 DSC 曲线和 DTA 曲线在 155℃和 180℃处分别有一个吸热峰，在大约 240℃处有一个放热峰。热重（TG）曲线上，样品在 25 ～ 184℃失重约 4%。对比 DSC 和 TG 曲线可得出 155℃处的峰为脱溶剂峰。

（3）红外表征与分析　对U晶型普伐他汀钠进行傅里叶红外分析，在3407.50cm^{-1}处产生的宽而强的吸收峰是N—H和O—H伸缩振动引起的。而出现在2874.19cm^{-1}、2933.25cm^{-1}和2963.28cm^{-1}处的中等强度吸收峰为饱和C—H键伸缩振动引起的。酯基的C=O伸缩振动表现在1728.28cm^{-1}处。1568.57cm^{-1}处的强峰为羧酸盐的特征峰。

3. 溶析结晶工艺开发

目前已报道的普伐他汀钠晶型及其生产工艺长时间被国外企业垄断，使得国内企业在竞争中处于不利地位。因此，需要对结晶过程进行充分的探索，对工艺参数（温度、搅拌速率、溶剂用量等）和产品质量的关联性进行考察，以开发普伐他汀钠新晶型及其制备技术。

① 结晶温度。理论上，一般来说温度越高溶剂的溶解能力越大，相同溶剂用量下生产能力越强。但实验中发现，温度在50℃以上时，由于溶液黏度太大，析出的晶核不易长大，且浓度太大会造成出晶时溶液过饱和度过大，出晶点不易控制，容易爆发成核。同时为了降低能耗，温度不宜过低。

② 溶析剂用量。在溶析剂与溶剂的质量比分别为1∶1、3∶1、5∶1和7∶1的情况下在线观测实验过程中粒子大小及分布情况，并考察了收率变化情况。结果发现不同溶析剂滴加量下产品粒度分布变化不是很大，当溶析剂与溶剂的质量比由1∶1变为5∶1时主粒度有所增大。而当溶析剂与溶剂的质量比由1∶1增大为7∶1时收率有所增大，但增大趋势越来越平缓。

③ 晶种。对不加晶种与晶种加入量分别为2‰和5‰三种情况下的产品进行了对比。其粒度分布情况如图9-19（a）所示，200倍下电子显微镜照片如图9-19（b）和图9-19（c）所示。由粒度分布曲线可以看出，不加晶种时产品主粒度较小，而加晶种后产品主粒度比较大，而且产品粒度分布比较集中。从显微镜照片可以看出，不加晶种时产品聚结现象严重，而加入晶种后产品聚结现象明显减轻。

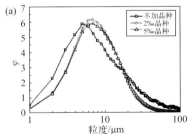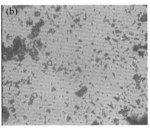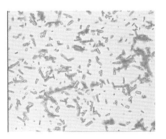

图9-19　晶种的添加对U晶型普伐他汀钠晶体产品粒度分布的影响（a）、不加晶种的产品显微镜照片（b）及添加2‰晶种的产品显微镜照片（c）

φ—体积密度/%

④ 溶析剂流加方式。溶析结晶可选择将溶析剂加入溶液，或将溶液加入溶析剂内。实验考察了两种流加方式，发现后者所得产品发生聚结，不易长大。实验还发现，溶析剂的滴加速率主要对出晶过程影响较大，而晶核形成过程和晶体生长过程受溶析剂滴加速率影响并不是很大，可以适当选择较大的滴加速率。

⑤ 搅拌速率。实验考察了不同搅拌转速下产品的粒度分布情况，发现随着搅拌速率的增大，普伐他汀钠颗粒粒度有增大趋势，但变化不是很明显。

⑥ 老化时间。实验考察了老化时间对普伐他汀钠产品粒度分布的影响，在其他操作条件相同的情况下，随着老化时间延长，小粒子数略有减少，大粒子数略增多，产品的主粒度变大，粒度分布更加集中；当老化时间超过 40min 后，这种变化趋势越来越平缓。从不同老化时间下的产品外观上看，老化时间对产品的晶型没有明显影响，得到的产品均为棒状晶体。

三、洛伐他汀

1．洛伐他汀简介

洛伐他汀（lovastatin），也被称作莫那可林 K（monacolin K），CAS 登记号为 75330-75-5，化学名称为 (S)-2- 甲基丁酸 -(1S,3S,7S,8S,8aR) 1,2,3,7,8,8a- 六氢 -3,7- 二甲基 -8-{2-[(2R,4R)-4- 羟基 -6- 氧代 -2- 四氢吡喃基] 乙基 }-1- 酯，分子式为 $C_{24}H_{36}O_5$，分子量为 404.55，其化学结构式见图 9-20，是一种从食物（如大米和山药）经红曲霉菌或土曲霉菌发酵后产生的代谢物中提取的天然化合物。洛伐他汀通过选择性抑制胆固醇生物合成中的羟甲基戊二酰辅酶 A（HMG-CoA）还原酶活性从而调控血浆胆固醇水平[18]，是美国食品药物监督管理局（FDA）首次批准的一种具有抗高胆固醇血症作用的他汀类药物。目前，生产洛伐他汀的先进技术被美国和欧洲等国家和地区垄断，国内的产品在国际市场的竞争中处于不利地位。因此，需对洛伐他汀结晶过程进行系统的探索，并对洛伐他汀结晶形态学进行研究[19]。

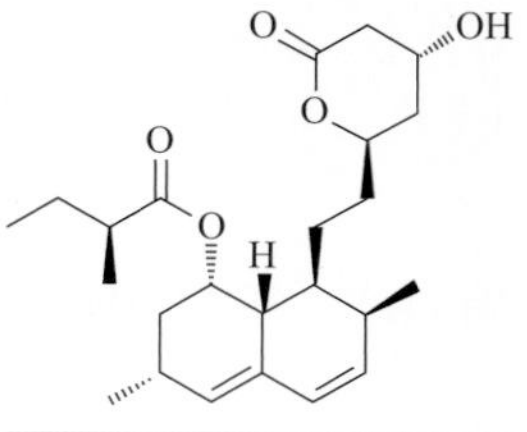

图9-20
洛伐他汀化学结构式

2．结晶热力学研究

（1）温度和溶剂对溶解度的影响　图 9-21 是洛伐他汀在丙酮、甲醇、乙醇、异丙醇、乙酸乙酯、乙酸丁酯溶液中的溶解度（以摩尔分数表示）。可见洛伐他汀在上述溶剂中的溶解度均随温度升高而增大。这与洛伐他汀在溶液中的溶解过程为吸热过程是一致的，高温有利于洛伐他汀的溶解。

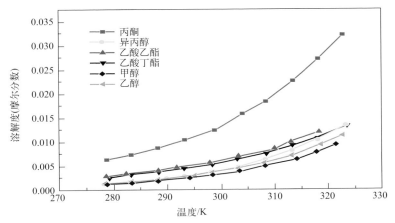

图9-21　洛伐他汀在不同纯溶剂中溶解度随温度的变化

（2）洛伐他汀结晶介稳区　实验测定了洛伐他汀在乙醇和丙酮中的介稳区，如图 9-22 和图 9-23 所示。超溶解度曲线与溶解度曲线近似平行。同时，从图中还可看出，洛伐他汀在丙酮中的介稳区远比在乙醇中宽。

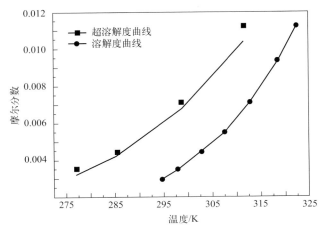

图9-22　洛伐他汀在乙醇中的溶解度和超溶解度

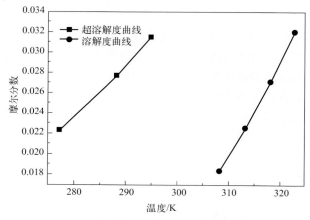

图9-23 洛伐他汀在丙酮中的溶解度和超溶解度

3．冷却结晶工艺开发

结晶是一个包含质量、热量和动量传递的复杂过程，三者同时发生，共同决定着晶体成核与生长过程。本书著者团队较详细地研究了丙酮冷却结晶的工艺过程，并分析了不同工艺条件对产品的影响。

（1）冷却结晶工艺具体步骤

① 称量 10g 洛伐他汀粗品和相应的有机溶剂置于结晶器中，搅拌，升温溶解；

② 加入活性炭，脱色 30min；

③ 过滤到另一个结晶器中；

④ 调整程序温度控制器，按照设定程序进行降温；

⑤ 在出晶点前，加入晶种，养晶 30min；

⑥ 继续降温至终点。

（2）冷却终温对产品杂质含量的影响　在其他条件不变的前提下，对比了洛伐他汀丙酮溶液二次结晶过程中，采用不同冷却终温获得的洛伐他汀产品中杂质含量的差异，可知杂质的含量并不随着取样的温度不同而有较大的变化，杂质含量在 0.36% ～ 0.40%。这样在工业生产中可以尽量地降低最终温度，以期获得较高的收率。

（3）搅拌速率的影响　搅拌速率过大有利于成核，但不利于晶体生长，使得局部晶体粒度变小，同时悬浮液中的湍流剪切力增大，晶体与桨、晶体与晶体、晶体与器壁之间的碰撞概率和碰撞强度增大，粒子易破碎。

（4）冷却速率的影响　在过大的推动力作用下，洛伐他汀往往会发生聚结。而在较为温和的条件下得到的洛伐他汀产品基本没有聚结，是较为完美的晶体。

一般在实际的结晶过程中要控制过饱和度相对温和，采用 0.2℃ /min 的降温速率得到的产品基本没有聚结。

第三节
沙坦类降压药精制结晶技术

一、缬沙坦

1．缬沙坦简介

缬沙坦（valsartan），商用名为代文（diovan），化学名称为 (S)-N-(1- 羧基 -2- 甲基 -1- 基)-N- 戊酰基 -N-[2′-(1H- 四唑 -5- 基) 联苯 -4- 基甲基]- 胺或 N-(1- 戊酰基)-N-{[2′-(1H- 四氮唑 -5- 基)-(1,1′- 二苯基)-4- 基] 甲基 }-L- 缬氨酸，CAS 登记号为 137862-53-4。缬沙坦分子式为 $C_{24}H_{29}N_5O_3$，分子量为 435.52，分子结构式如图 9-24 所示。

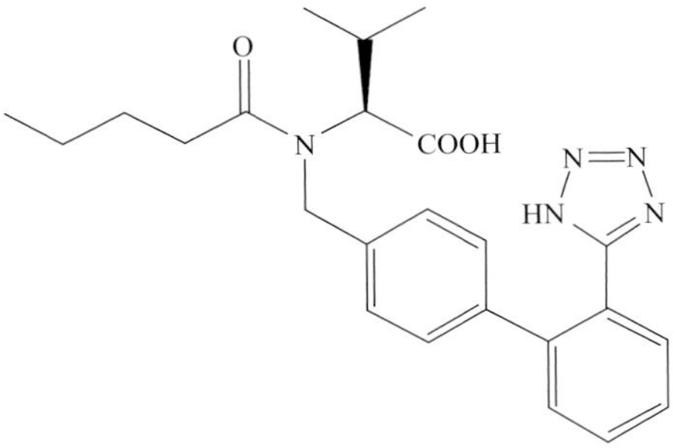

图9-24
缬沙坦化学结构式

缬沙坦作为一种口服有效、特异性的血管紧张素 II 受体拮抗剂[20]，相关研究表明缬沙坦主要有以下四个方面的功效[21,22]：①降血压；②治疗慢性心力衰竭；③保护肾功能，延缓肾病发展；④干预糖尿病。近两年，缬沙坦已成为全球降血压治疗药物市场上的领军品种。兼具晶态与无定形态特点的基本无定形缬沙坦是国际市场的热门产品，国外公司对缬沙坦同质多晶行为进行了大量的研究并取得了一定的进展。以色列的特瓦制药工业有限公司开发出多种缬沙坦晶型并申请了世界专利保护；我国虽然在缬沙坦合成工艺研究上取得了一定的进展和突破，但在缬沙坦多晶型的研究方面明显滞后。目前，很多国内企业合成的缬沙坦产品因晶型侵权而只能作为廉价的原料销售给国外企业，国外公司将购得的原料缬沙坦制剂后再以高价返销我国赚取巨额利润，严重地损害了国内民族企业的利益。为了实现我国由粗品制造大国向高端精品制造强国的转型，就要求在药物设计、药物合成、药物精制与药物多晶型的研究上齐头并进。

工业生产中缬沙坦以纤维针簇晶形结晶析出，产品的压缩性、堆密度、流动性等性能较差，造成过滤、干燥等后处理后加工困难。本书著者团队通过构建晶习工程研究方法学与过程集成、强化技术，探明了结晶外场条件对晶体形态的影响机制，开发了冷却结晶耦合萃取转相精制技术，调控制备出了短棒状晶体产品。

2．原结晶工艺存在的问题

原来的缬沙坦冷却结晶工艺过程是将缬沙坦乙酸乙酯热原料液倒入 50L 结晶桶后静置于冰库中冷冻。当原料液温度降至 10℃左右时，缬沙坦析晶后晶浆迅速聚结成整块并失去流动性，晶浆缓慢降至结晶终点温度后进行甩滤操作。缬沙坦析晶后迅速聚结成块失去流动性导致结晶釜不能正常工作；釜内操作的物料处理量大导致产品无法正常卸料，必须通入氮气缓慢地将产品压出再进行甩滤。缬沙坦"放桶"结晶工艺过程原始落后、能耗高、工人劳动强度大、生产环境恶劣并造成严重的环境污染，同时不能满足企业扩大生产规模的需要。

3．冷却结晶耦合萃取转相工艺开发

在缬沙坦冷却结晶过程中，由于不能更换溶剂，因此所得的晶态缬沙坦溶剂化物的含酯量及产品晶习难以得到改善，相应的产品在干燥过程中存在的问题也无法得到解决。因此必须开发新的缬沙坦精制工艺，制备松散的颗粒状产品，缩短干燥周期，降低湿产品中乙酸乙酯的含量从而降低或避免在干燥过程造成的环境污染。

（1）溶剂的选择　实验中首先需要根据工艺要求对可用的溶剂进行遴选，选择标准是：试剂能与乙酸乙酯互溶但不能溶解缬沙坦；不能使用已经获得专利保护的试剂品种。综合分析，在缬沙坦精制新工艺开发过程中仅能选用的溶剂为水与乙酸乙酯。

（2）结晶工艺开发　基于上述对工艺设计的考虑，结合对缬沙坦冷却结晶过程的分析，并利用缬沙坦冷却结晶介稳区宽度及成核诱导期的研究结果，建立了冷却结晶耦合萃取转相工艺——通过冷却结晶工艺制备晶态缬沙坦溶剂化物，在不形成乳液的条件下利用水对乙酸乙酯的萃取作用脱除滤饼中的溶剂，同时将致密的滤饼分散为缬沙坦颗粒体，以制备满足工艺要求的基本无定形缬沙坦产品。通过粉末 X 射线衍射表征技术，对萃取转相过程中不同时刻的产品进行了检测，

分析结果发现，PXRD 图谱（图 9-25）中衍射角为 5.2° 的特征衍射峰始终存在。该过程中缬沙坦不形成乳浊液因而与晶态缬沙坦干燥脱溶剂转相过程机理相同，利用水萃取缬沙坦溶剂化物中的乙酸乙酯，逐渐降低缬沙坦中酯含量，从而制备了满足工艺要求的基本无定形缬沙坦。

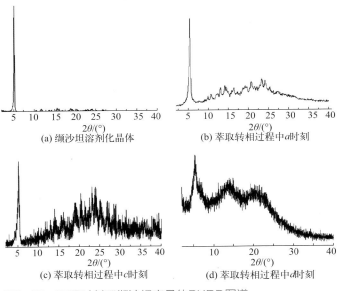

(a) 缬沙坦溶剂化晶体　　(b) 萃取转相过程中 a 时刻

(c) 萃取转相过程中 c 时刻　　(d) 萃取转相过程中 d 时刻

图9-25　不同时刻下缬沙坦产品的PXRD图谱

4．缬沙坦基本无定形产品表征

（1）缬沙坦产品的纯度及溶剂残留检测　通过冷却结晶耦合萃取转相工艺制备的基本无定形缬沙坦的质量检测结果如表 9-3 所示，产品指标均符合质量标准。

表9-3　缬沙坦产品质量检测结果

样品批次	D-缬沙坦含量/%	最大单个杂质含量/%	产品纯度/%	乙酸乙酯残留量/%	水残留量/%
1	0.233	0.032	99.911	0.25	1.14
2	0.284	0.031	99.905	0.26	1.24
3	0.286	0.042	99.870	0.29	1.36

（2）缬沙坦产品的粉末 X 射线衍射和 DSC 分析　对通过萃取转相工艺制备的缬沙坦产品进行了粉末 X 射线衍射表征，发现产品为在衍射角 5.2°±0.2° 处存在特征衍射峰的基本无定形缬沙坦，因此萃取转相工艺制备的缬沙坦产品符合

工艺要求。同时发现萃取转相工艺制备的缬沙坦产品在 85 ～ 110℃出现一个吸热峰，其熔点温度为 100℃。转相工艺制备的缬沙坦产品与直接干燥脱溶剂法制备的产品相同，均为含有一种晶型的基本无定形缬沙坦。由此说明在萃取转相工艺中，不存在晶态物质的晶型变化。

（3）缬沙坦产品的颗粒性质表征

① 产品的粒度分布。分别对萃取转相工艺及直接干燥溶剂化物工艺制备的基本无定形缬沙坦的粒度分布情况进行了测定与比较。发现采用萃取转相工艺得到的产品，其平均粒径相较于直接干燥溶剂化物得到的产品，由 86.22μm 增大至 106.39μm，同时产品粒度分布的 CV 值由 170.8 降低至 88.9。通过萃取转相工艺制备的缬沙坦产品不仅平均粒度增加，而且产品的粒度分布变窄，从而改善了产品的颗粒特性。

② 缬沙坦产品的形貌。萃取转相工艺及直接干燥溶剂化物工艺制备的基本无定形缬沙坦的形貌如图 9-26 所示。萃取转相工艺制备的缬沙坦粒度大且产品粒径较均一；而直接干燥溶剂化物工艺制备的缬沙坦粒度较小且产品的粒度分布不均匀。

(a) 萃取转相产品   (b) 直接干燥产品

图9-26　缬沙坦产品扫描电镜照片

③ 缬沙坦产品的颗粒密度及空隙度。缬沙坦质量标准中要求其松堆密度范围是 0.35 ～ 0.50g/cm³，振实密度范围是 0.55 ～ 0.70g/cm³，由萃取转相工艺制备的缬沙坦产品符合要求。缬沙坦由晶态溶剂化物转为基本无定形物后其密度由 1.211g/cm³ 下降至 0.896g/cm³，实验中测定了纯化无定形缬沙坦的密度为 0.785g/cm³，由此说明缬沙坦由晶态转为无定形态后产品的密度下降。由于萃取转相工艺改善了产品的粒度分布情况，提高了产品的平均粒径，产品中粒径小于 10μm 的颗粒所占的体积分数由 23.4% 下降至 9.34%。

5. 冷却结晶耦合萃取转相工艺的优势

将开发的"釜内"冷却结晶耦合萃取转相工艺与目前生产中采用的工艺进行

了对比。缬沙坦"釜内"冷却结晶操作的生产周期缩短至原工艺的 1/3 以内，过滤周期缩短 2/3 以上，滤饼中酯含量下降 10%，结晶精制收率提高 10%。通过萃取转相工艺能有效地回收溶剂乙酸乙酯，干燥过程中释放的乙酸乙酯质量仅为原工艺的 7% 左右，从而有效降低了对环境的污染。产品干燥周期缩短至原工艺的 1/4，干燥过程不需将产品粉碎后回烘，减少了操作步骤，产品的溶剂残留量符合质量标准。制备的基本无定形缬沙坦固体形态指标符合客户需求，产品的粒度及粒度分布情况得到改善，松堆密度、振实密度等产品颗粒特性也符合质量标准。晶态缬沙坦溶剂化物萃取转相过程中产品基本不溶解于二元混合体系，因此耦合工艺的最终收率为 88%。缬沙坦"釜内"冷却结晶耦合萃取转相工艺是在现有的国际专利对精制试剂类型及产品晶型的限制下，根据该物系的特点开发的一种新型精制方法，在一定程度上解决了国内企业实际生产中现存的问题，提高了国内民族企业的国际市场竞争力。

基于以上的研究，本书著者团队成功建立了年产 400t 缬沙坦的蒸发结晶工艺生产线。新工艺显著地提高了产品的过滤、流动性等性能，降低了溶残和 VOC（挥发性有机物）排放，产品生产周期也缩短了 75.5%，社会效益和经济效益显著，部分成果获得国家科学技术进步奖二等奖（2015）。

二、氯沙坦钾

1. 氯沙坦钾简介

氯沙坦钾（losartan potassium），化学名称为 2- 丁基 -4- 氯 -1-{[2′-(1H- 四唑 -5- 基)(1,1″- 联苯)-4- 基] 甲基 }-1H- 咪唑 -5- 甲醇单钾盐，CAS 登记号为 124750-99-8。氯沙坦钾分子式为 $C_{22}H_{22}ClKN_6O$，分子量为 461.001，分子结构式如图 9-27 所示。氯沙坦是第一个血管紧张素 II 受体拮抗剂（AIIA）类的抗高血压药物，也是 AIIA 类药物中处方量最大的药物 [23,24]。国内外关于氯沙坦钾结晶工艺的研究报道并不多见，仅美国专利 US5608075 对氯沙坦钾的合成及结晶工艺进行了简单阐述。其结晶过程原理是将含有氯沙坦钾的溶液缓慢加入某有机溶液中，利用共沸蒸馏的方法逐渐蒸出体系中的水分，使氯沙坦钾析晶。此方法存在的问题

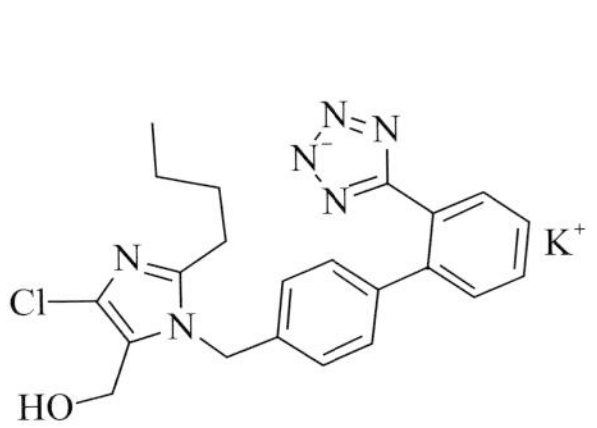

图9-27
氯沙坦钾化学结构式

是需要使用大量的有机溶剂才能最大限度地移除系统的水分,以满足氯沙坦钾含水量的最低要求。而且此方法制备出的晶体产品粒度分布宽,团聚现象严重,容易使溶剂残留,无法达到口服药物的标准要求。

氯沙坦类药物以氯沙坦、氯沙坦钾、氯沙坦钾水合物等形式存在,由于氯沙坦在水中的溶解度极小,因此制约了其生物利用率的提高。氯沙坦钾存在多种晶型,其中Ⅰ晶型可以通过溶液结晶获得。国内某制药公司不同批次制备的氯沙坦钾晶体产品,有些批次产品在 $2\theta=7°$ 处存在多个峰值,说明结晶生产过程中存在产品晶型不稳定的问题。氯沙坦钾晶体产品的粒度分布很宽(CV=80.9%),这不仅会引发晶浆过滤过程中因漏晶而导致的收率下降问题,而且不利于后续制剂过程中的压片或胶囊分装操作。氯沙坦钾成品的堆密度及振实密度分别在 0.31g/mL和 0.50g/mL 左右,与产品质量所要求的堆密度(0.45 ～ 0.60g/mL)和振实密度(0.70 ～ 0.85g/mL)指标相差甚远,同样也影响后续制剂过程中的压片或胶囊分装操作。另外,国内制药公司在氯沙坦钾生产过程中,其结晶收率只有 80% 左右,导致生产成本高、环保压力大。总的来说,除了存在 US5608075 中涉及的结晶工艺问题外,与国外产品相比,国产氯沙坦类产品还存在下列问题:①产品晶型不稳定;②收率低;③产品堆密度小;④产品粒度分布宽。国内有关氯沙坦及氯沙坦钾精制结晶的研究报道较少。本书著者团队研究开发了稳定Ⅰ晶型氯沙坦钾精制结晶新技术,以解决生产中的问题。

2.多晶型的制备和表征

(1)晶体结构解析 首次通过溶液结晶法获得了含 7 个水分子的氯沙坦钾水合物,并通过单晶结构解析得到氯沙坦钾水合物的晶体结构;首次通过粉末 X 射线衍射表征确定了氯沙坦钾Ⅱ晶型的晶体结构。氯沙坦钾Ⅰ晶型、Ⅱ晶型及其水合物的晶体结构数据详见附录。

(2)热分析 基于 DSC 图谱对氯沙坦及氯沙坦钾Ⅰ晶型进行了研究,发现氯沙坦有固定的熔点 188.7℃。氯沙坦钾Ⅰ晶型的 DSC 曲线有两个峰,第一个为氯沙坦钾Ⅰ晶型的转晶峰,第二个为氯沙坦钾Ⅱ晶型的热分解峰。当温度超过239℃后,常温稳定Ⅰ晶型将会转变为Ⅱ晶型,当温度超过 271℃后氯沙坦钾会发生分解。由于氯沙坦钾常温稳定Ⅰ晶型会在高温发生晶型转变,所以其Ⅰ晶型没有熔点峰。这表明氯沙坦钾Ⅰ晶型在熔化前已发生转型或热分解。

(3)红外表征与分析 氯沙坦钾两种晶型的红外特征大部分相似,仅有很小的区别。在 700 ～ 850cm^{-1} 区间,氯沙坦钾Ⅰ晶型有 4 个峰,而氯沙坦钾Ⅱ晶型只有 3 个峰,此区间内的峰是由芳香环内的 C—H 键在平面外弯曲振动所致。氯沙坦钾Ⅰ晶型多的那个峰可能是由发生在 750cm^{-1} 附近的 C—H 键在平面外弯曲所引起的分区缺失所致。在Ⅱ晶型中,分子排列与Ⅰ晶型不同,没有分子间的作用力，所以只观测到 754cm⁻¹ 处的一个峰。在 850 ~ 970cm⁻¹ 区间，Ⅰ晶型中的咪唑环在 886cm⁻¹、934cm⁻¹ 和 953cm⁻¹ 处都有吸收峰，而Ⅱ晶型在此区间只在 940cm⁻¹ 处有一个吸收峰。

3."共沸蒸馏-溶析"耦合结晶工艺开发

根据测定的氯沙坦钾在不同溶剂中的溶解特性，设计出了氯沙坦钾"共沸蒸馏-溶析"耦合结晶新工艺方案，如图 9-28 所示。首先将氯沙坦钾粗品加热溶解于特定混合溶剂Ⅰ中，过滤除杂后将原料液放入结晶器，在常压条件下进行共沸蒸馏，同时流加特定的混合溶剂Ⅱ。这样体系中的水被不断蒸出，同时由于不断加入的溶析剂对氯沙坦钾的溶析作用，氯沙坦钾晶体将不断析出。当馏出液中水含量＜ 0.3% 时，停止蒸发，进行冷却结晶操作。

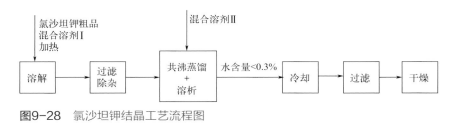

图9-28 氯沙坦钾结晶工艺流程图

（1）共沸物的选择 氯沙坦钾在异丙醇中的溶解度适中，异丙醇可以作为共沸剂使用。但是单纯使用异丙醇一种有机溶剂，溶剂用量仍然很大。由于环己烷可与异丙醇互溶，且能形成异丙醇-水-环己烷的三元共沸体系，更重要的是，氯沙坦钾在环己烷中几乎不溶，所以环己烷作为共沸剂的同时，还能作为析晶剂使用。同时，异丙醇和环己烷混液的使用，可以降低爆发成核的概率，使晶粒生长更为均匀。

（2）原料液起始浓度的影响 发现溶剂用量及蒸发用时主要与最初水含量有关，相同的起始浓度，水含量越高，溶剂用量明显加大及蒸发用时延长，这对结晶生产和能耗均有不利影响。所以，起始浓度以用最少量的水且刚好完全溶解为宜。

（3）环己烷和异丙醇混合溶剂的配比的影响 通过研究环己烷与异丙醇配比对氯沙坦钾共沸蒸馏-溶析结晶过程及结晶收率的影响，发现无论从溶剂用量、蒸发所用时间，还是收率上，V(环己烷)：V(异丙醇)＝5：1 时效果最佳。

（4）搅拌速度对结晶过程的影响 图 9-29 为不同搅拌速度下所得氯沙坦钾晶体的显微镜照片（注：放大倍数不同）。从图中可以看出，搅拌速度越小，晶体粒径越大。不同搅拌速度下粒度分布不同，随着搅拌速度从 250r/min 增大到 350r/min，其粒度分布逐渐变窄，证明晶体的粒度趋于一致。

图9-29 不同搅拌速度下氯沙坦钾晶体的显微镜照片

（5）加料方式对结晶过程的影响　利用正加方式所得的氯沙坦钾晶体粒度均一，晶体完整；从外观上来看，产品为无色透明的晶体，有光泽。而利用反加方式所得的氯沙坦钾晶体团聚现象严重，并且反加过程中容易出现细晶。

三、厄贝沙坦

1. 厄贝沙坦简介

厄贝沙坦（irbesartan），化学名称为 2- 丁基 -3-{4-[2-(1H- 四唑 -5- 基) 苯基] 苄基 }-1,3- 二氮杂螺 [4.4] 壬 -1- 烯 -4- 酮，厄贝沙坦分子式为 $C_{25}H_{28}N_6O$，分子量为 428.529，分子结构式如图 9-30 所示。

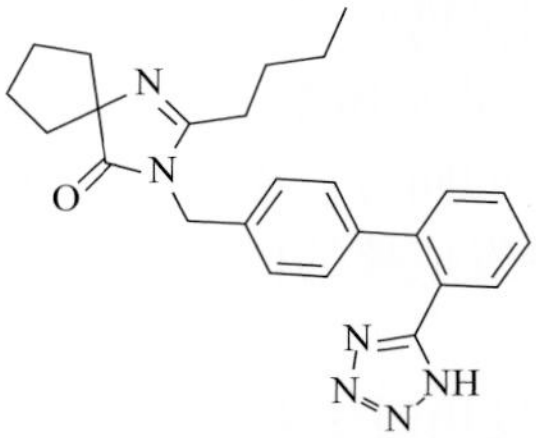

图9-30
厄贝沙坦化学结构式

厄贝沙坦是新一代强效降压药，其生物利用度在沙坦类药物中最高[25,26]。赛诺菲公司在其申请的专利 US5629331 中首先公开了厄贝沙坦的两种晶型：A 型厄贝沙坦、B 型厄贝沙坦[27]。专利 US6800761 中描述了一种具有特殊的块状晶习的 A 型厄贝沙坦，由于其制备涉及超声波和多次温度振荡等苛刻的操作条件，因此难以工业化。专利 WO200611859 公开了厄贝沙坦盐酸盐及其制备方法。专利 WO03050110 公开了厄贝沙坦无定形及其制备方法。但无定形产品在工业化实施中存在过滤困难等问题，此外，常温下无定形产品属介稳态，贮存过程中可能发生晶型转化。虽然该药市场需求广阔，但国内企业难以涉足巨大的利润空间，因为国外制药公司已对各种晶型产品及其制备方法都申请了专利保护。因此，开发厄贝沙坦新晶型及其制备技术是最主要的研究任务。

2．新晶型的发现和表征

（1）晶体结构解析　根据单晶培养和单晶X射线衍射分析得到倍半水合氢溴酸厄贝沙坦晶体结构的基础数据，见附录。

（2）红外表征与分析　分别研究了倍半水合氢溴酸厄贝沙坦与A型厄贝沙坦的红外吸收光谱。分子结构上的差异造成以上两种物质在红外谱图上部分特征吸收峰位置及峰形的不同。明显的差别体现为在$3100 \sim 3500cm^{-1}$的N—H伸缩振动区域内，A型厄贝沙坦在$3443cm^{-1}$处的N—H伸缩振动特征吸收峰分裂为$3462cm^{-1}$和$3376cm^{-1}$两个吸收峰，说明倍半水合氢溴酸厄贝沙坦与A型厄贝沙坦不同的分子间作用力对N—H键力常数造成的影响不同，而倍半水合氢溴酸厄贝沙坦分子的红外谱图中的两个特征吸收峰可能分别对应倍半水合氢溴酸厄贝沙坦分子中N1、N6与氢原子间的键合作用引起的红外吸收。另外，$3626cm^{-1}$处的吸收峰为水分子中的O—H键特征吸收峰，而$1639cm^{-1}$处明显的中强峰也可作为水分子存在的佐证。

3．反应－溶析－冷却耦合结晶工艺开发

厄贝沙坦的结晶包括反应成盐和结晶析出两个步骤，这一过程可通过多种方式实现。在实验过程中，本书著者团队在通过大量实验考察产品各项指标的基础上，确定了倍半水合氢溴酸厄贝沙坦的结晶工艺路线。

（1）溶剂的选择　实验发现N,N-二甲基乙酰胺和四氢呋喃的溶解性能最佳；异丙醇黏度较大，影响传质效果和后续的分离过程；N,N-二甲基乙酰胺溶剂处理及回收困难；乙醇的溶解能力一般，但从生产的安全、环保、成本角度考虑，作为溶剂是最佳选择。

（2）结晶方法的选择　由于氢溴酸厄贝沙坦在低温下的乙醇中仍然具有较大的溶解能力，单纯的冷却结晶显然不能满足收率的要求。而溶析结晶由于产品溶解度随溶剂组成发生显著变化，从而成为合理的结晶方式。与单纯的溶析结晶相比，采用溶析-冷却耦合结晶的方式可以减少溶剂的用量，从而在溶析剂加入量不变的情况下收率有所提高。

（3）温度对结晶过程的影响　根据正交实验结果可知，当溶析剂在混合溶剂中的物质的量的组成提高到70%以上时，溶析温度上升成为影响产品收率的主要因素，而收率的进一步提高要求溶析温度降低，从理论上来看，温度越低对收率越有利。从另一方面可看到，当溶析剂含量较高时，温度对收率提高的影响变得有限，尤其15℃与20℃下的产品收率几乎无显著差异。此外，温度变化会带来其他方面的影响。

（4）溶析剂的种类对结晶过程的影响　实验中发现［如图9-31（a）和图9-31

（b）] 采用有机类溶析剂得到的产品虽然生长良好、晶体表面生长光洁、厚度均一、不易破碎，但过低的收率成为所有有机类溶析剂的致命缺点。溶析剂的加入量对厄贝沙坦氢溴酸盐的收率有极大的影响，实验考察了30℃下产品收率与溶析剂加入量之间的关系，结果见图9-31（c）。

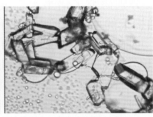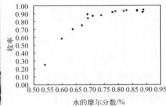

(a) 乙醇-乙醚体系中溶析结晶产品 　(b) 乙醇-甲苯体系中溶析结晶产品 　　(c) 收率与溶析剂加入量的关系

图9-31　溶析剂的种类对结晶过程的影响

第四节
精神病类用药精制结晶技术

一、阿立哌唑

1．阿立哌唑简介

阿立哌唑（aripiprazole），化学名为 7-{4-[4-(2,3- 二氯苯基)-1- 哌嗪基] 丁氧基 }-3,4- 二氢 -2(1H)- 喹啉酮。结构简式如图 9-32 所示，分子式为 $C_{23}H_{27}N_3O_2Cl_2$，分子量为 448。

图9-32　阿立哌唑化学结构式

精神分裂症是一种最常见的精神病性障碍，致残率高，全世界患病率为 1%，精神分裂症起病早（通常在 17～37 岁），对患者的认知、生活和社会功能带来严重影响，给患者家庭造成沉重负担，并引起许多社会问题。阿立哌唑因其独特的药理作用机制，被称为第三代新型抗精神病药物[28]。据有关文献报道[29]，阿立哌唑对精神分裂症阳性、阴性症状以及焦虑、抑郁、认知功能都有明显疗效，此外，其安全性更高。也有报道，该药还可用于治疗其他精神障碍，如情感障碍躁狂发作、老年期痴呆伴有的精神障碍、焦虑症、儿童行为障碍、抑郁症等。目前研究发现的阿立哌唑晶型[30]共 18 种，包含 10 种无水晶型、4 种溶剂化物（甲醇溶剂化物、乙醇溶剂化物、二氯乙烷溶剂化物、吡啶溶剂化物）以及 4 种水合物（一水合物、倍半水合物、四水合物、五水合物），部分晶型的 XRD 谱图如图 9-33 所示。

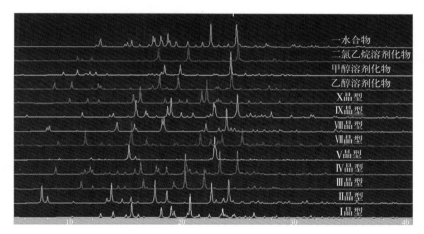

图9-33　阿立哌唑部分晶型的XRD图谱

　　目前阿立哌唑上市药用晶型是Ⅲ晶型和一水合物晶型，其中Ⅲ晶型为亚稳晶型，易转化为稳定的无溶剂 V 晶型，而一水合物为阿立哌唑所有晶型中最稳定的形式[31]。在初期调研及预实验中，已通过查阅文献或溶剂悬浮的方式获得了阿立哌唑的部分晶型，并研究了Ⅰ、Ⅳ晶型及药用的一水合物晶型和Ⅲ晶型间的相互转化关系。需要探明阿立哌唑溶液结晶过程的结晶规律，以开发高纯晶型阿立哌唑的制备工艺。

2. 多晶型转化研究

　　（1）无乙醇存在下高温转晶实验　本书著者团队以先前自制的Ⅲ晶型为原料，在原质量比的丁酮＋丙酮混合溶剂中于 60℃下悬浮。在悬浮的 2h 内，每

5min 取样品进行 DSC 及 XRD 表征，均没有检测到转晶的发生。因短时间悬浮未发现转晶现象，于是以相同条件进行长时间悬浮，发现从悬浮的第 4h 开始，所取样品的 XRD 谱图才出现明显变化（图 9-34）。实验得到，54gⅢ晶型阿立哌唑在 60℃下 240g 丁酮 +26.5g 丙酮混合溶剂中悬浮转晶并不迅速，需要 3～4h 停留时间。在生产过程中仅需 30min 进料后即迅速降温，不应发生转晶现象。

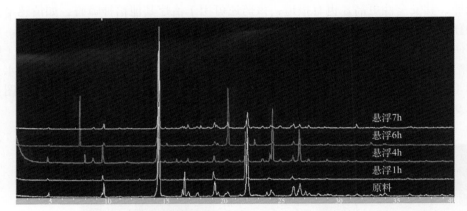

图9-34　长时间悬浮下的XRD图谱

（2）乙醇存在下的转晶实验　首先在 5% 乙醇（2.7g）存在下重复进行悬浮实验，发现：①当乙醇存在时，过程取样观察到悬浮 1h 便出现明显的Ⅰ晶型熔融吸热峰（149℃），即已发生转晶；②通过 XRD 难以区分大量Ⅲ晶型阿立哌唑中掺杂的微量Ⅰ晶型。此外，随乙醇含量增高，阿立哌唑转晶所需的悬浮时间缩短，由此猜测乙醇为介导阿立哌唑转晶的关键因素。

（3）低温悬浮实验　在 10℃下以纯Ⅲ晶型阿立哌唑为原料，于仅含丁酮 / 丙酮混合溶剂体系中悬浮，悬浮至两天才能看到 149℃处出峰。而在 5% 乙醇存在的条件下，转晶过程的发生大致需要 4h。

（4）各个温度区间悬浮转晶时间的确定　由于在线表征难以区分阿立哌唑亚稳Ⅲ晶型中的少量Ⅰ晶型，实验采取间歇取样的方式，以与生产过程完全相同的质量配比（阿立哌唑：乙醇：丙酮：丁酮）完成投料，并在实验温度下恒温悬浮，间隔 15～30min 取样进行 DSC 测试分析晶型。最终结果见表 9-4。实验发现转晶时间随悬浮温度的升高有急剧缩短的趋势，可能由阿立哌唑亚稳晶型溶解过程加速所致。

表9-4　10～60℃温度区间内的阿立哌唑转晶停留时间范围

温度/℃	10	15	20	25	30	35	40	45	50	55	60
转晶时间/h	4	3.5	3	3	2.5	2	2	1.5	1.5	1.25	1

3．半连续结晶工艺开发

本书著者团队在间歇实验的基础上，较详细地研究了阿立哌唑半连续结晶的工艺过程，并分析了不同工艺条件对产品的影响。

（1）半连续进料模拟及换热强化　在半连续操作过程中，最初由溶清釜流入结晶釜中的溶液会在接触器壁后迅速降温析晶，而随着后续进料过程的进行釜液温度逐渐回升，但新加入的料液仍然会在之前析出的亚稳晶型晶种的诱导下二次成核，这是间歇操作中难以模拟的。基于此，后续的结晶工艺研究及换热强化均采用半连续的进料方式。该产品生产主要存在三大问题：回温、结壁、晶型纯度。根据之前所述内容，若能在进料过程中始终开启搅拌则能够减少由温度和浓度分布不均导致的晶型纯度问题，同时能够强化换热过程和溶液混合。除开启搅拌外，实验设计所采用的其他换热过程强化方式包括：

① 预留溶剂。在结晶釜内预留相当于溶清釜内 10% 质量的混合溶剂，以保证其配比符合生产所用的丙酮、丁酮、乙醇配比，预冷至 5℃，能够与进料溶液实现直接换热，并赋予一定的初始换热面积，同时保证搅拌桨能够带动液体扰动；

② 预留溶液。与预留溶剂作用相似，但能够避免最初进料过程的浓度稀释影响，实现直接换热；

③ 首先快速加入 15% 左右的高温溶液，确保没过搅拌桨以保证搅拌桨能够带动溶液，高温溶液填料后快速析晶，析晶产品作为晶种诱导后续结晶过程，而剩余的欠饱和溶液则可作为后续控速进料过程的直接换热媒介，以减轻釜液回温问题。

（2）小试移液方式探索　在半连续进料的前期实验中，尽管采用了多种控速流加方式完成溶清釜至结晶釜间的移液过程，但均产生混晶现象，以下做详细描述，以期在实际生产过程中规避此类问题。

① 脉冲式半连续进料。由于蠕动泵管进料过程中外加压力的作用会导致管内析晶堵管或影响晶型纯度，因此考虑采用滴管间隔加料以模拟半连续的进料过程。滴管模拟进料的最终实验产品为Ⅰ、Ⅲ、Ⅳ三种晶型的三元混晶，这可能是由于使用滴管完成滴料操作时不可避免地会使溶液液滴飞溅到结晶器壁，这部分溶液最终并不会纳入搅拌的釜液中，而是通过溶剂体系的挥发产生蒸发结晶，由此导致Ⅰ晶型的产生，并作为晶种诱导后续的结晶过程。因此，在生产中最好能够保证高温溶液的进料位置靠近结晶釜底，避免液体飞溅后由于多种结晶方式并存而产生的混晶影响。

② 夹套式恒压分液漏斗的进料。在进行了使用蠕动泵实现控速进料以及滴管模拟下的半连续进料实验后，为保证料液能够在指定速度下均匀进料，最终并

没有采用直接倾倒法，而是定制了带夹套的恒压分液漏斗以实现控速进料，实验装置如图 9-35 所示。操作过程如下：将投料在 75℃下溶清后快速倾倒转移至分液漏斗中，分液漏斗与溶清釜串接以保持 75℃的高温，通过调节分液漏斗下口处的阀门控制流加速率。

图9-35　修改后的控速进料装置

实验内容同样包括进料全程不开启搅拌、预留溶剂、预留溶液、先后进料等操作方式，实验考察了不同的进料速率影响并记录了各自的最高回温温度。在更改进料方式后，由于消除了蠕动泵压力的影响同时保证了溶清液运输过程中不会出现温度降低，最终预留溶剂、预留溶液以及先后进料的操作方式均产生了纯Ⅲ晶型产品。

二、盐酸帕罗西汀

1．盐酸帕罗西汀简介

盐酸帕罗西汀[32](paroxetine hydrochloride, PXH)，化学名称为 (−)- 反式 -4-(4-氟苯基)-3-{[3,4-(甲二氧基) 苯氧基] 甲基 } 哌啶盐酸盐，化学式为 $C_{19}H_{21}ClFNO_3$，结构式如图 9-36 所示。PXH 是一种选择性 5- 羟色胺 (5-HT) 再摄取阻滞药，可用于治疗抑郁症，为抗抑郁新药。近年来，大量临床研究发现，它还可用于治疗惊恐发作、广泛性焦虑症、社交焦虑症、强迫症、失眠症、经前期综合征、早泄等其他疾病，具有疗效好、不良反应少等特点。

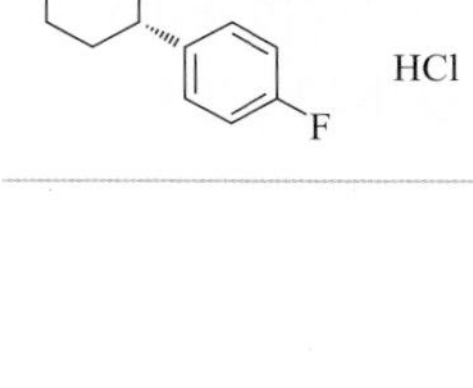

HCl

图9-36
盐酸帕罗西汀化学结构式

PXH 通常以半水化合物的形式存在。半水盐酸帕罗西汀（paroxetine hydrochloride hemihydrate, PXHH）为白色或近白色结晶性粉末，其分子量为 374.8，理论含水量 24%，微溶于水，易溶于甲醇，熔点 128 ~ 132℃。目前已知无水 PXH 存在 4 种晶型，分别称之为 A 晶型、B 晶型、C 晶型、D 晶型，其中 A 晶型盐酸帕罗西汀（paroxetine hydrochloride anhydrate form A, PXHAA）处于介稳态，以其溶解性能好、生物利用率高而备受青睐，通常 PXHAA 以针状结晶存在，熔点为 123 ~ 125℃。目前，国内 A 晶型盐酸帕罗西汀制备过程中存在步骤烦琐、晶体产品晶型不唯一以及溶剂残留过高等缺点，本书著者团队对 A 晶型盐酸帕罗西汀的制备过程进行了系统的研究[33]。

2.结晶热力学研究

（1）溶解度测量　利用激光监视装置采用动态法测定了 PXH 在 16 种单组元溶剂体系及 1 种双组元溶剂体系中的溶解度，共计 308 个数据点。图 9-37 给出了 9 种单组元溶剂中 PXH 的溶解度数据。在这些溶剂体系中，PXH 的溶解度随着温度的升高而增大。

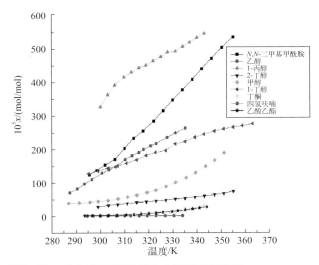

图9-37　PXH在不同溶剂中的溶解度测定值

（2）介稳区测量　测定介稳区宽度是确定溶液的最大过饱和度或者最大过冷度值，作为生产中选择适宜的过饱和度的依据，以防止操作进入不稳定区，发生爆发成核现象，使得产品质量恶化。由于超溶解度曲线是一簇平行于溶解度曲线的曲线，受有无搅拌、搅拌强度的大小、有无晶种、晶种的大小与多少、冷却速度的快慢等因素的影响。因此，本书著者团队分别测定了五种搅拌速率下及四种冷却速率下，PXH 在溶剂 B 中的超溶解度及介稳区宽度，如图 9-38 所示。

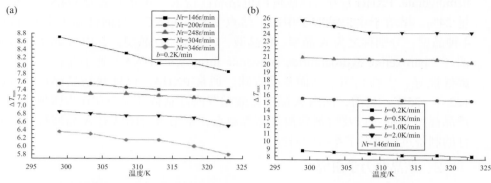

图9-38 搅拌速率对介稳区宽度的影响（a）和冷却速率对介稳区宽度的影响（b）

3．冷却结晶工艺开发

在结晶热力学的基础上，本书著者团队通过建立模型模拟结晶过程进而优化结晶工艺，并通过进一步的实验研究考察了不同因素对实验结果的影响，最终优化了 PXHAA 的制备工艺，为工业放大生产提供了详实有效的依据。

（1）结晶工艺详细步骤

① 提前向溶剂 B 中加入 4A 分子筛以除水；

② 将一定量的 PXHH 和溶剂 B 投入结晶器；

③ 搅拌，水浴加热；

④ 结晶器温度保持沸腾状态一段时间；

⑤ 停止加热，自然冷却；

⑥ 在 30℃左右析出固体，固体析出后继续搅拌一段时间；

⑦ 过滤、干燥和测试。

（2）溶剂体系的选择 已知无水 PXH 共存在四种多晶型体系，由前文所述的多晶型现象可知，对于晶型控制，溶剂体系的选择至关重要。为此本书著者团队开展了大量实验，对溶剂体系进行筛选，最终筛选结果表明，共存在十种溶剂体系（异丙醇＋丙酮、异丙醇、吡啶、乙酸、乙腈、B、乙醇、氯仿、正丙醇、四氢呋喃）可以通过冷却结晶的方法最终生成 PXHAA，而这十种溶剂体系大多数不能经一步制备最终产品，均需要先制备某种 PXH 的溶剂化物，经进一步脱溶剂过程才能最终得到 PXHAA；只有 B 溶剂体系经一步即可制备 PXHAA。

（3）降温方式的影响 本书著者团队主要考察了逐段线性冷却曲线对结晶过程的影响。冷却曲线可以由各个温度段的冷却速率来表示，主要考察了三种逐段线性冷却曲线：冷却曲线 I 表示先慢后快的降温方式，而冷却曲线Ⅲ表示先快后慢的降温方式，冷却曲线Ⅱ在整个结晶过程中维持相同的降温速度。按照上述三种冷却曲线对结晶过程进行模拟，最终模拟结果通过平均粒度和粒度分布的变异系数来评价，结果如表9-5所示。

表9-5　不同冷却曲线对产品粒度的影响

类型	Ⅰ	Ⅱ	Ⅲ
平均粒度/μm	10.25	15.68	16.25
变异系数/%	55.29	55.35	58.59

由表9-5所示的模拟结果可知，采用三种冷却曲线后，平均粒度和粒度分布的变异系数均增大了，这主要是因为在PXH的结晶过程中存在破碎过程。考虑到以上因素，冷却曲线Ⅱ得到的产品较为合适，同时发现不同冷却曲线得到的晶体均为PXHAA，说明降温方式对晶型不产生明显的影响。因此，在PXHAA的制备过程中，降温方式采用线性冷却更优。

（4）搅拌速率的影响　考察了在不同搅拌速率下平均粒度和粒度分布的变异系数的变化情况，发现随着搅拌速率的增大，产品的平均粒度和变异系数均减小。这主要是因为搅拌速率增大后，加剧了破碎的程度，使得产品粒度分布变窄，粒度分布的变异系数减小，也就是说适当地增加搅拌速率对结晶过程是有利的。同时还考察了搅拌速率对晶型和溶剂残留的影响，如图9-39所示。可以看出，搅拌速率基本不会对晶型产生影响，并且，随着搅拌速率增加，溶剂残留变大，因此需要合理选择搅拌速率。

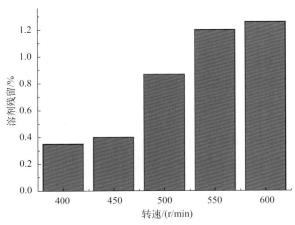

图9-39　搅拌速率对产品溶剂残留的影响

（5）添加剂的影响　有文献报道在PXHH+异丙醇+水的体系中，可以加入某些强离子性的盐，以改变最终PXH异丙醇溶剂化物的晶习。鉴于此，本书著者团队考虑在 PXHH+B+ 水的体系中加入某种强离子性物质，以期将最终晶体产品的晶习改变，通过大量摸索实验，发现加入强离子性物质 a 及加入强离子性物质 b 效果较为明显（图 9-40）。

      (a) 未加入添加剂   (b) 加入 a   (c) 加入 b

图9-40　添加剂作用效果的电镜图比较

基于以上研究，本书著者团队依托"粒子过程晶体产品分子组装与形态优化技术"，开展晶体分子组装及晶型优化技术的攻关研究，实现了医药产品精制结晶新技术的突破，全面提高这些重大医药产品的内在质量及实现节能、降耗、减排指标，并取得了具有自主知识产权的技术成果，提升了我国医药及精细化工相关产业的国际竞争力，最终获得了 2008 年国家技术发明奖二等奖。

三、盐酸多奈哌齐

1. 盐酸多奈哌齐简介

盐酸多奈哌齐是一种重要的乙酰胆碱酯酶（AchE）抑制剂，其结构式如图 9-41 所示。它抑制乙酰胆碱酯酶的活性，使其不能将未与突触后神经元受体结合的乙酰胆碱降解为胆碱和乙酸，从而提高了乙酰胆碱在神经元突触间隙中的浓度，以达到提高人类认知水平，防止痴呆和老化的作用。有文献表明，盐酸多奈哌齐对 AchE 的抑制作用是丁酸胆碱醋酶的 1000 倍，且其抑制作用具有可逆性，在改善认知功能、智能状况和临床总体评分上效果显著。

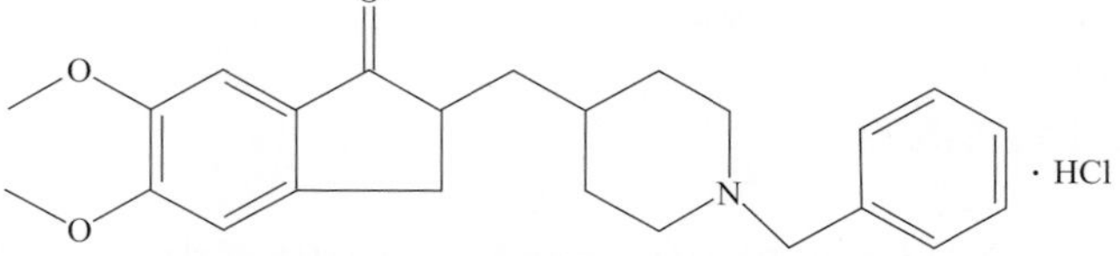

图9-41　盐酸多奈哌齐化学结构式

至今为止，相关专利报道的盐酸多奈哌齐共有 6 种晶型和一种无定形[34]，6 种晶型包括 2 种水合物（Ⅰ晶型，Ⅳ晶型）和 4 种无水物（Ⅱ晶型，Ⅲ晶型，Ⅴ晶型和Ⅵ晶型）。本研究涉及的两种晶型分别为Ⅰ晶型和Ⅲ晶型。Ⅲ晶型盐酸多奈哌齐为热力学稳定晶型，Ⅰ晶型盐酸多奈哌齐为介稳晶型。在常温常压下，Ⅰ晶型盐酸多奈哌齐有脱去结晶水而向更加稳定的无水Ⅲ晶型转化的趋势。截至目前，还没有发现任何一种溶剂能够使Ⅰ晶型盐酸多奈哌齐稳定存在。因此，在通过溶液结晶方法已经不能够得到晶型稳定的Ⅰ晶型盐酸多奈哌齐的前提下，尽量延长该晶型在溶液中的存在时间，以保证生产过程中有充足的时间对其进行分离，成为盐酸多奈哌齐研究者面对的首要任务。

一般来说，获取Ⅰ晶型盐酸多奈哌齐主要通过以下两种方法：①甲醇骤冷法。该法主要通过将盐酸多奈哌齐原料在高温下骤冷来增加溶液的过饱和度。②异丙醚溶析法。该法与甲醇骤冷法类似，主要区别在于该法在骤冷后并不出晶，而是加入异丙醚作为溶析剂以使体系过饱和度缓慢增加。甲醇法会带来严重的爆发成核现象，晶体较小且聚结严重，使得Ⅰ晶型盐酸多奈哌齐的存在时间比异丙醚溶析要短。但其因为采用了单一溶剂，故不存在异丙醚残留问题。异丙醚溶析法过饱和度增加比较温和，出晶比较好控制，晶体粒度大且结晶度高，Ⅰ晶型盐酸多奈哌齐存在时间较长。但其缺点在于因使用异丙醚而带来的溶剂残留问题，因此需要开发新的结晶工艺来解决上述问题[35]。

2. 溶析结晶工艺

（1）多晶型转化研究　本书著者团队分析了温度、溶析剂用量、溶析剂流加速率、搅拌速率和溶析剂类型等不同动力学因素对Ⅰ晶型盐酸多奈哌齐晶体晶型稳定性的影响，下面以温度和流加速率为例说明。

随着温度的升高，Ⅲ晶型的出现时间和转晶完成的时间都逐渐变短。这说明低温条件有利延缓盐酸多奈哌齐的转晶过程，延长Ⅰ晶型的存在时间。Ⅰ晶型盐酸多奈哌齐生长到一定程度后，进而发生转晶现象，转变为Ⅲ晶型盐酸多奈哌齐，溶液中剩余的过饱和度则推动Ⅲ晶型进一步生长。

实验发现，随着异丙醚流加速率的增加，溶液中盐酸多奈哌齐晶体完全转变为Ⅲ晶型的时间逐渐延长，这主要反映了动力学因素对转晶过程的影响。随着流加速率的加快，出晶时过饱和度增加，使得Ⅰ晶型盐酸多奈哌齐的成核比例增加，从而延长其存在时间。当流加速率非常低时，体系中的较低过饱和度将会使部分Ⅲ晶型盐酸多奈哌齐成核，这样Ⅲ晶型晶体在一开始时便会出现。此外，在流加速率为 2.13mL/min 时，Ⅲ晶型盐酸多奈哌齐的出现时间比流加速率为 1.42mL/min 时要早，该现象可能是由异丙醚流加完毕后晶体的生长过程所导致。

（2）工艺优化　晶体粒度过小或粒度分布过宽就会导致产品难以抽滤，干燥效率低，甚至可能成为整个工艺过程中的瓶颈步骤。盐酸多奈哌齐生产过程中晶体较小且破碎严重，并由此引发了溶剂的包藏现象，进而影响到药物的药效。本书著者团队以晶体粒度、晶体在溶液中的形态等性质为指标，重点考察了结晶温度、流加速率、流加类型以及搅拌速率对Ⅰ晶型盐酸多奈哌齐溶析结晶过程的影响。并分别从盐酸多奈哌齐晶型稳定性以及粒度等晶体学指标两方面分析了上述各个因素对Ⅰ晶型盐酸多奈哌齐溶析结晶过程的综合影响，对二者之间的矛盾进行调和，并得到优化后的最终溶析结晶实验参数。

3．骤冷诱导晶种的冷却结晶新工艺开发

本书著者团队针对传统骤冷甲醇法中常见的四个问题：①结晶釜内爆发成核导致晶浆密度增大，晶体粒度普遍偏小（40～70μm），使得结晶过程浆液流动性差，从而引发晶体产品贴壁，导致搅拌失效；②产品聚结严重，难以抽滤，甲醇包藏量高；③抽滤后的产品难铺展，影响干燥效率，增加转晶风险；④产品粘壁，难以顺利倒出，影响产率。因此，开发了一种新型的骤冷诱导晶种的冷却结晶工艺。

（1）工艺过程介绍　整体工艺流程如下：

① 在高温下于溶清釜内配制盐酸多奈哌齐饱和液，并加以适当搅拌；

② 将一部分料液转移至结晶釜内，低温诱导产生一批Ⅰ晶型晶种；

③ 将结晶釜内的温度回升至中温溶解一部分晶种，以降低晶种数目和粒度分布；

④ 在该温度下将溶清釜内剩余料液以一定的滴加速率流入结晶釜；

⑤ 待溶清釜内料液滴加完全后，再以一定的冷却速率冷却至低温以保持最终Ⅰ晶型盐酸多奈哌齐的收率，维持一段时间后出料。

（2）关键工艺参数及工艺优化　本工艺的关键工艺参数主要包括以下四个：①骤冷温度选择；②初始底液加入量；③升温温度选择；④料液加入速率。本书著者团队设定了骤冷温度和升温温度（参数的确定是根据亚稳的Ⅰ晶型向稳定Ⅰ晶型在特定温度下的转晶实验确定的），通过改变初始底液加入量和料液加入速率进行工艺优化。

图 9-42（a）是通过传统骤冷甲醇法制得的Ⅰ晶型盐酸多奈哌齐产品，可以发现其粒度小且聚结现象严重，这会极大地增加产品的处理（离心、干燥）成本以及转晶风险；图 9-42（b）是通过粗略设定初始底液加入量和料液加入速率后得到的晶体产品，可以发现晶体的粒度较之前明显增大；而图 9-42（c）是通过优化参数后得到的晶体产品，与图 9-42（b）相比粒度进一步增大，且产品的晶型满足要求。Ⅰ晶型产品粒度的增大可以极大地降低Ⅰ晶型的转晶风险（Ⅰ晶型易在甲醇存在的条件下发生溶剂介导转晶成为稳定的Ⅲ晶型）。图 9-43 显示产品的主粒度从 100μm 增加至 160μm 左右。

| (a) 传统骤冷甲醇法 | (b) 粗略优化后 | (c) 优化参数后 |

图9-42 工艺优化前后的过程取样显微镜照片

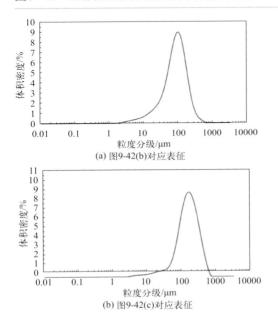

(a) 图9-42(b)对应表征

(b) 图9-42(c)对应表征

图9-43 图9-42（b）和（c）对应的干燥I晶型盐酸多奈哌齐产品的马尔文表征

第五节
抗肿瘤等其他类化学药精制结晶技术

一、二甲胺含笑内酯富马酸盐

1. 二甲胺含笑内酯富马酸盐简介

二甲胺含笑内酯富马酸盐（ACT001）是天然产物提取物小白菊内酯的衍生

物，属于愈创木烷型倍半萜内酯类化合物，其结构式如图 9-44 所示，是一种多靶点小分子免疫调节剂，能够很好地穿过血脑屏障，并且能够可逆地开放血脑屏障，帮助其他药物提高入脑浓度，因此 ACT001 可用于颅内疾病的治疗。

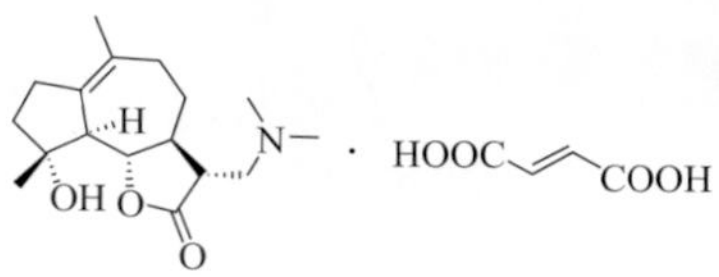

图9-44　ACT001化学结构式

作为原创新药，到目前为止 ACT001 在全球共计获批 12 项临床试验，其中有 8 项正在全球开展，包括 6 项 I b/IIa 与 II 期临床，涵盖 5 个不同的适应证，适应证优先为复发胶质母细胞瘤。中国专利 CN103724307B 公开了 ACT001 晶型 A 及其制备方法，该专利通过使用 PXRD 来表征晶型 A，通过在乙酸乙酯溶剂中重结晶制备晶型 A，该方法制备的产品粒度较小、堆密度较小、流动性差、晶体产品质量在不同批次之间差异性较大。同时，晶型 A 稳定性较差，易发生晶型转化，并且固体粉末还存在很强的静电作用，导致生产过程中存在扬尘现象，将给后期的加工和处理带来很多问题。

为了克服现有技术存在的弊端，解决当前晶型 A 产品易发生晶型转化、稳定性差、流动性差、颗粒尺寸小且易聚结等问题，需要通过晶型样品筛选手段，考察不同结晶方式、单一溶剂及混合溶剂、不同温度及搅拌条件对最终产品晶型的影响，并结合粉末衍射、单晶衍射、热失重分析（TGA）及差示扫描量热分析等多种分析测试方法，制备和发现新的具有优良性能的晶型产品，利于后续药物开发[36]。

2. 新晶型的发现和表征

本书著者团队通过悬浮结晶、冷却结晶、蒸发结晶、溶析结晶、热转化、机械力转化等多种结晶方法，对 ACT001 进行了系统的晶型筛选，成功得到 5 种新的晶型，即晶型 B、晶型 C、晶型 D、晶型 E、晶型 F。XRD 图谱如 9-45 所示。

从 ACT001 新晶型的 TGA 及 DSC 分析结果中发现，晶型 C 的熔点为 155℃，在达到熔化温度前没有发生失重，表明晶型 C 为无水晶型；晶型 D 为水合物，TGA 曲线在分解前会有 3.97% ～ 4.22% 的失重，DSC 图谱在 75℃有脱水吸热峰，脱水后转化为晶型 B，晶型 B 在 148℃处有特征熔融峰；晶型 E 为无水晶型，熔点为 160℃；晶型 F 在达到分解温度前没有失重，DSC 图谱在 153℃处有一个特征吸热峰，在 163℃处有一个特征放热峰。研究过程中还采用光学显微镜、动态蒸汽吸附（DVS）、振实密度仪、休止角测定仪、马尔文 3000 等对不同晶型的晶习、引湿性和粉体性能进行了详细的表征。结果分析表明无水晶型 B、无水晶型 C、无水晶型 E、无水晶型 F 在具有一定湿度范围的环境中都有转化为水合物的风险，晶型 D 相比于其他晶型具有更好的粉体性质（晶体形貌好、堆密度高、颗粒粒径大、休止角小），因此具有开发潜力。

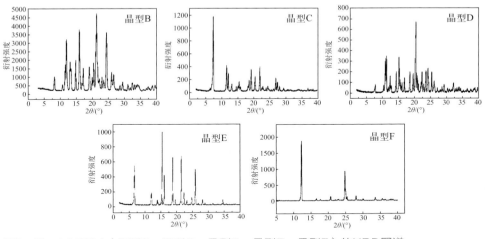

图9-45　ACT001（晶型B、晶型C、晶型D、晶型E、晶型F）的XRD图谱

3．反应结晶工艺开发

本书著者团队针对生产 ACT001 晶型 D 的现存工艺面临的爆发成核导致批间差异大、细粉过多造成胶囊灌装不稳等问题，重点考察反应物料滴加速率、反应温度、晶种粒度、晶种添加量、晶种加入时间、晶种颗粒分散状态、养晶时间、搅拌速率及搅拌桨类型等多种因素对最终晶体产品粒度分布的影响，同时通过响应曲面法确定出对产品粒度影响较为显著的因素。

工艺过程如下：

① 在较高温度下，向结晶器中加入一定量的丙酮和水，搅拌混合，充当反应底液，待用；

② 配制二甲胺含笑内酯的丙酮溶液，过滤备用；

③ 配制富马酸的丙酮 - 水溶液，过滤备用；

④ 在适当温度下，向反应瓶 1 中双股同时流加富马酸溶液和游离碱溶液，在合适的时机加入晶种，养晶一段时间，待反应物料滴加完毕后，保温；

⑤ 以一定的降温速率将结晶器内温度降至低温，保温搅拌；

⑥ 过滤、洗涤、干燥后得到晶型 D 的干品。

在反应结晶过程中，往往需要引入晶种来降低过饱和度，进而实现对成核的控制，最终达到对产品粒度及粒度分布的精细调控。接下来以晶种加入时间、晶种粒度来进行说明。

（1）晶种加入时间的影响 图9-46是在酸液和碱液滴加过程中出现自发成核后才开始添加晶型D的晶种，从图9-46（a）和图9-46（b）中可以观察到，在养晶过程中晶体已经出现了明显的聚结现象，自发成核的小晶体容易黏附在添加的相对较大的晶种上面，团聚会使体系中晶核数量明显减少，不能较好地消耗体系中的过饱和度，引发新一轮爆发成核，进而导致最终产品粒度分布不均，细粉过多。同时发现，在体系中没有晶体析出时添加晶种，晶体粒度相比之前有了明显的改善，同时晶体表面光洁，满足灌装要求。

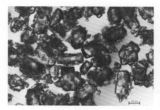 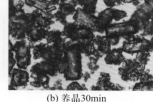

(a) 养晶15min　　　　　　　　(b) 养晶30min

图9-46 有晶体析出后再添加晶种的工艺过程取样显微镜照片

（2）晶种粒度的影响 通过添加不同粒度的晶种所制备的最终产品的显微镜图显示随着晶种粒度的增加，最终产品的粒度也获得了相应的提高。同时，晶种粒度范围越窄，越有利于得到粒度分布均一的产品，相反，当添加的晶种的粒度范围较宽时，体系中发生聚结的可能性将会随之增加。

二、卡维地洛磷酸二氢盐

1. 卡维地洛磷酸二氢盐简介

卡维地洛是一种具有 α- 受体阻断活性的非选择性 β- 肾上腺激素阻断剂，主要用于治疗高血压、充血性心力衰竭和心绞痛等疾病。卡维地洛磷酸二氢盐较卡维地洛游离碱或其他由卡维地洛制成的结晶盐具有更高的水溶性、化学稳定性、维持或延长药物水平或吸收水平。卡维地洛磷酸二氢盐有多种晶型，美国专利US7268156公开了卡维地洛磷酸二氢盐半水合物（晶型Ⅰ）、卡维地洛磷酸二氢盐二水合物（晶型Ⅱ、晶型Ⅳ）、卡维地洛磷酸二氢盐甲醇溶剂合物（晶型Ⅲ）、卡维地洛磷酸二氢盐（晶型Ⅴ）；专利WO2007144900公开了卡维地洛磷酸二氢盐倍半水合物；专利WO2008002683公开了卡维地洛磷酸二氢盐的晶型F、晶型F1、晶型L、晶型N、晶型O、晶型P、晶型R、晶型W、晶型Y以及卡维地洛磷酸二氢盐的无定形。专利 US2008167477 和 WO2008084494 公开了卡维地洛磷酸二氢盐的晶型 A 至晶型 E 和无定形 F。专利 WO2009122425 公开了卡维地洛磷酸二氢盐一水合物晶型 S。由于各种晶型均受到专利保护，国内企业不能正常生产销售该药物。因此需要开发卡维地洛磷酸二氢盐新晶型及其制备技术，以突破国外技术的垄断。

2．新晶型的发现和表征

（1）新晶型的 PXRD 表征　图 9-47 为制得的卡维地洛磷酸二氢盐新晶型的粉末 X 射线衍射图谱，从图中可以看出，a、b、c 为三种不同的晶型，通过对比可以判断 a 和 b 为专利中已公开的卡维地洛磷酸二氢盐晶型 I 和晶型 N，c 是本研究开发的不同于以往的新晶型，命名为晶型 Z。

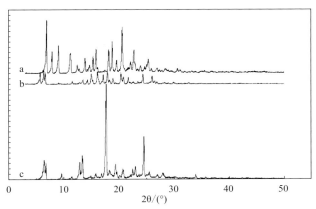

图9-47　卡维地洛磷酸二氢盐晶型的PXRD图谱

（2）新晶型的热分析　卡维地洛磷酸二氢盐晶型 I、晶型 N 和新晶型 Z 具有完全不同的 DSC 特征谱图。晶型 I 在 105℃左右处有一个较为平滑的吸热峰，为脱水峰，在 160℃附近的吸热峰是晶型 I 的熔点峰，与专利中报道的晶型 I 在 102.21℃脱水和 157.85℃熔融一致。晶型 N 在 94℃左右处有一个吸热峰，为脱水峰，在 162℃附近出现晶型 N 的熔点峰。新晶型 Z 在 89℃左右处有一个尖锐的脱水峰，熔点峰则出现在 151℃。

（3）红外表征与分析　发现晶型 I、晶型 N 和晶型 Z 的红外谱图在波数 400～2300cm^{-1}之间基本是一致的。

3．溶析结晶工艺开发

考察了结晶方法和溶剂等各种条件对最终产品多晶型的影响情况，通过对比不同的结晶方法和不同的溶剂发现，采用反应‐冷却结晶和蒸发结晶可得到专利中已公开的晶型，而在以异丙醇／水体系为溶剂、水为溶析剂的条件下，溶析结晶得到的是新晶型，即晶型 Z。实验考察了溶析结晶过程中的不同参数对最终晶体产品粒度分布的影响。

（1）搅拌速率的影响　考察了以异丙醇／水体系为溶剂，在卡维地洛磷酸二氢盐新晶型的溶析结晶过程中不同搅拌速率对其粒度分布的影响，随着搅拌速率的增大，产品的主粒度有逐渐减小的趋势。这是因为随着搅拌增强，晶体混合更均匀，不会产生因局部过饱和度过大而导致粒度分布不均匀的情况；同时，搅拌增强导致二次成核速率变大，致使产品主粒度变小；然而搅拌速率过慢，使加入的溶析剂无法快速分散，造成局部溶析剂浓度过高，从而析出大量细晶，使粒度分布不均匀。

（2）溶析剂流加速率的影响　通过实验发现，随着溶析剂流加速率的增大，晶体的主粒度逐渐变小，并且流加速率在中等大小时，粒度分布比较均匀。

（3）养晶的影响　研究表明养晶一段时间后晶体的主粒度减小。养晶的作用是：一方面，晶体逐渐分散，使晶体表面的小晶体被冲刷进入体系成为晶核，为生长提供更多的表面积。另一方面，晶核不断生长，可以消耗体系较高的过饱和度，以获得粒度均匀的晶体产品。

根据以上操作对结晶过程的影响，最终确定卡维地洛磷酸二氢盐晶型 Z 溶析结晶的工艺优化条件，在优化工艺下得到的产品粒度分布比较均匀（如图9-48），溶析结晶的收率均大于 90%。为进一步指导工业生产的放大、设计奠定了良好的基础。

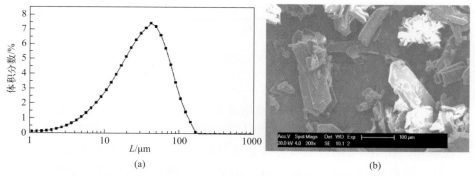

图9-48　工艺优化产品的粒度分布（a）和工艺优化产品的电镜照片（b）

参考文献

[1] Song L, Gao Y, Gong J. Measurement and correlation of solubility of clopidogrel hydrogen sulfate (metastable

form) in lower alcohols[J]. Journal of Chemical and Engineering Data, 2011, 56(5): 2553-2556.

[2] Song L, Li M, Gong J. Solubility of clopidogrel hydrogen sulfate (form II) in different solvents[J]. Journal of Chemical and Engineering Data, 2010, 55(9): 4016-4018.

[3] Zhang T, Liu Y, Du S, et al. Polymorph control by investigating the effects of solvent and supersaturation on clopidogrel hydrogen sulfate in reactive crystallization[J]. Crystal Growth & Design, 2017, 17(11): 6123-6131.

[4] Liu Y, Chen M, Lin J, et al. Solubility measurement and data correlation of clopidogrel hydrogen sulfate (form I) in four binary solvents systems at temperature from 278.15 to 318.15 K[J]. Journal of Chemical and Engineering Data, 2020, 65(5): 2903-2911.

[5] Chen M, Du S, Zhang T, et al. Spherical crystallization and the mechanism of clopidogrel hydrogen sulfate[J]. Chemical Engineering & Technology, 2018, 41(6): 1259-1265.

[6] Liu Y, Yan H, Yang J, et al. Particle design of the metastable form of clopidogrel hydrogen sulfate by building spherulitic growth operating spaces in binary solvent systems[J]. Powder Technology, 2021, 386: 70-80.

[7] 李康. 溶液结晶中晶习控制与优化研究 [D]. 天津：天津大学，2020.

[8] Li L, Zhao S C, Xin Z. Solubility of clopidogrel hydrogen sulfate polymorphs in ethyl acetate+2-butanol mixtures at 283.15-313.15 K[J]. Journal of Chemical Thermodynamics, 2019, 139:105846.

[9] Meena K, Muthu K, Meenatchi V, et al. Growth, crystalline perfection, spectral, thermal and theoretical studies on imidazolium l-tartrate crystals[J]. Spectrochimica Acta Part a-Molecular and Biomolecular Spectroscopy, 2014, 124: 663-669.

[10] Echabaane M, Rouis A,Bonnamour I,et al. Studies of aluminum(III)ion-sclective optical sensor based on a chromogenic calix[4]arene derivative[J].Spectrochimica Acta Part a-Molecular and Biomolecular Spectroscopy, 2013, 115: 269-274.

[11] Fang Z, Zhang L, Mao S, et al. Solubility measurement and prediction of clopidogrel hydrogen sulfate polymorphs in isopropanol and ethyl acetate[J]. Journal of Chemical Thermodynamics, 2015, 90: 71-78.

[12] Jones P H, Goldberg A C, Knapp H R, et al. Efficacy and safety of fenofibric acid in combination with atorvastatin and ezetimibe in patients with mixed dyslipidemia[J]. American Heart Journal, 2010, 160(4): 759-766.

[13] Kolovou G D, Kostakou P M, Anagnostopoulou K K. Familial hypercholesterolemia and triglyceride metabolism[J]. International Journal of Cardiology, 2011, 147(3): 349-358.

[14] 秦春雷. 精制阿托伐他汀钙粗品的结晶过程研究 [D]. 天津：天津大学，2020.

[15] Shidhaye S S, Thakkar P V, Dand N M, et al. Buccal drug delivery of pravastatin sodium[J]. Aaps Pharmscitech, 2010, 11(1): 416-424.

[16] Martin-Islan A P, Cruzado M C, Asensio R, et al. Crystalline polymorphism and molecular structure of sodium pravastatin[J]. Journal of Physical Chemistry B, 2006, 110(51): 26148-26159.

[17] Jia C Y, Yin Q X, Zhang M J, et al. Polymorphic transformation of pravastatin sodium monitored using combined online FBRM and PVM[J]. Organic Process Research & Development, 2008, 12(6): 1223-1228.

[18] Patakova P. Monascus secondary metabolites: Production and biological activity[J]. Journal of Industrial Microbiology & Biotechnology, 2013, 40(2): 169-181.

[19] 孙华. 洛伐他汀结晶过程研究 [D]. 天津：天津大学，2006.

[20] Li D X, Yan Y D, Oh D H, et al. Development of valsartan-loaded gelatin microcapsule without crystal change using hydroxypropylmethylcellulose as a stabilizer[J]. Drug Delivery, 2010, 17(5): 322-329.

[21] Wang J R, Wang X J, Lu L Y, et al. Highly crystalline forms of valsartan with superior physicochemical stability[J]. Crystal Growth & Design, 2013, 13(7): 3261-3269.

[22] Thao T D T, Phuong H L T, Park J B, et al. Effects of solvents and crystallization conditions on the polymorphic behaviors and dissolution rates of valsartan[J]. Archives of Pharmacal Research, 2012, 35(7): 1223-1230.

[23] Lou Y J, Zuo L L. Quantification of losartan potassium polymorphs using powder X-ray diffraction[J]. Journal of Aoac International, 2021, 104(3): 579-584.

[24] Fernandez D, Vega D, Ellena J A, et al. Losartan potassium, a non-peptide agent for the treatment of arterial hypertension[J]. Acta Crystallographica Section C-Crystal Structure Communications, 2002, 58: 418-420.

[25] Bocskei Z, Simon K, Rao R, et al. Irbesartan crystal form B[J]. Acta Crystallographica Section C-Crystal Structure Communications, 1998, 54: 808-810.

[26] Araya-Sibaja A M, Fandaru C, Guevara-Camargo A M, et al. Crystal forms of the antihypertensive drug irbesartan: A crystallographic, spectroscopic, and hirshfeld surface analysis investigation[J]. Acs Omega, 2022, 7(17): 14897-14909.

[27] Wang X J, Gao D, Li D X, et al. Collecting the molecular and ionization states of irbesartan in the solid state[J]. Crystal Growth & Design, 2020, 20(9): 5664-5669.

[28] Zhao Y X, Sun B Q, Jia L N, et al. Tuning physicochemical properties of antipsychotic drug aripiprazole with multicomponent crystal strategy based on structure and property relationship[J]. Crystal Growth & Design, 2020, 20(6): 3747-3761.

[29] Zhou Q, Tan Z C, Yang D S, et al. Improving the solubility of aripiprazole by multicomponent crystallization[J]. Crystals, 2021, 11(4):343.

[30] Nanubolu J B, Sridhar B, Babu V S P, et al. Sixth polymorph of aripiprazole -an antipsychotic drug[J]. Crystengcomm, 2012, 14(14): 4677-4685.

[31] 赵燕晓. 阿立哌唑多晶型及多组分晶体研究 [D]. 天津：天津大学，2020.

[32] Yu M S, Lantos I, Peng Z Q, et al. Asymmetric synthesis of (−)-paroxetine using PLE hydrolysis[J]. Tetrahedron Letters, 2000, 41(30): 5647-5651.

[33] 任国宾. 盐酸帕罗西汀结晶过程研究 [D]. 天津：天津大学，2005.

[34] Liu T, Wang B, Dong W, et al. Solution-mediated phase transformation of a hydrate to its anhydrous form of donepezil hydrochloride[J]. Chemical Engineering & Technology, 2013, 36(8): 1327-1334.

[35] 刘甜甜. 盐酸多奈哌齐多晶型及其溶液介导转晶过程的研究 [D]. 天津：天津大学，2013.

[36] Li Z, Wang L, Wang Y, et al. Exploring solid form landscape of anticancer drug dimethylaminomicheliolide fumarate: Crystal structures analysis, phase transformation behavior, and physicochemical properties characterization[J]. Crystal Growth & Design, 2021, 21(5): 2643-2652.

第十章

维生素、氨基酸等精细化学品精制结晶技术

303

研发维生素、氨基酸、农兽药等化学品的精制结晶技术，以实现其高端精细化生产，也是工业结晶领域的重要课题。维生素、氨基酸与农用和兽用化学品具有应用功能特定、技术含量及产品附加值高等特点。产品晶体形态学指标与工业结晶技术密切相关。随着我国经济社会的飞速发展，我国已经成为精细化工的重要产地和主要消费市场。然而，我国相关产品的生产依然面临挑战，比如在某些领域还存在"大而不强"的现状，部分产品的精细化程度低，相关设备存在技术壁垒，生产成本高，工业"三废"排放大，环境污染严重，因此技术提升空间依然较大。近年来，我国正逐步加大在精细化学品领域的研究开发，针对部分需求巨大的产业化项目进行了科学技术攻关。国内以维生素生产为代表的东北制药、以氨基酸生产为代表的梅花生物科技、以农兽药生产为代表的北京颖泰嘉和等企业正逐步加大对相关精细化学品产品的高质量追求。工业结晶技术是制备精细晶体产品的关键共性技术，对产品的晶型控制、粉体性能优化、产品理化性质提升、纯化除杂以及产品加工性能的改善都至关重要。本书著者团队从分子层次到产业化层面，开展了维生素、氨基酸、农兽药等典型精细化学品精制结晶技术的系统研究，并取得了系列产业化应用成果。本章选取一些典型案例，对相关精细化学品工业结晶技术与装置的开发进行介绍。

21 世纪的精细化学品发展正以高新技术为依托，为全球经济和人民生活提供高质量、多品种、专用或多功能的产品。随着社会的发展和科技的进步，以维生素、氨基酸、农兽药等为代表的精细化工产业将继续扩大市场规模，前景广阔。国内精细化学品相关行业，必须抓住新的发展形势，加大科技创新，开展技术前瞻研究，建立和完善技术创新体系和机制，完善配套措施，提高整体效益和竞争力，淘汰、削减或限制落后的产品和生产工艺，将创新成果进一步应用到实际生产中。此外，作为精细化学品工艺生产中的重要一环，工业结晶也应顺应时代发展，进一步进行科技创新发展，拓宽在精细化学品行业的应用，将更多更先进的结晶技术引入生产实际，进一步解决由技术原因钳制的质量问题，在降低成本、提高产品附加值、减小环境污染等方面继续攻关，提高经济效益和社会效益，走上"工艺创新化、过程绿色化、产品高端化"的道路。

第一节
维生素类化学品精制结晶技术

维生素（vitamin），是一系列有机化合物的统称，顾名思义，是人和动物维持生命活动的关键物质。与糖、蛋白质、脂肪类营养素不同，维生素在生物体内含量很少，且不为生物体提供能量，但却是不可或缺的一类物质。1911 年，波兰科学家丰克将此类物质命名为维生素，人们开始对维生素系列物质展开了详细的研究。维生素对机体的新陈代谢、生长发育有着极为重要的作用，一般通过食物或药物获得，如果长期缺乏，则会引起一系列生理机能障碍与疾病。鉴于维生素的重要性，其工业化在 20 世纪就已经如火如荼地开展起来了。我国维生素工业始于 20 世纪 50 年代末，从维生素 C 开始，逐步实现了多种维生素的工业化生产，仅 2014 年至 2018 年，我国维生素产量就由 24.8 万吨增长至 32.8 万吨，且还在不断增长中。目前，我国已发展成为全球维生素生产中心，以华北制药、新和成、亿帆医药等为代表的一系列维生素大型生产企业已经形成集原料供应、产品生产与贸易销售一体的完整产业链。然而，维生素的高端化生产却是极具挑战性的难题。我国大部分生产企业比较重视维生素产品的生产规模，但是在工艺、环保以及产品质量，尤其是晶体颗粒产品质量（纯度、粒度、形态、堆密度等）方面，在很长一段时间内都远远落后于国外先进技术，这使得世界维生素高端市场一直被国外公司所占据。在相当长的一段时间内，我国自主生产的维生素产品主要应用于饲料添加剂等对产品质量要求不高、下游对上游价格不敏感的领域，高端晶体产品仍大量依赖进口。这使维生素的研发生产成为多年来我国一直鼓励发展的重大项目之一。为了打破国外大型企业对高端维生素晶体的垄断，在激烈的国际竞争中获得优势，本书著者团队在承接国家攻关项目与企业委托的背景下，针对典型维生素产品开展精制结晶技术攻关研究，成功地实现了多种维生素的高端化结晶生产，并取得了一系列成果，为提升我国维生素生产技术水平起到了重要推动作用，在部分高端化生产领域打破了国外先进技术对我们的技术封锁。本节将以维生素 C（L- 抗坏血酸）、维生素 B_1（硝酸硫胺与盐酸硫胺）、维生素 B_5（D- 泛酸钙）为例，对几种典型的维生素晶体的高端化结晶技术进行介绍。

一、维生素C

1．维生素 C 简介

维生素 C，又名 L- 抗坏血酸。分子式为 $C_6H_8O_6$，结构式如图 10-1 所示。维生素 C 是一种重要的维生素类药物和营养剂，在医药和食品工业中均有着重要用途，它是维生素类药物中产量最大、用途最广的品种之一，参与体内的多种代谢，在人体内有利于核酸的合成与红细胞的生成，能增强人体的抵抗能力，是维持人体健康不可缺少的物质。除药用外，维生素 C 还可作为营养剂。《中国居民膳食营养素参考摄入量》中规定，18 ～ 49 岁的成年人每日需摄入维生素 C

100mg。也正是因为其应用广泛，故在我国的需求量居高不下。其工业生产主要采用双酮糖法（也称莱切斯坦法）和两步发酵法。目前国内的维生素C生产厂家均采用污染更小的两步发酵工艺，其主要生产过程包括两步发酵、酯转化与提取、结晶等。目前全世界维生素C的总产量和销售量以每年6%以上的速度递增。在国外，维生素C的主要生产厂家有德国的巴斯夫公司、瑞士的罗氏公司、日本的武田公司等；在国内，维生素C的生产厂家主要有东北制药、华北制药、石家庄制药、江山制药、山东天力等。我国是维生素C生产大国，近年来，我国维生素C产量已达到约17万吨/年，在全球供给占比约70%。

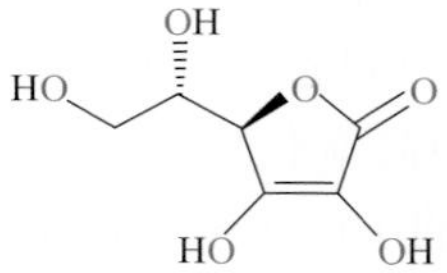

图10-1
维生素C的分子结构式

2．维生素C结晶工艺优化

尽管维生素C的产量较高，但在21世纪初，维生素C的生产依然存在"大而不强"的典型现象，目前，国外先进厂家以L-山梨醇作为原料，最终产品的总收率大于70%，而我国维生素C生产的总收率在20世纪90年代中期只能达到40%，尽管后来可以提高至60%～65%，但是与国外先进技术相比仍存在一定差距。此外，我国维生素C生产还存在单体规模小、设备陈旧、效率低以及成本高等问题，这导致维生素C在结晶生产技术和产品质量方面与国外先进技术相比差距较大。例如：我国的维生素C产品在贮运过程易发生降解，导致杂质含量升高，从而药效下降；由于结晶工艺与设备落后，无法对产品粒度分布进行调控，产品粒度分布不均匀；结晶罐批生产能力不高，且依靠手工操作，批间差异无法消除，质量的稳定性也难以保证，导致国产维生素C在国际市场上只能作为食品级产品低价出售，难以进入药品等领域的高端市场。所以我国维生素C的结晶技术在当时是急需更新的。为解决我国维生素C结晶生产中存在的这些问题，国家将"维生素C生产中的关键技术——新型结晶技术的开发应用"列为"九五"重点攻关项目。本书著者团队针对维生素C结晶生产中出现的问题进行攻关，主要集中在以下几个方面。

（1）产品粒度分布的调控　针对粒度分布不均的问题，进行了结晶器的改进，使用带导流筒的DTB结晶器取代企业原有的简单釜式结晶器，在切向流场的基础上增加了轴向流场，有效克服了晶体在罐内流动线速度差异大而导致生长速率不同的问题。并对冷却曲线等关键操作曲线进行了重新设计，有效避免了结晶过程中出现的二次成核，从而防止粒度分布变宽，冷却曲线设计与产品粒径分布如图 10-2 所示[1]。

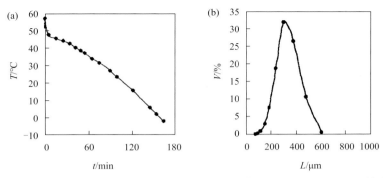

图10-2 维生素C结晶经验最优冷却曲线（a）和最优操作下产品的粒度分布曲线（b）

（2）细晶消除技术的应用　针对维生素 C 结晶收率低的问题，在冷却结晶之前对 60℃左右的结晶原料液先进行真空蒸发去掉部分溶剂，以提高结晶料液的浓度，可使一次结晶收率提高 5% 左右。但值得注意的是，尽管采用真空蒸发可提高产品收率，但蒸发时出晶过程较快，细晶量会增加，而维生素 C 结晶过程中非常容易成核，即使过饱和度很小，成核速率也能一直维持 10^8#/（$m^3 \cdot s$），因而悬浮液中始终存在一定数量的细晶。因此，在冷却结晶过程中需加入细晶消除操作（简称消晶操作）。通过细晶消除系统，将结晶器中粒度小于切割粒度的细晶通过澄清式细晶分级方式从晶浆中采出，细晶流股通过加热装置将其中的细晶溶解后再返回结晶器，从而可以有效消除结晶过程中的细晶[2]，设备示意图如图 10-3（a）所示。当流量一定时，随着消晶温度的升高，切割粒度略有增加，但由于结晶终点温度相同，消晶温度越高，对应的消晶时间也越长，即溶液中的

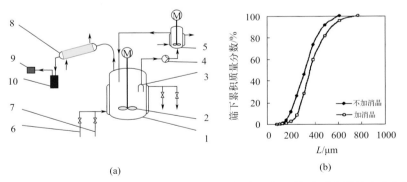

图10-3 细晶消除法制备维生素C装置图（a）和细晶消除对产品粒度分布的影响（b）
1—结晶器；2—搅拌器；3—细晶采出装置；4—细晶消除循环泵；5—细晶溶解装置；6—冷却介质；
7—加热介质；8—冷凝装置；9—真空装置；10—馏出液收集装置

过饱和度一直维持在较高水平，产品平均粒度增大。使用消晶操作与不使用消晶操作的粒度分布对比如图 10-3（b）所示，可以看到，加入消晶操作后，晶体的粒度分布显著右移，这使得维生素 C 晶体产品粒度分布更加集中。

（3）结晶过程反馈控制算法开发　在实际生产过程中，间歇操作结晶会出现明显的批间差异[3]，这是因为目前所使用的过程反馈 PID（比例积分导数）算法无法适用于维生素 C 的生产。相比于其他物系，维生素 C 热敏性高且结晶过程慢时变，设备固有的大滞后性则加剧了这些问题，使得常规的 PID 等算法控制效果差，造成结晶产品出现显著的批间差异。通过研究发现，降温曲线的过程反馈控制是影响这些参数的首要问题，为了解决这一问题，本书著者团队开发了一套温度过程控制反馈算法，针对维生素 C 的热敏性、慢时变等特性，提出了 "PI 型广义预测自适应控制算法"，该算法不需要被控对象精确的数学模型，具有长程预测功能，并在线估计模型参数，是对大滞后、慢时变过程特性具有较强针对性的一种自适应控制算法。该算法成功应用于工业生产[4]。以某维生素 C 生产厂于 1998 年 9 月份的一批生产记录数据为例，采用算法控制结晶温度操作曲线能够非常快速且平稳地跟踪设定曲线，有着非常好的控温效果（图 10-4）。成功解决了维生素 C 结晶温度控制回路慢时变、滞后大、控制难的问题，实现了维生素 C 工业结晶过程的计算机优化控制。

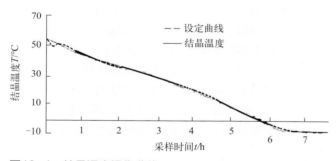

图10-4　结晶温度操作曲线

在新工艺与设备所设计的条件下，当结晶母液按照降温曲线缓缓冷却时，产品的纯度、收率和粒度分布都有明显提高。在实际生产中收率可达 82%，粒度分布均匀，40 ～ 80 目之间的晶体质量分数达到了 70% 以上，比国内其他生产线提高了 20%。

二、维生素B族

1．维生素 B₁

维生素 B₁ 又名硫胺素或抗脚气病因子，是一种常见的水溶性维生素。它在体内以焦磷酸硫胺素（TPP）的形式存在，是糖、脂肪、氨基酸生物氧化过程中多种酶系统的重要辅酶。早在唐朝时期，"脚气病"（一种多发性神经炎）是困扰人们生活的常见疾病，这便是缺乏维生素 B_1 的表现。我国唐朝医学家孙思邈曾发现谷糠可以有效防治脚气病，并将其成功应用于病患救治。1906 年，荷兰科学家爱克曼发现谷糠可以治疗脚气病的原因在于其中含有一种物质，即维生素 B_1。鉴于此发现，爱克曼于 1929 年被授予诺贝尔生理学或医学奖。

根据 GB 14880—2012《食品安全国家标准 食品营养强化剂使用标准》和《保健食品原料目录（一）》，硝酸硫胺和盐酸硫胺都可称为维生素 B_1，分别为维生素 B_1 硝酸盐与维生素 B_1 盐酸盐。二者相较，盐酸硫胺在酸性与干燥的条件下更加稳定，因此常用来制作维生素 B 片剂，例如修正牌 B 族维生素片（国食健注 G20170410）。但除了强酸性环境下以外，硝酸硫胺比盐酸硫胺具有更高的稳定性，因此硝酸硫胺更适合于制备成分多且复杂的营养补充剂，例如善存的多种维生素矿物质片（国食健注 G20170477)。本小节分别对两种晶体产品的结晶生产技术进行介绍。

（1）硝酸硫胺精制结晶技术

① 硝酸硫胺简介。硝酸硫胺为白色至微黄色结晶或结晶性粉末，无臭或稍有特异臭。熔点 196 ～ 200℃（分解），不吸湿。稍溶于水，在水中溶解度较盐酸硫胺小，难溶于乙醇和氯仿。分子式为 $C_{12}H_{17}N_5O_4S$，分子结构如图 10-5 所示。我国于 1962 年开始工业化生产硝酸硫胺。由于硝酸硫胺用途广泛，近年来国内外的需求量不断增加，自 2005 年以来，我国已经成为国际市场主要的硝酸硫胺出口国，年出口量保持在 3000 ～ 4000t 之间。并且随着我国养殖业的高速发展，硝酸硫胺作为一种重要的饲料添加剂，其需求量还将呈现巨大的增势。目前，国内生产硝酸硫胺的厂家主要有：东北制药、天新药业、兄弟药业、新发药业等。但是，与国外产品相比，国内厂家生产的硝酸硫胺普遍存在如下问题：晶体形态不好，产品流动性较差，堆密度较低，产品粒度分布不均匀，纯度低，等。这就使得国内产品质量逊色于国外同类产品，在国际市场竞争中处于不利地位，产品附加值下降。因此，提高硝酸硫胺产品质量，缩小与国外产品的差距，增强产品竞争力，对提升我国硝酸硫胺产品在国际市场的竞争力具有重要作用。

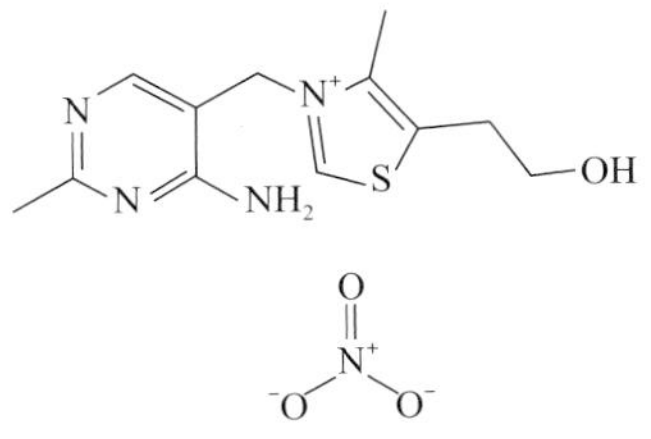

图10-5
硝酸硫胺的分子结构式

在硝酸硫胺的合成中，其中结晶过程（属于沉淀结晶过程）的前一过程是硫代硫胺的氧化，氧化液经脱色、过滤处理后被转入结晶器。氧化液的主要成分是硫酸硫胺和硫酸，为得到硝酸硫胺，氧化液需和硝酸盐溶液预先混合以配成硝酸硫胺的酸性溶液。硝酸硫胺的水溶性不高，但在酸中具有一定的溶解度，它的制备与精制正是利用了这一性质[5]，通过往其酸性溶液中滴加碱试剂调节体系 pH 值，进而改变硝酸硫胺的溶解度，最终得到其晶体产品。对于精制结晶过程，可将制备的结晶粗产品溶于稀硝酸中配成硝酸硫胺的酸性溶液，然后滴加碱试剂调节体系的 pH 值使硝酸硫胺固体从中析出来。由于在生产途中加入的物质较多，因此，最终产品的纯度直接决定了产品的品质。然而，硝酸硫胺的晶习主要为长棒状，相比于块状晶习，硝酸硫胺在固液分离阶段尤为困难，从而降低了纯度，而棒状晶体粒度分布较宽则将会进一步降低纯度，并且流动性也会大幅降低。因此，对硝酸硫胺来说，对晶体的粒度进行控制直接决定了产品的纯度、流动性、堆密度等重要指标，这对产品的高端精细化生产是至关重要的。

② 硝酸硫胺的晶习调控。将细长的棒状晶习改变为块状晶习将会大幅提升其晶体产品的性能。因此，本书著者团队从晶习构筑出发，使用不同的晶习预测模型对硝酸硫胺的晶习进行预测并与实际晶习作对比。研究发现，BFDH 模型所设置的在真空条件下对于硝酸硫胺的产品晶习预测相比于考虑了外部分子作用的 AE 模型更加贴合实际产品情况（图 10-6），这意味着硝酸硫胺在结晶过程中

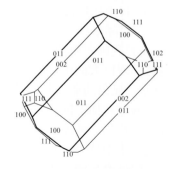

(a) BFDH模型分析得到的硝酸硫胺晶习

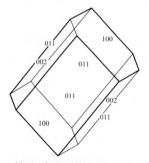

(b) AE模型分析得到的硝酸硫胺晶习

(c) 硝酸硫胺晶体的光学显微镜照片

(d) 硝酸硫胺晶体的扫描电镜图片

图10-6　硝酸硫胺的晶习

很可能受到外界因素影响较小。这在后期的实验中也得到了验证，在改变加料速率、温度，甚至变换溶剂、外加电场等条件下，硝酸硫胺的晶习基本不变，基本为长棒状晶习，这意味着通过工艺优化对硝酸硫胺的晶习进行改良的效果可能是十分有限的。

　　针对晶习调控对大部分工艺参数不敏感的情况，本书著者团队采用添加微量添加剂的方式，对硝酸硫胺晶体进行晶习调控，以便制备适合工业生产的晶体颗粒。选用合适的添加剂可以在其他工艺参数不变的情况下对晶体的晶习产生显著影响，对类似晶体的晶习调控有较好的示范效应。在结晶过程中采用不同的添加剂对硝酸硫胺的晶习进行调控[6]，产品形态如图 10-7 所示。从纯水中结晶得到的硝酸硫胺晶体为长棒状，可以发现十二烷基硫酸钠（SDS）可以将硝酸硫胺从长棒状优化为短棒状或块状，而在十二烷基磺酸钠（SLS）作用下，硝酸硫胺长径比反而变大，在十二烷基苯磺酸钠（SDBS）作用下，硝酸硫胺长径比减小。进一步研究发现，增加 SDBS 浓度，硝酸硫胺长径比会进一步减小，晶习从长棒状优化为块状[7]。

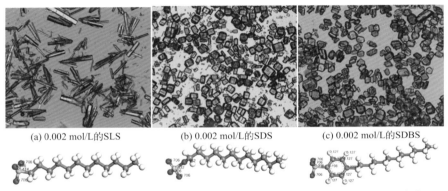

(a) 0.002 mol/L的SLS	(b) 0.002 mol/L的SDS	(c) 0.002 mol/L的SDBS
添加剂的几何优化构型及电荷分配	添加剂的几何优化构型及电荷分配	添加剂的几何优化构型及电荷分配

图10-7　不同添加剂下冷却结晶得到的硝酸硫胺的晶习

　　表面活性剂既具有亲水基又具有疏水基，可以通过极性基化学吸附或物理吸附于固体表面，形成定向排列的吸附层。从图 10-7 中可以看出，SLS、SDS 和 SDBS 三种表面活性剂分子的疏水基相同，均为十二烷基链；亲水基分别为磺酸根、硫酸根和苯磺酸根，均带有磺酸根，可以与硝酸硫胺分子亲水的羟基产生氢键相互作用。但是，SLS、SDS 和 SDBS 的磺酸根分别与亚甲基、氧原子和苯环相连，因此不同于 SLS，SDS 和 SDBS 分子头部均能与硝酸硫胺分子形成牢固的共轭 π 键，增加了磺酸盐的电负性。不仅如此，硝酸硫胺轴向的（100）晶面和径向的（002）晶面均具有形成氢键的能力，但（100）晶面形成氢键的能力强于

（002）晶面。通过对三种添加剂的结构以及电荷分析可知，SDS 与硝酸硫胺之间的氢键静电作用强于 SDBS，而且远远大于 SLS。具体来说，SLS 与（100）晶面和（002）晶面之间的氢键和静电作用较弱导致 SLS 在这两个晶面的吸附强度也较低，因此 SLS 对硝酸硫胺生长的抑制作用较小。所以在 SLS 溶液中，硝酸硫胺轴向的生长速率远远大于径向，硝酸硫胺最终生长为长棒状。而在 SDS 溶液中，SDS 分子能够通过较强的氢键和静电作用吸附在（100）晶面和（002）晶面，且氢键和静电作用（100）晶面＞（002）晶面，因此 SDS 分子会优先占据在硝酸硫胺（100）晶面的生长位点，阻碍其生长。因此 SDS 对硝酸硫胺轴向的抑制作用强于径向，最终生长为块状晶体。而在 SDBS 溶液中，其作用效果与 SDS 类似。通过分子动力学模拟计算，量化了添加剂与晶面之间的相互作用，揭示了添加剂对硝酸硫胺晶体生长的影响机制。所使用的添加剂在后续操作中可以有效除去，相关晶习调控添加剂在企业成功进行了生产，并且相关晶习调控预测与指导技术作为粒子产品晶体形态调控共性关键技术及产业化项目的一部分，于 2019 年获天津市科技进步奖特等奖。

（2）盐酸硫胺精制结晶技术

① 盐酸硫胺简介。盐酸硫胺的分子式为 $C_{12}H_{17}ClN_4OS \cdot HCl$（图 10-8），分子内部含有一个噻唑环与一个嘧啶环，结构较稳定，存在于米糠、胚芽、酵母及豆类等中，通常通过化学合成制备纯品，合成方法众多。盐酸硫胺不存在多晶型现象，但至少有 3 种溶剂化物：两种水合物与一种甲醇溶剂化物。在实际工业生产过程中，通常使用甲醇作溶剂进行盐酸硫胺的结晶生产。即将盐酸通入硝酸硫胺的甲醇悬浮液进行反应结晶，产物为甲醇溶剂化物，干燥脱除甲醇后得到盐酸硫胺产品。由于甲醇对人体危害较大，并且在甲醇中生成的盐酸硫胺是薄片状晶习，在干燥、运输以及储存等过程中存在易破碎、易聚结等问题，不仅给产品的外观形态造成影响，导致产品效益下降，还可能造成甲醇溶剂分子的包藏，导致溶剂残留。因此，为解决以上问题，借助分子模拟的预测与指导性，从分子的角度对盐酸硫胺晶体各晶面进行分析，研究各晶面暴露基团与溶剂分子之间的作用，并筛选出一种合适的溶剂，达到改善盐酸硫胺的晶习、粒度分布等物化性质并加强产品市场竞争力的目的。

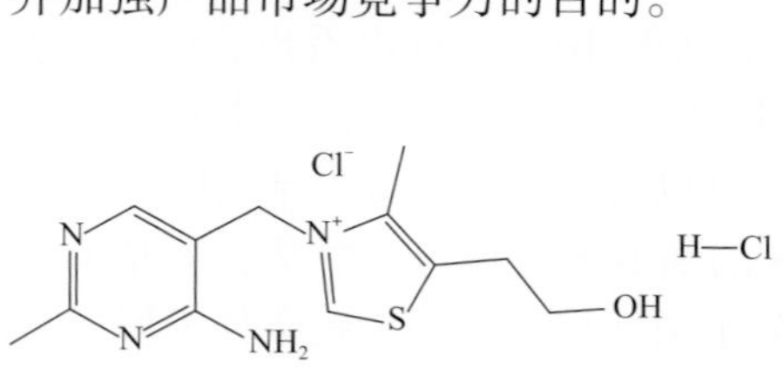

图10-8 盐酸硫胺的分子结构

② 基于晶习调控的盐酸硫胺溶剂筛选。在真空状态下对盐酸硫胺进行晶习预测，由图 10-9 可知，盐酸硫胺晶体在真空下呈短棒状，这种晶习是适合生产的，却与实际情况大相径庭。这可能是因为溶剂对不同晶面的作用相差很大，工业中常用的甲醇溶剂会使晶体呈片状，暴露大量的（020）晶面。对溶剂进行筛选找出合适的溶剂对于晶习的调控是事半功倍的，然而，盲目试错极大地降低了工艺优化的效率，考虑到实验的重复性，这种效率会非常低，因此，采用分子模拟技术从理论计算的角度出发对不同晶面和不同特征基团溶剂的作用进行分析，从而快速筛选合适晶习调控与实际生产的溶剂是行之有效的方式[8]。

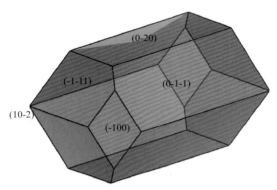

图10-9 AE模型下盐酸硫胺的真空晶习

为了研究溶剂层与盐酸硫胺的 5 个重要晶面之间的相互作用，将这几个晶面切出，如图 10-10 所示。盐酸硫胺表面的蓝色网格为 Connolly 面，表示晶面的粗糙程度。结果表明：（020）面由于在分子水平上空隙较大，表面最不平坦。晶体的表面越粗糙，对溶剂分子的吸附倾向就越大，而光滑的表面则对溶剂分子吸附

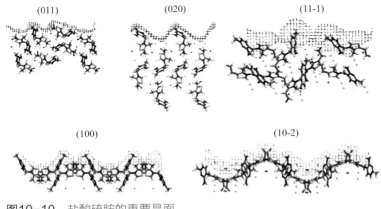

图10-10 盐酸硫胺的重要晶面

不利。因此，对于（020）面，溶剂分子易吸附于晶面上，占据分子之间的空隙，影响游离在溶液中的溶质分子在晶面的吸附生长，导致生长速率变慢，使其最终拥有较大的晶面面积。而其他的几个晶体表面容易吸附溶质分子，生长较快，使晶面面积变小。此外，通过观察图发现盐酸硫胺的5个重要晶面都暴露了极性基团氨基，这表明所有晶面都可以吸附极性溶剂。

在甲醇溶剂中，只有羟基能与表面外露的一些基团形成氢键。氢键形成的能力顺序为：醛基＜氰基＜氨基。因此，（020）晶面具有最大的相互作用能，这是因为表面存在两个氨基和四个氰基，尤其是一个氨基可以形成两个氢键。氢键能量越大，生长速率越慢。因此，从形成氢键的影响因素来看，（020）晶面将是面积最大的晶面。但在甲醇/乙酸乙酯混合溶剂中，乙酸乙酯的酯基不能作为氢键供体，因此不能与醛基和氰基形成氢键。此外，酯基的电负性很弱，因此与氨基形成的氢键很弱，甚至不能形成氢键，导致相互作用能与纯甲醇溶剂相比较低。通过图10-11可以发现溶剂层由于与（020）晶面的结合能力较强而被吸附，且溶剂分子充斥于晶面分子的孔隙中。图10-11（b）中，甲醇/乙酸乙酯混合溶剂与晶面之间有空隙，且溶剂分子密度较大，表明溶剂分子之间的相互作用力更强，反而与晶面的吸附能力变弱。图10-11（a）中，溶剂分子紧贴晶面，且大量溶剂分子附着在晶面上，表明溶剂分子与晶面的吸附能较强。

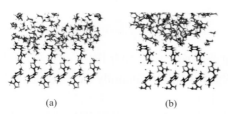

（a）　　　　　　　（b）

图10-11　盐酸硫胺（020）晶面在甲醇（a）与混合溶剂（b）中的晶面-溶剂相界面示意图

③ 块状晶习盐酸硫胺制备。使用扫描电镜观察在两种溶剂下经重结晶实验得到的晶体的形貌，如图10-12所示。结果表明，不同的溶剂对盐酸硫胺的晶习有不同的影响。具体地说，纯甲醇溶剂分子可以被晶面吸附，其中，如上文所述，（020）晶面大量吸附甲醇，生长速率最慢。而在晶体生长过程中，快速生长的晶面会消失，生长速率最慢的（020）晶面将成为重要的晶面。从而在只含有羟基的甲醇溶剂中形成片状晶体，如图10-12（a）所示，片状晶体在实际生产过程中容易破碎、团聚，增加了后续产品处理的步骤，不仅如此，使用甲醇作为溶剂的盐酸硫胺片状晶体发生了明显的团聚，这导致颗粒形态较差，降低了产品的市场竞争力。而在甲醇/乙酸乙酯混合溶剂中［图10-12（b）］，盐酸硫胺呈颗粒状，结晶形态较好。对应的分子动力学晶习模拟不同溶剂下得到的盐酸硫胺的晶

体形貌如图 10-12（c）和图 10-12（d）所示。在甲醇溶剂中得到片状晶习，在甲醇 / 乙酸乙酯混合溶剂中得到粒状晶体。在甲醇 / 乙酸乙酯混合液剂中，（020）晶面的生长速率显著提升，这使得（011）晶面的面积显著增加，这与实际结果一致。利用分子模拟技术成功实现了快速筛选溶剂，从而指导实际盐酸硫胺晶习的调控制备，为后续工业化生产提供了技术支持。

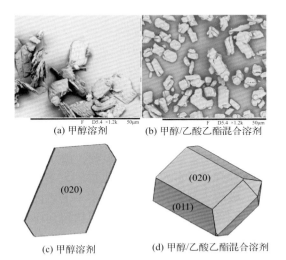

(a) 甲醇溶剂   (b) 甲醇/乙酸乙酯混合溶剂

(c) 甲醇溶剂   (d) 甲醇/乙酸乙酯混合溶剂

图10-12　不同溶剂下盐酸硫胺结晶所得到晶体形貌SEM图像（a）（b）和使用分子模拟所得到的不同溶剂下盐酸硫胺晶体形貌（c）（d）

2．维生素 B_5

（1）维生素 B_5 简介　维生素 B_5，即泛酸，也被称为遍多酸，因其性质偏酸性并广泛存于多种食物中，故而得名。由于由泛酸所制的药品不易保存和服用，且副作用较大，因此，生产中常采用更利于口服且几乎无副作用的 D-泛酸钙（D-PC）作为维生素 B_5 的补充剂，在《中华人民共和国药典》中也将 D-泛酸钙称为维生素 B_5，因此，常见的维生素 B_5 药剂中的主要成分通常指 D-泛酸钙。

D-泛酸钙为白色或微黄色结晶粉末，无臭，易溶于水，其化学结构式如图 10-13 所示。D-泛酸钙在生物体内参与糖、脂肪、蛋白质的代谢作用，是维持正常生理不可缺少的成分，被广泛应用于饲料、医药、食品等领域。其主要应用于饲料添加领域，据统计，2004 年，全球 70% ～ 80% 的 D-泛酸钙被用于饲料添加剂，日本和美国曾是最大生产国，但后来被我国赶超，2021 年，亿帆医药（原鑫富药业）已经成为世界第一大 D-泛酸钙生产集团，D-泛酸钙的蓬勃发展也是我国精细化工产业发展的一个缩影。目前，D-泛酸钙存在混旋体（DL-型）、右旋体（D-型）、左旋体（L-型）3 种型式。其中以右旋体为主，化学名称为 N-

（2,4- 二羟基 -3,3- 二甲基丁酰）-β- 氨基丙酸钙。工业生产中以 β- 氨基丙酸为原料与氧化钙反应得到 β- 氨基丙酸钙，β- 氨基丙酸钙再与左酯反应得到目标化合物维生素 B_5。由于合成原料众多且工业中常采用喷雾干燥造粒使维生素 B_5 发生热分解，维生素 B_5 产品纯度普遍偏低，而高纯晶体是维生素 B_5 迈向高端精细化生产的最关键步骤。

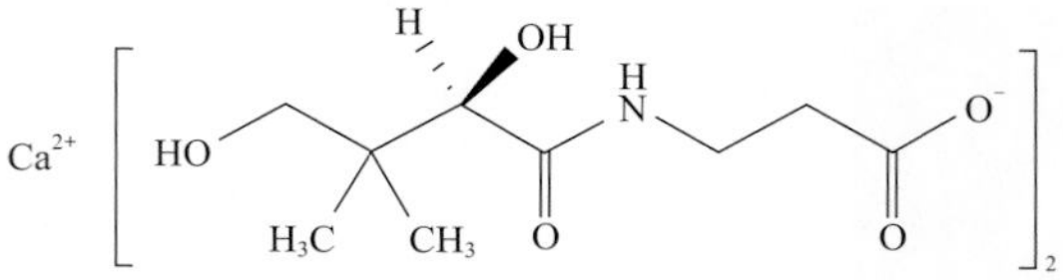

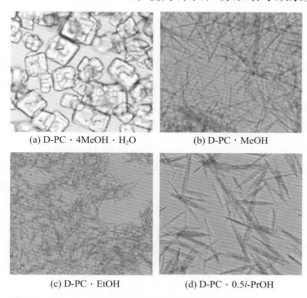

图10-13 D-泛酸钙的分子结构

（2）维生素 B_5 的纯化精制技术 原料与溶剂的残留主要是晶习、晶型或溶剂化物选择不理想导致的。D- 泛酸钙的晶习受其本身性质影响，由于分子柔性较大且具有较强的氢键形成能力，因此存在多种晶型和溶剂化物。大多数溶剂化物呈针状晶习，固液分离难且易聚结、破碎，导致杂质包藏。本书著者团队首先从晶型筛选出发，对不同的晶型进行了制备和分析，并用光学显微镜对不同晶型的维生素 B_5 形貌进行了分析表征，如图 10-14 所示，其中，D-PC·4MeOH·H_2O 颗粒较大，晶习为块状，具有优良的粉末性质。而 D-PC·MeOH、D-PC·EtOH 和 D-PC·0.5*i*-PrOH 形貌为针状，易聚结导致杂质包藏，使晶体的纯度和流动性

(a) D-PC·4MeOH·H₂O   (b) D-PC·MeOH

(c) D-PC·EtOH   (d) D-PC·0.5*i*-PrOH

图10-14 D-泛酸钙溶剂化物的光学显微镜图

降低。由此可见，D-PC·4MeOH·H₂O是这些溶剂化物中最适合工业结晶生产的晶体。该晶体在后处理时可以显著降低β-氨基丙酸的含量，提升产品纯度。

随着溶剂组成和温度的变化，D-泛酸钙的溶剂化形式会发生改变，出现溶剂介导转晶，也就是说，在甲醇-水体系中，D-PC·MeOH和D-PC·4MeOH·H₂O两种晶体均可能出现。分子动力学模拟则可以从理论出发对溶剂化物的稳定性做进一步分析，结果表明：低温下，D-泛酸钙API分子与水分子之间的相互作用占主导地位，因此易形成D-PC·4MeOH·H₂O；相反，高温下，API分子与甲醇分子之间的相互作用占主导地位，从而促进了D-PC·MeOH的形成。根据理论计算结果，对较低温度下的转晶进行表征，随着时间的推移，溶液中的针状晶体比例减小，块状晶体比例增大。最终，当t=210min时，针状D-PC·MeOH晶体消失，溶液中仅存在块状的D-PC·4MeOH·H₂O晶体，这表明相转化完成，从而实现了维生素B₅的晶习调控溶剂筛选与工艺设计。

（3）维生素B₅造粒技术优化 生产中须对所生成维生素B₅溶剂化物进行溶剂脱除以得到真正的产品，受制于未经优化的结晶过程所产生的不理想的针状晶习，生产企业经常使用喷雾干燥方式进行溶剂脱除，这会导致维生素B₅发生分解生成泛解酸与氨基丙酸钙，从而降低产品纯度。然而，通过良好的晶习调控生成大比例的块状晶体，则可以经缓慢加热的方式在脱除溶剂的同时使D-泛酸钙本体保持稳定，维持较高的产品纯度，加热过程可通过偏光热台显微镜（10K/min）进行观察，如图10-15所示，众多小液滴逐渐汇聚成大液滴，逐步实现溶剂脱除，当溶剂脱除过

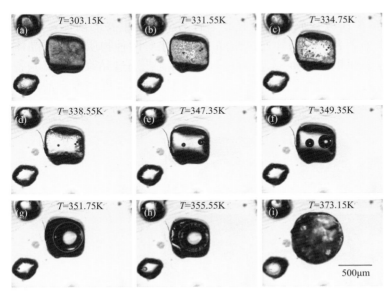

图10-15　D-PC·4MeOH·H₂O脱溶剂过程中在不同温度下的光学显微镜照片

程接近尾声时，晶体结构坍塌，转变为无定形。变温粉末 X 射线衍射同样证实了这一点（图 10-16），随着温度的升高，衍射峰逐渐减弱，最后消失，形成无定形颗粒。总的来讲，D-PC·4MeOH·H$_2$O 为通道型溶剂化物，API 分子以弱相互作用使溶剂分子保持在晶格的通道内，而随着温度升高，水和甲醇分子从晶格中脱除，晶格坍塌，最终形成高纯度无定形的维生素 B$_5$ 产品。最终产品中泛解酸杂质含量小于 0.10%，氨基丙酸含量小于 0.10%，收率达到 90% 左右，达到目标产品质量要求。

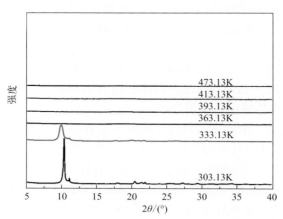

图 10-16　D-PC·4MeOH·H$_2$O 在加热过程中的变温 PXRD 图

（4）维生素 B$_5$ 前体（β- 氨基丙酸、左酯）结晶工艺优化　正如上文所述，维生素 B$_5$ 通过多步反应合成，其产业链中有两个十分重要的前体，即 β- 氨基丙酸与左酯，本书著者团队同样通过结晶工艺优化对两种物质进行了晶体改良生产。对于晶体表面粗糙的 β- 氨基丙酸颗粒，新工艺通过晶浆循环，制备出晶体表面光滑、外形美观、近似椭圆形、产品流动性良好、堆密度高的产品，如图 10-17 所示，产品堆密度提升 22%，流动性提升 16%。对于纯度低、结块严重

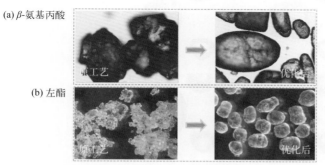

图 10-17　维生素 B$_5$ 前体的结晶工艺优化效果

的左酯晶体，在现有间歇结晶工艺的基础上进行连续化改良，通过改进的结晶工艺获得了块状晶习、粒度均一、不结块的左酯产品，纯度大于99%，单杂小于0.1%，总杂小于0.5%，比旋光度小于5°，堆密度提升15%，粒度提升30%，从而实现了对维生素 B_5 整套生产线结晶工艺的多点式改良。

三、其他维生素

维生素作为一系列物质的总称，其包含的物质种类众多，不仅有上文详细介绍的维生素 C、维生素 B_1 与维生素 B_5 等物质，还有其他维生素 B 族、维生素 A、维生素 D 以及维生素 K 等，针对这些维生素物质及中间体，本书著者团队也进行了一系列的研究，并提出了工艺优化方案。例如，对于油溶性维生素 A 的结晶生产，针对原间歇结晶中存在纯度低、收率小的问题，采用改进的连续结晶工艺设计，与原程序降温结晶生产线相比，新工艺纯度提高 2 个百分点，总收率提高 10 个百分点以上，并已实现千吨级 / 年工业生产；针对维生素 B_2 堆密度低等的问题，团队经过骤冷降温结晶工艺设计，堆密度比原产品提高了0.60g/mL［图 10-18（a）］；针对维生素 B_3 的晶习呈针状，难以固液分离的问题，利用分子模拟技术指导添加剂调控晶习，获得了短棒状晶习，堆密度与流动性显著提升［图 10-18（b）］；针对维生素 B_{12} 晶体易生长，粒度偏大导致颗粒性能下降的问题，利用超声辅助成核，收窄粒度分布的情况下显著降低晶体平均粒度，均匀的小颗粒显著减轻了母液包藏与产品对杂质的吸附，从而提升了纯度［图 10-18（c）］。由于与前文技术思路相近，且篇幅所限，不再展开详细描述。

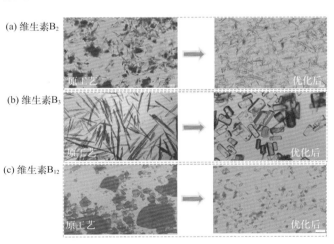

图10-18 其他维生素的结晶工艺优化效果图

第二节
氨基酸产品精制结晶技术

氨基酸是含有碱性氨基和酸性羧基的有机化合物,是构成蛋白质的基本单位。氨基酸主要作为食品和动物饲料的添加剂,在化妆品、精细化工合成等方面也有广泛应用。据统计,2019 年世界氨基酸市场高达 211.8 亿美元,氨基酸需求量大、利润高,市场竞争十分激烈。我国是氨基酸生产和消费大国,然而,与国外氨基酸企业相比,国内氨基酸企业存在自主知识产权缺乏,形态调控技术滞后,氨基酸生产过程效率低、污染大,晶体产品形态多为针状或片状,粒度分布不均,易聚结,产品质量差等问题,从而高端市场长期被国际化工巨头所垄断。因此,展开对针状晶体成核和生长机理的研究,开发针状晶体晶习调控的关键策略,突破国际企业的技术封锁,对促进我国氨基酸行业的产业升级具有重大意义。本书著者团队对蛋氨酸、苏氨酸、丙氨酸、异亮氨酸、甘氨酸等氨基酸的结晶技术进行了开发研究。

一、蛋氨酸

1. 蛋氨酸简介

蛋氨酸是人体和禽畜类动物生长所必需的氨基酸之一,是生物合成蛋白质的"骨架"氨基酸,能调节动物的新陈代谢过程,广泛应用于医药、食品、饲料和化妆品等领域。在医学方面,蛋氨酸可用于合成药用维生素、生产保肝制剂、治疗因蛋白质不足而引起的营养不良症、磺胺类药物、砷或苯等中毒的辅助治疗。在食品方面,用于食品的氨基酸强化及食品保健品的加工,可用作营养增补剂,由于有特殊气味,故只用于鱼糕类制品。在氨基酸类营养饲料添加剂中,蛋氨酸占 60%,赖氨酸占 30%,其他约占 10%[9]。蛋氨酸在动物体内不能被直接合成,只能从食物中获取。作为动物的必需氨基酸,它在机体内直接或间接参与甲基化过程、体蛋白合成以及谷胱甘肽等生物活性物质的合成,最终提高动物的生产性能。因此,在饲料工业中,用作饲料的营养强化剂[10],弥补氨基酸平衡的饲料添加剂。蛋氨酸的用量最大,还可用于生化试剂的合成、美容产品的研制,按国标 GB 2760—2014 规定可用作香料的制备。

蛋氨酸产品主要有四类,其中固态蛋氨酸和液态羟基蛋氨酸占据主要的生产和市场地位。海因法(其产品为固态 DL- 蛋氨酸)和氰醇法(其产品为固体 DL-

蛋氨酸羟基类似物钙盐或液体 DL- 蛋氨酸羟基类似物）是目前生产蛋氨酸的主要工艺。采用海因法合成蛋氨酸具有原料价格低、收率较高、生产工艺简单等优点，因而对海因法的研究较多且其被国内外生产厂家所采用。传统蛋氨酸生产采用硫酸酸化液反应结晶技术，生产成本比较低，收率高，但是产生了大量废酸废盐，对环境污染严重。而利用 CO_2 为酸源，开发绿色环保气液连续反应结晶生产工艺，可从源头避免产生高盐废水，真正实现废水的零排放。但以气体作为反应结晶原料，反应结晶过程和流体力学行为更为复杂。本书著者团队针对气 - 液 - 固三相反应在结晶过程中引起的一系列问题，对蛋氨酸的反应结晶工艺进行优化与连续化开发。

2. 气 - 液 - 固三相蛋氨酸反应精制结晶技术

新型蛋氨酸结晶工艺是气 - 液 - 固三相的连续反应结晶，即反应气体物理吸收、化学反应以及沉淀结晶耦合过程制造晶体的连续操作单元。它包含极其复杂的物理化学现象，包括化学反应、晶体成核与生长、粒子聚并与破碎、气液传质过程、气泡的聚并与破碎、气泡与晶体颗粒间的相互作用等，并受生产过程中各种操作条件和外场影响。气 - 液 - 固三相连续反应结晶技术是在工艺创新中实现晶体形态、粒度及粒度分布的可控制造，在结晶设备放大中预测规模放大效应，完成对实际生产设计的指导，需充分考虑结晶过程中各层次中的非均匀结构，进行多尺度研究，建立介尺度结构的调控机制。其中的难点在于 CO_2 存在下的气体扩散行为对流体传质过程的影响，对 CO_2 扩散行为进行解释是蛋氨酸精制结晶技术的核心问题。

（1）CO_2 扩散模型建立　结晶控制步骤是整个过程的关键，直接影响生产速率以及结晶产品的各项指标。控制步骤的影响因素即为整个反应结晶过程的关键影响因素，因此，通过确定控制步骤，可以快速确定主要影响因素，进而有效调控生产速率以及结晶产品指标，优化生产参数。蛋氨酸三相反应结晶过程包括四个步骤：CO_2 吸收、CO_2 水合步骤生成氢离子、蛋氨酸反应、结晶。因此，通过对 CO_2 的吸收与扩散进行模型化预测，可以有效地确定整个反应结晶的控制步骤，从而指导结晶工艺的开发与优化。

为了模拟在 CO_2 吸收过程中气液界面传质引发的 Rayleigh 对流现象，提出了描述界面扰动的随机扰动模型，并建立了三维格子 Boltzmann 方法 - 有限差分法（LBM-FDM），实现对流体中浓度场与速度场的模拟（如图 10-19、图 10-20 所示）。通过浓度分布结构分析，提出了基于浓度变化耗散速率的传质系数计算模型。与小涡模型、表面散度模型相比，新模型在 Rayleigh 对流过程中分子扩散阶段和对流传质阶段均具有良好的预测效果（图 10-21）。该研究有助于加强对真实气 - 液传质过程中 Rayleigh 对流的理解和进一步研究强化界面传质的机理[11]。

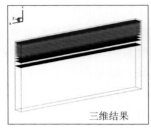

三维结果　　　　　　　z方向中心截面的x-y平面

(a) t=1s

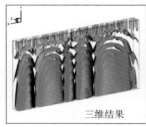
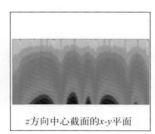

三维结果　　　　　　　z方向中心截面的x-y平面

(b) t=99s

c/(kg/m³): 1.4976 1.498 1.4984 1.4988 1.4992 1.4996 1.5 1.5004 1.5008

图10-19　气相浓度分布模拟结果

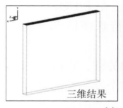
三维结果　　z方向中心截面的x-y平面

(a) t=1s

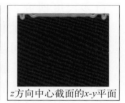
三维结果　　z方向中心截面的x-y平面

(b) t=52s

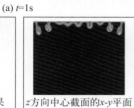
三维结果　　z方向中心截面的x-y平面

(c) t=60s

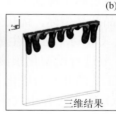
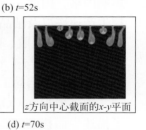
三维结果　　z方向中心截面的x-y平面

(d) t=70s

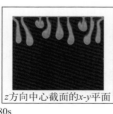
三维结果　　z方向中心截面的x-y平面

(e) t=80s

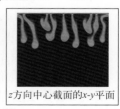
三维结果　　z方向中心截面的x-y平面

(f) t=90s

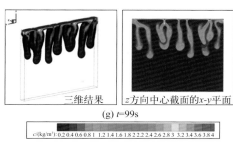

| 三维结果 | z方向中心截面的x-y平面 |

(g) t=99s

c/(kg/m³): 0.2 0.4 0.6 0.8 1 1.2 1.4 1.6 1.8 2 2.2 2.4 2.6 2.8 3 3.2 3.4 3.6 3.8 4

图10-20 液相浓度分布模拟结果

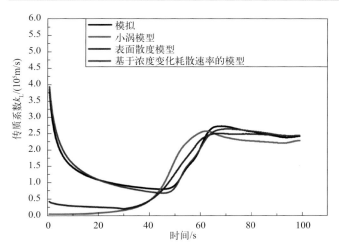

图10-21 不同传质模型预测的传质系数结果比较

通过传质系数可以有效地预测 CO_2 的吸收与扩散速率，将其与蛋氨酸晶体生长速率进行对比，可以得到，在蛋氨酸的结晶过程中，出晶之前为 CO_2 吸收控制；出晶之后整个过程则为结晶控制。对不同结晶阶段控制步骤进行针对性的优化，可以高效地设计蛋氨酸气-液-固三相反应结晶过程。

（2）蛋氨酸结壁现象的消除　在蛋氨酸反应结晶过程中，存在一个比较严重的工业问题，即产品容易结壁，蛋氨酸反应结晶过程的结壁现象对一次结晶的连续生产造成了严重的负面影响，为消除结壁，确保一次结晶的连续生产，特对结壁现象进行了研究。经过大量的在线研究和理论分析，蛋氨酸产品结壁现象的具体机理可描述为：在一次结晶的 pH 稳定后，气液两相达到动态平衡，此时，CO_2 被液体吸收的同时，也有一部分 CO_2 以无数微小气泡的形式从液体中逃逸出来，从而在液体表面产生泡沫，同时蛋氨酸的物系特性（与表面张力有关）使泡沫可以维持相当长的时间，下方的泡沫不断涌出推动上层泡沫上升，在此过程中，大量晶体被携带至泡沫中，随后，泡沫和晶体在液体上方借助器壁和搅拌杆等物体进行附着，形成稳定的泡沫层，此后，上层泡沫部分破裂，使晶体更加致密，最终导致结壁。研究结论为蛋氨酸反应结晶过程的结壁现象是由发泡所致，泡沫的产生是由于气液动态平衡导致 CO_2 以无数微小气泡逸出，消除结壁的关键在于选择合适的消泡剂以避免泡沫的产生。同时在保证反应速率的基础上适当降低 CO_2 压力，可有效降低 CO_2 逸出情况，使发泡减少。

（3）蛋氨酸多级连续结晶　此外，为了进一步优化得到一种粒度均匀、堆密度高、流动性好并且产品质量稳定的蛋氨酸晶体，本书著者团队开发了一种短棒状蛋氨酸晶体的多级连续结晶方法。

生产工艺图及设备设计示意图见图10-22（a）和图10-22（b），该工艺生产的蛋氨酸晶体为短棒状晶习、纯β晶型、晶体完整性好、粒度均匀、堆密度高且流动性好，见图10-22（c），100%晶型纯度也保证了饲料等产品性能的一致性。该工艺提升了蛋氨酸晶体的形态、粒度等质量指标，从而降低了滤饼阻力压降，提高了过滤（离心）、洗涤、干燥以及饲料后加工过程的效率。此外，在该工艺中连续冷却结晶方法采取低温操作，有效规避了因蛋氨酸热分解而造成的产品纯度低和收率损失。连续生产较间歇生产减少了中间的操作步骤，减小了因员工操作误差带来的产品批间差异，降低了劳动强度，并提高了产品自动化控制水平，因此产品质量稳定。此外，提升了结晶过程生产效率，减少了设备数，生产能力得到大幅提升。

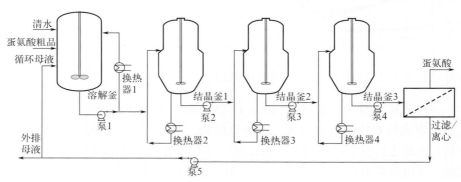

(a)蛋氨酸连续化生产工艺图

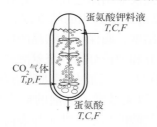

(b)蛋氨酸气-液-固三相反应结晶设备设计示意图

(c) 采用新工艺生产的蛋氨酸产品图

图10-22　蛋氨酸多级连续结晶生产工艺、设备及产品

二、苏氨酸

1．苏氨酸简介

苏氨酸是人体必需氨基酸之一，是一种重要的食品添加剂，具有恢复人体疲劳、促进生长发育的效果。在人体和其他动物所必需的八种氨基酸中，苏氨酸仅次于蛋氨酸、赖氨酸和色氨酸，同时又是制造高效低过敏的抗生素——单酰胺菌素的原料[9,10]。

目前苏氨酸主要用于饲料添加剂和医药行业。很多发达国家在苏氨酸的合成、分离、应用等方面进行了一系列的研究工作。国内目前苏氨酸的生产规模较小，且晶体产品的粒度小、晶形差，所需产品仍需进口。但外商强调"配套供应"，即为了进口苏氨酸等几种空白氨基酸而不得不"搭配"进口其他国内可以生产的氨基酸。苏氨酸可称得上是一种"瓶颈"氨基酸。国内外有关苏氨酸结晶技术的研究报道几乎没有。我国 L- 苏氨酸生产存在的主要问题是生产规模小、技术水平落后、生产成本高、产品质量差、不能达到医药级产品标准，在国际市场上无法与国外同类产品相竞争。为此，2001 年 1 月，中国生物工程开发中心向天津大学、天津天安医药股份有限公司和华北制药股份有限公司下达了国家"十五"科技攻关计划项目"氨基酸新技术新工艺——L- 苏氨酸新技术新工艺研究及产业化开发"。本书著者团队相继进行了如下研究。

2．苏氨酸工艺优化

（1）结晶装置优化　在 L- 苏氨酸真空蒸发 - 冷却结晶过程中，过饱和度是由溶剂蒸发和温度降低两种效应引起的，为避免局部爆发成核必须使结晶器内具有良好的混合状况；而另一方面为得到晶形完美、粒度分布均匀的结晶产品，在晶粒达到良好悬浮的基础上又必须控制二次成核；此外，结晶器中流体力学场分布要适合研究开发的工艺条件的要求。因此，结晶器的构型必须满足以下条件：

① 保证结晶器内无死角，保证结晶器内浓度分布均匀，避免局部产生极限过饱和，满足在整个蒸发 - 冷却耦合结晶过程中粒度控制所必要的物理环境；

② 提供完美晶形产品形成所必需的流体力学环境；

③ 满足实现最佳操作时间表所需的装置条件。

依据该结晶系统的物理参数、蒸发 - 冷却结晶动力学与热力学数据、分子混合与扩散参数、流体力学特征，在流体力学冷模试验的基础上，本书著者团队应用本中心专有设计技术及计算流体力学（CFD）工具，开发出了新型、高效的蒸发 - 冷却耦合结晶装置。

CFD 用于结晶装置设计时，通过数学建模方法，将粒数衡算方程以及结晶成核、生长动力学与计算流体力学有机地结合，对不同的结晶器构型、搅拌桨类型、结晶器内构件尺寸等能快速、直观、有效地综合评价操作条件,如搅拌速率、结晶原料液浓度、蒸发和降温速率对结晶产品 CSD 的影响,并能够用图像的形式将计算结果形象地再现出来。

图 10-23(a)显示了设计开发的新型蒸发 - 冷却耦合结晶装置,可以看出其流体力学状况良好,完全达到了工艺的要求。图 10-23(b)是国内原来用于苏氨酸结晶生产的结晶器简图,流体力学状况较差,这也是造成原结晶产品质量差的主要原因之一。

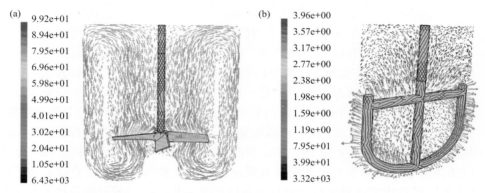

图10-23 新结晶器(a)和原结晶器(b)的流体力学状况示意图

本书著者团队针对 L- 苏氨酸精制结晶工序,完成了年产 1000t 医药级 L- 苏氨酸结晶生产装置的放大设计,生产线为 5 台带消晶消除装置、体积为 6m³ 的新型真空蒸发 - 冷却耦合结晶器。

本设计的特点在于:

① 应用新型的真空蒸发 - 冷却耦合结晶器。根据蒸发 - 冷却耦合结晶过程的工艺特点,对结晶器的构型及内部尺寸进行了优化,并具有高效搅拌桨、导流筒与精密内构件,可保证结晶过程具有良好的物理场。

② 具有全套仪表测试及在线显示系统,如液位计、温度计、流量计、自动阀门的开度显示监测以及各关键量提示和超标报警系统。

③ 具有计算机辅助控制(CAC)与辅助操作(CAO)系统,保证了最优操作时间表的实现和生产的稳定性、重现性。计算机还完成各种操作条件的在线记录,保留了全部在线信息,可供在线瞬时检测与动态调控。

(2)计算机辅助控制系统 先进的生产工艺需配置计算机辅助控制系统以严格自动化方式实施生产过程,以保证最终产品的高质量和稳定性。目前,国内苏氨酸工业结晶生产中存在的主要问题是:结晶工艺及设备落后,导致产品质量(晶形、粒度及粒度分布)差,结晶过程收率低;生产自动化程度低,人工操作量大，过程操作控制不稳定，导致产品质量不稳定，受人为因素影响较大，批间差异较明显。天津大学国家工业结晶技术研究推广中心研究开发出新型结晶工艺与设备，其中计算机辅助控制系统发挥重要作用，保证结晶优化操作时间表按照工艺要求来严格实施。另外，计算机还能长期记录生产历史数据、打印生产报表等，便于进行工艺过程分析。

为此，本书著者团队选用了 2500 系列 I/O 模块从而实现分散式控制系统，并选择了一种对时滞具有良好控制效果、综合控制性能好且无需建立系统精确数学模型的先进控制算法——模糊控制，实现对搅拌速率、物料和纯化水的流加速率、出晶点、结晶蒸发量和液相温度等控制量的调控，并在出晶过程中对浊度进行监测，以提高灵敏度，使结晶过程顺利进行。

模糊控制以模糊数学为基础，它是一种智能控制，可以仿照操作人员的思维进行生产过程控制。它的设计包括三个方面：

① 精确量的模糊化。把语言变量的语言值化为某适当论域上的模糊子集；

② 模糊控制算法设计。通过一组模糊条件语句构成模糊控制规则，运用模糊推理合成运算求得由模糊控制规则决定的模糊关系；

③ 输出信息的模糊判决。将运算得到的模糊量转化为精确量控制生产过程。

基本模糊控制系统包括：模糊控制器、反馈环节和被控对象。如图 10-24 所示。图中 S 为系统蒸发量或液相温度设定值（精确量），e、Δe 为系统蒸发量或液相温度偏差和偏差变化率（精确量），$\underset{\sim}{E}$、$\underset{\sim}{CE}$ 为反映系统误差与误差变化的语言变量的模糊集合（模糊量），u 为控制器的输出（精确量）。

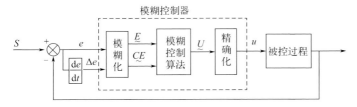

图10-24 基本模糊控制系统框图

如图 10-25，苏氨酸结晶新工艺及与其配套开发的计算机控制系统，已于 2003 年 7 月在天安药业公司投入生产运行。实践表明，此系统易操作、直观生动、运行稳定、性能可靠、控制效果良好，能够很好地满足苏氨酸结晶工艺提出的各项控制要求。

图 10-26 和图 10-27 分别是实际生产中结晶液温、压力、液位、浊度、蒸发量等的控制曲线。从图中可以看出，浊度检测灵敏，压力、液位控制精度高，由模糊控制算法控制的蒸发量和液相温度操作曲线跟踪工艺设定曲线，控制稳定，效果良好。

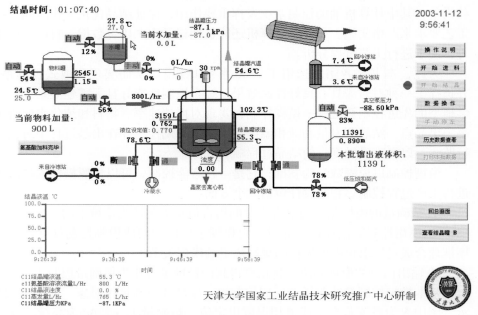

图10-25　苏氨酸结晶计算机控制示意图

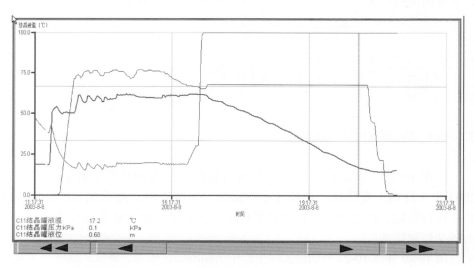

图10-26　结晶液温、压力、液位的控制曲线

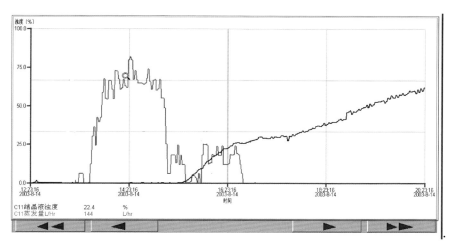

图10-27 浊度、蒸发量的控制曲线

由于整套计算机控制系统较好地满足了工艺提出的各项控制要求，实现了苏氨酸工业结晶过程的计算机辅助控制操作，严格实施了结晶过程优化操作时间表，从而使生产出的苏氨酸结晶产品具有粒度分布集中、晶形好、纯度高、收率高等许多优点，总体质量达到了国际先进水平，为企业创造了可观的经济效益。

三、其他氨基酸

蛋白质水解后得到的氨基酸目前已知共有二十二种。除了上文中详细介绍的蛋氨酸、苏氨酸外，还有甘氨酸、丙氨酸、亮氨酸、异亮氨酸等。针对多种氨基酸系列物质，本书著者团队也进行了相关研究，分析现有问题并提出结晶工段的技术改进，下面举简例予以介绍。

对于甘氨酸来讲，由于其晶体结构存在多晶型现象，在结晶过程中极易发生 α、γ 晶型的转晶行为。针对甘氨酸转晶引发的颗粒团聚与产品结块，本书著者团队从晶型控制出发进行一系列研究，提出了 α 晶型的稳定生产工艺，收窄其粒度分布，使 40 ~ 80 目的晶体含量可达 86%，并通过降温-溶析耦合结晶工艺显著提高了其收率，相关效果如图 10-28（a）所示。

对于针状晶习的 L-丙氨酸，由于针状晶习存在堆密度低、后期固液分离困难、易破碎等问题，本书著者团队从晶习调控手段出发，使用合适的微量添加剂有效地将 L-丙氨酸晶体调控为块状，显著提高了晶体的堆密度和流动性，并增强了后续固液分离的表现，相关效果如图 10-28（b）所示。此外，又如上文所介绍的 β-氨基丙酸颗粒，针对其晶体表面粗糙的问题使用晶浆循环工艺，制备出晶体表面光滑、流动性良好的产品。由于与前文重叠或技术思路相近，篇幅所限，不再展开详细描述。

图10-28 其他氨基酸的结晶工艺优化效果图

第三节
农用和兽用化学品精制结晶技术

我国是著名的农业大国，畜牧养殖业也占有较大的比例，在农、兽产品保证供应与国际涨价预期的背景下，国内外农用化学品行业的前景愈加广阔。农用化学品是指农业生产中投入的化肥、农药和生长调节剂等，它们的使用可促进食用农产品的生产，在农业持续高速发展中起到重要作用。兽用化学品中的兽用药品主要包括兽用抗菌药物、抗病毒药物、抗寄生虫药物、动物生长促进剂以及其他用途药物，可以预防和治疗动物疾病，提高饲料转化效益。我国的农用和兽用化学品市场广阔，相关企业正加大对农用化学品产品的高质量追求，如先正达、安道麦、北京颖泰嘉和生物等在农药研发、化肥生产等领域跻身全球前列。然而，我国部分农用和兽用化学品产品生产仍存在技术壁垒，研发能力较低，尤其是产品精细化程度和附加值低。据统计，2011年全球年销售额超过5亿美元的农药品种有17个，其中原料药为晶体产品的占14个，晶体质量是决定部分农用和兽用化学品产品质量的本质因素。因而，将多尺度多层次的先进结晶技术应用于部分农用和兽用化学品产品的生产研究中，有助于进一步提高产品产量和质量，以增加经济效益和社会效益。工业结晶技术在农用和兽用化学品中的应用主要体现在农药兽药的多晶型研究、共晶研究、产品粉体性能优化、杂质去除纯化和结晶工艺流程优化等方面。本节主要以吡唑醚菌酯、硝磺草酮、烟嘧磺隆、阿维菌素、氟尼辛葡甲胺、氟苯尼考等为例，展示农药兽药领域方面的相关结晶研究。

一、吡唑醚菌酯

1. 吡唑醚菌酯简介

吡唑醚菌酯（pyraclostrobin），又名唑菌胺酯，分子式 $C_{19}H_{18}ClN_3O_4$，CAS 登记号为 175013-18-0，结构式见图 10-29，是一种甲氧基丙烯酸酯类杀菌剂，其作用机制是通过抑制线粒体的呼吸作用，造成 ATP（腺苷三磷酸）能量缺乏，最终导致细胞死亡。与其他杀菌剂相比，吡唑醚菌酯具有以下特点：①高效、持久，吡唑醚菌酯可被植物快速吸收，在植物内部传导活性强，可以通过渗透作用至叶片背部，对植物叶片两面均有作用；②广谱性，吡唑醚菌酯可以防治多种作物、观赏植物由多种真菌引发的病害；③低毒、环境友好，对非靶标生物（包括使用者）安全，对环境友好；④保健增产，吡唑醚菌酯可促进植物对氮的吸收。

吡唑醚菌酯由巴斯夫公司于 1993 年开发，2001 年登记上市。吡唑醚菌酯从进入市场以来因为其高效、广谱、安全低毒性等迅速在世界范围应用，市场份额迅速飙升，目前已成为销售额仅次于嘧菌酯的第二大杀菌剂品种，同时在 2015 年吡唑醚菌酯在多国包括中国的专利期满，引发了国内对吡唑醚菌酯开发的热潮。目前发现吡唑醚菌酯存在无定形和五种多晶型，其中晶型 I、II、III 和 IV 四种多晶型的相对稳定性为晶型 I < 晶型 II < 晶型 III < 晶型 IV，农业应用中的吡唑醚菌酯为晶型 IV[12]。然而，在吡唑醚菌酯的生产研究中发现，其结晶过程中会发生油析现象，导致产品聚结，同时包藏杂质，造成产品熔点偏低等问题，这不仅对吡唑醚菌酯下游剂型研究造成影响，而且对吡唑醚菌酯与其他药物的复配效果造成不良影响。此外，由于吡唑醚菌酯的应用制剂主要为悬浮液，在制剂生产中常常需要在高温条件下悬浮较长时间，而市售的吡唑醚菌酯普遍熔点较低且熔点范围较宽，在悬浮操作时易黏附并堵塞设备，给制剂过程造成困难。基于以上问题，本书著者团队对吡唑醚菌酯的油析性质、熔点、多晶型等方面展开了如下研究。

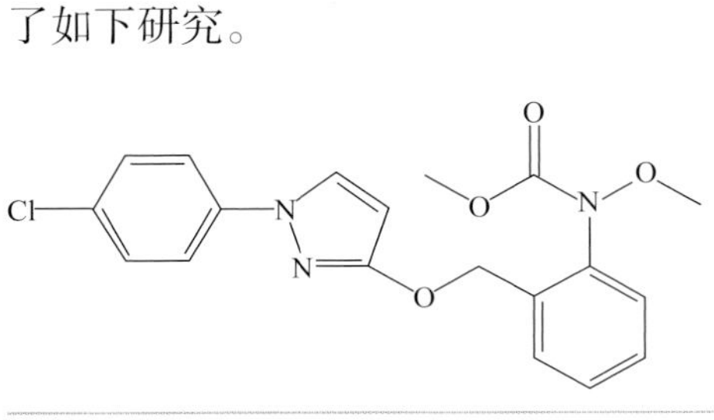

图10-29
吡唑醚菌酯结构式

2．吡唑醚菌酯结晶过程中的油析现象

工业中的油析现象一般会对产品质量造成影响，大部分研究表明其会使得晶体包藏杂质，降低最终产品的纯度，通常是极力避免的。通过研究吡唑醚菌酯在不同溶剂中的油析过程，分析其机理，并通过调控相关工艺参数来探究这些参数与油析现象的关系[13]。

研究发现，吡唑醚菌酯在异丙醇-环己烷混合溶剂以及异丙醇单一体系下的冷却结晶实验均存在油析现象。吡唑醚菌酯在高温下完全溶解，降温后溶液出现浑浊，温度差异导致溶质密度波动较大，出现新的液相，两液相各组分含量重新分配，密度大的成为油相，待温度进一步降低，油相出晶。测得吡唑醚菌酯在异丙醇-环己烷混合溶剂中的二元相图如图10-30所示，其中，A 代表浊点和超溶解度的重合，为亚稳态临界点，B 为溶解度曲线、浊点线、油析线的重合，为发生油析现象的稳态临界点，区域1为过饱和度溶液区，区域2为液液相分离区，区域3为晶体成核生长区。从测定的相图中可以看到，在发生油析现象的结晶体系中，当溶质浓度低于 A 点时，冷却结晶不会发生液液相分离现象，而溶质浓度超过该点时，油析现象出现。与此同时，研究发现工艺参数优化和改进可实现对油析现象的控制，通过降低浓度、改变溶剂体系、添加晶种、强化外场等手段来抑制或者避免油析现象的发生。此外，还发现搅拌速率虽能改变液液相分离出现的温度，但并不能消除这种现象，而尽可能地减小降温速率，在一定程度上可以避免油析现象的出现。

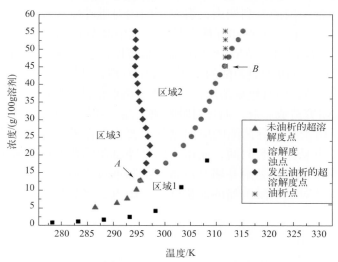

图10-30 吡唑醚菌酯在异丙醇-环己烷中的相图

3．吡唑醚菌酯结晶工艺优化

市售吡唑醚菌酯产品的精细化程度低、杂质含量较高、结晶化程度低，使得

熔点较低，仅为60℃。此外，市售产品的形貌不均一，易发生二次初级成核且易聚结，从而造成晶体流动性差、粒度分布较宽、熔点范围宽。为此，本书著者团队从冷却结晶过程中的结晶方式、溶剂种类、初始浓度、结晶温度、脱色时间、冷却速率、搅拌速率、晶种大小及其添加量等方面，多角度考察过程参数对最终产品熔点的影响。

（1）结晶参数优化　本书著者团队通过对上述结晶参数进行实验，最终得到了一种提高吡唑醚菌酯堆密度和流动性的结晶方法[14]。该方法采用先冷却结晶后溶析结晶的冷却-溶析耦合结晶方法，先将吡唑醚菌酯在高温条件下溶解于有机溶剂中，进行活性炭脱色除杂；再添加晶种降温结晶，进行一段时间的悬浮养晶；待晶体长大后再陆续降温并加水作为反溶剂进行溶析，使晶体进一步生长。这样做的目的是可以避免过高浓度和过快降温速率可能导致的吡唑醚菌酯溶析现象。最终经过滤、洗涤、干燥等步骤得到卡尔指数12%左右的吡唑醚菌酯晶体，与原本市售产品（卡尔指数30%左右）相比卡尔指数优化了60%左右，堆密度和流动性都明显优于市售产品。最终的XRD表征显示（图10-31），优化后的吡唑醚菌酯产品在晶型保持不变的基础上，其晶体结晶度较原先的市售产品得到了极大提高，从而提高了物质熔点，起熔点提高了5℃以及缩小了熔点范围。

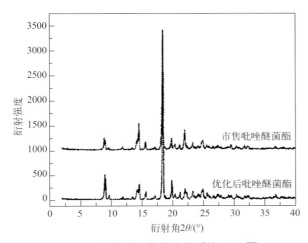

图10-31 吡唑醚菌酯工艺优化前后的XRD图

（2）新晶型开发　除了通过工艺过程参数的优化来达到预期目标外，寻求吡唑醚菌酯的其他稳定晶型也是一种解决策略。本书著者团队开发了两种新的吡唑醚菌酯晶型及其制备方法[15,16]，具体研究路线为：将吡唑醚菌酯粗品溶于二氯甲烷或其混合溶剂中，调节溶液浓度，完全溶清后采用蒸发结晶或者冷却结晶或者蒸发-冷却耦合结晶的方式，使溶液过饱和析晶、成核并生长，保留一定的悬浮养晶时间，最终得到产品。该过程操作简单、重复性好、结晶收率达到90%～98%，其关键在于控制过饱和度处于均匀稳定的水平，创造有利于结晶成核、生长的物理化学平稳环境，以保证较高的过程收率和良好的稳定性。最终两种晶型产品的 DSC 结果显示其熔点峰值分别约为 68.6℃和 64.5℃，新晶型的开发可以较好地满足生产上高熔点的需求。并且所开发的两种晶型都比较稳定，一定时间内未发生晶型转变（图 10-32）。

以上两种方案都能够较好地解决工业上吡唑醚菌酯熔点低的问题，基于以上的研究，本书著者团队获得吡唑醚菌酯相关授权专利 3 项。

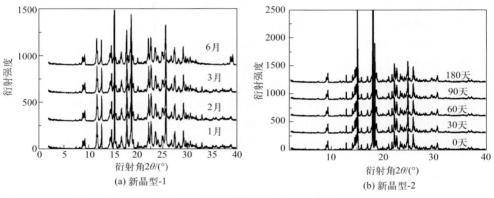

图10-32　不同存放时间下的两种吡唑醚菌酯新晶型的XRD谱图

二、硝磺草酮

1. 硝磺草酮简介

硝磺草酮（分子式 $C_{14}H_{13}NO_7S$，图 10-33）为苯甲酰环己二酮类除草剂，是一种有效的竞争性羟基苯基丙酮酸双加氧酶（HPPD）抑制剂，对玉米田一年生阔叶杂草和部分禾本科杂草如马唐等有较好的防治效果。硝磺草酮是一种成熟产品，是先正达继磺草酮之后成功开发的第二个三酮类除草剂，得益于硝磺草酮杀草谱广、环境相容性好、对后续轮作基本无害以及对耐除草剂作物的推广等，其全球市场份额仅次于草甘膦和草铵膦。近些年，国内硝磺草酮总产能约为 1.4 万吨/年，主要集中在中山、大弓、颖泰、广富林等企业。国外参与硝磺草酮市场开发的主要有先正达、拜尔、杜邦等公司，其中先正达在硝磺草酮市场上占据着绝对的龙头地位。目前，硝磺草酮近 70% 的市场来自玉米，主要因为硝磺草酮对玉米种植中难防治的阔叶杂草提供了优异的防效，与此同时，其在水稻、高粱、草坪、小宗作物上的应用也陆续推广。

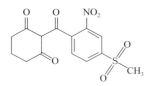

图10-33
硝磺草酮结构式

硝磺草酮是一种有机小分子晶体物质，根据目前的报道，硝磺草酮一般存在三种晶型，热力学稳定晶型Ⅰ和热力学不稳定晶型Ⅱ、Ⅲ[17]。其中热力学不稳定晶型Ⅱ在某些条件下会逐渐转变为晶型Ⅰ，由晶型Ⅱ制备的任何制剂都存在潜在的不稳定性，易聚集和沉降，严重影响最终产品的性能，晶型Ⅰ是目前市售制剂中使用的晶型。然而，在晶型Ⅰ产品的工艺生产过程中，面临着诸多挑战。尤其是在连续化的生产过程中面临的母液套用质量问题，正常经反应和酸化等操作后的母液呈现透明红褐色，但存在焦油状的黑色杂质，经多次循环套用后其透光性变差，并且所得产品随着温度等工艺参数的改变会出现分解或聚合现象，严重影响最终的收率和纯度。如何针对性地进行母液除杂，并且在整体的连续化操作中得到堆密度合格的产品是关键的技术难题。基于以上问题，本书著者团队对硝磺草酮展开了如下研究。

2. 硝磺草酮结晶工艺优化

硝磺草酮结晶工艺优化过程以获得收率达标、纯度达标、粒度均一的产品为目的。现有的企业工艺路线为在酯化体系中加入催化剂，经保温反应合成硝磺草酮。工艺水用盐酸调节 pH 值为 1～2，先经过分液、水洗、脱色等操作，然后脱溶、过滤，得到的滤饼经过打浆，再次过滤，干燥，得到硝磺草酮的最终产品。其中用酸调节是为了避免得到晶型Ⅱ产品[18]。

（1）新工艺开发　针对企业连续化操作生产中母液含有的大部分杂质会加速母液变质，使得产品质量连续变差的问题，根据现有条件并结合物性特点分析，采取降温结晶来实现对硝磺草酮的精制。拟定的具体结晶工艺路线为：首先对反应加酸处理后的母液进行除杂处理，传统方法是利用活性炭吸附脱色，但实验证明，添加一定浓度的活性炭并高温悬浮一段时间可以实现对母液中部分杂质的脱除；纯化后的母液进入脱溶釜，进行减压蒸发脱除部分溶剂，以得到硝磺草酮饱和溶液，为后续结晶操作建立推动力优势；之后整体转料进入结晶釜进行降温结晶，其间持续搅拌，降低温度可以降低硝磺草酮在溶剂中的溶解度，使得晶体产品从溶液中结晶析出；之后过滤转料至打浆釜进行充分洗涤打浆，最后进行离心、烘干、打粉得到最终产品，过滤和离心后的滤液要进行萃取配置并循环利用。打浆本质上也是工业中对药物纯化常采用的一种方法，通常与重结晶操作联合协同使用，即用对原料溶解性不好但是对杂质溶解性还可以的溶剂来溶解部分原料，可加热成糊状，然后搅拌过滤或者离心，以进一步去除难溶于水的杂质。应注意在产品烘干后进行打浆清洗，以防未烘干时残存的水分作为反溶剂使得原本溶解于溶剂中的产品爆发成核，产生大量细晶而造成产品聚结。

（2）结晶工艺参数优化　硝磺草酮结晶工艺参数优化过程以结晶母液为研究对象，通过调控降温速率、终点温度、活性炭的量、脱色时间、加晶种温度点、加晶种量、产品过滤时洗涤方式和烘干方式等工艺过程参数来调控产品质量。

完成初步脱色除杂处理后，要进行蒸馏处理以使体系整体近饱和，溶剂蒸发量需要计算，以精确蒸馏保证结晶液中产品浓度，从而防止转料析晶，确保母液溶清。结晶釜中的工艺参数主要包括结晶温度、搅拌参数、降温速率等。其中搅拌参数如搅拌桨型、搅拌位置、搅拌速率等，调节搅拌参数以实现均匀且充分的溶液浓度分布，可以避免因局部过饱和而产生的产品质量差异。在溶液降温过程中，缓慢的降温速率导致较低的过饱和度，有助于产品晶体的生长。但在工艺调节中，降温速率的控制并不是单一的，多数工艺采用分段梯度降温的方式，这样有助于过饱和度的充分消耗，其间添加晶种，考察在不同温度点下添加合适大小和合适量的晶种，得到均匀生长、粒径分布窄的产品。

此外，考虑母液套用，这样可以明显提高产品生产效率，但套用次数不宜太多，将酸化后的母液尽可能分离彻底，并考虑添加酸化后的水洗步骤，以减小有机母液中无机盐和杂质对产品的影响。图10-34为经过多次重结晶操作所得到的产品显微镜图和扫描电镜图。在完成以上参数及过程的实验研究后，采用调整后的新型工艺流程获得的产品符合生产目标。

图10-34　硝磺草酮工艺优化产品的显微镜图（a）和SEM图（b）

三、其他农用和兽用化学品

农兽药类的化学品，其种类繁多，对农畜牧业的发展十分重要。质量更高的农兽药化学品的开发是现代农畜牧业的标识，除了上述农兽药产品通过工业结晶技术改善工艺之外，本书著者团队还针对其他农兽药物质及中间体进行了一系列研究，并提出了工艺优化方案。例如，在对禾本科杂草有特效的磺酰脲类除草剂烟嘧磺隆的结晶生产中，针对工业所需水合物形式转晶慢、效率低的问题，研究其水合物的形成转化过程，提出了一种新型的适应工业生产的制备大颗粒水合物的策略[19]：先制备出良好的大颗粒烟嘧磺隆 DMF 溶剂化合物，然后通过水蒸气处理转化为大颗粒烟嘧磺隆水合物固体。该策略可以有效克服悬浮转晶慢的缺点，为工业生产提供指导。又如，具有解热镇痛抗炎作用的兽用药氟尼辛葡甲胺，其工业生产的产品杂质含量高、形貌粒度质量差，为此对氟尼辛葡甲胺的反应结晶过程工艺进行了研究，主要对反应配比、原料纯度、反应温度等进行了考察，以获得优化的反应结晶工艺[20]，使得最终产品纯度高、熔点稳定，调控优化后得到的最终产品形貌良好，大大克服了原工艺产品易破碎、聚结的缺点。图 10-35 为不同晶种影响下的氟尼辛葡甲胺晶体显微镜图。

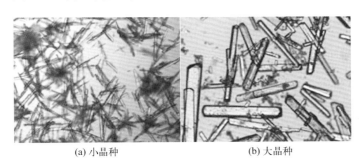

(a) 小晶种　　　　　　　　　　　　(b) 大晶种

图10-35　不同晶种影响下的氟尼辛葡甲胺晶体显微镜图

除了对以上所提及的农用和兽用化学品的结晶研究和工艺优化外，本书著者团队还在优化硫酸头孢喹肟的提纯工艺、放大盐酸头孢噻呋自由酸晶体原料转化生产、去除阿维菌素的关键组分、开发啶酰菌胺多晶型及溶剂化合物以改善制剂性能[21]、提高氟苯尼考的溶解度和溶解速率[22]等方面进行了部分基础研究和项目产业化实施，相关优化后的工艺产品的部分性能质量得到了提升，为其他物质的结晶产业化发展提供了借鉴指导，限于篇幅，在此将不作过多阐述。

参考文献

[1] 陈慧萍. 维生素 C 冷却结晶过程的研究 [D]. 天津：天津大学，2000.

[2] 王静康，尹秋响，张美景. 采用细晶消除法制备维生素 C 晶体的装置和方法：CN1304386C[P]. 2007-03-14.

[3] 王胜春. 小粒度维生素 C 冷却结晶过程研究 [D]. 天津：天津大学，2002.

[4] 鲍颖，侯宝红，唐艳艳，等. 维生素 C 精制结晶过程先进工业控制系统的研究 [C]// 先进控制系统和仪表装置应用学术交流会，1999.

[5] 张纲. 硝酸硫胺晶体形态构筑与沉淀过程研究 [D]. 天津：天津大学，2003.

[6] Han D, Karmakar T, Liu F, et al. Uncovering the surfactants role in controlling the crystal growth of pyridoxine hydrochloride[J]. Crystal Growth & Design, 2019,19: 7240-7248.

[7] 韩丹丹. 有机小分子在溶液中的晶习调控 [D]. 天津：天津大学，2020.

[8] 杨洋. 分子动力学模拟对晶型晶习调控的研究 [D]. 天津：天津大学，2019.

[9] 胡佩华. 苏氨酸在畜禽生产中的应用 [J]. 中国饲料，2001(8): 26-27.

[10] 廖晓垣，刘方，刘增辉. 合成苏氨酸的研究 [J]. 氨基酸杂质，1992(3): 1-4.

[11] Ge X, Liu B, Liu B, et al. Three-dimensional numerical simulation of gas-liquid interfacial mass transfer with Rayleigh convection using hybrid LBM-FDM and its mass transfer coefficient model -ScienceDirect[J]. Chemical Engineering Science, 2019, 197:52-68.

[12] 田芳，安妮·齐默尔曼. 一种唑菌胺酯新晶型及其制备方法：CN200680022204.9[P]. 2017-03-29.

[13] 李康丽. 吡唑醚菌酯结晶成核过程中的油析研究 [D]. 天津：天津大学，2017.

[14] 龚俊波，姜爽，侯宝红，等. 一种提高吡唑醚菌酯堆密度和流动性的结晶方法：CN201710192077.7[P]. 2017-17-25.

[15] 龚俊波，王莹，侯宝红，等. 吡唑醚菌酯晶型及制备方法：CN201710191782.5[P]. 2017-06-20.

[16] 龚俊波，姜爽，徐辉，等. 一种吡唑醚菌酯晶型及其制备方法：CN201710192050.8[P]. 2017-08-08.

[17] Desai J A, Panchal D M, Shroff J R, et al. Mesotrione copper chelate used for forming mesotrione metal e.g. copper chelate polymorphs used in herbicidal formulation for controlling undesired weed species: IN202132055452-A[P]. 2022-04-29.

[18] Binder A. Selectively controlling crystallization of form 1 polymorph of mesotrione from aqueous mesotrione solution involves introducing solution to crystallizer having seed crystals predominantly of form 1 in semi-continuous or continuous manner: WO2007083242-A1[P].2007-07-26.

[19] 陈亮. 烟嘧磺隆多晶型行为研究 [D]. 天津：天津大学，2019.

[20] 吴送姑. 药物盐氟尼辛葡甲胺反应结晶过程研究 [D]. 天津：天津大学，2012.

[21] 付强，孙进，何仲贵. 纳米结晶的研究进展 [J]. 沈阳药科大学学报，2010, 27(12): 952-960.

[22] 娄雅婧. 氟苯尼考新固体形态的开发与评价研究 [D]. 天津：天津大学，2018.

第十一章

功能糖、盐及日用化学品精制结晶技术

面对我国经济可持续发展和人民生活水平日益提升的重大需求，高端化学品的"绿色智造"势在必行。我国在"十四五"规划中明确指出，要构建高端化学品绿色合成、生态环境调控与修复治理的新路径新方法；同时，随着消费者安全意识的增强，消费者对绿色安全和功能化的高端化学品的要求也在不断增加，这进一步加剧了我国对日化生产技术革新的迫切需求。结晶技术的革新是提高我国日用化学品品质，推动产品向高端化发展的重要支撑。

功能糖是一类具有特殊功效的糖类化合物，主要包括功能性低聚糖、功能性膳食纤维和功能性糖醇。由于功能糖的特殊功效，其在食品中可以作为一种功能性配料，也可以作为食品中蔗糖的替代原料以降低食品中糖对特殊人群的影响。功能糖产业，尤其是结晶产业在国家经济和社会发展中发挥着重要作用，是引领未来经济和社会发展的重要力量，具有广阔的发展前景。

钠盐是日常生活中不可或缺的存在，目前世界上有 100 多个国家和地区生产盐，我国是最大的盐生产国。随着中国盐业体制改革的逐渐深入，盐业发展进入了新时代，行业也步入新阶段。改革后的市场剧变、产品价格走低等因素致使企业经营乏力，同时也制约着盐业高质量发展。推动制盐行业发展面向高端化，突出盐业绿色化、优质化、特色化、品牌化，才能走质量兴盐之路。

日用化学品，如漂白剂、消毒剂、补钙剂等，已经是我们日常生活中离不开的化学品。过碳酸钠是一种新型的氧系漂白剂，具有较高的活性氧和较强的漂白和洗涤能力。过一硫酸氢钾复合盐是一种新型消毒剂，具有储存安全、绿色环保、高效无毒等优点。柠檬酸钙是一种补钙剂，不需要和胃酸中和即可被吸收，吸收效果比无机钙好，适合中老年及婴幼儿补钙。这些常用的日用化学品与人们的生活密不可分，但目前都或多或少存在晶体产品形貌差等问题，造成了产品流动性差、结块率高、堆密度低等一系列问题。改善产品质量，提升产品竞争力，推动日用化学品走向高端化具有重要意义。

本章主要以木糖醇、氯化钠、过碳酸钠、过一硫酸氢钾复合盐和柠檬酸钙为例，介绍糖、盐、日用化学品等高端功能晶体化学品的精制技术的转型升级，从而提高产品价值。在本章研究中，本书著者团队成功研发了木糖醇结晶新技术，这一技术使制得的木糖醇产品在各项技术经济指标上全面超过了国内原有水平，达到了国际先进水平；本书著者团队通过提高精制盐的产业化技术和关键装备制造水平，大幅提升了盐产品的内在品质和附加值，促进制盐产业结构优化升级、经济发展方式转变和经济社会可持续发展；另外，本书著者团队通过对结晶技术的改进，制备出粒度均匀、圆整度好、性能优良的过碳酸钠产品、过一硫酸氢钾复合盐产品以及柠檬酸钙产品，推动我国日用化学品面向高端化市场发展。

未来，功能糖业、盐业以及日化品行业都将聚焦"构建高端化学品"这一国家战略和重大需求，实现生产技术的全过程连续化、绿色化和智能化应用示范，制备高端日化精品，改变精细化工产业高能耗、高污染、安全性差、间歇生产效率低、产品质量不稳定等行业关键共性难题，为实现我国"碳中和、碳达峰"的战略目标提供产业化技术支撑和典型示范。

第一节
木糖醇精制结晶技术

一、木糖醇简介

木糖醇（xylitol）是一种五羟基多元醇，分子式为 $C_5H_{12}O_5$，分子量为 152.14，白色斜方体结晶或晶状粉末，极易溶于水，化学稳定性良好，具有吸湿性。它是安全的食品添加剂，甜度相当于蔗糖，发热量相当于葡萄糖，食用时有清爽感。木糖醇不仅具有良好的防龋功能，而且是糖尿病患者很好的营养剂和辅助治疗剂。液体木糖醇可以代替甘油作为保湿剂，用于化妆品、牙膏、卷烟等。随着人们生活水平的提高，对木糖醇的需求量将越来越大[1-4]。

目前，国内外的工业化生产一般采用高纯木糖化学催化加氢法制备木糖醇。经过脱色、离子交换、加氢等步骤制得木糖醇稀溶液，浓缩后通过精制结晶方法得到高纯木糖醇晶体产品。木糖醇结晶物系属高黏度、高悬浮密度物系，因此对其结晶产业化技术与装置的要求也较高，而目前国内木糖醇精制结晶工业生产技术与装置水平较落后：①简单的卧式结晶器，结晶装置结构设计不合理，结晶操作周期30h以上，设备容时生产能力低，自动化程度低，过程控制不稳定，产品质量不稳定，批次间差异比较明显；②生产工艺比较落后，工艺过程缺乏理论和实验研究指导，结晶产品质量差，产品纯度较低、主粒度小，粒度分布宽，晶形差，流动性差且易黏结，给后续操作带来困难；③结晶过程收率低。这种产品只能作为粗品原料出口，国外将这种粗品加工为精品，赚取高额产品附加值。因此，在原料制造和功能材料制备与产业化上，多数下端粗品的生产由我国完成，而上端专用功能化材料的制备由技术领先的核心国家完成，由此产生的产品附加值存在很大差别[5-7]。

因此，必须研究开发木糖醇精制过程中的新型结晶技术与装置，提升结晶产业化技术水平，使我国木糖醇产品质量达到国际先进水平，并且降低成本，以增强与保证我国木糖醇产品在国内外市场中的竞争地位。本书著者团队针对以上问题，进行了木糖醇的晶习预测与结晶精制优化、新型结晶装置设计以及计算机辅助控制系统开发，使木糖醇产品质量达到国际领先水平[8,9]。

二、木糖醇的结晶精制

本书著者团队结合实验研究，以粒度、粒度分布及收率为目标，开发出了要求综合相关控制多操作参数的木糖醇冷却结晶生产新技术[8]，需综合协调智能化控制的多操作参数如下。

① 结晶液浓度的控制。结晶过程的推动力是饱和度。结晶液浓度越高，同样温度下其过饱和度也越大，成核和生长速率也增大。成核速率增大，溶液中晶核增多使晶体主粒度变小；生长速率增大，使晶体主粒度变大。两者竞争的结果表明：要想获得大粒度的晶体产品，应在最佳的结晶液浓度下操作。同时由于木糖醇结晶物系属高黏度、高悬浮密度物系，随着浓度的增大，其黏度迅速上升，造成结晶终点时搅拌困难，严重时发生放料堵料现象，给工业生产带来诸多麻烦。根据小试研究结果和新型结晶装置的性能，结合实际生产情况和生产能力的要求，确定精制结晶过程的最佳浓度（质量分数）为89%～91%。

② 降温速率的控制。冷却结晶操作的一个重要参数是料液的降温速率，工业结晶过程一般应控制在介稳区内进行。不控制的自然冷却过程，在结晶过程的前期会出现过饱和度峰值，当结晶进入不稳区内，不可避免地要发生自发成核，产生大量细晶，引起产品结晶粒度分布恶化。工厂原工艺就存在这种问题。为了控制产品粒度，按优化冷却曲线控制结晶操作维持在介稳区内，所得到的晶体产品质量（平均粒度、粒度分布、晶型等）比自然冷却好，如图11-1。

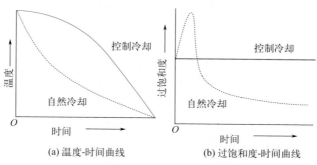

(a) 温度-时间曲线 (b) 过饱和度-时间曲线

图11-1 自然冷却结晶与控制冷却结晶对比

工业生产中，考虑设备的性能和处理能力，优化的降温速率为2～10℃/h，结晶操作周期在 10h 以内。结晶液相温度、浊度（悬浮密度）随结晶时间的变化趋势如图 11-2 所示，表明结晶过程中多个物理参数在同时变化，需协调控制。

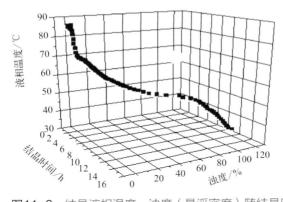

图11-2 结晶液相温度、浊度（悬浮密度）随结晶时间的变化

③ 浊度的控制。浊度表示物系的混浊程度，随结晶过程的进行，体系中不断有固体结晶物析出，悬浮密度越来越大。理论和实践表明，结晶成核速率与悬浮密度密切相关，为了得到粒度分布集中的产品，需控制整个结晶过程的悬浮密度。出晶点的检测与控制在结晶过程中很重要，其将影响最终产品的质量。因此需监测并控制整个结晶过程的浊度变化情况。

④ 晶种加入的控制。在基础研究中，考察了 50～300μm 不同粒度的晶种对结晶操作的影响。实际工业生产中，由于晶种需要量较大，制备不同粒度的晶种有一定困难，厂方容易获得 250μm 和 100μm 左右的晶种。工业生产中，根据客户的要求，加入不同的晶种，配合其他的工艺条件，使产品主粒度在 300～600μm 可调，而且在一定条件下，产品的粒度均匀，粒度分布集中。

⑤ 流场调节控制。研究结果表明，结晶器内流场状况是影响结晶产品晶形和粒度的重要因素之一。虽然流场状况主要取决于结晶器的结构，但搅拌速率也是主要影响因素之一，同时亦直接影响结晶成核，因此必须采用合适的搅拌速率。根据模拟和小试结果以及生产试验情况和结晶器的结构，确定出了搅拌速率随结晶操作进度变化的最佳操作曲线。

三、新型结晶装置的应用开发

木糖醇结晶物系属高黏度、高悬浮密度物系，原有的结晶装置是简单的卧式结晶器，设备容时生产能力较低，构型不合理，使用一般的螺带式搅拌器。这样的结晶装置产生的搅拌混合效果和流场分布状况不理想，晶浆悬浮不均匀，易形成死角，整个流体力学环境不利于晶体的生长，导致生产出的产品晶体晶形差，粒度分布不均匀，质量差。黏稠的物料粘壁严重，使传热效率降低，收率下降。由于换热能力不足，只能延长结晶操作时间，降低了设备的容时生产能力。

为了得到粒度分布优良，即平均粒度大、CV值低的结晶产品，本书著者团队依据该结晶器物理场参数、结晶动力学与热力学数据，采用计算流体力学（CFD）软件模拟分析结晶器的流体力学环境，结合数学模型求解与结晶器冷模实验研究，开发出一种新型流场耦合调节型结晶器。

这是一种适用于超高悬浮密度、超黏物系结晶过程的特种专用结晶装置。特点在于：

① 应用计算机辅助控制（CAC），实现该系统所需的多参数最佳操作时间表智能化控制。

② 在结晶器内不同部位具有不同流体力学特征。可实现在不同黏度与悬浮密度下，结晶过程所需的在线最佳流体力学状态。

③ 可实现优化的温度场分布、密度场分布与过饱和度场分布。

④ 可保证与提高产品质量，实现晶体完美、结晶产品粒度分布（CSD）可调、CV值优化的目标。

⑤ 可实时地防止高悬及高黏物系粘壁形成结垢层，及其导致的产品污染与变质问题。

⑥ 与一般简单型结晶器相比，可提高单程收率与容时生产能力。

根据本书著者团队在"八五""九五"科技攻关项目中的成果及工业结晶技术与设备的开发推广经验，参照基础研究成果及有关热量和物料衡算，借助计算流体力学软件的模拟和冷模实验研究，完成了年产2000t木糖醇生产规模的工艺与设备的设计开发，所建立的结晶装置体积为8m³。结晶装置简单示意图如图11-3所示。

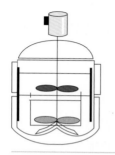

图11-3
适用高黏稠物系的新型结晶装置示意图

该结晶装置具有全套仪表检测及在线显示系统，如液位计、温度计、自动阀门的开度显示监测以及各关键量超标报警系统。浊度仪可在线检测晶体出现的时机和量。此外，该装置具有计算机辅助控制与辅助操作系统，保证了优化操作时间表的全自动实现和生产的稳定性、重现性。计算机还完成各种操作条件的实时记录，保留了全部操作参数的历史信息，可供在线检测与动态调控。

四、计算机辅助控制系统的研究开发

目前国内木糖醇工业结晶生产中存在的主要问题，除结晶技术及装置落后外，生产过程自动化程度低也是影响产品质量的一个重要原因。人工操作造成结晶过程操作控制不稳定，导致产品质量不稳定、批间差异较明显。本书著者团队研究开发了木糖醇新型结晶技术与设备，并配备计算机辅助控制操作系统，以保证结晶优化操作时间表按照工艺要求严格实施，保证结晶产品的质量和收率，以及生产系统的稳定性和重现性[9]。

1. 控制系统的设计

（1）木糖醇工业结晶生产过程采用冷却降温结晶工艺路线

在生产中需控制以下工艺参数：

① 保证冷却结晶过程中的液相温度跟踪工艺设定曲线；

② 控制循环水或冷冻水的流量，保证换热器出口温度跟踪工艺设定曲线；

③ 控制蒸汽加热水罐的温度符合工艺要求；

④ 节约能源，自动切换内循环水的大、小循环回路以及外循环水工作介质（循环水、冷冻水）；

⑤ 由工艺给出的条件，自动加入晶种；

⑥ 监控浊度值，准确检测出晶点，按照结晶工艺要求自动完成相应操作；

⑦ 结晶过程中控制不同的搅拌转速。

（2）要求建立安全可靠、操作方便的计算机控制系统

① 开发友好的人机界面，实现画面图形监控功能：（a）为便于监控结晶生产过程，将工艺流程图及设备绘制成不同的画面，并实时显示结晶流程的数据，对重要操作参数进行实时动态曲线显示。（b）点击画面可完成必要工艺参数的调整、结晶操作的开始和结束、历史数据显示和打印等。（c）对画面的关键部位进行动态显示，液位用矩形棒图动画显示，其高度随实际液位值的大小而变动；管道用不同颜色表示有流与无流两种不同的情况，并与有关的阀门相关联，阀门的开与关用不同的颜色表示。

② 过程状态实时报警，如温度、液位等的超限报警，加晶种预报，等。

2. 控制系统的二次开发

计算机操作系统使用 Windows XP，控制软件使用 iTools+OPC+iFIX+ 其他。用 iTools 软件进行 2500 系统组态，以及建立 PID 控制回路。使用 OPC（OLE for Process Control）软件建立 iTools 与 iFIX 的通信。结晶过程的控制方案均由 iFIX 软件实施。

（1）软件的二次开发　木糖醇结晶过程是间歇过程，需按照时间或条件进行控制，控制逻辑较复杂。结合结晶工艺过程，本书著者团队在 iFIX 提供的基本功能的基础上对软件进行了二次开发，生成实际可用的应用软件。

① 数据库开发。数据库是整个控制系统实时数据交换的基础平台。首先根据工艺要求和控制需要进行基本组态，输入各点的输入/输出类型、地址、采样周期、工程量程、单位、报警限以及有关点之间的连接要求等。为了提高过程控制系统的易用性，进一步实时计算结晶器的装料体积、结晶液降温速率工艺设定曲线、换热器出口温度设定曲线。编写若干个程序块，提高操作过程的自动化程度。将操作任务分配给不同的子程序块，由一个主程序块根据时间或事件来调用，并行/串行执行这些子程序，自动进行间歇过程操作。

② 操作画面开发。根据工艺和控制操作的需要，本书著者团队开发了若干画面。主要有结晶工段工艺流程简图、结晶工艺操作参数设置画面、重要工艺参数的实时趋势曲线等。流程图画面实时显示结晶工段的各个部位的当前工况（温度、液位、浊度、搅拌转速、阀门开度等），还显示各参数的工艺设定值，根据工艺需要可在画面上改变自动/手动操作方式和修改必要控制操作参数。

③ 历史数据记录、显示、打印。优化设计了历史数据的记录格式，通过分析结晶操作历史数据，可以辨别每批生产操作是否正常，从中也能获得许多经验，为进一步优化结晶工艺提供数据依据。通过历史数据显示，可以将任意一段时间内记录的历史数据用不同颜色趋势线的形式显示出来，便于查看图上某一时刻的历史数据。软件自带的数据打印功能不能满足实际需要，根据工艺生产的实际需要，开发了历史数据打印程序。

④ 安全系统配置。在工业生产中，控制系统最重要的一个要求就是安全可靠。本书著者团队将安全系统分为三个等级，对操作员、管理员、开发者分配不同的功能，并设置了相应的用户名和口令。普通操作人员只能使用指定的几个有关画面，完成与工业生产相关的操作。高级用户通过输入密码进行用户登记，进行控制系统的维护和管理。

⑤ 开发和 iFIX 接口的模糊专家控制系统。在木糖醇结晶过程中，结晶液相温度的滞后较严重，控制难度较大，iFIX 软件固有控制算法难以完成，本书著

者团队自主开发了模糊专家系统控制器，控制算法用 VBA 语言写成，再链接到 iFIX 的数据库中。

（2）控制方案设计　在木糖醇精制结晶过程中，关键的控制环节涉及结晶液相温度、换热器出口温度、搅拌速率、加晶种控制、循环水路的切换等多参数相关的综合控制。其中，结晶液相温度是影响结晶产品质量和收率的重要因素，由于结晶器体积较大，且采用夹套和导流筒加热，温度滞后性较大，其控制难度最大。为此，必须选择一种相对可靠而又有效的先进控制算法对其进行控制。各控制回路的具体控制方案如下：

① 搅拌速率的控制。生产现场中搅拌桨受变频调速电机控制，精度高、响应速度快，所以对搅拌速率的调节依结晶工艺的要求，采用开环控制即可。另外，为了保证生产具有一定的操作弹性，控制系统应允许操作人员根据工艺条件的相应变化，在计算机屏幕上修改当前的搅拌速率。

② 换热器出口温度的控制。按照结晶工艺的安排，需控制循环水或冷冻水的流量，即通过调节阀对管路的流量进行控制，来控制换热器出口温度跟踪工艺设定曲线。本书著者团队对换热器出口温度回路采用带有自校正的 PID 算法进行控制。该算法可在线自动诊定过程特性参数，计算出合适的 PID 参数。

③ 水罐温度的控制。结晶过程中的水罐温度需维持进料保温、冷却结晶过程中满足工艺要求。水罐通过蒸汽加热达到预定温度，由于蒸汽的比热容大，控制蒸汽阀门开度，系统响应快，因此采用带有自校正的 PID 算法进行控制。

④ 循环水路切换的控制。为了节约能源降低消耗，结晶工艺流程中设计了两套循环水路的切换，即自动切换内循环水的大、小循环回路以及外循环水工作介质（循环水、冷冻水）。结晶过程中，加晶种后保温养晶且确保水罐温度不低于本批结晶终点物料温度的放料保温，应自动完成内循环水回路的大、小循环切换。外循环介质需保证具有足够的冷量，由于季节不同，尽可能多使用经过空气冷却的循环水，当冷量不足时，自动切换到经过冷冻机组的冷冻水。此工艺要求可采用逻辑条件和时间条件相结合的判断控制。

⑤ 结晶器液相温度的控制。在木糖醇结晶过程中，结晶器液相温度是影响产品质量的重要因素。冷却结晶是由外夹套向结晶器内部的传热过程，由于结晶物系的黏度和悬浮密度较大，且伴有传质过程，所以系统的阶跃响应不易精确测得，只能得到带有一定误差的估计值，而且其滞后性较大。在工业实践过程中发现，用常规的 PID 等控制算法效果不佳，本书著者团队使用改进后的自适应模糊控制器对结晶液相温度进行控制，可以达到工艺要求。

计算机控制示意图见图 11-4。

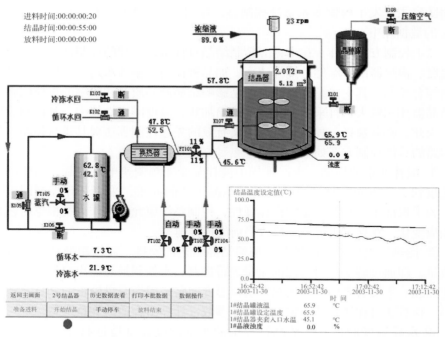

图11-4 木糖醇结晶计算机控制示意图

3．生产试验成果

本书著者团队在木糖醇结晶实验室研究基础上，完成了年产 2000t 木糖醇生产线结晶工段扩初设计、结晶装置设计、计算机控制系统设计。河北宝硕股份有限公司糖醇分公司承担了项目的施工设计以及新型结晶装置的安装工作，并完成了公用工程系统、前步浓缩装置、后步离心机、干燥系统等设备购置、安装与调试工作，于 2004 年 1 月建成了年产 2000t 规模的木糖醇结晶生产线，并进入生产试验。

木糖醇工业结晶生产过程采用计算机辅助控制自动操作，该生产线自投产以来，结晶收率一直维持在 65% 左右，比原有生产水平提高 10%。结晶操作时间由原来的 30 多个小时缩短为 10h 以内，设备的容时生产能力较原来提高 3 倍，而且木糖醇结晶产品的晶形、粒度、流动性等均比以前有很大程度的改善。图 11-5 为原产品、进口产品和新工艺产品粒度及粒度分布对比。

采用本书著者团队开发的新工艺后，生产的木糖醇产品质量和收率全面提高，产品纯度也得到提高，晶体的晶形和粒度及其分布明显改善，粒度均匀且粒度分布集中。产品质量达到 FAO、FCC、USP24、BP2000 国际质量标准要求。新工艺生产的木糖醇晶体晶形完美，主粒度大且分布集中，是提高产品质量和收率的根本原因，给企业带来直接的经济效益。其他质量指标比较如表 11-1。

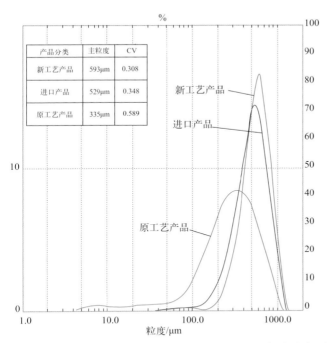

产品分类	主粒度	CV
新工艺产品	593μm	0.308
进口产品	529μm	0.348
原工艺产品	335μm	0.589

图11-5 原工艺产品、进口产品和新工艺产品的粒度分布对比

表11-1 产品质量指标对比表

项目	FAO	USP24 FCC（Ⅳ）	欧洲食品药典标准	BP2000	原工艺产品	新工艺产品
木糖醇/%	98.5～101.0	98.5～101.0	98.5～101.0	98.5～101.0	>99.0	**>99.5**
其他多元醇/%	≤1.0	≤2.0	≤1.0	≤2.0	<1.0	**<0.5**
还原糖/%	≤0.2	≤0.2	≤0.2	≤0.2	<0.2	**<0.1**
干燥失重/%	≤0.5	≤0.5	≤0.5	≤0.5	<0.3	**<0.2**
炽灼残渣/%	≤0.1	≤0.5	≤0.1	≤0.1	<0.1	**<0.1**
pH值	5.0～7.0	—	5～7	—	6.7	**5.8**
熔点/℃	92～96	92～96	92～96	92～96	92.3～94.8	**92.6～94.8**
重金属含量/ppm	≤10	≤10	≤10	—	<10	**<10**
砷盐含量/ppm	≤3	≤3	—	—	<3	**<3**
镍盐含量/ppm	≤2	≤1	≤2	≤1	<1	**<1**
铅含量/ppm	≤3	≤1	≤1	≤0.5	<0.5	**<0.5**

注：1. 质量标准体系：FAO 为联合国粮农组织；FCC 为 Food Chemical Codex（美国食品化学药品标准）。
　　2. 1ppm=10^{-6}。

新工艺技术产品：指标达到要求，结晶粒度大小均匀，且不黏结，流动性好，达到外销要求，优质品占总产品的比例为 94.8%。而老工艺技术产品：指标达到要求，但结晶粒度大小不均，且黏结，流动性差，达不到外销要求。新工艺的一次结晶收率为 65.2%，比原生产水平提高 10.3%；总收率为 84.3%，比原生产水平提高 10.5%。该新工艺技术是一种适用于高黏度、高悬浮密度结晶物系的专用技术，已达到国际先进水平。

另外，对于近年来大火的其他功能糖，例如塔格糖、阿洛酮糖等物质，本书著者团队也实现了对其不同粒径的控制生产。针对企业目前碎晶多、粒径分布过宽导致的流动性差、易结块等问题，通过合理地调控工艺参数，实现了高黏体系下大颗粒功能糖的生产，增强流动性的同时显著拉长了结块时限，为我国高端功能糖晶体走出国门，实现长距离海运提供了技术支持，实现了我国功能糖产品晶体品质的提升。

总的来说，本书著者团队研发的木糖醇结晶新工艺结合了新型结晶装置和计算机辅助控制系统，完成了系统工程研究、工程放大与扩初设计，并建立了新型工业结晶生产线，制得的木糖醇产品在各项技术经济指标上全面超过了国内原有水平，达到了国际先进水平。

第二节
球形氯化钠精制结晶技术

一、氯化钠简介

氯化钠（sodium chloride），化学式 NaCl，无色立方结晶或细小结晶粉末，味咸，其来源主要是海水，是食盐的主要成分。分子量为 58.44，熔点为 801℃，沸点为 1465℃，密度为 2.165g/cm³。氯化钠易溶于水、甘油，微溶于乙醇。稳定性比较好，其水溶液呈中性。在空气中具有一定的吸湿性，易结块。

我国制盐历史最早可追溯到神农时代，《说文解字》中记述：天生者称卤，煮成者叫盐。如今，氯化钠主要应用于以下几个方面：工业上，通过电解氯化钠水溶液可以制备氯气和氢气，通过电解熔融氯化钙和氯化钠的混合物可以制备金属钠；食品业上，氯化钠可用于盐腌，可用作调味料的原料和精制食盐，食盐具有提鲜功能，在烹调菜肴过程中，加入食盐可以去除原料的一些异味，增加美味；医用方面，含有 0.9% 氯化钠的氯化钠水溶液与血浆有相同的渗透压，故将这种水溶液称为生理盐水，是主要的体液替代物。此外，氯化钠在农业等方面也有一定的应用价值[10,11]。

随着人们生活水平的提高，对食用盐的需求越来越大，企业间的竞争也日益加剧。虽然如今盐的品种丰富，然而已发表的相关研究却较少，导致了较大程度的技术封锁。另外，氯化钠具有较强的吸湿性，结块现象很普遍，特别是在湿热的环境中，长期堆放贮存时结块问题更为突出，这一问题严重影响了氯化钠的品质，进而影响它的销售和使用[12-14]。针对以上问题，本书著者团队通过对结晶过程中结晶方式及关键因素的优化及控制，制备出形貌完整的优质球形盐产品，从而提高附加值，开发出高端化的食用盐产品[15-17]。此外，在球形盐结晶过程中，有关形貌调控的研究可以弥补国内外该领域基础研究的不足，为食用盐形貌调控提供指导，同时丰富无机盐结晶过程中形貌控制的理论基础。最后，通过对比球形盐和普通块状盐的结块行为，可以更深入地研究减少氯化钠结块的方法[18,19]。

二、氯化钠成球过程的机理研究

1．过程在线监测

为了探究氯化钠成球的机理，首先需要对单个晶体的溶解过程进行在线观察。配制甲醇质量分数分别为 0.0、0.5 和 1.0 的甲醇-水混合液。选取生长比较完整的立方氯化钠晶体，放置在载玻片上，并将其置于载物台上。用移液器准确吸取混合液并均匀喷在晶体周围，使晶体完全浸没在液体中。使用显微镜记录晶体的尺寸和整个溶解过程。实验中共观察了两种晶体——市售氯化钠和自制单晶的溶解。市售氯化钠的粒径在 0.6mm 左右，使用 0.2mL 溶剂溶解；自制晶体的粒径在 1.6mm 左右，使用 4mL 溶剂溶解。

图 11-6 中显示的是市售氯化钠晶体在纯水中的溶解（注：图中的时间均为溶解的绝对时长）。可以发现晶体本身的表面并不光滑，顶点处颜色最深，表明此处的磨损很严重。在溶解过程中，其顶点的溶解速率最快，其次是棱，最后是面，整个晶体的溶解速率在空间上具有连续性，晶体在 76s 时已经溶解成为球形晶体，随着时间的流逝，晶体最终完全溶解。

图 11-7 中为市售氯化钠晶体在甲醇质量分数为 0.5 的甲醇-水混合溶剂中的溶解过程，可以发现其溶解过程与其在水中的溶解过程类似，17min 时，晶体呈现一种较好的球形，最终会溶解完全，可以定性地看出在此混合溶剂中的溶解速率要小于水中。

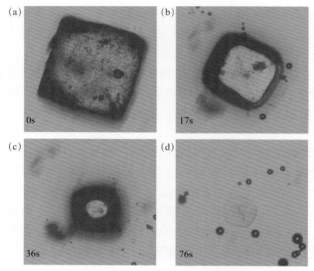

图11-6 市售氯化钠晶体在纯水中的溶解过程

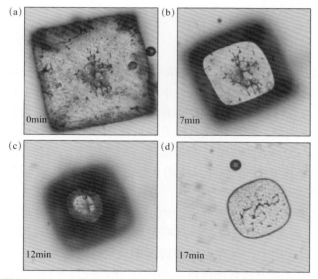

图11-7 市售氯化钠晶体在甲醇质量分数为0.5的甲醇-水混合溶剂中的溶解过程

图 11-8 中显示的是市售氯化钠晶体在甲醇溶剂中的溶解过程，晶体的溶解非常慢，7min 时基本上观察不出晶体的溶解。以上对市售氯化钠晶体的溶解过程的研究证明此种晶体在甲醇 - 水体系中本身具有溶解成球形的能力，只是根据溶剂组成不同溶解成球形所需的时长不同。在甲醇溶剂中，由于溶解度和溶解速

率的限制，甚至观察不到其溶解。

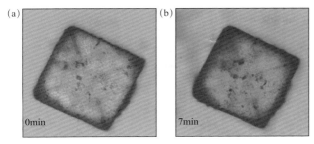

图11-8 市售氯化钠晶体在甲醇中的溶解过程

图 11-9 中显示的是自制氯化钠晶体在水中的溶解过程。晶体的溶解呈现一种层状溶解，基本保持其原有的形状按比例溶解，未观察到球形形状。在不受溶解度限制的情况下，为什么这两种晶体在同样的体系中会呈现如此截然不同的溶解趋势呢？这显然是由晶体表面各部分溶解速率的相对快慢导致的。这种差异来源于晶面上能量分布的不均匀。使用原子力显微镜可以非常清楚地观察到两种晶体的晶面结构，如图 11-10，显示的均是两种晶体表面 3μm×3μm 的区域。可见市售氯化钠晶体的表面极为粗糙，谷和峰相对高差可达 400nm 以上，而自制氯化钠晶体的表面则非常平坦，谷和峰的相对高差仅为 70nm，两者相差可达 5 倍以上。

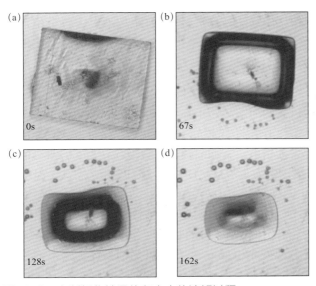

图11-9 自制氯化钠晶体在水中的溶解过程

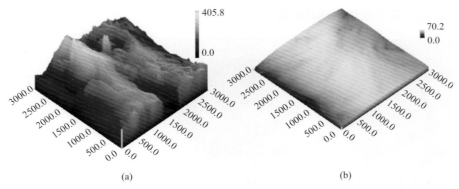

图11-10 市售氯化钠晶体（a）和自制氯化钠晶体（b）的原子力显微镜形貌图

根据 PBC（周期键链）理论，晶体中存在着 3 种晶面：F 面、S 面和 K 面。其中 K 面是最易生长的晶面。2007 年，Ryan C. Snyder 等分析模拟了颗粒的溶解过程，提出晶体的棱和顶点处作为扭折处会成为晶体溶解的开端，这正如实验中观察到的现象。对于有破损的市售氯化钠晶体，其棱和顶点处存在天然的溶解台阶，其附着能比完好的自制氯化钠晶体相同位置的高，该处的溶质离子极易被溶剂分子捕获，从而从晶体表面脱离出去实现溶解。这样在市售氯化钠晶体表面，可以将溶解速率按从大到小的顺序排列为顶点、棱和面。又由于晶体的溶解速率在空间上是连续的，这就使得一个面上可以溶解出一个圆形，而在三维层面则呈现一种球形形貌。而对自制氯化钠晶体而言，由于其生长得十分完好，顶点、棱和面上的附着能虽然仍呈现依次降低的趋势，但是差距却不大，各个位置产生溶解台阶的趋势差别很小，致使三者的溶解速率也相差无几，从而晶体表现出一种维持原形状比例的溶解趋势。

2．氯化钠的成球机理

依据上述结果可知，无机盐的溶解起始于临界蚀坑，之后较大的蚀坑会在不饱和溶液中溶解，合并基本不参与溶解的小蚀坑，晶体就是以这种方式直至溶解完全的。众所周知，氯化钠属于立方晶系，文献记载其晶胞参数 a 为 $5.6394×11^{-10}$m，则氯化钠的生长单元占有的体积 Ω 为 $1.79349×11^{-28}$m^3。根据相应公式，温度取常温 298.15K，可以计算出各氯化钠样品在水中溶解的临界尺寸，将其绘于图 11-11 中。可以发现，在同一不饱和度下，固 - 液表面能越小，临界尺寸越小。在不饱和度 σ 大于 0.03 时，0.05mm 以内所有的氯化钠溶解的临界尺寸均小于 10nm；σ 减小，临界尺寸会急剧增大。对于比较常见的 0.5mm 左右的氯化钠晶体，当不饱和度不低于 0.038 时，其溶解的临界尺寸将不足一个氯化钠晶胞的大小，溶解是非常容易的。

由于氯化钠在甲醇 - 水混合溶液中的固 - 液表面能会随着甲醇含量的增大而

增大，所以可以定性推断氯化钠溶解的临界尺寸也会呈现出相同的趋势。尤其是小粒径的氯化钠溶解于甲醇中将会变得十分困难。当然以上讨论均是针对在平坦的晶面上形成一个临界蚀坑，并不能将晶体的棱、顶点和晶面区分开。对于棱和顶点处有磨损的晶体，该处的天然溶解台阶将直接控制着整个晶体的溶解，这也是立方氯化钠能溶解成球的根本原因。

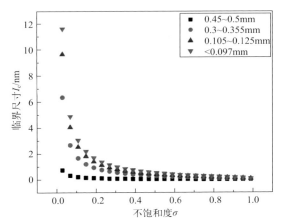

图11-11 氯化钠在水中溶解的临界尺寸随着不饱和度的变化曲线图

在水中不易制备得到球形晶体，而在甲醇-水混合溶剂中却可行，这涉及溶解动力学的问题。对于同种晶体、相同的不饱和度下，假设溶解台阶长度无穷大，氯化钠在水中的溶解速率 D_∞ 将会比其在甲醇中的大得多，而又由于氯化钠在水中的 l_c 将会比其在甲醇中的小得多，所以氯化钠在水中的溶解速率远远大于其在甲醇中的溶解速率。这种速率上的差异，使得很难捕捉到水中的球形氯化钠，而易从中间的某个组成的混合溶液中得到球形氯化钠。而在甲醇质量分数为0.5的甲醇-水混合溶剂中，小粒径晶体的溶解速率又会较大粒径慢，所以容易得到小粒径的球形晶体。此外，实验中发现晶体能否溶解成球形，还取决于初始氯化钠的品质，当其磨损成棒状、薄片状等其他的不规则的、与立方形相去甚远的形状时，其溶解成球形也是异常困难的。

三、氯化钠成球技术开发与优化

本书著者团队还研究了立方氯化钠溶解于不同组成的甲醇-水混合溶剂中后的晶习变化[15]。具体的实验条件如表11-2所示，图11-12为氯化钠在表11-2中相应组成的混合溶剂溶解作用下形成的晶体的显微镜照片。

表11-2　溶解实验设计条件

编号	(a)	(b)	(c)	(d)	(e)	(f)	(g)	(h)	(i)
甲醇质量分数	0.0	0.2	0.4	0.5	0.5	0.5	0.6	0.8	1.0

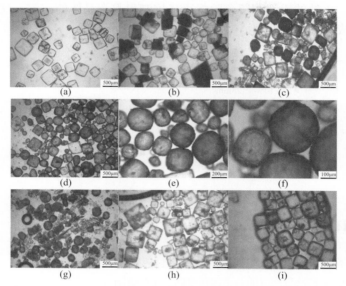

图11-12　溶解过程中氯化钠晶习随甲醇-水混合溶剂组成变化关系

从图 11-12（a）中可以发现，当溶剂中不含甲醇时，氯化钠经过溶解仍然呈现常见的立方形貌；图 11-12（a）~图 11-12（d）表明，随着溶剂中甲醇质量分数从 0.0 增加到 0.5，能够溶解成为球形的氯化钠晶体越来越多；图 11-12(g)~图 11-12（i）[图 11-12（e）与（f）为局部放大图]则表明，随着溶剂中甲醇质量分数从 0.5 继续增加，氯化钠溶解成为球形的趋势下降，当溶剂全部为甲醇时，氯化钠几乎不再受溶解作用影响，仍然为固有的立方晶习。所以当混合溶剂中甲醇和水的质量比为 1 时，氯化钠受到的影响最大，更容易溶解成为球形。

之后对该溶解现象进行了更加深入的研究，考虑了晶体粒径对晶体溶解的影响。在 20℃下，将筛选出的不同粒径的氯化钠晶体加入甲醇质量分数为 0.5 的混合溶剂中，数小时后，用显微镜观察，得到了如图 11-13 的实验结果。

可以发现，在质量比 1:6 的情况下，所有的晶体都未发生较大的变化。但随着溶剂的增加，晶体溶解的程度加剧，尤其当质量比为 1:8 时，小粒径的晶体溶解较明显，接近于球形，其中还可观察到大量的丝状晶体。不过在整个实验中，大粒径的晶体基本始终保持立方晶习。

结合以上研究可以得出结论：氯化钠在甲醇和水的混合溶剂（质量比为 1:1）中更易形成球形；较大粒径的晶体（0.45 ~ 0.5mm）基本不会变成球形；随着溶

剂的增多，氯化钠的球形化逐渐明显。

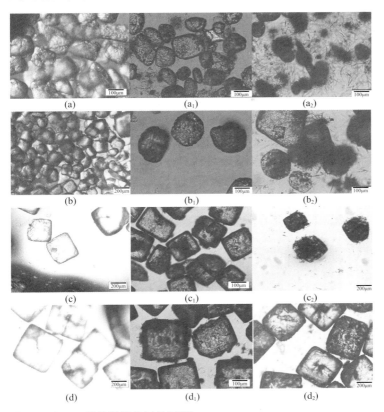

图11-13 不同粒径氯化钠的溶解

竖直方向分别对应于0.097mm以下、0.105～0.125mm、0.3～0.355mm、0.45～0.5mm粒度分布的晶体，即从上向下晶体粒径增大；每组实验加入的晶体质量均相同，水平方向从左向右代表的是溶剂质量增大的过程（晶体和溶剂质量比为1:6、1:7和1:8，由氯化钠的溶解度可知，晶体不会完全溶解）

四、氯化钠结块过程模拟

多数结块过程的第一步是吸湿，而吸湿效果又与温度、湿度和颗粒间的接触情况紧密相关。所以对结块行为的模拟，使用计算机技术来模拟颗粒堆积情况是第一步。因此，首先需要考虑的是颗粒的粒径和形状。1971年提出的离散元方法（DEM）可以较准确地进行颗粒堆积动力学过程模拟，之后基于DEM的PFC2D/3D软件开始兴起。PFC3D软件可以模拟球形颗粒或由多个颗粒相连组成的结合体的运动与相互作用情况，其中颗粒粒径也是可调的。在DEM中可以应用四种方法来表示非球形颗粒形状：椭圆/椭球、超二次曲面、多边形/多面体、将球体组合或将单元组合起来。在 PFC3D 软件中可以通过球形单元的组合来表示不同的形状，进而实现对粒径和形状的双重调控和模拟。因此可以应用 PFC3D 软件来实现对实际生活中球形、棒状、片状等不同形状、不同粒径颗粒的堆积状态的模拟[18,19]。

1. 氯化钠结块过程模拟

（1）球形晶体结块过程模拟　基于球形氯化钠的吸湿循环测试，得到其吸湿量为 4.32%（质量分数）。根据 20℃下氯化钠在纯水中的溶解度（36.0g/100g 水），可以计算出球形氯化钠中的晶桥为 1.552%。根据 PFC3D 软件的平铺模拟结果图 11-14（a）可知球形氯化钠的接触点为 136 个，则每个接触点处一天形成的晶桥量为 0.0114%。依据该计算结果可以模拟出球形氯化钠在平铺条件下的结块过程，见图 11-14。另外，定义颗粒中存在结块时的时间即为最短结块时间，从而推断出各个晶体间的最短结块时间（假设吸湿和脱湿是在较短时间内不断交替发生的），见表 11-3。

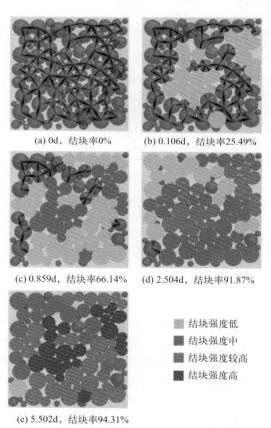

(a) 0d，结块率0%　　(b) 0.106d，结块率25.49%

(c) 0.859d，结块率66.14%　　(d) 2.504d，结块率91.87%

■ 结块强度低
■ 结块强度中
■ 结块强度较高
■ 结块强度高

(e) 5.502d，结块率94.31%

图11-14 球形氯化钠结块率与结块强度随时间变化的模拟图

表11-3　球形晶体最短结块时间统计表

尺寸/μm	在晶体总质量中的占比/%	单个晶体质量占比/%	临界晶桥质量占比/%	最短结块时间/d
200	1.176	0.04704	0.00121	0.106
350	95.17	0.38068	0.00979	0.859
500	27.75	1.11000	0.02855	2.504
650	60.96	2.43840	0.06273	5.502

通过计算和 PFC3D 软件模拟可以看出小晶体极易结块，而大晶体呈现出明显的抗结块特性。图 11-14 中的不同颜色代表了不同的结块强度，随着颜色的加深，结块强度越来越大。通过模拟粒子堆积状态，结合晶体的吸湿特性与临界晶桥量，完成了对球形氯化钠结块行为的预测。

（2）立方晶体结块过程模拟　基于立方形氯化钠的吸湿循环测试，可得其吸湿量为 3.60%（质量分数）。根据 20℃下氯化钠在纯水中的溶解度，计算出立方氯化钠中的晶桥为 1.296%。根据 PFC3D 软件的平铺模拟结果图 11-15（a）可知

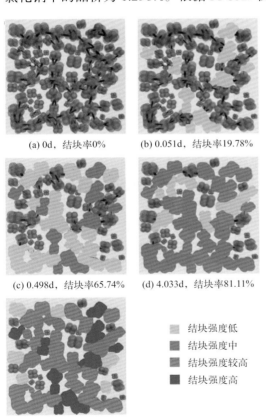

(a) 0d，结块率0%　　　(b) 0.051d，结块率19.78%

(c) 0.498d，结块率65.74%　　　(d) 4.033d，结块率81.11%

(e) 25.831d，结块率90.64%

　　■ 结块强度低
　　■ 结块强度中
　　■ 结块强度较高
　　■ 结块强度高

图11-15　立方氯化钠结块率与结块强度随时间变化的模拟图

立方氯化钠的接触点为 110 个，则每个接触点处一天形成的晶桥量为 0.0118%。图中色块含义与图 11-14 中相同。通过模拟粒子堆积状态，结合晶体的吸湿特性与临界晶桥量，完成了对立方氯化钠结块行为的预测。以此推断出各个晶体间的最短结块时间，见表 11-4。

表11-4 立方晶体最短结块时间统计表

接触点个数	尺寸/μm	在晶体总质量中的占比/%	单个晶体质量占比/%	临界晶桥质量占比/%	单次循环晶桥质量占比/%	最短结块时间/d
1	200	1.176	0.04704	0.00588	0.0118	0.498
1	350	9.517	0.38068	0.04759	0.0118	4.033
1	500	27.75	1.11000	0.13875	0.0118	11.759
1	650	60.96	2.43840	0.30481	0.0118	25.831
2	200	1.176	0.04704	0.00015	0.0236	0.006
2	350	9.517	0.38068	0.00112	0.0236	0.051
2	500	27.75	1.11000	0.00349	0.0236	0.148
2	650	60.96	2.43840	0.00767	0.0236	0.325
4	200	1.176	0.04704	0.0000176	0.0472	0.0004
4	350	9.517	0.38068	0.0001	0.0472	0.0030
4	500	27.75	1.11000	0.0004	0.0472	0.0088
4	650	60.96	2.43840	0.0009	0.0472	0.0194

2．结块率的定量预测

为了验证该模拟数据的准确性，依据图 11-14 和图 11-15 结块行为的模拟数据，得到了球形氯化钠和立方氯化钠的结块率随吸湿量变化的曲线，将其绘于图 11-16 中。需要说明的是，图中的吸湿量可以简单理解为吸湿和脱湿是在很短的时间内交替发生的，不存在液体的积累。可以看出在吸湿量约为 5% 时，球形氯化钠和立方氯化钠的结块率相等，为 75%；当吸湿量低于 5% 时，球形氯化钠的结块率低于立方氯化钠。在前期二者的结块率随着吸湿量的增加上升极快，而之后结块速率会有一个明显放缓的过程。随着吸湿量的增加，二者的结块率都趋近于 100%。不过针对本模拟的平铺情况，未接触的晶体始终不会结块，所以晶体并不会完全结块。

结块率实验是在粒子平铺状态下，直接喷洒水导致样品吸湿从而结块，其实验结果表明当吸湿量为 0.25% 时，立方氯化钠的结块率为 22.34%，球形氯化钠的结块率为 14.63%。从图 11-16 的模拟曲线中读出当吸湿量为 0.25% 时，球形氯化钠的结块率为 13.90%，立方氯化钠的结块率为 24.80%。模拟结果与实验结果较为一致，证明了该模拟具有一定的可靠性。结块是个十分复杂的过程，如本模拟中将立方氯化钠近似为八个球体组合而成的颗粒等，都会给模拟带来误差。在未来，该模拟方法需要结合更多的研究进行更为细致的发展和应用。

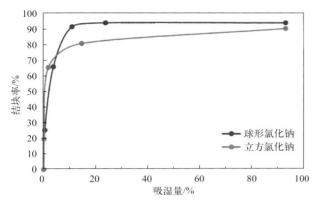

图11-16 氯化钠晶体结块率随着吸湿量增加的变化曲线

　　由图 11-16 可知，当吸湿量高于 5% 时，球形氯化钠的结块率会高于立方氯化钠，但这并不影响生产球形氯化钠来防止氯化钠结块的思路。因为当吸湿量高于 5% 时，晶体的结块率达到 75% 以上，晶体这种严重的结块已经超过了盐业企业的承受范围，这是决不允许发生的。对盐业企业来说必须严格控制环境湿度，在这样的情况下，球形的抗结块效果优于立方氯化钠，因此生产球形氯化钠仍然是可取的。当环境湿度达不到 75% 时，氯化钠将不会通过吸湿途径发生聚结，这会极大地提高制盐企业的生产效益。

　　总的来说，本书著者团队通过提高精制盐的产业化技术和关键装备制造水平，大幅提升了盐产品的内在品质和附加值。开发球形盐系列产品，培育自主品牌，促进产业体系化和规模化，可以将盐业独有的资源优势转化为效益优势，丰富市场，完善产业链，构建特色生态盐及盐产业，从而促进制盐产业结构优化升级、经济发展方式转变和经济社会可持续发展。

第三节
日用化学品精制结晶技术

一、过碳酸钠

1. 过碳酸钠简介

过碳酸钠（SPC）也称过氧化碳酸钠或过氧水合碳酸钠，分子式为 $2Na_2CO_3 \cdot$

$3H_2O_2$，因产品为固体，故也有人称之为固体形式的过氧化氢。它是一种无机氧化剂，无味、无毒、易溶于水，呈白色松散的颗粒状或粉状。化学性质同过氧化氢一样不稳定，遇水、热及重金属易分解。由于过碳酸钠易溶于水，并能分解放出活性氧，所以具有很强的漂白、洗涤能力，是一种新型的氧系漂白剂，其特征是活性氧含量较高（理论含量为15.5%）。由于它具有很强的漂白和洗涤能力，所以被广泛用作合成洗涤剂中的助剂，目前过碳酸钠是高档洗衣粉必加的洗涤助剂。过碳酸钠作为单独的漂白剂或合成洗涤剂的组成物，具有比过硼酸钠更佳的漂白去污能力，并有迅速溶于水的特性，原料易得且无毒性，因此在国外已被广泛生产和应用[20,21]。

目前国内过碳酸钠生产厂家由于结晶工艺以及设备比较落后，其生产的产品在稳定性、堆密度、收率、形貌（包括粒度、圆整度等）等方面与国外产品相比尚有差距，产品的竞争力较小。当前关于过碳酸钠的研究主要集中于探究各种助剂对产品的稳定性、堆密度的影响，以及如何提高生产收率，而对颗粒形貌的研究甚少[22-24]。但是，颗粒形貌等对过碳酸钠产品的稳定性存在很大的影响。因此，本书著者团队重点研究了单滴加反应结晶过程中各参数包括溶液浓度、团聚剂用量、反应液滴加速率、搅拌速率以及盐析剂用量对过碳酸钠颗粒形貌的影响，通过设计过碳酸钠的球形结晶工艺，弥补产品性能的不足，推动产品向高端化发展[25,26]。

2．球形过碳酸钠的结晶技术开发

（1）球形结晶过程

在过碳酸钠反应结晶过程中，溶液中的粒子数变化趋势如图11-17所示。从图11-17中曲线变化可以看出粒子数在出晶时迅速上升，然后很快产生一个下降过程。这可能是出晶后形成的过碳酸钠颗粒很快聚结成球核，导致粒子数下降[25,26]。

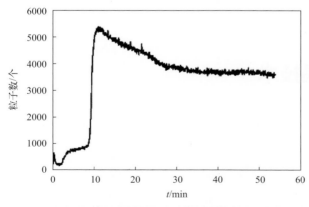

图11-17　过碳酸钠结晶过程中的粒子数变化

在过碳酸钠反应结晶过程中，不同时间取样的 SEM 照片如图 11-18 所示。在出晶点取样过滤得到的产品已经是由多个过碳酸钠晶核聚结的球核再次聚结形成的球形颗粒，随着反应继续进行，晶核聚结趋于完整，球核继续生长，并将球核空隙填满，最后形成表面非常致密的球形颗粒。

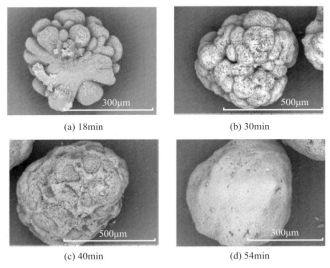

(a) 18min   (b) 30min

(c) 40min   (d) 54min

图11-18　过碳酸钠反应结晶过程中不同时间取样的SEM图

（2）球形结晶工艺优化

① 六偏磷酸钠的影响。在球形结晶过程中，团聚剂或者架桥剂是最主要的影响因素，加入量过高或过低都会对球形结晶过程产生重要影响。通过 FBRM 测定六偏磷酸钠对反应体系中粒子数的影响，如图 11-19 所示。由图 11-19 可以看出：不加六偏磷酸钠时，粒子数一直呈增长趋势直至平衡，未发生团聚现象；而当向体系中加入六偏磷酸钠时，在结晶过程中析出晶体一段时间后粒子数出现显著的下降趋势，发生明显的团聚现象。说明在该反应结晶过程中，六偏磷酸钠起团聚剂作用。

在其他工艺参数不变的情况下，改变六偏磷酸钠的加入量，观察过碳酸钠产品形貌的变化，结果如图 11-20 所示。

从图 11-20 可以看出：不加团聚剂六偏磷酸钠时，可得到未团聚的棒状过碳酸钠晶体。而当碳酸钠反应液中六偏磷酸钠的质量分数为 1.0% 时，得到的产品中有部分未团聚的颗粒。当碳酸钠反应液中六偏磷酸钠的质量分数为 0.1% ～ 0.54% 时，随着六偏磷酸钠的加入量增多，得到的颗粒粒度增大，圆整度、致密性先变好后变差，且细小颗粒先减少后增多。当碳酸钠反应液中六偏磷酸钠质量分数为 0.18% 时，得到的球形颗粒均匀致密，且微小粉末较少。

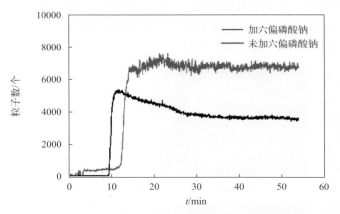

图11-19　六偏磷酸钠对反应结晶过程中粒子数的影响

(a) 0%　　　　　　　　(b) 0.1%　　　　　　　　(c) 0.18%

(d) 0.4%　　　　　　　(e) 0.54%　　　　　　　(f) 1.0%

图11-20　不同六偏磷酸钠质量分数下所得产品的SEM图

② 滴加速率的影响。在反应结晶过程中，溶液的滴加速率对结晶过程的影响较大。当滴加速率较慢时体系过饱和度较低，有利于晶体生长，而滴加速率较快时体系的过饱和度增大，有利于成核。在过碳酸钠的结晶过程中，保持其他参数不变，改变碳酸钠溶液的滴加速率，通过 FBRM 监测（图 11-21）发现，滴加速率越快反应结束后体系中的粒子数反而越少，得到的产品更加均匀（图 11-22）。当滴加速率为 2.4mL/min 时，整个结晶过程中粒子数出现 4 次上升趋势，这说明

在该结晶过程中出现 4 次成核。这可能是因为碳酸钠溶液的滴加速率较慢，在出晶点体系的过饱和度小，初级成核生成的晶核数较少，使得反应过程中的过饱和度不能通过生长消耗在已经形成的颗粒上。而当滴加速率为 6mL/min 时，整个结晶过程只出现一次粒子数下降，然后粒子数趋于平衡，得到的产品粒度相对较小，但较为均一。这可能是因为碳酸钠溶液的滴加速率较快，在出晶点体系的过饱和度较大，从而初级成核出现的晶核较多，团聚得到的颗粒较多，继续滴加，反应生成的过饱和度可以消耗在晶核上，从而避免在后续结晶过程中再次成核。

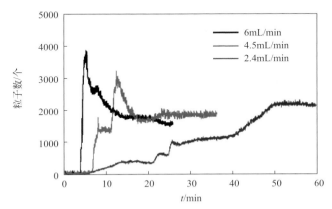

图11-21 Na$_2$CO$_3$溶液滴加速率对反应结晶过程中粒子数的影响

(a) 2.4mL/min   (b) 4.5mL/min   (c) 6mL/min

图11-22 Na$_2$CO$_3$溶液不同滴加速率下所得产品的SEM图

③ 碳酸钠质量分数的影响。在碳酸钠反应液中，碳酸钠质量分数越高，则加入的水量越少，产品的收率会越高。在其他工艺参数不变的情况下，改变碳酸钠反应液中碳酸钠的质量分数，实验结果如图 11-23 所示，当碳酸钠的质量分数降低时，过碳酸钠颗粒生长不完全，表面致密性明显变差。因此，提高反应液中碳酸钠的质量分数不仅可以提高收率，而且可以改善产品表面形貌。

(a) 25%   (b) 28.8%   (c) 33%

图11-23   不同碳酸钠质量分数下获得产品的SEM图

④ 搅拌速率的影响。在球形结晶过程中，搅拌对结晶影响较大。实验过程中，在其他工艺条件不变的情况下，改变反应结晶过程中的搅拌速率，实验结果如图 11-24 所示。当搅拌速率为 150r/min 时，得到的产品团聚效果差，粒度不均匀且圆整度、致密性差。而搅拌速率为 450r/min 时得到的过碳酸钠产品粒度均匀且圆整度、致密性好。这可能是因为搅拌速率较高时，团聚剂六偏磷酸钠能更好地分散在体系中，有利于团聚。而搅拌速率提高至 650r/min 时产品出现粒度大小不均一的情况。

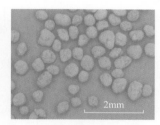

(a) 150r/min   (b) 450r/min   (c) 650r/min

图11-24   不同搅拌速率下获得产品的SEM图

⑤ 碳酸钠反应液中氯化钠质量分数的影响。由于过碳酸钠在水中的溶解度比较大，可以采用醇析法和盐析法来提高过碳酸钠产品的收率。相对于醇析法，盐析法成本更低且更能提高过碳酸钠的收率。实验过程中，固定原料配比以及保持其他工艺参数不变，改变碳酸钠反应液中氯化钠的质量分数，实验结果如图 11-25 所示。当氯化钠的质量分数为 16% 时，得到的产品圆整度和致密性好。氯化钠含量过高时，会引起体系过饱和度过高，出现粒度不均匀，且产品表面不圆润；而当氯化钠含量过低时，颗粒表面生长不完全，致密性差。

本书著者团队通过对单滴加反应结晶过程中各参数的考察，最终制备出粒度均匀、圆整度高、致密性好的过碳酸钠球形颗粒。研究发现，在过碳酸钠的反应结晶过程中，六偏磷酸钠、溶液滴加速率、碳酸钠质量分数、搅拌速率、氯化钠质量分数均会影响过碳酸钠颗粒形貌。助剂六偏磷酸钠是团聚剂，有助于过碳酸钠形成球形颗粒，且加入量对颗粒影响很大。氯化钠作为盐析剂，适当增大其加入量不仅有利于提高产品收率，更有利于形成致密性好的球形颗粒。

  (a) 9%   (b) 16%   (c) 20%

图11-25 不同氯化钠质量分数下获得产品的SEM图

二、过一硫酸氢钾复合盐

1．过一硫酸氢钾复合盐简介

  过一硫酸氢钾复合盐（$2KHSO_5 \cdot KHSO_4 \cdot K_2SO_4$，PMS）是过一硫酸氢钾、硫酸氢钾、硫酸钾结合成的固体三合盐，是一种新型的安全绿色环保活性氧消毒剂。由于新型冠状病毒的侵扰，家庭防护受到了前所未有的挑战和关注，消毒防护成了预防感染的必备措施[27-29]。近年来，国内外对过一硫酸氢钾产品的需求呈现逐年快速上升的趋势。

  目前，国内外制备过一硫酸氢钾复合盐的主要方法有氯磺酸法、阳极氧化法及发烟硫酸法。氯磺酸法对双氧水的浓度要求极高（90%），安全风险大，反应中需要及时除掉氯化氢气体，需要长达12h的离心分离才能制得产品，工业化生产难度较大。阳极氧化法采用贵重的铂金电解槽，设备投资大、能耗高，产物呈糊状、难结晶，产品常温下极不稳定，活性氧损失严重、收率低。发烟硫酸法工艺简便易行，目前国际上主要生产厂家，如美国杜邦、德国优耐德等，均采用发烟硫酸法生产过一硫酸氢钾复合盐。

  然而，国产过一硫酸氢钾复合盐产品与欧美同类产品相比，还存在产品颗粒小、碎粉多、晶体形态不完美、流动性差、产品易结块（需要添加大量抗结剂）、产品纯度及活性氧含量低、稳定性差等突出问题，难以进入国际高端市场。因此，本书著者团队开发出一种球形结晶技术，制备出具有高活性氧含量、高抗结块性的高端球晶复合盐产品，对推动我国过一硫酸氢钾复合盐进入国际高端市场至关重要。

2．球形过一硫酸氢钾复合盐的结晶技术开发

（1）球形结晶机理

目前商业化的是不规则的 PMS 团聚体，其由许多初级菱面体状晶体组成，粒度较小且不均匀，如图 11-26（a）所示。图 11-26（b）中是通过球形结晶工艺制备的粒度均匀的球形产品。对比两种团聚体形貌，球形结晶工艺可以有效改善过一硫酸氢钾复合盐的颗粒性能。

如图 11-26（c），在过一硫酸氢钾复合盐球形颗粒的形成过程中进行了过程取样。反应结晶得到不规则团聚体后，降低温度使晶体长大，得到更大的不规则团聚体（0h）。然后缓慢回温 1℃，使团聚体突出的棱角溶解，从而使团聚体趋于圆润（4h）。在缓慢回温的同时，搅拌提供的剪切力致使团聚体与搅拌桨、团聚体与团聚体之间不断发生碰撞，从而使团聚体逐渐被打磨为类球体（24h）。最后，通过设计合适的停留时间，在保证团聚体不被破碎的同时，不断提高团聚体的球形度和紧实度，从而得到高性能的过一硫酸氢钾复合盐球形颗粒（44h）。另外，对球形颗粒形成过程的圆度变化进行了测试，如图 11-26（d）。从图中可以看出，应用球形结晶工艺后，过一硫酸氢钾复合盐的圆度从 77% 提升到了 90% 左右，产品的球形度得到了极大提高，有利于颗粒性能的改善（如降低结块率、提高流动性等）。

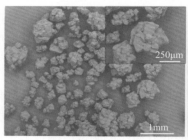

(a) 商业化的不规则的团聚体

(b) 采用球形结晶工艺制备的球形颗粒

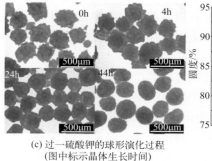

(c) 过一硫酸钾的球形演化过程
（图中标示晶体生长时间）

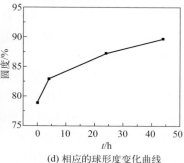

(d) 相应的球形度变化曲线

图11-26　PMS的球形演化

（2）球形结晶工艺优化

① 搅拌速率的影响。从图 11-27 可以看出：随着搅拌速率的增大，产品的粒度先增大后减小，粒度分布逐渐缩小。主要是由于在较低转速时，结晶器内的混合较差，可能导致部分细晶产生；随搅拌速率增大，混合效果增强，过饱和度分布更加均匀，导致颗粒粒度有所增大、粒度分布变窄；随着搅拌速率进一步增大，体系的剪切力增大，粒度反而有所下降。因此，对于导流筒结晶器，搅拌速率应确定一个合适的范围。

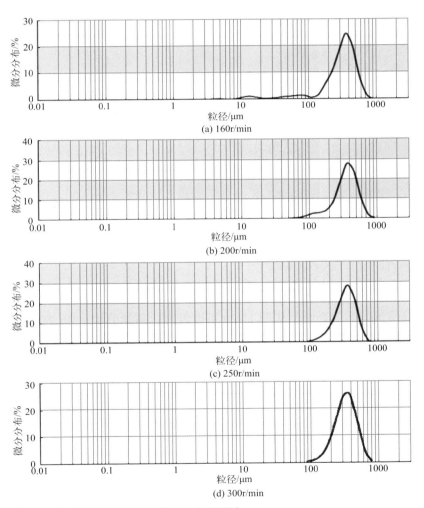

图11-27 搅拌速率对产品粒度分布的影响

从图 11-28 可以看出：对于产品形貌，前期为获得较大颗粒产品，主要通过抑制成核，促进晶体生长实现。由于复合盐单个晶体颗粒呈现菱面体状，由其聚结而成的产品颗粒球形度较大，但表面存在大量棱角。单纯的高剪切速率对改善最终产品的球形度效果不明显，产品形貌主要与复合盐产品典型形貌类似。说明虽然搅拌速率增大，但颗粒仍以生长为主，不利于产品的球形化。因此，抑制成核而促进晶体生长的思路对于改善产品的球形度而言是不利的。后续可以尝试通过抑制生长，促进晶体成核和聚结，实现产品粒度提升和球形化。因为由大量较小晶体组成的聚结体有利于获得较高的球形度。

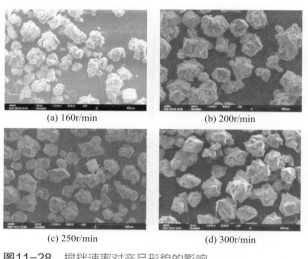

(a) 160r/min (b) 200r/min

(c) 250r/min (d) 300r/min

图11-28 搅拌速率对产品形貌的影响

② 升温回溶养晶的影响。从图 11-29 可以看出：高速剪切在 3h 内对颗粒球形度的提升有限；当养晶温度从 −10℃升到 −8℃时，产品球形度没有明显变化；养晶温度重新降回 −10℃后球形度也无明显变化；当养晶温度升高到 −5℃时，颗粒表面的棱角明显减少，颗粒球形度迅速提升；随后继续在 −5℃下养晶 3h，球形度在此基础上有所提高；当温度升高到 −1℃时，1h 内球形度有明显提升，抽滤干燥得到球形产品。另外，过夜养晶结果显示，颗粒球形度没有得到显著提升，说明长时间养晶对球形度的提升无明显作用。

结合上述研究得知，随着搅拌速率的增大，产品的粒度先增大后减小，粒度分布逐渐均匀；单纯的高搅拌速率对改善最终产品的球形度效果不明显，搭配升温回溶操作能有效制得球形产品；当养晶温度升高到 −5℃时，颗粒表面的棱角明显减少，颗粒球形度迅速提升，但长时间养晶对球形度的提升作用不大。

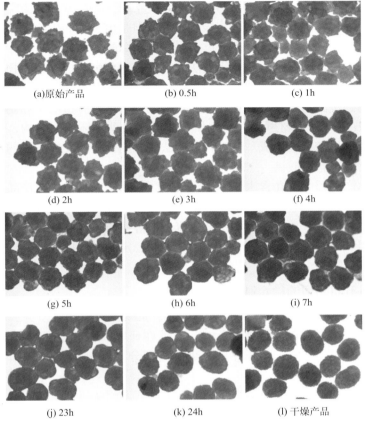

(a)原始产品 (b) 0.5h (c) 1h

(d) 2h (e) 3h (f) 4h

(g) 5h (h) 6h (i) 7h

(j) 23h (k) 24h (l) 干燥产品

图11-29 升温回溶配合高搅拌速率下不同时间复合盐产品的形貌

（a）-10℃；（b）-8℃；（c）～（e）-10℃；（f）～（j）-5℃；（k）-1℃；（l）25℃

三、柠檬酸钙

1. 柠檬酸钙简介

柠檬酸钙（calcium citrate），分子式是 $Ca_3(C_6H_5O_7)_2 \cdot 4H_2O$，化学名 2- 羟基 -1,2,3- 丙三羧酸钙，分子量 570.50，CAS 登记号 813-94-5。柠檬酸钙是白色粉末，无臭，稍有吸湿性，微溶于水（0.095g/100mL，25℃），能溶于酸，几乎不溶于乙醇，加热至 100℃时逐渐失去水分，120℃时完全失水。

柠檬酸钙是一种补钙剂，理论含钙量 21%，不需要和胃酸中和即可被吸收，吸收效果比无机钙好，适合中老年及婴幼儿补钙[30,31]。近年来以自然界中有机钙源制备柠檬酸钙的发展十分迅速，以贝壳、牡蛎、废弃蛋壳等作为钙源，与柠檬酸进行中和反应制备柠檬酸钙[32]。此法不仅将废弃蛋壳、贝壳等变废为宝，减少环境污染，同时还没有副产物的产生，绿色环保。但是由于这些生物体具有重金属富集效应，生产的柠檬酸钙可能存在重金属含量超标的问题。

目前用蛋壳制备有机酸钙的方法有间接法、直接法、超声波法、微生物发酵法等[33]。间接法是先煅烧蛋壳得氧化钙灰分，加水制成石灰乳，再与有机酸中和制备有机酸钙。直接法是不经过煅烧，只经过预处理后再与有机酸中和制备有机酸钙[34]。超声波法是利用超声波强空化作用和机械振动破坏细胞结构，促进蛋壳中钙的溶出及有机酸钙的生成。微生物发酵法是利用微生物发酵产生的有机酸和蛋壳粉混合反应得有机酸钙[35]。

柠檬酸钙在生产过程中存在含水量不稳定的问题，而结晶又是决定产品质量的关键环节，因此研究柠檬酸钙的结晶过程很有意义。另外，通过改善柠檬酸钙结晶工艺以改善产品晶习，从而提高堆密度、流动性等性质也至关重要。在本小节中，本书著者团队主要研究了柠檬酸钙不同晶型的稳定制备，以及柠檬酸钙晶习的优化，从而有效解决上述问题[36]。

2. 柠檬酸钙不同晶型的稳定制备

柠檬酸钙的结晶方式为反应结晶，借鉴溶析结晶体系多晶型的研究，本小节研究了滴加速率对柠檬酸钙晶型的影响。另外在研究多晶型的问题时，发现温度是很重要的因素，本小节也研究了两种晶型分别在哪个温度区间更加稳定[36]。

（1）柠檬酸钠与氯化钙反应制备柠檬酸钙　本书著者团队研究了四个温度梯度和五个滴加速率梯度对柠檬酸钙晶型的影响。将柠檬酸钠加入氯化钙主体溶液中，发生反应结晶，结果见图11-30。图11-30中出现两种晶型，为了确定这两种晶型分别是什么物质，将其和柠檬酸钙四水合物原料的XRD对比，并且进行热重（TG）分析，分别见图11-31和图11-32。

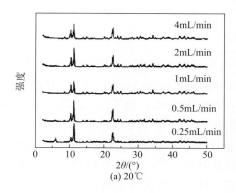

(a) 20℃

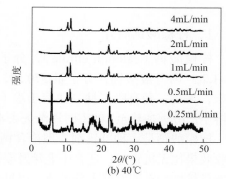

(b) 40℃

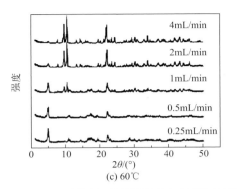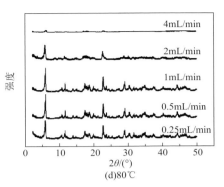

図11-30 温度和柠檬酸钠滴加速率对柠檬酸钙晶型的影响

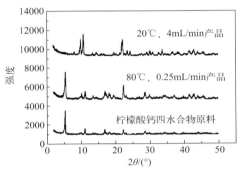

图11-31 与氯化钙反应制得的两种晶型和柠檬酸钙四水合物原料的XRD对比图

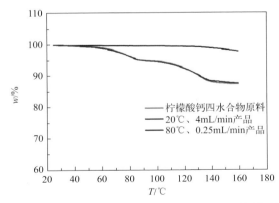

图11-32 与氯化钙反应制得的两种晶型和柠檬酸钙四水合物原料的TG对比图

　　由 XRD 结合 TG 可知，在高温（80℃）、低滴加速率（0.25mL/min）下获得的产品是柠檬酸钙四水合物；而在低温（20℃）、高滴加速率（4mL/min）下，

TG 分析失重仅 0.6% 左右，近似看作无水物。由图 11-30 可知改变温度和滴加速率会导致柠檬酸钙晶型发生改变。结合图 11-30（a）与热重分析知，20℃条件下大部分获得的产品是柠檬酸钙无水物，只有在 0.25mL/min 的滴加速率下获得的柠檬酸钙产品出现很小的柠檬酸钙四水合物的特征峰。同理，结合图 11-30（b）和热重分析知，在 40℃下，除了在 0.25mL/min 滴加速率下获得柠檬酸钙四水合物，其余滴加速率下获得的是柠檬酸钙无水物。由图 11-30（c）及热重分析知，在 60℃下，4mL/min、2mL/min 和 1mL/min 滴加速率下获得的是柠檬酸钙无水合物和柠檬酸钙四水合物的混合物，而 0.5mL/min 滴加速率下和 0.25mL/min 滴加速率下获得是柠檬酸钙四水合物。同理，结合图 11-30（d）和热重分析可知，在 80℃下，4mL/min、2mL/min 滴加速率下获得是柠檬酸钙无水物和柠檬酸钙四水合物的混合物，而 1mL/min、0.5mL/min 和 0.25mL/min 滴加速率下获得是柠檬酸钙四水合物。

（2）柠檬酸与氢氧化钙反应制备柠檬酸钙　由图 11-33 和图 11-34 可知，在

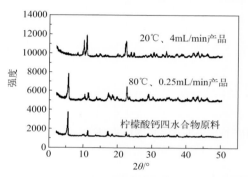

图11-33　与氢氧化钙反应制得的两种晶型和柠檬酸钙四水合物原料的XRD对比图

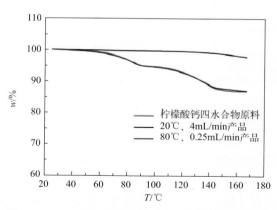

图11-34　与氢氧化钙反应制得的两种晶型和柠檬酸钙四水合物原料的TG对比图

80℃、0.25mL/min 滴加速率下滴加氢氧化钙得到的是柠檬酸钙四水合物，其 XRD 和 TG 曲线均与柠檬酸钙四水合物原料吻合。而在 20℃、4mL/min 滴加速率下滴加氢氧化钙得到的是柠檬酸钙无水物，因热重分析失水 0.6%，故近似认为是无水物。在此基础上，主要考察了四个温度梯度和五个滴加速率梯度对柠檬酸钙晶型的影响，将氢氧化钙悬浮液加入柠檬酸溶液中，结果见图 11-35。

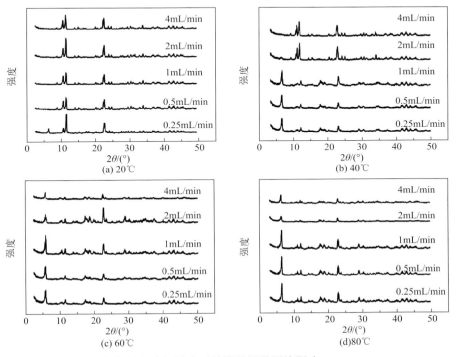

图11-35 温度和氢氧化钙滴加速率对柠檬酸钙晶型的影响

结合图 11-35 和热重分析可知，在 20℃下，大部分获得的是柠檬酸钙无水物，只有在 0.25mL/min 滴加速率下获得的产品中存在少量柠檬酸钙四水合物。在 40℃下，不同的滴加速率下获得的晶型不同，4mL/min 时获得的是柠檬酸钙无水物，2mL/min 时已出现柠檬酸钙四水合物的特征峰，而 1mL/min、0.5mL/min 和 0.25mL/min 时获得的是柠檬酸钙四水合物或者柠檬酸钙四水合物和无水物的混合物。在 60℃下，滴加速率为 4mL/min 和 2mL/min 时获得的是柠檬酸钙无水物和柠檬酸钙四水合物的混合物，而 1 mL/min、0.5mL/min 和 0.25mL/min 时获得的是柠檬酸钙四水合物。在 80℃下，滴加速率为 4mL/min 和 2mL/min 时获得的是柠檬酸钙无水物和柠檬酸钙四水合物的混合物，而 1mL/min、0.5mL/min 和 0.25mL/min 时获得的是柠檬酸钙四水合物。

由柠檬酸钙溶解度可知，在所测温度下，热力学稳定晶型是柠檬酸钙四水合物，柠檬酸钙无水物会向柠檬酸钙四水合物发生转晶。所以不同温度和滴加速率下获得的晶型不同可能是发生转晶的结果。柠檬酸钙的结晶方式是反应结晶，滴加速率增大提供很大过饱和度，导致迅速结晶，更易生成介稳的柠檬酸钙无水物，而随着实验的进行逐渐发生转晶，向热力学上更稳定的柠檬酸钙四水合物进行转变。滴加速率越慢，实验时间越长，有利于发生转晶。温度越高，开始发生转晶的滴加速率越大，即较短的时间即可诱发转晶过程发生，转晶速率加快。考虑转晶速率是由温度和转晶推动力过饱和度共同决定。

结合以上研究可知，柠檬酸钙四水合物是稳定晶型，可以通过控制温度和滴加速率制备含水量稳定的柠檬酸钙产品。另外，也可以通过改变温度和滴加速率来设计柠檬酸钙的转晶过程。

3. 柠檬酸钙的晶习优化

不同的结晶条件会影响最终产品的性质，本小结主要研究了四个温度梯度和四个滴加速率梯度对最终产品粒径和堆密度的影响。图 11-36 是温度和滴加速率对柠檬酸钙粒径的影响。图 11-36（a）是滴加柠檬酸获得的产品粒径分布图，图 11-36（b）是滴加氢氧化钙获得的产品粒径分布图。可以看出，温度越高，滴加速率越慢，获得的产品粒径越大。这是由于柠檬酸钙的溶解度随温度呈负相关，温度越高，溶解度越小，那么提供用于生长的推动力就大，利于粒子长大，过饱和度可以得到充分利用；滴加速率越缓慢，提供的过饱和度水平较低，有利于粒子长大。

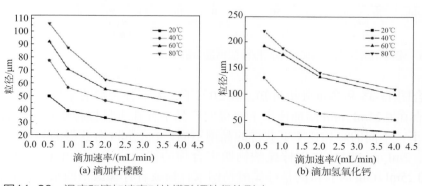

图11-36 温度和滴加速率对柠檬酸钙粒径的影响

另外滴加氢氧化钙获得的产品粒径要大于滴加柠檬酸获得的产品粒径。这可能是由于两者反应机理不同。滴加柠檬酸的溶液主体是氢氧化钙，呈碱性，柠檬酸电离为三价羧酸根与氢氧化钙反应生成柠檬酸三钙；而滴加氢氧化钙的溶液主体是柠檬酸，呈酸性，实验刚开始时，柠檬酸以一价柠檬酸根形式存在，所以先生成柠檬酸一钙，随着氢氧化钙的加入，碱性增强，柠檬酸继续电离为二价羧酸根和三价羧酸根，相继生成柠檬酸二钙和柠檬酸三钙，但是柠檬酸一钙和柠檬酸二钙难溶，其和柠檬酸的反应速率相对于柠檬酸和氢氧化钙的反应变慢，从而提供较低的过饱和度，利于粒子长大。

图 11-37 考察温度和滴加速率对柠檬酸钙堆密度的影响。可以看出，温度越低、滴加速率越快，获得的产品堆密度越大。另外，无论是滴加柠檬酸还是滴加氢氧化钙，在 40℃、1mL/min 滴加速率时堆密度都有突变，滴加氢氧化钙在此时发生了转晶，而滴加柠檬酸没有。总体而言，柠檬酸钙无水物的堆密度要高于柠檬酸钙四水合物，条件的改变会影响最终产品的堆密度。对比温度和滴加速率对柠檬酸钙粒径的影响，可见其对柠檬酸钙堆密度的影响正好相反。因此，要综合考虑粒径和堆密度的要求，选择合适的反应温度和滴加速率。图 11-38 是氢氧化钙滴加速率对柠檬酸钙松密度和振实密度的影响，可以看出松密度和振实密度都随着滴加速率的增大有所增大。

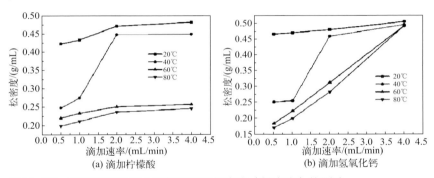

图11-37　温度和滴加速率对柠檬酸钙堆密度（松密度）的影响

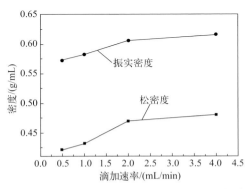

图11-38　滴加速率对柠檬酸钙松密度和振实密度的影响

综合以上研究可以得出结论：反应温度越高、滴加速率越慢，获得的产品粒径越大；另外，将氢氧化钙滴加到柠檬酸中要比反向滴加得到的产品粒径大。当温度越低、滴加速率越快时，获得的产品堆密度越大；产品的松密度和振实密度随着氢氧化钙滴加速率的增大而增大，后趋于平衡。以上对柠檬酸钙的基础研究可以有效指导大粒度、高堆密度、高振实密度的柠檬酸钙产品的生产。

总的来说，本书著者团队通过碳酸钠和双氧水反应结晶，采取单滴加的方法，制备出粒度均匀、圆整度好的过碳酸钠颗粒；通过对过一硫酸氢钾复合盐球形结晶机制和影响因素的研究，以及对连续反应球形结晶的工艺设计，成功制备了形貌和粉体性能良好的球形过一硫酸氢钾复合盐颗粒，推动我国过一硫酸氢钾复合盐面向高端化市场；再者，通过对柠檬酸钙基础晶型和晶习的研究，指导柠檬酸钙无水物和四水合物的稳定制备，以及大粒度、高堆密度、高振实密度的柠檬酸钙产品的生产。

参考文献

[1] 侯宝红，王静康，郝红勋，等. 木糖醇结晶的热力学特性 [J]. 天津大学学报，2006(4): 404-407.

[2] 李莎. 木糖醇市场问题分析与展望 [J]. 食品工业科技，2008(11): 19-22.

[3] 王蕊. 木糖醇在食品加工中的应用 [J]. 农村新技术，2010(12): 26-27.

[4] 吕白凤. 木糖醇在各类食品中的应用 [J]. 农村新技术，2010(16): 23-24.

[5] 夏邦旗. 新型甜味剂木糖醇及其在食品工业中应用 [J]. 西部粮油科技，1994(2): 43-45, 57.

[6] 王蕊. 功能性甜味剂木糖醇及在食品加工中的应用 [J]. 江苏食品与发酵，2008(2): 18-20.

[7] 张卫武. 木糖醇的生产和应用（二）[J]. 江苏食品与发酵，1993(1): 9-13.

[8] 王静康，侯宝红，朱路甲，等. 木糖醇精制结晶方法：CN1736970[P]. 2006-02-22.

[9] 侯宝红，薛履中，朱路甲，等. 木糖醇工业结晶过程控制系统设计与开发 [J]. 信息与控制，2006(4): 541-544.

[10] 薄向利，祁增忠，夏代宽，等. 树枝状结晶氯化钠的研究 [J]. 海湖盐与化工，2006, 35(1): 1-5.

[11] 王丽君，赵建国，杜威，等. 食用盐晶习控制研究进展 [J]. 盐科学与化工，2017, 46(6): 11-12.

[12] Takiyama H, Otsuhata T, Matsuoka M. Morphology of NaCl crystals in drowning-out precipitation operation[J]. Chemical Engineering Research and Design, 1998, 76(7): 809-814.

[13] 翁贤芬. 添加剂对氯化钠晶习的影响研究 [J]. 盐业与化工，2009, 38(4): 1-3.

[14] 翁贤芬. 大颗粒氯化钠的制备研究 [J]. 盐业与化工，2009, 38(5): 18-19.

[15] 朱明河，张旭，靳沙沙，等. 球形和片状氯化钠晶习调控研究 [J]. 化学工业与工程，2018, 35(3): 55-61.

[16] 朱明河. 氯化钠晶习调控及结块研究 [D]. 天津：天津大学，2018.

[17] 龚俊波，朱明河，王静康，等. 一种氯化钠球晶及其制备方法：CN107572559A[P]. 2018-01-12.

[18] Chen, M Y, Wu S G, Xu S J, et al. Caking of crystals: Characterization, mechanisms and prevention[J]. Powder Technol, 2018, 337: 51-67.

[19] Chen M Y, Yu C Y, Yao M H. The time and location dependent prediction of crystal caking by a modified crystal bridge growth model and DEM simulation considering particle size and shape[J]. Chemical Engineering Science, 2020, 214: 115419.

[20] 王香爱，陈养民. 过碳酸钠的合成与应用 [J]. 纯碱工业，2006(4): 7-9.

[21] Firsova T P, Sokol V I, Bakulina V M, et al. Reaction of sodium bicarbonate with hydrogen peroxide and some properties of the compound $Na_2CO_3 \cdot 1.5H_2O_2$[J]. Russian Chemical Bulletin, 1968, 17(9): 1850-1853.

[22] 潘鹤林，宋新杰，田恒水. 常温结晶法过碳酸钠制备工艺研究 [J]. 无机盐工业，1999, 31(4): 3-5.

[23] 马艳然，韩玲芹. 常温下过碳酸钠制备的研究 [J]. 化学世界，2002, 43(8): 398-400.

[24] 王卫兵，赵跃强，孙鸿. 过碳酸钠生产的最佳工艺条件研究 [J]. 应用化工，2010, 39(8): 1215-1217.

[25] 周玲，郭明霞，王召，等. 反应结晶条件对过碳酸钠颗粒形态的影响 [J]. 天津科技大学学报，2018, 33(3): 46-50.

[26] 郭坤，尹秋响，胡英顺，等. 反应结晶制备过碳酸钠的团聚尺寸模型研究 [J]. 化学工程，2008, 36(1): 25-28.

[27] Cui H, Wang J, Cai X, et al. Accelerating nutrient release and pathogen inactivation from human waste by different pretreatment methods[J]. Sci Total Environ, 2020, 733: 139105.

[28] Peng W, Dong Y, Fu Y, et al. Non-radical reactions in persulfate-based homogeneous degradation processes: A review[J]. Chem Eng J, 2021, 421: 127818.

[29] Lou X, Wu L, Guo Y, et al. Peroxymonosulfate activation by phosphate anion for organics degradation in water[J]. Chemosphere, 2014, 117: 582-585.

[30] 段惠敏，李淑芳. 补钙与钙营养强化剂 CCM[J]. 食品科技，2002(1): 64-65.

[31] 关庭. 食品添加剂手册 [M]. 北京：化学工业出版社，2003.

[32] 詹新军，胡卫中，颜鑫. 柠檬酸钙的合成研究进展 [J]. 广东化工，2010, 37(12): 81.

[33] 黄丽燕，刘文营，张强，等. 蛋壳制备有机酸钙方法的研究进展 [J]. 食品工业科技，2012(2): 462-464.

[34] 李涛，马美湖，蔡朝霞. 蛋壳中碳酸钙转化为有机酸钙的研究 [J]. 四川食品与发酵，2008, 44 (5): 8-12.

[35] 梁春娜，张珍，张丽，等. 超声波法从鸡蛋壳中制备醋酸钙工艺研究 [J]. 甘肃农业大学学报，2010, 45 (5): 124-128.

[36] 秦亚楠. 柠檬酸及其钙盐结晶过程研究 [D]. 天津：天津大学，2014.

附录

附录A
部分化学品溶解度数据

青霉素Ⅴ钾在水-正丁醇混合溶剂中的摩尔分数溶解度

附表A-1　青霉素Ⅴ钾在水-正丁醇混合溶剂中的摩尔分数溶解度

含水量/%	10^4x					
6%	288.15K	294.15K	298.15K	303.15K	308.15K	313.15K
	3.2458	5.0584	6.2668	7.7773	9.2878	10.023
9%	287.15K	291.15K	294.15K	300.15K	306.65K	311.15K
	16.545	18.566	21.841	25.974	29.674	34.704
12%	289.15K	294.35K	298.15K	303.35K	309.15K	313.65K
	45.198	51.281	54.985	62.031	67.876	75.711
15%	289.15K	294.45K	298.75K	303.65K	308.15K	313.35K
	90.0916	95.4646	102.4058	109.0668	115.0232	121.875
18%	288.15K	294.15K	298.15K	303.15K	308.65K	313.15K
	132.72	143.5	150.69	159.68	169.56	177.65
21%	288.45K	294.15K	300.05K	304.95K	309.05K	313.65K
	172.28	186.03	200.27	212.1	221.99	233.09
24%	290.15K	294.15K	298.45K	303.15K	308.15K	313.15K
	213.46	221.56	232.21	243.85	256.24	268.62
27%	289.15K	294.15K	298.05K	303.15K	306.75K	311.65K
	239.96	252.27	264.56	276.8	289.02	301.21

谷慧科. 青霉素Ⅴ钾蒸发结晶过程研究 [D]. 天津：天津大学 , 2013.

6APA的溶解度

附表A-2　6APA在水中的溶解度

T/K	$x/(\text{g/L})$
274.65	1.255
278.85	1.391
283.25	1.456
288.35	1.621
298.55	1.86
308.15	2.237
318.15	2.688

龚俊波. 6APA 制备及反应结晶过程研究 [D]. 天津：天津大学, 2001.

附表A-3　6APA在NaCl水溶液中的溶解度

274.15K		298.15K		278.15K		288.15K	
$c_{\text{NaCl}}/(\text{mol/L})$	$x/(\text{g/L})$	$c_{\text{NaCl}}/(\text{mol/L})$	$x/(\text{g/L})$	$c_{\text{NaCl}}/(\text{mol/L})$	$x/(\text{g/L})$	$c_{\text{NaCl}}/(\text{mol/L})$	$x/(\text{g/L})$
0	1.21	0	1.85	0	1.385	0	1.623
0.2214	1.4	0.2116	2.06	0.2314	1.55	0.2015	1.76
0.4309	1.51	0.4355	2.19	0.4415	1.66	0.4365	1.876
1.23	1.6	1.1797	2.28	1.2256	1.79	1.253	1.996
1.8937	1.4	1.9281	2.08	1.8619	1.56	1.9216	1.7431
2.4354	1.13	2.5134	1.71	2.4652	1.28	2.5316	1.4326

龚俊波. 6APA 制备及反应结晶过程研究 [D]. 天津：天津大学, 2001.

地红霉素在纯溶剂中的摩尔分数溶解度

附表A-4　地红霉素晶型A在纯溶剂中的摩尔分数溶解度

T/K	$10^4 x$			
	乙醇	乙腈	丙酮	乙酸乙酯
273.15	1	0.0217	0.176	1.47
278.15	1.13	0.0265	0.181	1.52
283.15	1.29	0.0298	0.203	1.65
288.15	1.44	0.0346	0.222	1.77
293.15	1.65	0.048	0.287	1.88
298.15	1.94	0.0666	0.379	2.03
303.15	2.38	0.0945	0.499	2.21
308.15	2.91	0.138	0.574	—
313.15	3.6	0.182	0.66	—

韩政阳. 地红霉素多晶型及其结晶过程研究 [D]. 天津：天津大学, 2019.

阿莫西林在纯水中的溶解度

附表A-5　阿莫西林在纯水中的溶解度

T/K	x/(kg/m³)
278	1.567
281	1.545
284	1.577
287	1.751
290	1.826
293	1.893

刘慧勤. 阿莫西林结晶工艺优化 [D]. 天津：天津大学，2004.

头孢氨苄-水合物在磷酸-水体系下的溶解度

附表A-6　头孢氨苄一水合物在磷酸-水体系下的溶解度

溶解度（mg/mL）	288.15K/pH	298.15K/pH	308.15K/pH	318.15K/pH
40	2.15	2.2	2.24	2.27
53.33	2.01	2.03	2.07	2.11
66.67	1.92	1.94	1.96	2
80	1.86	1.88	1.91	1.94
120	—	1.75	—	—

注：溶解度代表头孢氨苄一水合物的浓度，磷酸用于调节 pH。

李鸣晨. 头孢氨苄一水合物结晶过程中的晶习调控 [D]. 天津：天津大学，2019.

头孢克肟在纯溶剂中的摩尔分数溶解度

附表A-7　头孢克肟三水合物在七种纯溶剂中的摩尔分数溶解度

T/K	10^4x						
	乙醇	异丙醇	正丁醇	丁二醇	戊醇	乙酸乙醇	丙酮
278.15	18.93	9.18	9.831	8.99	4.03	6.785	22.31
283.15	20.95	10.47	10.22	9.95	5.10	7.472	27.55
288.15	24.61	12.82	12.24	11.86	6.02	9.712	30.84
293.15	28.46	14.81	15.12	14.28	7.79	11.60	34.56
298.15	32.13	17.83	17.24	15.04	10.10	13.93	39.96
303.15	37.05	19.54	20.01	17.32	13.64	15.90	44.02
308.15	41.52	23.03	24.91	21.07	15.15	18.51	51.84

T/K	10^4x						
	乙醇	异丙醇	正丁醇	丁二醇	戊醇	乙酸乙醇	丙酮
313.15	47.78	25.53	29.32	23.43	19.14	22.59	58.07
318.15	53.57	29.05	34.31	27.58	25.47	25.68	70.12
323.15	63.21	35.01	43.68	31.60	29.97	33.38	85.40

Zhang T, Liu Q, Xie Z, et al. Determination and correlation of solubility data and dissolution thermodynamic data of cefixime trihydrate in seven pure solvents[J]. Journal of Chemical & Engineering Data, 2014, 59(6):1915-1921.

头孢他啶在混合溶剂中的摩尔分数溶解度

附表A-8　头孢他啶在水－丙酮混合溶剂中的摩尔分数溶解度

$x_{丙酮}$	10^4x						
	284.4K	289.15K	294.15K	299.15K	303.95K	309.15K	313.95K
0	0.03435	0.09202	0.50766	1.6116	2.6114	3.3772	4.055
0.05	0.83759	1.6206	2.1752	2.7774	3.7647	4.4537	5.0016
0.1	1.1806	1.6609	2.1043	2.6069	3.4883	4.5841	6.4499
0.15	1.2533	1.6517	2.3732	3.0787	4.2311	5.486	7.8897
0.2	1.091	1.584	2.2522	2.9604	3.8806	5.37	8.1577
0.25	1.3287	1.6481	2.126	3.1461	4.5939	6.4271	10.151
0.3	0.91609	1.4725	1.9967	3.0192	4.3902	5.4875	10.476
0.4	1.7296	1.7836	1.8038	1.8201	2.0643	3.1802	5.6293
0.6	0.90835	1.0227	1.1939	1.6173	1.997	3.4554	5.7465
1	0.1463	0.16032	0.18221	0.19105	0.21311	0.22251	0.24249

张东亚. 头孢他啶结晶过程的研究 [D]. 天津：天津大学 , 2013.

头孢克洛在纯溶剂中的摩尔分数溶解度

附表A-9　头孢克洛在纯溶剂中的摩尔分数溶解度

T/K	10^4x			
	水	甲醇	乙醇	丙酮
278.15	3.8710	0.8680	0.2364	0.2050
283.15	4.0106	1.0056	0.3047	0.2672
288.15	4.1746	1.1459	0.3859	0.3432
293.15	4.4519	1.2901	0.4764	0.4353
298.15	4.7579	1.4461	0.5706	0.5481

T/K	10^4x			
	水	甲醇	乙醇	丙酮
303.15	5.1059	1.6335	0.6721	0.6840
308.15	5.5148	1.8603	0.7921	0.8567
313.15	6.0187	2.1381	0.9546	1.0777

Sun H, Liu P, Xin Y, et al. Thermodynamic analysis and correlation of solubility of Cefaclor in different solvents from 278.15 to 313.15K[J]. Fluid Phase Equilibria, 2015, 388:123-127.

头孢哌酮钠在二元丙酮+水溶剂中的摩尔分数溶解度

附表A-10　头孢哌酮钠在二元丙酮+水溶剂中的摩尔分数溶解度

288.15K		298.15K	
$x_水$	10^2x	$x_水$	10^2x
0.2447	0.0401	0.215	0.0521
0.2691	0.0579	0.2473	0.0628
0.3103	0.0801	0.2719	0.0777
0.3932	0.2064	0.3134	0.1439
0.4475	0.3766	0.3966	0.3162
0.4793	0.4811	0.451	0.4479
0.5314	0.5678	0.4828	0.6118
0.7297	1.0234	0.5349	0.8452
		0.7325	1.6676

Chen Q, Wang Y, Li Y, et al. Solubility and metastable zone of cefoperazone sodium in acetone + water system[J]. Journal of Chemical & Engineering Data, 2009, 54(3):1123-1125.

头孢曲松钠在水-丙酮体系中的质量溶解度

附表A-11　头孢曲松钠在水-丙酮体系中的质量溶解度

（1）273.15K

$V_水$/mL	$V_丙酮$/mL	$m_曲松$/g	$m_丙酮/m_水$/（g/g）	$m_曲松/m_水$/（g/g）
5	0	2.4014	0	0.48028
3.1818	1.44	0.7682	0.452574	0.241436
2.333	2.112	0.2818	0.905272	0.120789
1.842	2.5011	0.1282	1.357818	0.069598

$V_{水}$/mL	$V_{丙酮}$/mL	$m_{曲松}$/g	$m_{丙酮}/m_{水}$/(g/g)	$m_{曲松}/m_{水}$/(g/g)
2.4138	6.0083	0.0464	2.489146	0.019223
1.7949	6.4985	0.021	3.620536	0.0117
4.2857	20.3657	0.0176	4.752013	0.004107
3.5593	20.941	0.0162	5.88346	0.004551

（2）283.15K

$V_{水}$/mL	$V_{丙酮}$/mL	$m_{曲松}$/g	$m_{丙酮}/m_{水}$/(g/g)	$m_{曲松}/m_{水}$/(g/g)
5	0	2.6794	0	0.53588
3.1818	1.44	1.3456	0.452574	0.422905
2.333	2.112	0.5212	0.905272	0.223403
1.842	2.5011	0.2665	1.357818	0.10468
2.4138	6.0083	0.0614	2.489146	0.025437
1.7949	6.4985	0.0265	3.620536	0.014764
5.7143	27.1543	0.0295	4.751991	0.005162
4.7458	27.9214	0.0302	5.883392	0.006364

（3）288.15K

$V_{水}$/mL	$V_{丙酮}$/mL	$m_{曲松}$/g	$m_{丙酮}/m_{水}$/(g/g)	$m_{曲松}/m_{水}$/(g/g)
5	0	2.883	0	0.5766
3.1818	1.44	1.4179	7.014805	0.439527
2.333	2.112	0.5052	0.905272	0.236545
1.842	2.5011	0.2143	1.357744	0.116335
2.4138	6.0083	0.1015	2.489146	0.04205
1.7949	6.4985	0.032	3.620815	0.017828
5.7143	27.1543	0.0173	4.751925	0.01211
4.7458	27.9214	0.0108	5.883597	0.009103

（4）293.15K

$V_{水}$/mL	$V_{丙酮}$/mL	$m_{曲松}$/g	$m_{丙酮}/m_{水}$/(g/g)	$m_{曲松}/m_{水}$/(g/g)
30	0	17.6624	0	0.58875
28	12.6448	12.53971	0.4516	0.4478
14	12.6448	3.686997	0.9032	0.2634
14	18.9672	1.838828	1.3548	0.1313
14	34.7732	0.482583	2.4838	0.3447
14	50.5792	0.244855	3.6128	0.1749
7	33.1926	0.02193	4.7418	0.0031
7	41.0956	0.0167	5.8708	0.0024

（5）298.15K

$V_水$/mL	$V_丙酮$/mL	$m_曲松$/g	$m_丙酮/m_水$/（g/g）	$m_曲松/m_水$/（g/g）
5	3.6794	0.53588	0	0.73588
3.1818	1.9419	0.422905	0.4526	0.6103
2.333	0.6268	0.223403	0.9052	0.269
1.842	0.298	0.14468	1.3577	0.1618
2.4138	0.0905	0.025437	2.4891	0.0375
1.7949	0.0215	0.014764	3.6206	0.0125
5.7143	0.0354	0.005162	4.7521	0.0062
4.7458	0.02	0.006364	5.8834	0.0043

注：溶解度根据不同含量的丙酮水溶液的密度计算得到。

潘杰. 头孢曲松钠结晶过程研究 [D]. 天津：天津大学 , 2004.

头孢唑啉钠在纯溶剂中的摩尔分数溶解度

附表A-12　　五水头孢唑啉钠在纯溶剂中的摩尔分数溶解度

二氯甲烷		1-丁醇		1-丙醇		乙醇		甲醇		N,N-二甲基甲酰胺	
T/K	10^5x	T/K	10^5x	T/K	10^5x	T/K	10^5x	T/K	10^5x	T/K	10^5x
278.25	1.77	284.55	1.188	276.55	0.9546	275.45	2.2	288.85	0.8872	278.15	2.399
282.77	2.065	288.55	1.519	279.65	1.602	283.65	2.357	296.55	1.011	283.15	2.637
286.65	2.36	293.03	2.141	283.35	2.709	288.15	2.738	303.15	1.355	288.15	2.961
289.85	2.655	296.55	2.823	286.45	4.217	291.75	2.988	306.85	1.778	294.15	4.032
303.95	2.95	299.85	3.507	290.65	6.603	293.15	3.176	310.55	2.692		
308.25	3.54	303.5	4.715	294.65	9.708	294.95	3.406				
313.25	4.477	307.3	6.442	299.15	13.53	298.25	3.929				
318.15	5.457	309.75	8.066	302.25	16.82	300.35	4.352				
				306.65	20.26	304.85	5.205				
				309.75	24.09	305.65	5.533				
						309.05	6.419				

Wu J, Wang J, Zhang M. Solubility of cefazolin sodium pentahydrate in different solvents between 275 K and 310 K[J]. Journal of Chemical & Engineering Data, 2005, 50(6):2026-2027.

头孢替唑酸在纯溶剂中的摩尔分数溶解度

附表A-13   头孢替唑酸在七种纯溶剂中的摩尔分数溶解度

T/K	10^5x			
	异丙醇	乙醇	甲醇	水
278.15	6.43	4.85	1.2	1.04
283.15	6.82	5.92	1.5	1.27
288.15	7.37	6.49	1.92	1.64
293.15	8.59	7.26	2.43	1.92
298.15	10.4	9.45	3.26	2.51
303.15	11.4	10.4	4.34	3.24
308.15	13.4	12.2	5.48	4.27
313.15	15.2	15.2	6.84	5.32

T/K	10^5x		
	乙腈	乙酸乙酯	丙酮
278.15	12.4	18.8	153
283.15	13.7	21.7	156
288.15	15.9	24.2	161
293.15	16.4	30	165
298.15	18.4	34.2	170
303.15	21.9	37.1	184
308.15	25.3	43.3	193
313.15	28.4	53	230

曾玲玲. 头孢替唑钠球形结晶过程研究 [D]. 天津：天津大学, 2020.

头孢噻肟钠在纯溶剂中的摩尔分数溶解度

附表A-14   头孢噻肟钠在七种溶剂中的摩尔分数溶解度

溶剂	10^4x					
	278.15K	283.15K	288.15K	293.15K	298.15K	303.15K
甲醇	9.29	9.45	9.50	9.74	10.26	10.54
丙酮	8.49	8.55	8.72	9.00	9.51	9.78
乙醇	2.37	2.63	3.21	3.73	4.61	5.22

溶剂	$10^{-4}x$					
	278.15K	283.15K	288.15K	293.15K	298.15K	303.15K
乙酸乙酯						
乙醚			$<10^{-4}$			
正己烷						
二氯甲烷						

Zhang H, Wang J, Chen Y, et al. Solubility of sodium cefotaxime in different solvents[J]. Journal of Chemical & Engineering Data, 2007, 52(3):982-985.

磷霉素氨丁三醇在溶剂中的质量溶解度

附表A-15　磷霉素氨丁三醇在溶剂中的质量溶解度　　　　　　　　　　单位：g/kg

温度/K	甲醇质量分数$x_{甲醇}$				
	1	0.756	0.7	0.592	0.5
278.15	66.32	17.58	8.38	4.32	2.44
283.15	74.13	22.88	10.705	4.62	2.83
288.15	81	28.29	11.84	5.02	3.28
293.15	91.21	32.7	13.52	5.33	3.57
298.15	102.14	38.95	16.495	5.74	4.01
303.15	107.1	—	17.205	—	4.33

盐酸大观霉素在水-丙酮混合溶剂中的摩尔分数溶解度

附表A-16　　盐酸大观霉素在水－丙酮混合溶剂中的摩尔分数溶解度

T/K	$10^3 x_{丙酮}$						
	0	0.2	0.3	0.4	0.5	0.6	0.7
282.2	6.8	3.12	2.37	1.67	1	0.694	0.145
287.2	7.42	3.75	2.85	2.02	1.23	0.85	0.181
292.2	8.07	4.3	3.31	2.38	1.47	1.03	0.234
297.6	8.77	4.88	3.78	2.73	1.71	1.21	0.284
302.4	9.59	5.68	4.44	3.25	2.06	1.48	0.363

鲍颖，王静康，王永莉，等. 盐酸大观霉素在纯水及丙酮-水混合溶剂中的溶解度测定与关联 [J]. 高校化学工程学报 , 2003(04): 457-461.

布洛芬在不同溶剂中的溶解度

附表A-17　布洛芬在不同溶剂中的溶解度

T/K	$c_{右旋布洛芬}$ / (mol/L)			
	异丙醇	乙酸乙酯	无水乙醇	正己烷
263.15	2.1187	1.943	2.4006	0.2934
273.15	2.6386	2.5045	2.7286	0.534
283.15	3.3136	3.004	3.1415	1.162
293.15	3.7981	3.4443	3.4741	2.5928

T/K	$c_{外消旋布洛芬}$ / (mol/L)			
	异丙醇	乙酸乙酯	无水乙醇	正己烷
263.15	0.7561	0.6803	0.9741	0.0425
273.15	1.0366	0.9222	1.3065	0.0677
283.15	1.5377	1.374	1.9391	0.1151
293.15	2.0938	1.9306	2.3926	0.2307

王丹. 右旋布洛芬的溶解度测定及晶习研究 [D]. 天津：天津大学 , 2010.

地塞米松磷酸钠在不同溶剂中的摩尔分数溶解度

附表A-18　地塞米松磷酸钠在不同溶剂中的摩尔分数溶解度

T/K	10^2x			
	甲醇	水	乙醇	甲醇-水
278.15	1.105	1.405	1.316×10^{-2}	4.264×10^{-1}
283.15	1.073	1.611	1.368×10^{-2}	4.119×10^{-1}
288.15	1.049	1.928	1.547×10^{-2}	4.04×10^{-1}
293.15	0.982	2.168	1.605×10^{-2}	3.841×10^{-1}
298.15	0.951	2.526	1.751×10^{-2}	3.791×10^{-1}
303.15	0.904	2.816	2.03×10^{-2}	3.725×10^{-1}
308.15	0.886	3.162	2.373×10^{-2}	3.679×10^{-1}

郝红勋. 地塞米松磷酸钠耦合结晶过程研究 [D]. 天津：天津大学 , 2003.

硫酸氢氯吡格雷在不同溶剂中的摩尔分数溶解度

附表A-19　CHS I 型在不同溶剂中的摩尔分数溶解度

溶剂	T/K	10^3x	溶剂	T/K	10^3x
正丙醇	293.15	5.7556	正丁醇	293.15	2.9941
	303.15	7.5344		303.15	3.9857
	313.15	9.9059		313.15	5.3308

溶剂	T/K	10^3x	溶剂	T/K	10^3x
	293.15	1.8069		293.15	1.1466
戊醇	303.15	2.5192	异丙醇	303.15	1.611
	313.15	3.355		313.15	2.4144
	293.15	0.6875		293.15	0.1949
异丁醇	303.15	1.1436	丁酮	303.15	0.2965
	313.15	1.5539		313.15	0.39
	293.15	0.0686		293.15	0.0253
乙酸甲酯	303.15	0.1506	MIBK	303.15	0.0453
	313.15	0.2744		313.15	0.0674
	293.15	0.0228			
乙酸乙酯	303.15	0.0358			
	313.15	0.0496			

Song L, Gao Y, Gong J. Measurement and correlation of solubility of clopidogrel hydrogen sulfate (metastable form) in lower alcohols[J]. Journal of Chemical & Engineering Data, 2011, 56(5):2553-2556.

附表A-20   CHSⅡ型在不同溶剂中的摩尔分数溶解度

溶剂	T/K	10^3x	溶剂	T/K	10^3x
	293.15	3.3762		293.15	1.2738
正丙醇	303.15	4.5014	正丁醇	303.15	2.233
	313.15	6.7672		313.15	3.5611
	293.15	0.7961		293.15	0.375
戊醇	303.15	1.4372	异丙醇	303.15	0.7882
	313.15	2.1834		313.15	1.4002
	293.15	0.271		293.15	0.1229
异丁醇	303.15	0.598	丁酮	303.15	0.2024
	313.15	1.0948		313.15	0.3424
	293.15	0.0403		293.15	0.0172
乙酸甲酯	303.15	0.11	MIBK	303.15	0.0241
	313.15	0.2289		313.15	0.0401
	293.15	0.0153			
乙酸乙酯	303.15	0.0209			
	313.15	0.0354			

Song L, Li M, Gong J. Solubility of clopidogrel hydrogen sulfate (formⅡ) in different solvents[J]. Journal of Chemical & Engineering Data, 2010, 55(9):4016-4018.

阿托伐他汀钙在甲醇-水混合溶剂体系中的溶解度

附表A-21 273.15 K下阿托伐他汀钙稳定晶型在甲醇−水混合溶剂体系中的溶解度

$x_水$	稳定晶型溶解度/（mg/g）	稳定晶型
0.9529	0.12726	I
0.89991	0.20664	I
0.83987	0.41332	I
0.77126	0.98206	I
0.6921	1.4862	I
0.64778	2.2995	I+II
0.59977	2.7616	II
0.54759	3.0873	II
0.49067	3.6808	II
0.42833	4.4895	II
0.35978	5.2836	II
0.19984	7.6317	II

张天巍. 阿托伐他汀钙多晶型及球形结晶研究 [D]. 天津：天津大学 , 2014.

普伐他汀钠在不同纯溶剂中的摩尔分数溶解度

附表A-22 普伐他汀钠在不同纯溶剂中的摩尔分数溶解度

水		乙醇		甲醇	
T/K	10^3x	T/K	10^3x	T/K	10^3x
278.4	9.11	278	3.10	277.8	22.46
283	11.93	283	3.25	283	24.48
288	16.24	288	3.46	287.9	26.95
293	21.65	293	3.66	293	30.09
298	28.52	298	4.06	297.8	32.62
303	34.31	303	4.29	302.9	37.32
308	40.89	308	4.63	308	41.75
313	47.72	313	4.93	313	49.21
318	55.28	318	5.69	318	58.80
323	64.19	323	6.92	324	68.67
328	72.30	328	7.93		
333	84.14	333	9.42		

1-丙醇		1-丁醇		2-丙醇	
T/K	10^3x	T/K	10^3x	T/K	10^3x
278	2.08	278.1	1.08	278	0.605
283	2.16	283	1.18	283	0.684
288	2.19	288	1.27	288	0.753
293	2.27	293	1.44	293	0.818
298	2.38	298	1.59	298	0.903
303	2.74	303	1.78	303	1.03
308	3.43	308	2.23	308	1.10
313	4.49	313	2.90	318	1.41
318	6.20	318.2	3.45	322.9	1.64
328	12.16	323	4.08	327.9	1.90
333	15.78	328	4.93		

Jia C, Yin Q, Song J, et al. Solubility of pravastatin sodium in water, methanol, ethanol, 2-propanol, 1-propanol, and 1-butanol from (278 to 333) K[J]. Journal of Chemical & Engineering Data, 2008, 53(10):2466-2468.

洛伐他汀在纯溶剂中的摩尔分数溶解度

附表A-23 洛伐他汀在纯溶剂中的摩尔分数溶解度

丙酮		乙酸乙酯		乙酸丁酯	
T/K	10^3x	T/K	10^3x	T/K	10^3x
278.65	6.375	278.6	2.911	279.1	2.727
283.2	7.416	282.25	3.397	283.15	3.19
288.2	8.692	288.25	4.078	288.25	3.763
303.95	15.73	303.15	6.881	303.05	6.403
308.25	18.32	309.85	8.492	308.25	7.541
313.25	22.59	312.95	9.872	313.15	9.004
293.25	10.43	291.65	4.713	292.95	4.41
298.75	12.33	297.85	5.684	298.25	5.279
318.15	27.16	318.25	11.97	317.95	10.69
322.65	32.06	323.65	14.81	323.35	13.12

乙醇		甲醇	
T/K	10^3x	T/K	10^3x
278.25	1.402	278.55	1.277
283.3	1.797	283.4	1.595
288.25	2.256	288.2	1.971
303.05	4.46	303.3	3.863
307.8	5.536	308.05	4.959
313.05	7.094	313.95	6.293
294.95	2.981	294.15	2.514
298.15	3.529	298.35	3.147
318.65	9.326	317.85	7.77
322.65	11.19	321.45	9.292

Sun H, Gong J B, Wang J K. Solubility of lovastatin in acetone, methanol, ethanol, ethyl acetate, and butyl acetate between 283 K and 323 K[J]. Journal of Chemical & Engineering Data, 2005, 50(4):1389-1391.

盐酸帕罗西汀在纯溶剂中的摩尔分数溶解度

附表A-24 盐酸帕罗西汀在纯溶剂中的摩尔分数溶解度（一）

乙醇		正丙醇		N,N-二乙基甲酰胺	
T/K	x	T/K	x	T/K	x
300.15	3.26×10^{-3}	299.15	2.71×10^{-4}	295.5	1.24×10^{-3}
303.2	3.62×10^{-3}	303.45	3.13×10^{-4}	298.55	1.37×10^{-3}
306.1	3.92×10^{-3}	307.25	3.37×10^{-4}	302.05	1.52×10^{-3}
310	4.16×10^{-3}	311.25	3.70×10^{-4}	306.15	1.70×10^{-3}
313.1	4.31×10^{-3}	315.15	3.96×10^{-4}	310.15	2.02×10^{-3}
316.15	4.44×10^{-3}	319.15	4.21×10^{-4}	314.05	2.33×10^{-3}
319.05	4.51×10^{-3}	323.15	4.42×10^{-4}	317.85	2.55×10^{-3}
322.05	4.64×10^{-3}	327.25	4.67×10^{-4}	322.25	2.85×10^{-3}
325.25	4.78×10^{-3}	331.15	5.03×10^{-4}	326.15	3.15×10^{-3}
328	4.91×10^{-3}	335.15	5.23×10^{-4}	330.15	3.47×10^{-3}
331.3	4.94×10^{-3}	339.15	5.58×10^{-4}	334.2	3.78×10^{-3}
334.3	5.09×10^{-3}	343.15	5.82×10^{-4}	338.35	4.09×10^{-3}
337.1	5.21×10^{-6}	347.35	6.29×10^{-4}	342.15	4.41×10^{-3}
340.2	5.35×10^{-3}	351.15	6.67×10^{-4}	346.2	4.72×10^{-3}
343.2	5.48×10^{-3}	355.1	7.35×10^{-4}	355.15	5.37×10^{-3}

任国宾. 盐酸帕罗西汀结晶过程研究 [D]. 天津：天津大学 , 2005.

乙酸乙酯		甲乙酮		四氢呋喃	
T/K	x	T/K	x	T/K	x
293.65	$4.41×10^{-6}$	300.95	$9.06×10^{-6}$	294.75	$8.80×10^{-8}$
296.65	$6.63×10^{-6}$	303.35	$1.08×10^{-5}$	297.15	$1.16×10^{-7}$
300.05	$1.01×10^{-5}$	306.65	$1.42×10^{-5}$	300	$1.58×10^{-7}$
303.55	$1.54×10^{-5}$	310.65	$1.88×10^{-5}$	303.15	$2.22×10^{-7}$
307.15	$2.11×10^{-5}$	312.65	$2.35×10^{-5}$	306.7	$3.14×10^{-7}$
310.85	$3.03×10^{-5}$	316.7	$3.14×10^{-5}$	310.05	$4.13×10^{-7}$
314.05	$4.15×10^{-5}$	323.75	$5.87×10^{-5}$	312.65	$5.29×10^{-7}$
317	$5.44×10^{-5}$	328.9	$8.63×10^{-5}$	316.15	$6.60×10^{-7}$
320.2	$6.94×10^{-5}$	331.35	$1.11×10^{-4}$	319.45	$8.07×10^{-7}$
323.15	$8.87×10^{-5}$	333.35	$1.39×10^{-4}$	323.05	$9.77×10^{-7}$
326	$1.08×10^{-4}$	336.65	$1.80×10^{-4}$	326.95	$1.19×10^{-6}$
329.8	$1.29×10^{-4}$	339.05	$2.13×10^{-4}$	330.55	$1.38×10^{-6}$
332.15	$1.51×10^{-4}$	341.75	$2.54×10^{-4}$	334.15	$1.60×10^{-6}$
335.2	$1.76×10^{-4}$	343	$2.94×10^{-4}$		

任国宾. 盐酸帕罗西汀结晶过程研究 [D]. 天津：天津大学 , 2005.

盐酸多奈哌齐在混合溶剂中的摩尔分数溶解度

附表A-26　Ⅰ晶型盐酸多奈哌齐在正丁醇/异丙醚混合溶剂中的摩尔分数溶解度

T/K	$x_{正丁醇}$					
	1	0.9441	0.915	0.8219	0.606	0.4348
283.2	0.0013	0.0006	0.0005	0.0006	0.0002	0.0001
293.2	0.0021	0.0011	0.0009	0.0009	0.0003	0.0001
298.2	0.0027	0.0017	0.0014	0.0011	0.0004	0.0001
303.2	0.0035	0.0020	0.0018	0.0015	0.0006	0.0002
308.2	0.0040	0.0025	0.0020	0.0019	0.0007	0.0002
313.2	0.0053	0.0031	0.0025	0.0023	0.0008	0.0002
318.2	0.0063	0.0039	0.0030	0.0028	0.0010	0.0003
323.2	0.007	0.0048	0.0033	0.0032	0.0013	0.0003

附表A-27　Ⅱ晶型盐酸多奈哌齐在正丁醇/异丙醚混合溶剂中的摩尔分数溶解度

$x_{正丁醇}$	$x_{正丁醇}$					
	1	0.9441	0.915	0.8219	0.606	0.4348
283.2	0.0002	0.0001	0.0001	0.0001	0.0001	0
293.2	0.0003	0.0003	0.0002	0.0002	0.0001	0
298.2	0.0004	0.0004	0.0004	0.0003	0.0001	0
303.2	0.0006	0.0005	0.0005	0.0004	0.0002	0.0001

续表

$x_{正丁醇}$						
	1	0.9441	0.915	0.8219	0.606	0.4348
308.2	0.0010	0.0006	0.0006	0.0006	0.0003	0.0001
313.2	0.0012	0.0007	0.0008	0.0007	0.0003	0.0001
318.2	0.0014	0.0009	0.0009	0.0008	0.0004	0.0001
323.2	0.0017	0.0012	0.0011	0.0010	0.0005	0.0001

Liu T, Wang B, Dong W, et al. Solution-mediated phase transformation of a hydrate to its anhydrous form of donepezil hydrochloride[J]. Chemical Engineering & Technology, 2013, 36(8):1327-1334.

阿立哌唑在纯溶剂中的摩尔分数溶解度

附表A-28　Ⅲ晶型阿立哌唑在6种纯溶剂中的摩尔分数溶解度

溶剂	298.15K	303.15K	308.15K	313.15K
正丙醇	0.00111	0.00135	0.00193	0.00299
异丙醇	0.00046	0.00061	0.00094	0.00146
丙酮	0.00226	0.00242	0.00259	0.00277
乙腈	0.00027	0.00034	0.0005	0.00075
乙酸甲酯	0.00214	0.00275	0.00361	0.00485
N,N-二甲基甲酰胺	0.51606	0.537	0.57416	0.62761

赵燕晓. 阿立哌唑多晶型及多组分晶体研究 [D]. 天津：天津大学 , 2020.

缬沙坦在乙酸乙酯+己烷混合溶剂中的摩尔分数溶解度

附表A-29　缬沙坦在乙酸乙酯+己烷混合溶剂中的摩尔分数溶解度（$10^4 x$）

T/K	$x_{乙酸乙酯}$				
	1	0.9081	0.8726	0.8547	0.7953
278.15	24.7	16.5	13.2	11.7	9.6
283.15	33.4	23.6	18.5	16.6	13.4
288.15	44.3	30.7	26.7	23.6	18.7
293.15	59.6	40.6	35.2	33.1	25.4
298.15	80.4	55.7	47.7	44.1	32.4
303.15	108	77.4	66.3	61.6	43.9
308.15	141.4	103	90.5	83.6	60.9
313.15	184.7	137.3	121.1	112.9	79.6

附录　395

T/K	$x_{乙酸乙酯}$				
	0.7455	0.6969	0.6624	0.5967	0.4944
278.15	8.4	7.6	6.4	5	3.2
283.15	11.5	9.8	8.3	6.4	4
288.15	14.4	12.3	10.7	8	5.2

Liu Y, Wang J, Wang X, et al. Solubility of valsartan in ethyl acetate + hexane binary mixtures from (278.15 to 313.15) K[J]. Journal of Chemical & Engineering Data, 2009, 54(4):1412-1414.

厄贝沙坦在纯溶剂中的摩尔分数溶解度

附表A-30　厄贝沙坦在纯溶剂中的摩尔分数溶解度

乙醇		丙酮		氯仿	
T/K	10^5x	T/K	10^5x	T/K	10^5x
278.6	33.28	278.35	28.37	277.7	119.5
283.55	48.9	283.15	36.4	283.3	130.9
288.5	62.7	288.35	44.4	287.7	145.7
292.7	80.9	293.6	53	292.7	161.5
397.8	105.9	298.25	67.8	297.75	179.4
303.05	122	302.95	86.1	302.85	201.2
308.5	159.3	308.4	104.7	307.8	225.2
313.3	209.8	312.75	129.1	313.4	259.2
318.5	263	318.55	157.9	317.8	293.5
323.6	341.1	323.1	192.1	323	335.1

四氢呋喃		二恶烷	
T/K	10^5x	T/K	10^5x
278.3	126.9	287.9	46.6
282.85	152.4	293.45	63.4
288.1	184.2	298	83.2
292.95	229.4	303.65	111.5
297.7	276.5	308.2	142.1
303.15	331.6	312.9	183
308.05	396.5	318.05	226.9
312.7	479.2	322.85	277.8
318.35	581.5		
322.75	686.7		

Wang L, Wang J, Bao Y, et al. Solubility of irbesartan (form A) in different solvents between 278 K and 323 K[J]. Journal of Chemical & Engineering Data, 2007, 52(5):2016-2017.

维生素C钠盐在纯溶剂中的溶解度

附表A-31   维生素C钠盐的溶解度

T/K	x/(g/L)	
	甲醇	水
268.15	1.25	480.28
273.15	1.39	497.83
278.15	1.53	515.37
283.15	1.67	532.91
288.15	1.80	550.45
293.15	1.94	567.99
298.15	2.08	585.53
303.15	2.22	603.07
308.15	2.35	620.61
313.15	2.49	638.15
318.15	2.63	655.69
323.15	2.77	673.23
328.15	2.90	690.77
333.15	3.04	708.31
338.15	3.18	725.85

李立强. 维生素 C 钠盐结晶工艺优化 [D]. 天津：天津大学 , 2003.

硝酸硫胺在乙醇-水体系中的摩尔分数溶解度

附表A-32   硝酸硫胺在乙醇－水体系中的摩尔分数溶解度

T/K	$x_{水}$	$10^4 x$	T/K	$x_{水}$	$10^4 x$
278.15	0	0.0464	283.15	0	0.0606
	0.3898	1.7416		0.3898	2.6148
	0.6301	2.8160		0.6301	4.3920
	0.7931	4.3939		0.7931	5.9585
	0.9109	5.6716		0.9109	6.9159
	1.0000	5.9261		1.0000	7.0496

T/K	$x_水$	10^4x	T/K	$x_水$	10^4x
	0	0.0784		0	0.0998
	0.3898	3.4843		0.3898	4.4406
288.15	0.6301	6.3578	293.15	0.6301	8.0391
	0.7931	7.8848		0.7931	9.6435
	0.9109	8.5220		0.9109	10.3623
	1.0000	8.5890		1.0000	10.5526
	0	0.1283		0	0.1604
	0.3898	5.3368		0.3898	6.4702
298.15	0.6301	10.4783	303.15	0.6301	12.7607
	0.7931	12.2009		0.7931	14.9426
	0.9109	12.9715		0.9109	15.8728
	1.0000	13.3140		1.0000	16.1999

张纲，王静康，刘秉文. 硝酸硫胺重结晶过程中溶解度模型（英文）[J]. Transactions of Tianjin University, 2002(03): 139-142.

盐酸硫胺在混合溶剂中的摩尔分数溶解度

附表A-33 盐酸硫胺半水合物在混合溶剂中的摩尔分数溶解度

(1)水+乙醇混合溶剂

$x_{乙醇}$	10^3x							
	278.15K	283.15K	288.15K	293.15K	298.15K	303.15K	308.15K	313.15K
0	38.58	40.97	43.24	46.20	48.27	50.43	52.79	58.69
0.099	27.21	31.13	33.08	38.23	41.87	42.92	45.82	50.10
0.198	19.45	22.57	24.59	29.92	33.63	34.55	37.38	42.11
0.298	12.97	15.28	17.40	21.43	24.82	25.76	28.52	32.42
0.398	8.59	10.02	11.48	14.14	16.64	17.51	19.42	22.79
0.499	5.15	5.63	6.57	8.24	9.82	10.33	12.24	14.78
0.599	2.55	2.98	3.42	4.16	5.09	5.27	5.99	6.97
0.7	1.19	1.37	1.54	1.92	2.34	2.48	2.86	3.45
0.8	0.54	0.60	0.66	0.82	0.95	1.02	1.17	1.26

(2)水+异丙酮混合溶剂

$x_{异丙酮}$	10^3x							
	278.15K	283.15K	288.15K	293.15K	298.15K	303.15K	308.15K	313.15K
0	38.58	40.97	43.24	46.20	48.27	50.43	52.79	58.69
0.099	25.04	28.70	31.51	34.15	37.56	40.51	44.15	47.27
0.198	16.42	18.54	20.85	23.78	26.60	31.70	35.06	38.40
0.299	9.57	11.01	13.21	15.13	17.38	19.95	22.33	26.18
0.399	5.14	5.86	6.75	7.84	9.19	12.21	13.35	16.21
0.499	2.19	2.71	3.19	3.87	4.50	5.20	5.81	6.57
0.6	0.78	0.95	1.07	1.27	1.48	1.73	1.98	2.42
0.7	0.29	0.28	0.34	0.40	0.47	0.49	0.55	0.68

(3)水+正丙酮混合溶剂

$x_{正丙酮}$	10^3x							
	278.15K	283.15K	288.15K	293.15K	298.15K	303.15K	308.15K	313.15K
0	38.58	40.97	43.24	46.20	48.27	50.43	52.79	58.69
0.099	23.03	25.80	28.87	32.10	34.93	39.79	43.72	47.76
0.199	14.69	16.54	18.63	20.25	23.78	26.23	31.22	34.79
0.299	7.97	9.17	10.73	11.31	12.59	15.43	17.43	19.70
0.399	3.59	3.97	4.67	5.45	6.55	7.74	8.48	9.79
0.5	1.41	1.78	2.01	2.32	2.72	3.01	3.35	3.61
0.6	0.42	0.45	0.50	0.58	0.63	0.69	0.78	0.90

Li X, Han D, Wang Y, et al. Measurement of solubility of thiamine hydrochloride hemihydrate in three binary solvents and mixing properties of solutions[J]. Journal of Chemical & Engineering Data, 2016, 61(10):3665-3678.

核黄素在盐酸中的质量溶解度

附表A-34　核黄素在不同质量分数的盐酸溶液中的质量溶解度　　　　　单位：g/100g

温度	盐酸质量分数						
	0%	1.4%	2.4%	7.5%	20%	27%	31%
278.15K	0.006	0.016	0.025	0.047	5.824	7.201	7.844
303.15K	0.015	0.034	0.050	0.090	8.250	11.825	13.733
323.15K	0.045	0.059	0.079	0.160	10.868	13.817	15.283
333.15K	0.058	0.081	0.101	0.221			
343.15K	0.205	0.289	0.348	0.655			

注：高温高酸条件下，盐酸浓度越高挥发速率越快，核黄素溶解度较大，测定数据不稳定，在此不做赘余测定。

李文钊. 核黄素结晶分离纯化研究 [D]. 天津：天津大学 , 2007.

D−泛酸钙在甲醇−水混合体系中的质量溶解度

附表A-35　D−泛酸钙在甲醇−水混合体系中的质量溶解度　　　　　　　　　　　单位：g/100g

温度	水的质量分数						
	5.88%	12.33%	15.00%	19.42%	27.27%	36.00%	45.76%
263.15K	0.18	0.35	0.43	0.68	1.26	2.30	4.60
268.15K	0.21	0.41	0.54	0.85	1.61	3.02	5.96
273.15K	0.24	0.51	0.70	1.04	2.00	3.76	7.73
278.15K	0.31	0.66	0.91	1.38	2.57	4.86	9.48
283.15K	0.40	0.92	1.18	1.84	3.48	6.75	12.87
288.15K	0.56	1.26	1.75	2.60	4.86	9.54	18.36
293.15K	0.74	1.68	2.37	3.64	7.34	14.05	26.94
298.15K	1.15	2.60	3.82	5.79	11.64	22.26	40.03
303.15K	2.06	4.32	6.62	9.75	19.59	35.68	63.92

韩丹丹. 有机小分子在溶液中的晶习调控 [D]. 天津：天津大学, 2020.

盐酸吡哆醇在混合溶剂中的摩尔分数溶解度

附表A-36　盐酸吡哆醇在丙酮＋水混合溶剂中的摩尔分数溶解度

$x_{丙酮}$	$10^2 x$							
	278.15K	283.15K	288.15K	293.15K	298.15K	303.15K	308.15K	313.15K
0	1.0505	1.2319	1.4389	1.6816	1.9114	2.2031	2.5022	2.8551
0.1	1.0786	1.2729	1.4693	1.7480	2.0159	2.2990	2.6085	2.9901
0.2	0.9454	1.1220	1.2583	1.4893	1.7266	1.9803	2.2636	2.6061
0.3	0.7731	0.8679	0.9569	1.0644	1.2535	1.4355	1.6753	1.9782
0.4	0.5242	0.5768	0.6409	0.7302	0.8451	1.0242	1.1545	1.3983
0.5	0.3002	0.3410	0.3813	0.4534	0.5037	0.590	0.6678	0.8145
0.6	0.1486	0.1649	0.1816	0.2070	0.2374	0.2836	0.3237	0.3751
0.7	0.0505	0.0575	0.0678	0.0802	0.0931	0.1081	0.1214	0.1380

附表A-37　盐酸吡哆醇在甲醇＋水混合溶剂中的摩尔分数溶解度

$x_{甲醇}$	$10^2 x$							
	278.15K	283.15K	288.15K	293.15K	298.15K	303.15K	308.15K	313.15K
0	1.0505	1.2319	1.4389	1.6816	1.9114	2.2031	2.5022	2.8551
0.1	0.9659	1.1516	1.3479	1.5629	1.8620	2.1539	2.5291	2.9066
0.2	0.9072	1.0860	1.2572	1.4833	1.7855	2.0839	2.4327	2.7958
0.3	0.8454	1.0159	1.1770	1.4031	1.6837	1.9866	2.3084	2.6461
0.4	0.7850	0.9489	1.0801	1.3011	1.5510	1.8147	2.1264	2.4398
0.5	0.7130	0.8473	0.9770	1.1590	1.3519	1.6136	1.8883	2.1512

$x_{甲醇}$	$10^2 x$							
	278.15K	283.15K	288.15K	293.15K	298.15K	303.15K	308.15K	313.15K
0.6	0.6190	0.7357	0.8523	0.9877	1.1434	1.3533	1.5758	1.7978
0.7	0.5083	0.5901	0.6783	0.8038	0.9182	1.0928	1.2773	1.4838
0.8	0.3998	0.4614	0.5257	0.6154	0.6925	0.8014	0.9535	1.1080
0.9	0.3087	0.3430	0.3848	0.4563	0.5121	0.5911	0.6733	0.7910
1	0.2215	0.2533	0.2803	0.3290	0.3731	0.4248	0.4863	0.5488

附表A-38　盐酸吡哆醇在乙醇+水混合溶剂中的摩尔分数溶解度

$x_{丙酮}$	$10^2 x$							
	278.15K	283.15K	288.15K	293.15K	298.15K	303.15K	308.15K	313.15K
0	1.0505	1.2319	1.4389	1.6816	1.9114	2.2031	2.5022	2.8551
0.1	0.9407	1.0928	1.3142	1.5783	1.8590	2.1924	2.5999	2.9799
0.2	0.8598	1.0440	1.2728	1.4943	1.7654	2.1136	2.5179	2.9239
0.3	0.8201	0.9935	1.1894	1.3917	1.6279	1.9361	2.3207	2.6667
0.4	0.7358	0.8498	1.0116	1.1710	1.4047	1.6336	1.9322	2.2157
0.5	0.5703	0.6913	0.8155	0.9602	1.1114	1.2882	1.5334	1.7694
0.6	0.4565	0.5117	0.5807	0.7036	0.8032	0.9182	1.0725	1.2624
0.7	0.2870	0.3411	0.3942	0.4568	0.5367	0.6152	0.6887	0.8308
0.8	0.1831	0.2060	0.2324	0.26960	0.3196	0.3632	0.4271	0.5030
0.9	0.0957	0.1106	0.1240	0.1469	0.1730	0.2023	0.2354	0.2751
1	0.0447	0.0484	0.0557	0.0651	0.0801	0.0989	0.1176	0.1435

Han D D, Li X N, Wang H S, et al. Determination and correlation of pyridoxine hydrochloride solubility in different binary mixtures at temperatures from (278.15 to 313.15)K[J]. The Journal of Chemical Thermodynamics, 2016, 94:138-151.

甲钴胺在不同pH介质下的溶解度

附表A-39　甲钴胺在不同pH介质下的溶解度

pH值	溶解度/（mg/mL）
1	204.85
1.4	61.71
1.7	42.34
2.7	19.51
3.7	10.49
4	10.07
4.5	9.81
6.8	8.74

DL-蛋氨酸在二元溶剂中的摩尔分数溶解度

附表A-40   DL-蛋氨酸（α晶型）在水−甲醇二元溶剂中的摩尔分数溶解度

温度	$x_{甲醇}$						
	0	0.1	0.3	0.5	0.7	0.9	1
315.15K	4.807	3.749	2.487	1.426	0.894	0.464	0.417
317.15K	5.16	4.03	2.658	1.512	0.955	0.495	0.439
319.15K	5.575	4.378	2.874	1.647	1.013	0.532	0.468
321.15K	5.983	4.737	3.058	1.838	1.074	0.576	0.493
323.15K	6.563	5.147	3.281	2.037	1.146	0.628	0.524
326.15K	7.441	5.831	3.685	2.311	1.269	0.7	0.576
328.15K	8.064	6.302	3.949	2.481	1.361	0.754	0.618
333.15K	9.739	7.621	4.742	2.969	1.594	0.893	0.718

孙盼盼. DL-蛋氨酸多晶型与晶习及添加剂调控研究 [D]. 天津：天津大学，2018.

附表A-41   DL-蛋氨酸（β晶型）在水−甲醇二元溶剂中的摩尔分数溶解度

温度	$x_{甲醇}$						
	0	0.1	0.3	0.5	0.7	0.9	1
303.15K	2.565	1.883	1.156	0.714	0.457	0.235	0.202
308.15K	3.325	2.411	1.54	0.906	0.58	0.306	0.261
313.15K	4.117	3.11	2.028	1.167	0.739	0.389	0.338
315.15K	4.614	3.477	2.247	1.297	0.808	0.424	0.38
317.15K	5.116	3.857	2.514	1.441	0.89	0.469	0.419
319.15K	5.676	4.31	2.829	1.628	0.984	0.523	0.46
321.15K	6.319	4.827	3.126	1.886	1.11	0.587	0.508
323.15K	7.059	5.309	3.433	2.146	1.223	0.651	0.552
326.15K	8.186	6.088	3.916	2.563	1.394	0.752	0.626

孙盼盼. DL-蛋氨酸多晶型与晶习及添加剂调控研究 [D]. 天津：天津大学，2018.

L-氨基丙酸在水中的摩尔分数溶解度

附表A-42   L-氨基丙酸在水中的摩尔分数溶解度

T/K	$100x$
293.15	3.1861
298.15	3.295
303.15	3.3739

T/K	100x
308.15	3.4815
313.15	3.621
318.15	3.8231
323.15	4.0125
328.15	4.244
333.15	4.4995
338.15	4.7513
343.15	5.0505
348.15	5.3928

史家康. L-氨基丙酸晶习工程研究 [D]. 天津：天津大学, 2019.

吡唑醚菌酯在纯溶剂中摩尔分数溶解度

附表A-43　吡唑醚菌酯晶型 Ⅱ在纯溶剂中的摩尔分数溶解度

溶剂	T/K	10^3x	溶剂	T/K	10^3x
正丙醇	283.15	4.77	仲丁醇	283.15	3.21
	288.15	6.22		288.15	4.36
	293.15	9.67		293.15	6.34
	298.15	13.81		298.15	9.86
	303.15	20.74		303.15	17.15
异丙醇	283.15	2.57	正戊醇	283.15	5.01
	288.15	3.65		288.15	7.1
	293.15	5.15		293.15	9.91
	298.15	7.24		298.15	14.08
	303.15	10.51		303.15	20.79
正丁醇	283.15	5.54	异戊醇	283.15	3.67
	288.15	7.93		288.15	5.03
	293.15	11.73		293.15	7.47
	298.15	16.07		298.15	10.68
	303.15	24.6		303.15	17.17
异丁醇	283.15	3.35	仲戊醇	283.15	4.02
	288.15	4.23		288.15	5.18
	293.15	6.36		293.15	7.51
	298.15	8.96		298.15	11.25
	303.15	13.9		303.15	18.76

李康丽. 吡唑醚菌酯结晶成核过程中的油析研究 [D]. 天津：天津大学, 2017.

阿维菌素在乙醇-水混合溶剂中的摩尔分数溶解度

附表A-44　阿维菌素在不同比例乙醇-水混合溶剂中的摩尔分数溶解度

$x_{乙醇}$	x	
	293.15K	333.15K
0.1	0.0060	0.0832
0.3	0.1218	0.2529
0.5	0.2053	0.5787
0.7	0.7139	2.5950
0.75	0.8214	3.5896
0.8	0.8596	4.6538
0.85	1.2176	5.7629
0.9	1.4161	6.8659
0.95	2.0352	7.3575
1	2.4212	8.2049

氟尼辛葡甲胺在乙醇中的质量溶解度

附表A-45　氟尼辛葡甲胺在乙醇中的质量溶解度

T/K	溶解度/(g/100g)
312	11.5
316	16
321.6	23.3
325.2	30.2

吴送姑. 药物盐氟尼辛葡甲胺反应结晶过程研究 [D]. 天津：天津大学 , 2012.

氟苯尼考在二元混合溶剂中的摩尔分数溶解度

附表A-46　氟苯尼考在二元混合溶剂中的摩尔分数溶解度

（1）丙酮+甲醇混合溶剂

$x_{丙酮}$	10^2x								
	278.15K	283.15K	288.15K	293.15K	298.15K	303.15K	308.15K	313.15K	318.15K
0	0.540	0.636	0.759	0.907	1.145	1.361	1.639	2.026	2.754
0.1	1.226	1.285	1.471	1.704	2.130	2.391	2.941	3.642	4.159
0.2	1.910	2.110	2.290	2.580	3.030	3.580	4.220	5.150	5.810
0.3	2.594	2.824	3.060	3.408	3.879	4.666	5.389	6.415	7.002

（1）丙酮+甲醇混合溶剂

$x_{丙酮}$	10^2x								
	278.15K	283.15K	288.15K	293.15K	298.15K	303.15K	308.15K	313.15K	318.15K
0.4	3.165	3.339	3.695	4.135	4.772	5.294	6.095	6.996	7.796
0.5	3.642	3.785	4.15	4.591	5.077	5.904	6.722	7.497	8.186
0.6	3.87	3.963	4.422	4.836	5.285	6.000	6.649	7.572	8.478
0.7	3.903	4.073	4.412	4.930	5.387	6.111	6.758	7.634	8.369
0.8	3.762	3.954	4.304	4.685	5.166	5.725	6.655	7.199	8.173
0.9	3.267	3.518	3.954	4.337	4.774	5.281	5.990	6.812	7.487
1	3.017	3.011	3.318	3.627	4.057	4.599	5.139	6.03	6.776

（2）丙酮+乙醇混合溶剂

$x_{丙酮}$	10^2x								
	278.15K	283.15K	288.15K	293.15K	298.15K	303.15K	308.15K	313.15K	318.15K
0	0.163	0.185	0.224	0.27	0.327	0.408	0.512	0.621	0.784
0.1	0.517	0.517	0.582	0.662	0.761	0.92	1.162	1.382	1.631
0.2	0.914	0.961	1.079	1.228	1.401	1.6	1.96	2.351	2.698
0.3	1.473	1.473	1.608	1.792	2.15	2.541	2.931	3.424	3.964
0.4	2.043	2.071	2.28	2.525	2.822	3.174	3.884	4.41	4.966
0.5	2.561	2.526	2.807	3.1	3.491	4.05	4.573	5.15	6.179
0.6	2.941	3.047	3.304	3.615	3.981	4.57	5.245	5.853	6.611
0.7	3.233	3.36	3.622	3.959	4.308	5.002	5.619	6.349	7.087
0.8	3.206	3.485	3.756	4.081	4.522	5.18	5.659	6.484	7.212
0.9	3.302	3.526	3.776	4.161	4.62	5.095	5.751	6.423	7.392
1	3.017	3.011	3.318	3.627	4.057	4.599	5.139	6.03	6.776

娄雅婧. 氟苯尼考新固体形态的开发与评价研究 [D]. 天津：天津大学 , 2018.

木糖醇在水中的摩尔分数溶解度

附表A-47　木糖醇在水中的摩尔分数溶解度

T/K	10^2x
302.65	66.7
315.15	75
324.95	80
333.35	86
345.15	91.6

氯化钠在水-甲醇混合溶剂中的摩尔分数溶解度

附表A-48　氯化钠在水-甲醇混合溶剂中的摩尔分数溶解度

$x_{甲醇}$	x	
	293.15K	343.15K
0	36.012	37.787
0.1	30.898	33.393
0.2	25.064	27.813
0.3	19.71	22.59
0.4	15.213	18.139
0.5	11.7	13.711
0.6	8.084	10.016
0.7	5.517	8.328
0.8	3.483	4.763
0.9	2.061	2.284
1	1.198	1.408

朱明河. 氯化钠晶习调控及结块研究 [D]. 天津：天津大学, 2018.

氯化钾在水中的质量溶解度

附表A-49　氯化钾在水中的质量溶解度

T/K	溶解度/（g/100g）
293.15	34.4603
303.15	37.2262
313.15	39.8749
323.15	42.3478
333.15	45.1382
343.15	46.9927

李振方. 氯化钾的形貌调控及结块机理研究 [D]. 天津：天津大学, 2017.

过碳酸钠在水中的质量溶解度

附表A-50　过碳酸钠在水中的质量溶解度

T/K	溶解度/（g/100g）
278.15	9.7798
283.15	10.5676
288.15	12.0384
293.15	12.7649
298.15	13.4121

胡英顺. 过碳酸钠反应结晶过程及粒子团聚行为研究 [D]. 天津：天津大学，
2005.

柠檬酸钙在水中的摩尔分数溶解度

附表A-51　柠檬酸钙四水合物在水中的摩尔分数溶解度

T/K	10^5x
293.15	3.6807
303.15	3.0952
313.15	2.5566
323.15	2.1588
333.15	1.6939
343.15	1.3863
353.15	1.0427

秦亚楠. 柠檬酸及其钙盐结晶过程研究 [D]. 天津：天津大学，2014.

附录B
部分化学品晶体结构数据

依帕司他-二甲双胍

附表B-1　依帕司他-二甲双胍多组分晶体的晶体结构数据

项目	EP-MET S$_{ACE}$	EP-MET MH	EP-MET S$_{ETOH-H_2O}$
名称	EP-MET-ACE	EP-MET-H$_2$O	EP-MET-ETOH-H$_2$O
分子式	$C_{22}H_{30}N_6O_4S_2$	$C_{19}H_{26}N_6O_4S_2$	$C_{21}H_{32}N_6O_5S_2$
分子量	506.64	466.58	512.64
T/K	123(2)	123(2)	113.15
波长/Å	0.71073	0.71073	0.71073
晶体体系	三斜晶系	三斜晶系	三斜晶系
空间群	$P\bar{1}$	$P\bar{1}$	$P\bar{1}$
$a/$Å	7.5881(3)	7.8711(4)	8.4946(4)
$b/$Å	9.3213(4)	8.3789(4)	8.9498(5)
$c/$Å	19.3353(6)	18.3489(8)	18.9950(10)
$\alpha/(°)$	96.165(3)	77.437(4)	81.488(4)
$\beta/(°)$	97.924(3)	82.244(4)	80.867(5)
$\gamma/(°)$	108.144(3)	66.896(4)	63.611(5)

项目	EP-MET S$_{ACE}$	EP-MET MH	EP-MET S$_{ETOH-H-O}$
$V/\text{Å}^3$	1270.67(9)	1084.76(10)	1272.31(13)
Z	2	2	2
$\rho/(\text{g/cm}^3)$	1.324	1.428	1.338
R_{int}	0.0244	0.0252	0.0425
R(ref)	R_1=0.0385	R_1=0.0428	R_1=0.0713
ω_{R_2}(ref)	0.0849	0.0927	0.1358
CCDC号码	2067672	2067673	2067674

注: $1\text{Å}=10^{-10}\text{m}$。

Sun J, Jia L, Wang M, et al. Novel Drug-drug multicomponent crystals of epalrestat-metformin: improved solubility and photostability of epalrestat and reduced hygroscopicity of metformin[J]. Crystal Growth & Design, 2022, 22(2):1005-1016.

青霉素V钾

附表B-2　青霉素V钾的晶体结构数据

项目	青霉素V钾	青霉素V酸
分子式	C$_{16}$H$_{17}$KN$_2$O$_5$S	C$_{16}$H$_{18}$N$_2$O$_5$S
晶系	三斜	单斜
$a/\text{Å}$	9.367	12.657
$b/\text{Å}$	12.49	10.747
$c/\text{Å}$	15.309	13.265
$\alpha/(°)$	93.68	90
$\beta/(°)$	99.29	116.3
$\gamma/(°)$	90.19	90
晶胞中分子个数Z	4	4

谷慧科. 青霉素V钾蒸发结晶过程研究[D]. 天津：天津大学, 2013.

阿莫西林钠

附表B-3　阿莫西林钠晶型I和S$_{M-M}$溶剂化物的晶体学数据

项目	阿莫西林钠晶型 I	S$_{M-M}$
分子式	C$_{16}$H$_{18}$N$_3$NaO$_5$S	C$_{16}$H$_{18}$N$_3$NaO$_5$S · CH$_4$O · C$_3$H$_6$O$_2$
分子量	387.38	493.5
晶胞体积/Å^3	1852.9(5)	2388.6(3)
晶体体系	斜方	斜方
空间群	$P2_12_12_1$	$P2_12_12_1$
$a/\text{Å}$	10.6221(10)	9.9361(7)

项目	阿莫西林钠晶型 I	S_{M-M}
b/Å	13.075(3)	15.3223(10)
c/Å	13.3414(14)	15.6894(9)
Z	4	4
Z'	1	1
R_1	0.0545	0.0659

Cui P, Yin Q, Zhang S, et al. Insight into amoxicillin sodium heterosolvates and non-solvated form: Crystal structures, phase transformation behaviors, and desolvation mechanism[J]. CrystEngComm, 2021, 23(22):3995-4004.

头孢他啶

附表B-4 头孢他啶的晶体结构

参数	参数值
晶胞参数	a=7.63050Å
	b=10.1476Å
	c=19.6177Å
	α=66.6767°
	β=112.082°
	γ=84.0781°
晶系	三斜晶系
空间群	$P1$
晶胞分子数	4

张东亚. 头孢他啶结晶过程的研究 [D]. 天津：天津大学, 2013.

7-ADCA

附表B-5 7-ADCA的晶体结构数据

参数	参数值
晶胞参数	a=1.3595Å
	b=0.6012Å
	c=0.59165Å
	α=90°
	β=103.34°
	γ=90°
晶胞分子数	2

刘越. 7-ADCA 反应结晶过程研究 [D]. 天津：天津大学, 2003.

氯唑西林钠

附表B-6　氯唑西林钠的晶体结构参数

参数	参数值
晶胞参数	a=25.454Å
	b=10.929Å
	c=8.002Å
	α=90°
	β=90°
	γ=90°
晶系	正交晶系
空间群	$P2_12_12_1$

盐酸大观霉素

附表B-7　盐酸大观霉素的晶体结构

参数	参数值
晶胞参数	a=8.118(3)×10⁻¹⁰m
	b=14.781(6)×10⁻¹⁰m
	c=18.360(8)×10⁻¹⁰m
	α=90°
	β=90°
	γ=90°
	F(000)=1056
晶系	正交晶系
空间群	$P2_12_12_1$

鲍颖，王静康，黄向荣，等. 盐酸大观霉素的晶体结构 [J]. 华东理工大学学报，2003(04): 336-340.

布洛芬

附表B-8　布洛芬的晶体结构

参数	参数值
晶系	单斜晶系
晶胞参数	a=14.586(15)Å
	b=7.869(8)Å
	c=10.681(12)Å

参数	参数值
	$\alpha=90.0°$
晶胞参数	$\beta=99.413(18)°$
	$\gamma=90.0°$
晶胞体积	$1209(2)\text{Å}^3$
晶胞中的分子数	4
晶体密度	$1.133×10^3\text{kg/m}^3$
空间群	$P2_1/c$

王丹. 右旋布洛芬的溶解度测定及晶习研究 [D]. 天津：天津大学, 2010.

地塞米松磷酸钠

附表B-9　地塞米松磷酸钠的晶体结构数据

参数	参数值
化学结构式	$C_{22}H_{28}FO_8PNa_2$
分子摩尔质量	516.4g/mol
晶系	正交晶系
	$a=27.7487\text{Å}$
	$b=22.4068\text{Å}$
	$c=21.1007\text{Å}$
晶胞参数	$\alpha=90.0°$
	$\beta=90.0°$
	$\gamma=90.0°$
晶胞体积	$1.3119×10^4\text{Å}^3$
晶胞中的分子数	24
晶体密度	$1.543×10^3\text{kg/m}^3$
空间群	$17\text{-}D_2^2\text{——}P22_12$

郝红勋. 地塞米松磷酸钠耦合结晶过程研究 [D]. 天津：天津大学, 2003.

洛伐他汀

附表B-10　洛伐他汀晶体结构数据

参数	参数值
化学结构式	$C_{24}H_{36}O_5$
分子摩尔质量	404.53g/mol
晶系	正交晶系
空间群	$P2_12_12_1$

参数	参数值
晶胞参数	a=6.0516(12)Å
	b=17.338(4)Å
	c=22.214(4)Å
	α=90°
	β=90°
	γ=90°
配位数Z	4
晶胞体积	2330.7(8)Å³
晶体密度	1.153×10³kg/m³

孙华. 洛伐他汀结晶过程研究 [D]. 天津：天津大学, 2006.

盐酸帕罗西汀

附表B-11　盐酸帕罗西汀的晶体结构参数

参数	参数值
晶系	单斜晶系
空间群	$P2$
Z	2
晶胞参数	a=9.80Å
	b=7.44Å
	c=13.59Å
	α=90.00°
	β=108.75°
	γ=90.00°
密度ρ_c	1.295g/cm³
E_c	13.937kcal/mol

注：1kcal=4.186kJ。

任国宾. 盐酸帕罗西汀结晶过程研究 [D]. 天津：天津大学, 2005.

阿立哌唑

附表B-12　阿立哌唑不同晶型的晶体结构参数（一）

参数	I晶型	II晶型	III晶型	IV晶型	V晶型
晶体体系	单斜晶系	斜方晶系	三斜晶系	三斜晶系	单斜晶系
空间群	$P2_1$	$Pna2_1$	$P1$	$P1$	$P2_1$
a/Å	8.6789(17)	23.519(5)	10.220(2)	8.5180(5)	8.8669(18)
b/Å	7.5683(15)	12.657(3)	12.208(2)	9.0350(7)	7.7623(16)

参数	I晶型	II晶型	III晶型	IV晶型	V晶型
$c/Å$	17.381(4)	7.7560(16)	18.837(4)	30.417(2)	16.485(3)
$\alpha/(°)$	90	90	82.28(3)	88.072(6)	90
$\beta/(°)$	94.50(3)	90	82.52(3)	86.550(6)	93.25(3)
$\gamma/(°)$	90	90	82.88(3)	73.874(6)	90
$V/Å^3$	1138.1(4)	2308.8(8)	2295.4(8)	2244.4(3)	1132.8(4)
Z	2	4	4	4	2
$R_1(ref)$	0.0567	0.1003	0.08	0.0567	0.0445
$\omega_R(ref)$	0.1232	0.1259	0.0808	0.1223	0.0883
$\rho/(g/Å^3)$	0.7873	0.7762	0.7807	0.7984	0.791
CCDC号码	690583	690584	690585	690586	690587

赵燕晓. 阿立哌唑多晶型及多组分晶体研究 [D]. 天津：天津大学, 2020.

附表B-13 阿立哌唑不同晶型的晶体结构参数（二）

参数	VI	VII	VIII	IX
晶体体系	三斜晶系	三斜晶系	斜方晶系	单斜晶系
空间群	$P1$	$P1$	$Pna2_1$	P_12_1/n
$a/Å$	12.2626(7)	7.0266(15)	23.610(4)	16.6133(10)
$b/Å$	13.7872(8)	9.977(2)	12.457(2)	6.9533(4)
$c/Å$	14.7405(9)	15.945(3)	7.7044(13)	19.4632(11)
$\alpha/(°)$	101.396(1)	81.773(4)	90	90
$\beta/(°)$	108.921(1)	78.728(4)	90	106.99(10)
$\gamma/(°)$	98.847(1)	85.888(4)	90	90
$V/Å^3$	2246.3(2)	1083.9(4)	2266.0(7)	2150.2(2)
Z	4	2	4	4
$R_1(ref)$	0.0463	0.0286	0.0417	0.0462
$\omega_R(ref)$	0.1188	0.067	0.0727	0.0824
$\rho/(g/Å^3)$	0.7978	0.8266	0.7908	0.8334
CCDC号码	694098	934409	982735	1422248

赵燕晓. 阿立哌唑多晶型及多组分晶体研究 [D]. 天津：天津大学, 2020.

缬沙坦

附表B-14 缬沙坦及其溶剂化物的晶体结构数据

参数	缬沙坦乙酸乙酯溶剂化物	基本无定形缬沙坦
晶胞参数	$a=18.835\times10^{-10}$m	$a=23.275\times10^{-10}$m
	$b=7.4092\times10^{-10}$m	$b=6.316\times10^{-10}$m
	$c=17.779\times10^{-10}$m	$c=22.126\times10^{-10}$m

参数	缬沙坦乙酸乙酯溶剂化物	基本无定形缬沙坦
键角	$\alpha=90°$	$\alpha=90°$
	$\beta=100.49°$	$\beta=133.99°$
	$\gamma=90°$	$\gamma=90°$
晶胞体积	$V_c=2439.6\times10^{-30}m^3$	$V_c=2339.6\times10^{-30}m^3$
晶系	单斜晶系	单斜晶系
晶胞内分子数Z	2	2

王静康. 高端医药产品精制结晶技术的研发与产业化 [D]. 天津：天津大学，2014.

氯沙坦钾

附表B-15　氯沙坦钾及其水合物的晶体结构数据

参数	氯沙坦钾I晶型	氯沙坦钾II晶型	氯沙坦钾水合物
晶系	单斜晶系	三斜晶系	单斜晶系
空间群	$P2_1/c$		$P2/c$
晶胞参数	$a=15.5724Å$	$a=14.14Å$	$a=13.8585Å$
	$b=7.4976Å$	$b=12.63Å$	$b=11.6778Å$
	$c=24.2640Å$	$c=5.24Å$	$c=16.0381Å$
	$\beta=128.498(10)°$	$\alpha=78.4°$	$\beta=98.7938°$
	$\alpha=\gamma=90.00°$	$\beta=98.17°$	$\alpha=\gamma=90.00°$
		$\gamma=117.04°$	
分子数Z	4		8
晶胞体积/$Å^3$	2217.16	814.95	2565.04

王静康. 高端医药产品精制结晶技术的研发与产业化 [D]. 天津：天津大学，2014.

厄贝沙坦

附表B-16　倍半水合氢溴酸厄贝沙坦晶体结构基础数据

参数	参数值
化学式	$C_{50}H_{64}Br_2N_{12}O_5$
晶系	单斜
空间群	$P2_1/c$

参数	参数值
晶胞参数	$a=12.482(3)$Å
	$b=25.285(5)$Å
	$c=8.6938(17)$Å
	$\alpha=90.00°$
	$\beta=105.78(3)°$
	$\gamma=90.00°$
分子数Z	4

王静康. 高端医药产品精制结晶技术的研发与产业化 [D]. 天津：天津大学，2014.

维生素C

附表B-17　维生素C的晶体结构数据

参数	参数值
化学结构式	$C_6H_8O_6$
晶系	单斜晶系
空间群	$P2_1$
晶胞参数	$a=1.7101$nm
	$b=0.6349$nm
	$c=0.6393$nm
分子数Z	4
晶胞体积	0.6851nm³

王胜春，尹秋响，王静康，等. 维生素 C 冷却结晶研究进展 [J]. 化学工业与工程，2002(01): 89-95, 128.

硝酸硫胺

附表B-18　硝酸硫胺的晶体结构数据

参数	参数值
分子式	$C_{12}H_{17}N_5O_4S$
分子量	327.37
温度/K	293(2)
波长/Å	0.71073
晶系	单斜晶系
空间群	$P2_1/c$

参数	参数值
晶胞参数	a=6.5651(13)Å
	b=12.299(3)Å
	c=18.596(4)Å
	α=90.00°
	β=97.55(3)°
	γ=90.00°
晶胞体积/Å	1488.5(5)
晶胞中的分子数Z	4
计算密度/(mg/m³)	1.461
吸附系数	0.244
晶体尺寸/(mm×mm×mm)	0.25×0.20×0.15
扫描角度/(°)	3.13～25.50

张纲，王静康，刘秉文. 硝酸硫胺重结晶过程中溶解度模型（英文）[J]. Transactions of Tianjin University, 2002(03): 139-142.

D-泛酸钙

附表B-19　D-PC·4Me OH·H₂O 的晶体结构参数

参数	参数值
化学式	$C_{22}H_{50}CaN_2O_{15}$
分子量	622.58
晶系	正交晶系
空间群	$P2_12_12_1$
a/Å	12.428(3)
b/Å	13.933(3)
c/Å	18.288(4)
α/(°)	90
β/(°)	90
γ/(°)	90
晶胞体积/Å³	3166.76
晶胞密度/(g/cm³)	1.268
晶胞分子数Z	4
拟合值	1.01
R_{int}/%	6.73
温度/K	293(2)

韩丹丹. 有机小分子在溶液中的晶习调控 [D]. 天津：天津大学, 2020.

DL-蛋氨酸

附表B-20　DL-蛋氨酸的两种晶型的晶体结构数据

参数	β晶型	α晶型	β晶型[①]
空间群	$C2/c$	$P2_1/c$	$C2/c$
T/K	320	340	293
$a/\text{Å}$	31.774(2)	16.811(5)	31.793(6)
$b/\text{Å}$	4.6969(3)	4.7281(14)	4.7016(9)
$c/\text{Å}$	9.8939(7)	9.886(3)	9.897(2)
$\beta/(°)$	91.224(2)	101.950(7)	90.91(3)
晶胞体积/Å^3	1476.20(18)	768.7(4)	1479.2(5)
单分子晶胞体积/Å^3	184.52	192.2	184.9
Z	8	4	8

①所引毕业论文实验中得到的β型单晶的晶体结构数据。

[1] 孙盼盼. DL-蛋氨酸多晶型与晶习及添加剂调控研究 [D]. 天津：天津大学，2018.

[2] Görbitz C H, Paulsen J C, Borgersen J. Redetermined crystal structure of β-DL-methionine at 320 K[J]. Acta Crystallographica Section E: Crystallographic Communications, 2015, 71(6): o398-o399.

苏氨酸

附表B-21　苏氨酸的晶体结构数据

参数	参数值
化学结构式	$C_4H_9NO_3$
分子摩尔质量	119.12g/mol
晶系	正交晶系
空间群	$P2_12_12_1$
晶胞参数	a=5.1343nm
	α=90.0°
	b=7.7314nm
	β=90.0°
	c=13.5697nm
	γ=90.0°
配位数Z	4
晶胞体积	538.65nm³
晶体密度	1.469×10³kg/m³

张金龙. L-苏氨酸结晶过程研究 [D]. 天津：天津大学，2003.

L-氨基丙酸

附表B-22　L-氨基丙酸的晶体结构

参数	参数值
分子摩尔质量	89.09g/mol
晶系	正交晶系
	a=5.7907(18)Å
	b=6.040(3)Å
	c=12.350(5)Å
晶胞参数	α=90.00°
	β=90.00°
	γ=90.00°
晶胞体积	431.951Å³
分子数Z	4
空间群	$P2_12_12_1$

史家康. L-氨基丙酸晶习工程研究 [D]. 天津：天津大学, 2019.

L-异亮氨酸

附表B-23　L-异亮氨酸的晶体结构数据

参数	参数值
化学式	$C_6H_{13}NO_2$
晶系	单斜晶系
	a=9.75Å
	b=5.32Å
	c=14.12Å
晶胞参数	α=90.0°
	β=95.8°
	γ=90.0°

吡唑醚菌酯

附表B-24　吡唑醚菌酯的晶体结构数据

参数	吡唑醚菌酯晶型Ⅳ
分子式	$C_{38}H_{36}Cl_2N_6O_8$
分子量	775.63

参数	吡唑醚菌酯晶型Ⅳ
T/K	293(2)
波长/Å	0.71073
晶体体系	单斜晶系
晶体群	$P2_1/c$
a/Å	10.122(2)
b/Å	47.969(10)
c/Å	7.9754(16)
α/(°)	90
β/(°)	106.38(3)
γ/(°)	90
晶体体积/Å³	3715.2(13)
Z	4
ρ/(mg/m³)	1.387
吸收系数/mm⁻¹	0.236
F(000)	1616
晶体尺寸/(mm×mm×mm)	0.25×0.20×0.15

李康丽. 吡唑醚菌酯结晶成核过程中的油析研究 [D]. 天津：天津大学, 2017.

烟嘧磺隆

附表B-25　烟嘧磺隆水合物及其DMF溶剂化合物的晶体结构数据

参数	烟嘧磺隆水合物	烟嘧磺隆DMF溶剂化合物
分子式	$C_{15}H_{18}N_6O_6S \cdot H_2O$	$C_{15}H_{18}N_6O_6S \cdot C_3H_7ON$
分子量	1713.6	1934.04
T/K	293(2)	113(2)
辐射波	MoKα	MoKα
晶体体系	三斜晶系	单斜晶系
空间群	$P\bar{1}$	$P2_1/c$
a/Å	14.360(3)	7.3627(15)
b/Å	15.312(3)	22.736(5)
c/Å	19.927(4)	13.769(3)
α/(°)	112.54(3)	90
β/(°)	97.82(3)	99.90(3)
γ/(°)	97.12(3)	90
V/Å³	3934.3(14)	2270.5(8)
Z	8	4
ρ_{calc}/(g/cm³)	1.44	1.414

参数	烟嘧磺隆水合物	烟嘧磺隆DMF溶剂化合物
R_{int}	0.0595	0.0472
$R_1, \omega R_2 [I > 2\sigma(I)]$	0.0595,0.1429	0.0472,0.1075
$R_1, \omega R_2$ (所有数据)	0.1479,0.1839	0.0548,0.1129
拟合优度(GOF)	0.903	1.057

陈亮. 烟嘧磺隆多晶型行为研究 [D]. 天津：天津大学,2019.

氟尼辛

附表B-26　氟尼辛与氟尼辛内盐的晶体结构数据

参数	氟尼辛	氟尼辛内盐	氟尼辛-卡马西平共晶水合物
$a/Å$	7.6849	7.6839	7.5791
$b/Å$	14.081	14.121	11.963
$c/Å$	12.52	12.494	15.342
$\alpha/(°)$	90	90	86.83
$\beta/(°)$	102.13	102.15	78.41
$\gamma/(°)$	90	90	83.79
$\rho/(g/cm^3)$	1.486	1.485	

吴送姑. 药物盐氟尼辛葡甲胺反应结晶过程研究 [D]. 天津：天津大学, 2012.

索引